AF552024

Zum Autor

Dipl.-Ing. **Axel Straube**, LL.M. (Oec.), Jahrgang 1967, hat ein grundständiges Studium der Elektrotechnik an der RWTH Aachen und ein postgraduales Studium in Wirtschaftsrecht an der TU Kaiserslautern und der Universität des Saarlandes absolviert. Darüber hinaus hat er Zusatzqualifikationen zum technischen Betriebswirt und auf dem Gebiet des gewerblichen Rechtsschutzes erworben. Nach dem Studium begann er seine berufliche Laufbahn in einem Ingenieurbüro für Kraftwerkstechnik als Planer und Projektleiter. Es schlossen sich Tätigkeiten bei Energieversorgern in den Bereichen Stromversorgung, Netznutzungs- und Vertragsmanagement an. Seit 2001 ist er bei einem Netzbetreiber in Nordrhein-Westfalen im Bereich technischer Service beschäftigt, seit 2011 als Hauptabteilungsleiter Elektroanlagen und -netze. Er ist Mitglied im VDE, VDI, der DGQ und dem bdvb.

VDE-Schriftenreihe Normen verständlich **157**

Der sichere und wirtschaftliche Betrieb elektrischer Anlagen

Technisches Management für Elektrofachkräfte, Betreiberverantwortung, Asset-Management, Wirtschaftlichkeitsrechnung, Betriebs-, Qualitäts- und Sicherheitsmanagement, Innovation, Personalführung

Dipl.-Ing. Axel Straube, LL.M. (Oec.)

VDE VERLAG GMBH

ICS 03.100.30; 03.100.70; 29.240.01

Bibliografische Information der Deutschen Nationalbibliothek
Die Deutsche Nationalbibliothek verzeichnet diese Publikation in der Deutschen Nationalbibliografie; detaillierte bibliografische Daten sind im Internet über http://dnb.dnb.de abrufbar.

ISBN 978-3-8007-4475-6 (Buch)
ISBN 978-3-8007-4476-3 (E-Book)
ISSN 0506-6719

Satz: Text- und Software-Service Manuela Treindl, Fürth
Druck: H. Heenemann GmbH & Co. KG, Berlin
Printed in Germany

2019-07

Inhalt

Vorwort

Es gibt eine Vielzahl von Buchveröffentlichungen, die sich mit dem Themenkreis „Technik und Management" befassen. Meist handelt es sich dabei entweder um allgemeine Einführungen in die Betriebswirtschaft ohne Bezug zum Ingenieurwesen. Oder es sind Darstellungen mit einem bestimmten technischen Schwerpunkt, um den sich dann einige kaufmännische Themen ranken. Als jemand, der seit vielen Jahren für den technischen und wirtschaftlichen Betrieb von elektrischen Anlagen verantwortlich ist, habe ich immer mal wieder Ausschau nach einem Fachbuch gehalten, welches sich speziell mit dem Management von Elektroanlagen befasst und dabei sowohl die technisch-organisatorischen als auch die wirtschaftlichen Aspekte gleichermaßen beleuchtet – allerdings vergeblich. Aus dieser Lücke heraus ist die Idee für das vorliegende Buch geboren. Das Buch vermittelt Kenntnisse und Werkzeuge, die für das technisch sichere und das wirtschaftlich erfolgreiche Betreiben von Elektroanlagen erforderlich sind. Es wendet sich an Ingenieure, Wirtschaftsingenieure, Techniker, Meister, Facharbeiter, Studenten sowie Auszubildende und liefert übergreifende Lösungsansätze, die helfen sollen, sich im Spannungsfeld von Betriebswirtschaft und Technik zurechtzufinden und die Schnittstellen zu nichttechnischen Funktionsbereichen effizient zu managen. Der Leser soll in die Lage versetzt werden, schnell ein Verständnis für die Rolle des Anlagenbetreibers im Zusammenspiel mit anderen Unternehmensfunktionen zu gewinnen und gemeinsam mit ihnen vorgegebene Unternehmensziele zu verfolgen. Das Buch beschränkt sich dabei in sehr knapper Darstellung auf die wesentlichen Aspekte technisch-wirtschaftlichen Handelns. Es ist konzipiert als Parcours durch eine Themenlandschaft, für die ein Anlagenbetreiber vertieftes Verständnis aufbringen muss, um die technisch-wirtschaftlichen Hindernisse erfolgreich zu überwinden. Es soll als Nachschlagewerk und Impulsgeber ggf. zu ergänzendem Nachlesen an anderer Stelle anregen. Insofern spiegeln die umfangreichen Zitate und Fußnoten nicht nur den mir zur Verfügung stehenden Handapparat wider, sondern weisen die Richtung zu weiterführenden Informationen. Ziel des Buchs ist es nicht, betriebswirtschaftliche Grundlagen allumfassend darzustellen, sondern es verfolgt vielmehr den Zweck, die speziell für den elektrischen Anlagenbetrieb erforderlichen ökonomischen Kompetenzen zu vermitteln. Eine wirksame Personalführung als Basis sowie andere wichtige Managementaufgaben im Bereich Sicherheit, Funktionalität und Prozessqualität sollen dabei stets im Blick bleiben. Betriebswirtschaftliche Vorkenntnisse sind zum Verständnis des Buchs nicht erforderlich; große Teile des Buchs sind auch ohne elektrotechnische Kenntnisse verstehbar. Ich freue mich sowohl über positive als auch über negative Anmerkungen und Vorschläge kritischer Leser. Mein Dank gilt meinen fachkundigen Freunden und

Kollegen, die mich durch fruchtbare Diskussionen bei der Ausarbeitung des Buchs unterstützt haben. Mein besonderer Dank gilt Herrn Dipl.-Ing. *Michael Kreienberg* und dem VDE VERLAG für die hervorragende Unterstützung des Buchprojekts.

Hilden, Juni 2019 *Axel Straube*

1 Einleitung – Ziel des Buchs

Vom Menschen erdachte und hergestellte Dinge, die einen bestimmten Zweck erfüllen, der nicht ausschließlich dem künstlerischen Bereich zuzuordnen ist, werden in der Regel als technische Gegenstände bezeichnet. Ein technischer Gegenstand funktioniert unter Berücksichtigung oder unter Zuhilfenahme naturwissenschaftlicher Gesetzmäßigkeiten und erbringt für den Menschen, der ihn bestimmungsgemäß verwendet, mittelbar oder unmittelbar einen Nutzen in dem Sinne, dass er ihm das Leben leichter macht. Ein Pullover beispielsweise wärmt seinen Träger und schützt ihn vor Kälte. Der Pullover ist also ein technischer Gegenstand. Eine elektrische Leuchte spendet Licht und ermöglicht ihrem Nutzer das Sehen in vormaliger Dunkelheit. Ein elektrischer Ventilator erzeugt ein Luftzug und verschafft seinem Nutzer einen kühlenden Luftzug. Mit einem Elektroherd kann ein Essen zubereitet werden, mit dem man seinen Hunger stillen kann.

Lampe, Ventilator und Herd dienen also unmittelbar oder – wie beim Herd mittelbar über die Herstellung von Essen – der Bedürfnisbefriedigung des Menschen und sind somit definitionsgemäß technische Gegenstände.

Was für die genannten Beispiele aus dem Haushaltsbereich gilt, trifft auch auf den industriellen Bereich im Großen zu: Auch eine Produktionsanlage oder eine Fabrik sind vom Menschen erdacht und dienen letztendlich der Bedürfnisbefriedung von Menschen. Alle Gegenstände oder Verfahren, die vom Menschen unter Berücksichtigung oder Zuhilfenahme der Naturgesetze hergestellt, angewendet oder erdacht sind zum Zwecke der mittelbaren oder unmittelbaren Bedürfnisbefriedigung von Menschen, kommt die Eigenschaft „technisch“ zu. Insofern ist „Technik“ der Oberbegriff für das Fachgebiet, welches sich mit der Anwendung von Naturgesetzen zur unmittelbaren oder mittelbaren Bedürfnisbefriedigung von Menschen beschäftigt. Eingeengt auf das Thema dieses Buchs ist „Elektrotechnik“ das Fachgebiet, welches sich mit der Anwendung der Naturgesetze zur Elektrizität zum Nutzen des Menschen befasst.

Jemand, der dafür sorgt, dass ein technischer Gegenstand, ein technisches Gerät, eine technische Anlage den vorgesehenen Nutzen entfaltet, „betreibt“ diesen Gegenstand (Gerät, Anlage). Der Aufwand für diesen Betrieb ist dabei stark abhängig von der Komplexität des technischen Gegenstands. Der Aufwand für den Betrieb einer elektrischen Schreibtischleuchte ist mit Sicherheit erheblich geringer als der für eine hochkomplexe industrielle elektrische Schaltanlage. Beides sind jedoch elektrotechnische Gegenstände (Geräte, Anlage), die „betrieben“ werden.

Im VDE-Vorschriftenwerk wird dazu definiert: Betrieb sind *„alle Tätigkeiten, die erforderlich sind, damit die elektrische Anlage funktionieren kann. (...) Dies umfasst*

Schalten, Regeln, Instandhalten sowie elektrotechnische und nicht elektrotechnische Arbeiten."[1]

Das Betreiben einer Anlage als technisches Handeln ist immer auch wirtschaftliches Handeln. Schalten und Regeln ist nie Selbstzweck, sondern geschieht stets in einem wirtschaftlichen Kontext, z. B. zur Steuerung einer Produktion, deren Ergebnis, nämlich das Produkt, einem Markt zugeführt wird. Zur Instandhaltung ist beispielsweise eine Ersatzteilbeschaffung notwendig, die innerhalb einer Marktumgebung erfolgen muss. Und überhaupt ist ein Betrieb nur mit Menschen möglich, die als Fachkräfte auf dem Arbeitsmarkt beschafft werden und bezahlt werden müssen. Es wird deutlich, dass technisches Handeln und wirtschaftliches Handeln nicht nur eine große Schnittmenge bilden, sondern bei genauer Betrachtung zwei Seiten derselben Medaille sind (**Bild 1.1**).[2] In Anlehnung an die oben zitierte Definition aus der elektrotechnischen Normung kann man definieren: technischer Betrieb sind alle Tätigkeiten, die erforderlich sind, damit ein technisches System funktionieren kann; kaufmännischer Betrieb sind alle Tätigkeiten, die erforderlich sind, damit ein betriebswirtschaftliches System funktionieren kann. Auf dem Fundament dieser Erkenntnis widmet sich das Buch den im Zusammenhang mit dem Betrieb elektrischer Anlagen speziellen Fragestellungen aus Betriebswirtschaft einerseits sowie dem Management von Mensch und Technik andererseits. Das Buch hat nicht den Anspruch, die Betriebswirtschaftslehre grundlegend und umfassend darzustellen, sondern verfolgt das Ziel, die für den elektrischen Anlagenbetrieb notwendigen ökonomischen Kenntnisse zu vermitteln und dabei ganzheitlich die Themen Sicherheit, Funktionalität, Qualität und Personalführung als Managementaufgabe zu begreifen.

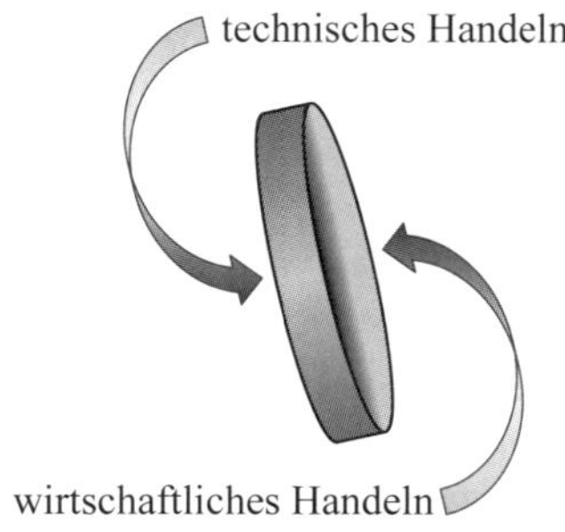

Bild 1.1 Wirtschaftlich-technisches Handeln

[1] Quelle: DIN VDE 0105-100:2015-10, Abschnitt 3.1.2

[2] Vgl. *Ropohl* 1999, S. 97 ff.

Die Gliederung der Darstellung sieht dabei folgendermaßen aus:

Nach einer kurzen Einführung in die verschiedenen Funktionsbereiche eines Betriebs zeichnet das Buch den Prozesskreislauf, bestehend aus Asset-Management, Projektmanagement und Betriebsmanagement.

Es werden zunächst die Aufgaben des Asset-Managements beschrieben, die wesentlich aus der Vorbereitung von Investitionsentscheidungen unter Berücksichtigung einer vorgegebenen Unternehmensstrategie bestehen. Eine besondere Bedeutung dabei kommt der Wirtschaftlichkeits- und Investitionsrechnung zu, der ein eigener Abschnitt gewidmet wird.

Nachdem eine Investitionsentscheidung getroffen ist, gilt es, die Investitionsmaßnahme zu realisieren. Dazu wird der Planungsvorgang von der technischen Auslegung und Spezifizierung einer Anlage bis zur Auftragsvergabe sowie die Projektabwicklung bis zur Inbetriebnahme dargestellt. Besonders relevant in diesem Zusammenhang sind die Prinzipien des Projektmanagements. Außerdem wird in einem eigenen Abschnitt an die hohe Relevanz der Klärung technisch-physikalischer Auslegungsfragen schon in einem sehr frühen Planungsstadium hingewiesen und an zwei vereinfachten Bespielen gezeigt, wie der „technische Manager“ oft auftretende Auslegungsfragen mit wenig Aufwand überschlägig beantworten bzw. deren Beantwortung überprüfen kann. Nach der Inbetriebnahme ist die Projektphase abgeschlossen und es folgt der produktive Betrieb. Dazu wird das Thema (Personen-)Sicherheit insbesondere unter Bezugnahme auf das VDE-Vorschriftenwerk eingehend beleuchtet.

Da neben der Sicherheit und Wirtschaftlichkeit die Erfolgsfaktoren Qualität, Umweltschutz und Innovation für den erfolgreichen Betrieb elektrischer Anlagen entscheidend sind und für ein wirksames Management jeglicher Art eine professionelle Personalführung eine essenzielle Rolle spielt, gibt es zu diesen Themen weitere Abschnitte.

In **Bild 1.2** sind Inhalt und Zielrichtung des Buchs illustriert.

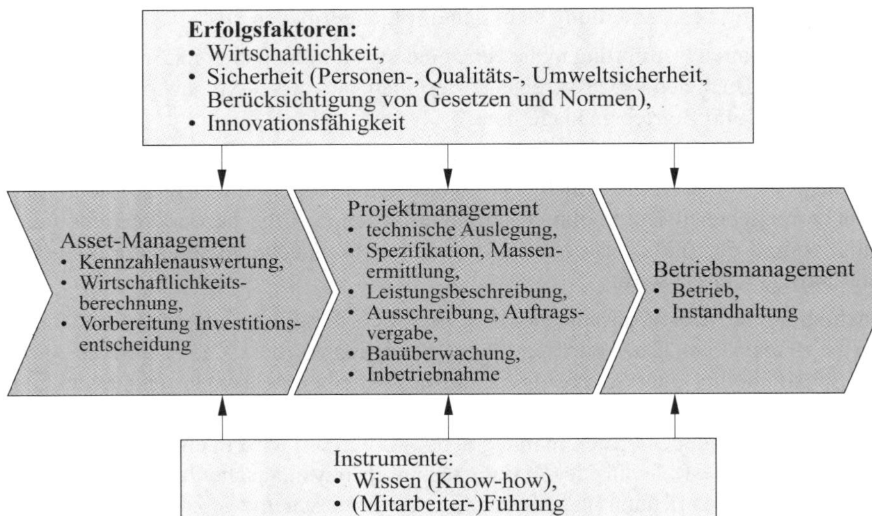

Bild 1.2 Erfolgsfaktoren Management

2 Technikmanagement und andere betriebliche Funktionen

2.1 Unternehmen, Betrieb, betriebliche Funktionen

Eine Organisation ist ein *„dauerhaft arbeitsteiliges System"*[3]. Beispiele für Organisationen sind Vereine, staatliche Behörden, kirchliche Einrichtungen, Schulen, Krankenhäuser und Unternehmen (siehe **Bild 2.1**).

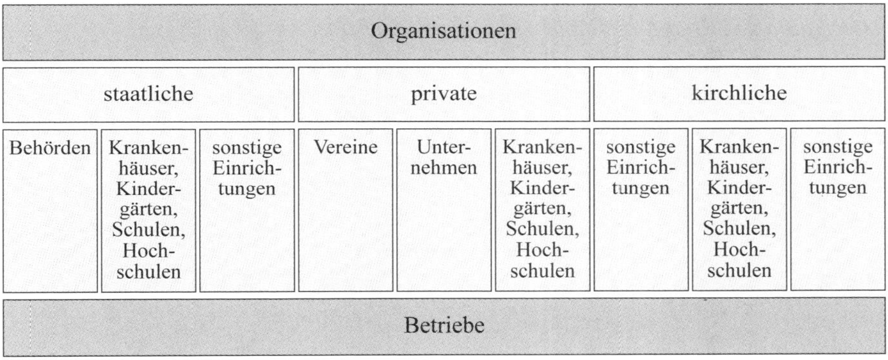

Organisationen								
staatliche			private			kirchliche		
Behörden	Krankenhäuser, Kindergärten, Schulen, Hochschulen	sonstige Einrichtungen	Vereine	Unternehmen	Krankenhäuser, Kindergärten, Schulen, Hochschulen	sonstige Einrichtungen	Krankenhäuser, Kindergärten, Schulen, Hochschulen	sonstige Einrichtungen
Betriebe								

Bild 2.1 Organisationen und Betriebe

Werden innerhalb einer Organisation verschiedene Produktionsfaktoren wie Mitarbeiter, Kapital (Maschinen, Immobilien), Werkstoffe und Informationen unter einer zielgerichteten Führung kombiniert, und es entsteht ein Output (Produkt), so spricht man von einem Betrieb, wobei die Begriffe Unternehmen und Betrieb mal als Synonyme und mal mit differenzierter Bedeutung verwendet werden *„Auch im Sprachgebrauch der Praxis werden beide Begriffe unterschiedlich verwendet und stehen mit Begriffen wie Firma, Geschäft, Werk und Fabrik in sprachlicher Konkurrenz. In Gesetzestexten werden die Begriffe Unternehmen und Unternehmung synonym verwendet. Das Steuerrecht benutzt die Begriffe Betrieb und Unternehmen ohne ersichtliche Unterscheidung."*[4] In der Betriebswirtschaftslehre, also der Wissenschaft, die das Wirtschaften von Unternehmen und Betrieben zum Gegenstand hat, wird unter dem Begriff Betrieb oft im engeren Sinne eine Betriebsstätte verstanden,

[3] Quelle: *Olfert/Rahn/Zschenderlein* 2013, Nr. 660

[4] Quelle: *Bartzsch* 1994, S. 31

also eine örtliche, technische und organisatorische Einheit.[5] Eine mögliche Definition ist folgende: *„Der Betrieb ist ein System (...), das Güter zur Fremdbedarfsdeckung hervorbringt. Da die aktiven Elemente des Systems „Betrieb" Menschen und Maschinen sind, kann auch von einem soziotechnischen System gesprochen werden. Güter sind materielle und immaterielle (z. B. Dienstleistungen, Rechte) Mittel zur menschlichen Bedürfnisbefriedigung. Dabei ist die Aufgabe des Betriebs nicht die Hervorbringung freier Güter, sondern die Produktion knapper Güter. Freie Güter sind dadurch gekennzeichnet, dass selbst bei einem Preis von null die Nachfrage das Angebot nicht übersteigt. Die Aufgabe der Hervorbringung von Gütern umfasst nicht nur die technische Herstellung der Güter, sondern sämtliche Funktionen, die dazu beitragen, marktreife Güter zu erstellen, wie z. B. Entwicklung, Beschaffung, Lagerung, Absatz. Das Merkmal der Fremdbedarfsdeckung grenzt den Betrieb vom Haushalt ab, dessen Aufgabe in der Eigenbedarfsdeckung liegt."*[6]

Die wesentlichen betrieblichen Prozesse, die aus dem Input den Output eines Betriebs machen, sind der Wertschöpfungsprozess, die Managementprozesse und die Supportprozesse (unterstützenden Prozesse) (siehe **Bild 2.2**).

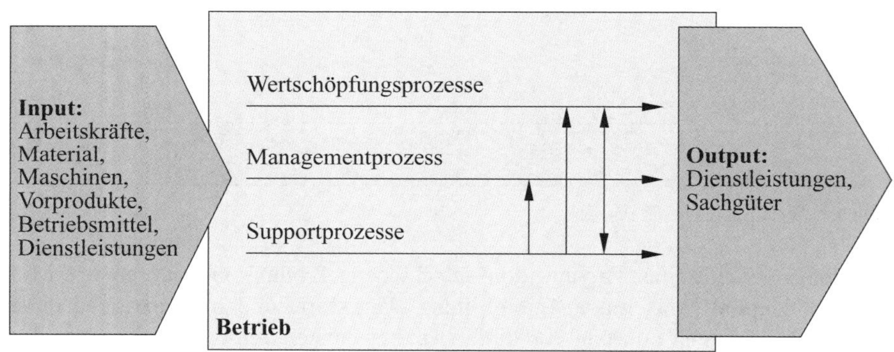

Bild 2.2 Input/Output
Quelle: *Burgmeier/Münch/Schiemann/Troßmann* 2014, S. 19

Der Wertschöpfungsprozess stellt dabei die Abfolge von innerbetrieblichen Schritten dar, die zur Erzeugung der betrieblichen Leistung erforderlich sind und für die ein Kunde bereit ist, ein Entgelt zu entrichten. In **Bild 2.3** ist beispielhaft skizziert, wie der Input eines Betriebs (hier: Rohmaterial, Komponenten) beim Durchlaufen der einzelnen Glieder der Wertschöpfungskette mit jeder Wertschöpfungsstufe an Wert gewinnt bis er als Endprodukt zur Auslieferung an den Kunden gelangt.

5 Vgl. *Schwab* 2014, S. 25
6 Quelle: *Plinke/Rese* in: *Plinke/Rese/Buck* u. a. 2014, S. 1

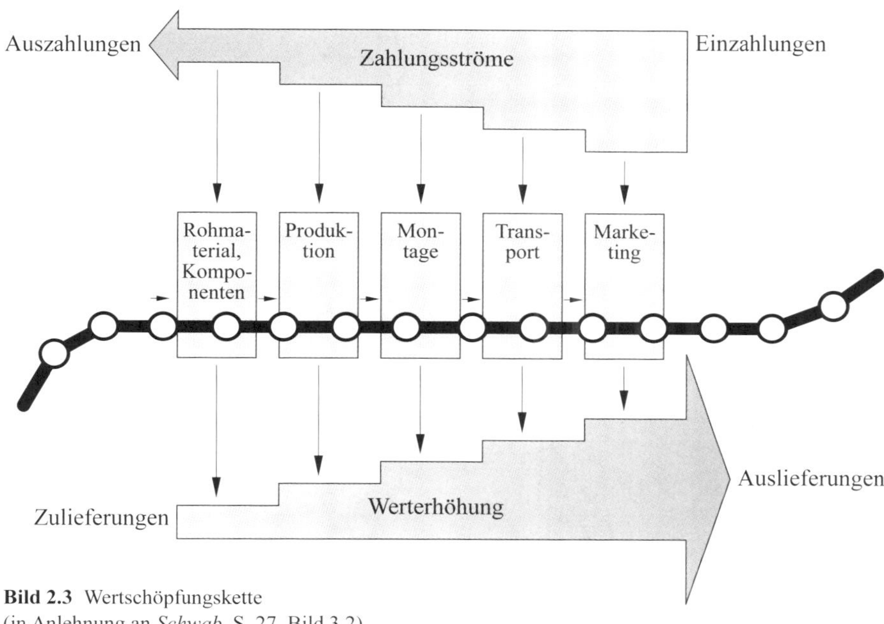

Bild 2.3 Wertschöpfungskette
(in Anlehnung an *Schwab*, S. 27, Bild 3.2)

Die innerhalb dieses Durchlaufs erlangte Wertsteigerung wird als Bruttowertschöpfung (= erbrachte Leistungen – Vorleistungen) bezeichnet, woraus sich die Nettowertschöpfung (= Bruttowertschöpfung – Abschreibungen) errechnen lässt. Die Managementprozesse steuern als dispositiver Faktor den Wertschöpfungsprozess und schaffen dadurch die Voraussetzung für das produktive Zusammenwirken der elementaren Produktionsfaktoren Mitarbeiter, Kapital, Werkstoffe und Informationen. Die Supportprozesse unterstützen sowohl den Wertschöpfungsprozess als auch die Managementprozesse. Beispiele für Supportprozesse sind Einkauf, Buchhaltung oder Personalmanagement.[7, 8]

Unabhängig von der Frage, zu welcher Organisation ein Betrieb gehört, ist jeder Betrieb nur ein Teilsystem eines übergeordneten wirtschaftlichen Gesamtsystems (siehe **Bild 2.4**). Jeder Betrieb unterhält Beziehungen über die eigenen Teilsystemgrenzen hinaus mit dem Absatzmarkt, dem Beschaffungsmarkt, dem Kapitalmarkt, dem Arbeitsmarkt und dem Staat. Lediglich Art und Umfang dieser Beziehungen hängt von der Organisation ab, zu der der Betrieb gehört. Ein Betrieb als Bestand-

---

7 Vgl. *Schwab* 2014, S. 25 ff.

8 Vgl. *Burgmeier/Münch/Schiemann/Troßmann* 2014, S. 19

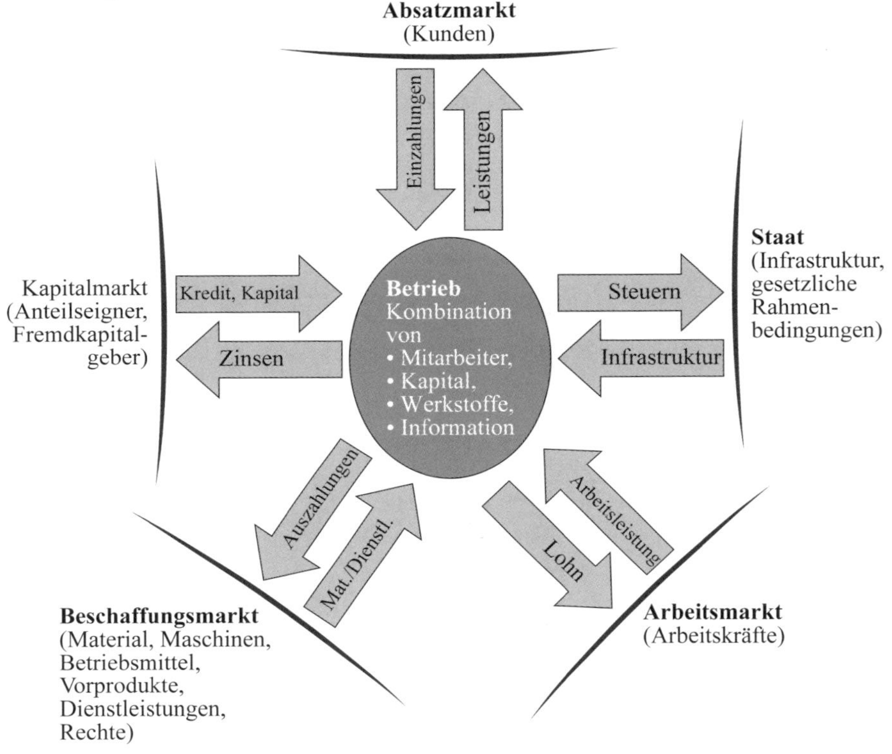

Bild 2.4 Betrieb
(in Anlehnung an *Schwab* 2014, S. 26, Bild 3.1)

teil einer Behörde hat beispielsweise andere Kunden – die möglicherweise für das Produkt auch gar nichts zahlen – als ein Betrieb innerhalb eines Unternehmens im Wettbewerb. Grundsätzlich müssen innerhalb eines Betriebs verschiedene Funktionen ausgefüllt werden, damit er mit seinem Umfeld interagieren und seinen (Produktions-) Zweck erfüllen kann.

In **Bild 2.5** sind die grundlegenden Funktionen eines Betriebs dargestellt. Wie stark die einzelnen Funktionen ausgeprägt sind, hängt vom Geschäftszweck und der Größe des Betriebs ab. In einem Ein-Mann-Betrieb werden alle Funktionen von derselben Person ausgefüllt, in großen Unternehmen gibt es für jede Funktion bzw. Unterfunktion möglicherweise ganze Bereiche oder Abteilungen. Unabhängig, ob es sich um eine große oder kleine Organisation handelt, muss es in jedem Betrieb eine übergeordnete und letztverantwortliche Leitungsstelle geben, die alle anderen Funktionen koordiniert und steuert.

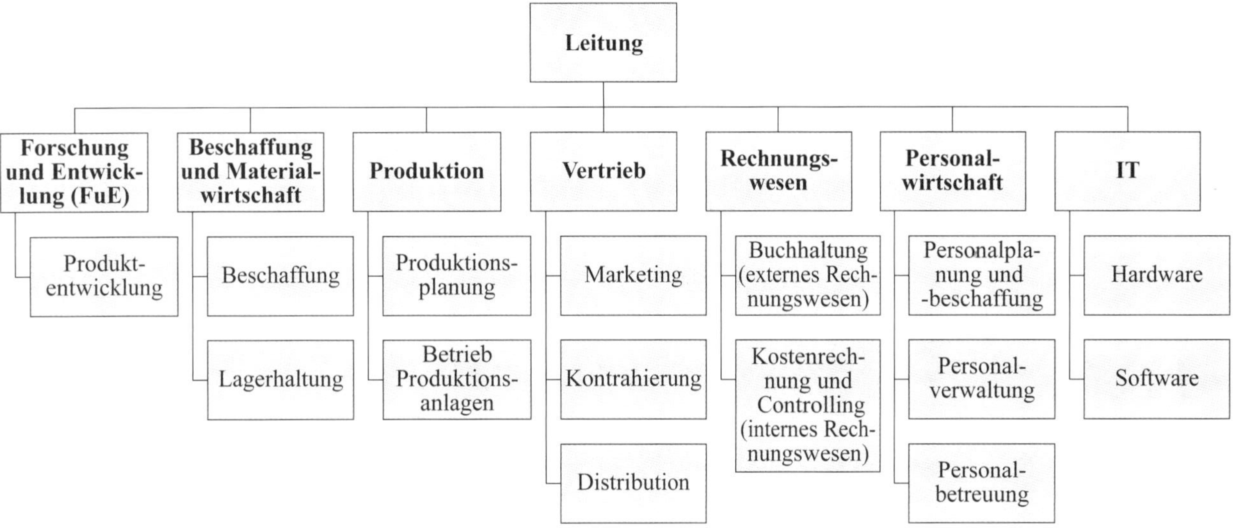

Bild 2.5 Unternehmensfunktionen

Die Funktion FuE (Forschung und Entwicklung) zielt auf die Konzeption eines verkaufbaren Produkts ab. Jedes Unternehmen muss sich überlegen, welcher Output erzeugt werden soll. In diesem Zusammenhang ist es wichtig, vorab die Kundenbedürfnisse, die mit dem zu entwickelnden Produkt befriedigt werden sollen, zu identifizieren. Dazu muss die Forschung und Entwicklung auf die Vorgaben aus dem Vertrieb/Marketing eingehen, um den mitunter wissenschaftlichen Entwicklungs- und Innovationsprozess zielgerichtet zu steuern.

Aufgabe von Einkauf und Materialwirtschaft ist die kostengünstige und termingerechte Bereitstellung sämtlicher Betriebsmittel, Vorprodukte, Materialien, Dienstleistungen, Roh-, Hilfs- und Betriebsstoffe, die für die Leistungserbringung eines Unternehmens erforderlich sind. Dazu gehören neben dem Einkaufsprozess auch eine bedarfsgerechte Lagerhaltung sowie die fachgerechte Entsorgung von Abfällen und Schrott sowie der Verkauf von ausgesonderten Betriebsmitteln.

In der Produktion wird die eigentliche Leistung des Betriebs erbracht. Die Leistungserbringung muss geplant werden und, sofern es sich um einen Produktionsbetrieb handelt, müssen auf der Grundlage dieser Produktionsplanung Produktionsanlagen geplant, errichtet, in Betrieb genommen und danach ordnungsgemäß und sicher betrieben und instand gehalten werden.

Im Vertrieb wird der Absatz der erbrachten Leistungen organisiert bzw. durchgeführt. Insofern bildet der Vertrieb die Schnittstelle zum Kunden. Dazu gehören die Distribution, die Kontrahierung und das Marketing. Distribution bedeutet dabei (physische) Verteilung der Produkte im Absatzmarkt zu den Kunden über geeignete Absatzlager, Transportwege und Vertriebskanäle (Niederlassungen, Zwischenhändler usw.). Die Kontrahierung ist die vertragliche Ausgestaltung des Absatzes, in der Preise und sonstige Lieferbedingungen festgelegt werden. Das Marketing hat die Aufgabe, im Absatzmarkt Kundenbedürfnisse zu erkennen und zu wecken sowie durch Festlegung einer geeigneten Vertriebspolitik im Hinblick auf Distribution und Kontrahierung Marktwiderstände zu überwinden.

Das Rechnungswesen erfasst und verwaltet das Vermögen, die Vermögensveränderung und die Finanz- und Leistungsströme. Als externes Rechnungswesen beinhaltet es die Buchhaltung, die Gewinn- und Verlustrechnung und die Erstellung der Bilanz und richtet sich an externe Stellen wie Anteilseigner, Gläubiger und die Finanzverwaltung. Zum externen Rechnungswesen gibt es detaillierte gesetzliche Vorschriften beispielsweise im Handelsgesetzbuch und in der Steuergesetzgebung. Das interne Rechnungswesen richtet sich nach innen und dient der Steuerung betrieblicher Prozesse im Hinblick auf einen optimalen Unternehmenserfolg. Die Methoden der Wirtschaftlichkeitsberechnung (z. B. Investitionsrechnung, Kosten- und Leistungsrechnung) sowie ein übergeordnetes Controlling sind Werkzeuge des internen Rechnungswesens, für das es in der Regel keine gesetzlichen Vorgaben gibt.

Sämtliche Funktionen in einem Betrieb benötigen zur Erfüllung ihrer Aufgaben Personal. Kernaufgabe des Personalwesens ist es, den Personalbedarf – soweit möglich – zu planen, das Personal mit der jeweils erforderlichen Qualifikation zu beschaffen, Arbeitsverträge abzuschließen und die Mitarbeiter zu verwalten. Zur Personalverwaltung gehören u. a. das Führen von Personalakten und die Sicherstellung der Lohn- und Gehaltszahlungen.

Sämtliche Funktionen bedürfen in der Regel einer Unterstützung durch Informationstechnik (IT). Aufgabe der IT ist es, diese Unterstützung mit geeigneter Hardware und Software sicherzustellen.

2.1.1 Forschung und Entwicklung (FuE)

Bevor ein Betrieb ein verkaufbares Produkt hervorbringen kann, muss es eine Idee zu diesem Produkt geben. Ideen können beispielsweise aus der zielgerichteten wissenschaftlichen Erkenntnisgewinnung auf der Basis vorab identifizierter Kundenbedürfnisse entstehen. Dieser Prozess der wissenschaftlichen Erkenntnisgewinnung wird als Forschung und Entwicklung (FuE) bezeichnet und gliedert sich in die Teilgebiete Grundlagenforschung, anwendungsorientierte Forschung und Entwicklung.

Die Grundlagenforschung dient der Schaffung von Wissen ohne zunächst absehbaren kommerziellen Nutzen. Aus diesem Grund führen Betriebe oft keine Grundlagenforschung durch. Allein Großunternehmen engagieren sich manchmal auf diesem Gebiet, wobei sie dann oft Kooperationen mit staatlichen Forschungseinrichtungen und anderen Unternehmen eingehen. Die angewandte Forschung strebt die Schaffung von kommerziell nutzbarem Wissen an. Sie zielt auf die Erfindung von Produkten und Verfahren; ihre Ergebnisse unterliegen – wie auch die Ergebnisse der technischen Entwicklung – meist der betrieblichen Geheimhaltung oder werden in Rahmen des gewerblichen Rechtsschutzes durch spezielle Schutzrechte vor der Nutzung durch Dritte abgesichert. Die Entwicklung – insbesondere die technische Entwicklung – konzipiert auf der Basis von allgemein zugänglichen wissenschaftlichen Erkenntnissen und auf der Grundlage von innerbetrieblich erworbenem Forschungswissen neue und verkaufbare Produkte. Innerhalb der Entwicklung fließen dabei im Rahmen der Produktplanung und -konkretisierung viele Aspekte aus dem Vertrieb und Marketing ein, wie beispielsweise Kundenanforderungen, absetzbare Mengen, Funktions- und Einsatzumfang sowie Produkteigenschaften.[9]

Entwicklung innerhalb der Forschung und Entwicklung (FuE) meint meist die rein technische Entwicklung eines Produkts, also die reine technische Erfindungstätigkeit. Die Bedeutung des Begriffs Produktentwicklung und -pflege geht über diese reine

[9] Vgl. *Olfert/Rahn/Zschenderlein* 2013, Nr. 272, 318, 219

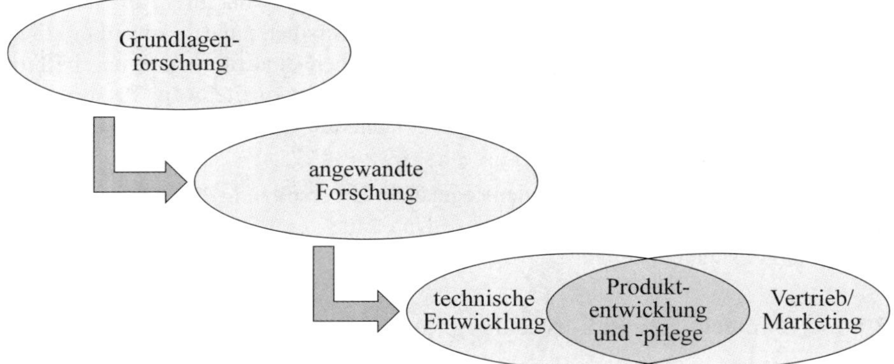

Bild 2.6 Forschung und Entwicklung (FuE)

Erfindungstätigkeit hinaus und umfasst eine Vielzahl von Aufgaben, die gemeinschaftlich von der Forschung und Entwicklung (FuE) und dem Vertrieb/Marketing zur Existenzsicherung eines Betriebs zu erfüllen sind. Ein Betrieb kann langfristig nur dann überleben, wenn er eine erfolgreiche Produktpolitik verfolgt, mit der rechtzeitig neue Produkte auf den Markt gebracht und die Herstellung und der Verkauf überholter Produkte eingestellt werden (s. a. **Bild 2.6**). *„Deshalb ist die Produktpflege ein wesentliches Element der Produktpolitik. Das erfordert (...) eine kontinuierliche*

- *Überwachung des Produktprogramms (...),*
- *Entwicklung und Einführung neuer Produkte (Produktinnovation),*
- *Überarbeitung bestehender Produkte (Produktvariation),*
- *Herausnahme veralteter Produkte aus dem Produktionsprogramm (...) und*
- *Planung und Realisierung begleitender Maßnahmen wie Kundendienst und Garantieleistungen."*[10]

Die Forschung und Entwicklung (FuE) hat die rein technischen Fragestellungen eines betrieblichen Innovationsprozesses zum Gegenstand. Die Durchsetzung von Innovationen sowohl innerbetrieblich als auf den Absatzmärkten ist Aufgabe des Vertriebs und Marketings, wobei es dabei keine ganz scharfe Abgrenzung der genannten betrieblichen Funktionen gibt. Insbesondere die oben beschriebene Produktentwicklung- und pflege muss als gemeinsame Aufgabe von Forschung und Entwicklung (FuE) einerseits und Vertrieb/Marketing andererseits verstanden werden. Bild 2.6 verdeutlicht dies.[11]

---

[10] Quelle: *Hachtel/Holzbauer*, S. 70

[11] Vgl. *Seibert* 1998, S. 25 f.

2.1.2 Beschaffung und Materialwirtschaft

Der Bereich Beschaffung und Materialwirtschaft muss zwei grundsätzliche Aufgaben erfüllen: Im Rahmen des Einkaufs müssen die Produktionsfaktoren Roh-, Hilfs- Betriebsstoffe, Energie, Vorprodukte, Maschinen, Anlagen und sonstige Betriebsmittel möglichst preisgünstig beschafft werden. Das heißt, es ist ein möglichst günstiges Preis-Leistungs-Verhältnis zu erzielen. Neben dem Preis gehört dabei auch eine angemessene Qualität im Hinblick auf z. B. Verwendbarkeit, Haltbarkeit, Widerstandsfähigkeit gegen äußere Einflüsse, Lebensdauer zur Bewertung des Preis-Leistungs-Verhältnisses. Teilaufgaben des Einkaufs sind Beschaffungsmarktforschung, Ermittlung von Bezugsquellen, Einholung von Angeboten, Angebotsvergleiche, Verhandlung und Abschluss von Liefer- und Werkverträgen, Überwachung von Lieferterminen, Verwertung und Verkauf überzähliger oder ausgesonderter Betriebsmittel. Im Rahmen der Materialwirtschaft muss die bedarfsgerechte Verfügbarkeit der Produktionsfaktoren sichergestellt werden. Dazu gehört neben einer Überwachung des Lieferservice von Zulieferern auch die Organisation einer geeigneten Lagerhaltung. Die Lagerhaltung bewegt sich dabei im Spannungsfeld von Lagerkosten und den Kosten für das im Lagerbestand gebundene Kapital auf der einen Seite und der Verfügbarkeit bzw. den Kosten, die sich aus dem Risiko der Nichtverfügbarkeit ergeben, auf der anderen Seite.[12]

Das Lager ist also gewissermaßen die Vorstufe des Produktionsprozesses und gleicht Schwankungen der Menge, des zeitlichen Bedarfs und manchmal auch der Qualität aus. Von qualitativer Anpassung spricht man, wenn die Lagerung mit einer Qualitätsverbesserung einhergeht. Bei der Organisation von Lagerungen unterscheidet man zwischen Haupt-, Neben- und Hilfslagern. Das Hauptlager dient der Verteilung an die Neben- und Hilfslager. Nebenlager liegen organisatorisch näher am Produktionsprozess und dienen der unmittelbaren Zwischenlagerung, bevor das Lagergut verarbeitet wird. Hilfslager erfüllen Sonderfunktionen, z. B. die Lagerung von gefährlichen Stoffen. Man kann Lagerarten auch nach ihrer Funktion einteilen: In einem funktionsorientierten Lager steht die Aufgabe eines Lagers im Vordergrund (z. B. Wareneingangslager), bei einem materialorientierten Lager spielen die physikalischen Eigenschaften und die damit verbundene besondere Lagerungstechnik eine besondere Rolle (z. B. Öllager), bei einem lagerstufenorientierten Lager ist die Lagerung besonders mit den verschiedenen Fertigungsstufen verzahnt und beinhaltet die diversen Zwischenprodukte (z. B. Lager für Halbfertigprodukte), bei einem standortorientierten Lager ist der Bezug zum Produktionsstandort oder Verbrauchsort das Unterscheidungskriterium (z. B. Zentrallager, Werkstattlager), bei einem kaufmännisch orientierten Lager sind die Eigentumsverhältnisse des Lagerinhalts das Unterscheidungsmerkmal. Hier sind

[12] Vgl. *Vry* 2003, S. 26 ff.

besonders zu nennen: das Eigenlager, bei dem Lagerinhalt und Lagerort im Eigentum des Betriebs sind, das Konsignationslager, bei dem sich das Lagergut noch im Eigentum des Lieferanten befindet, das Speditionslager, bei dem der Lagerort nicht im Eigentum des Betriebs ist und das Zolllager, in dem importierte Güter bis zu ihrer zollamtlichen Bearbeitung unter Verschluss gehalten werden.[13]

2.1.3 Produktion

Die betriebliche Leistungserstellung, die den Input durch einen Transformationsprozess in einen Output umwandelt, nennt man Produktion. Grundsätzlich kann mit Produktion auch die Erbringung von Dienstleistungen gemeint sein; im engeren Sinne beschreibt der Begriff Produktion jedoch oft die Herstellung von materiellen Gütern. Dem eigentlichen Produktionsprozess im Sinne von Herstellungsprozess vorgelagert ist die Produktionsplanung, die man unterteilen kann in strategische und in operative Produktionsplanung. In der strategischen Produktionsplanung werden nach Festlegung des Produktionsprogramms die technischen Prozesse, die notwendigen Betriebsmittel sowie die erforderlichen Materialien (Vorprodukte, Roh-, Hilfs- und Betriebsstoffe) geplant.

Technische Prozesse kann man differenzieren nach

- naturwissenschaftlicher Einteilung (z. B. mechanisches, chemisches, biologisches oder thermisches Verfahren);
- Stufigkeit der Produktion (z. B. einstufiges oder mehrstufige Herstellung);
- Produktionstyp im Hinblick auf die Leistungswiederholung (z. B. Einzelfertigung, Serienfertigung, Massenfertigung oder Kuppelproduktion);
- Produktionsorganisation im Hinblick auf die räumliche Anordnung der Betriebsmittel (z. B. Werkstattfertigung, Gruppenfertigung, Fließfertigung oder Inselfertigung);
- Automatisierungsgrad (z. B. manuelle Fertigung, mechanisierte Fertigung, halbautomatisierte Fertigung oder vollautomatische Fertigung).

*„**Betriebsmittel** (...) sind alle Güter, die nicht im Produktionsprozess verbraucht werden, sondern während ihrer Nutzungs- und Lebensdauer wiederholt Leistungen in die Produktion abgeben. Zu ihnen zählen Gegenstände des materiellen Anlagevermögens wie Grundstücke, Gebäude, maschinelle Anlagen, Fuhrpark und Betriebs- und Geschäftsausstattung sowie Gegenstände des immateriellen Anlagevermögens wie Patente, Lizenzen und Konzessionen.“*[14]

[13] Vgl. *Schmidt/Glockauer/Osenger* 2016, S. 243 ff.

[14] Quelle: *Schmidt/Glockauer/Osenger* 2016, S. 279

Bei der Planung der Betriebsmittel müssen folgende Fragen geklärt werden:

- Betriebsmittelbedarf;
- Betriebsmittelbeschaffung;
- Einsatz der Betriebsmittel;
- Instandhaltung (Sicherung der Einsatzbereitschaft der Betriebsmittel).

Als **Materialien** gelten die Güter, die substanziell in das Produkt eingehen oder deren Substanz bei der Produktion verbraucht wird.

Bei der Materialplanung sind folgende Materialien zu unterscheiden:

- Rohstoffe (Stoffe, die als Hauptbestandteil in das Produkt eingehen, z. B. Stahl);
- Hilfsstoffe (Stoffe, die als Nebenbestandteil in das Produkt eingehen, z. B. Farbe);
- Betriebsstoffe (Stoffe, die für den Produktionsprozess notwendig sind, aber nicht in das Produkt eingehen, z. B. Schmierstoffe, Treibstoff, Energie).

Die sich der strategischen Produktionsplanung anschließende operative Produktionsplanung bezieht sich auf einen kürzeren Planungshorizont und baut auf den Festlegungen der strategischen Produktionsplanung zu den technischen Prozessen, den Betriebsmitteln und den grundlegenden Planungen zum Material auf.

Inhalt der operativen Produktionsplanung sind z. B.

- Zusammensetzung des Produkts anhand von Stücklisten;
- Liefermengen und -zeitpunkt des Materials;
- Produktionszeiten und deren Zusammensetzung (z. B. Rüstzeiten, Ausführungszeiten);
- Arbeitsplanung (Festlegung von Reihenfolge der zu verwenden Betriebsmittel und Materialien mit Zeitangaben) als ersten Teil der Arbeitsvorbereitung.

Die Produktionssteuerung ist der zweite Teil der Arbeitsvorbereitung und hat die reibungslose, kosten- und zeitoptimale Produktion zum Ziel. Dazu bedient sich die Produktionssteuerung einer geeigneten Auftragsauslösung und Arbeitszuteilung (Dispatching) an die entsprechenden Produktionsstellen und setzt bei ihnen die Planungsergebnisse aus der strategischen und operativen Produktionsplanung durch. Von besonderer Bedeutung für eine reibungslose Produktion ist die sog. Fertigungssicherung, also der störungslose bzw. störungsarme Betrieb der Produktionsanlagen.[15]

---

[15] Vgl. *Schmidt/Glockauer/Osenger* 2016, S. 273–335 und *Olfert/Rahn/Zschenderlein* 2013, Nr. 751

Wichtiger Erfolgsfaktor für die Fertigungssicherung ist die Instandhaltung aller an der Produktion beteiligten Betriebsmittel. Instandhaltung ist der Oberbegriff für die „*Gesamtheit der Maßnahmen zur Bewahrung und Wiederherstellung des Sollzustands sowie zur Feststellung und Beurteilung des Istzustands von technischen Arbeitsmitteln, Anlagen und Gebäuden.*"[16]

Instandhaltung wird in folgende Maßnahmen untergliedert:

- Inspektionen (Maßnahmen zur Feststellung und Beurteilung des Istzustands, z. B. Besichtigen, Messen);
- Wartung (Maßnahmen zur Bewahrung des Sollzustands, z. B. Reinigen, Schmieren);
- Instandsetzung (Maßnahmen zur Wiederherstellung des Sollzustands – also Reparieren).

Bei der Wartung und Instandsetzung wird der durch den Betrieb eines Betriebsmittels verloren gegangene Abnutzungs- bzw. Lebensdauervorrat wieder aufgefüllt. Dies setzt voraus, dass das Betriebsmittel weiter besteht. Wird das Betriebsmittel als Ganzes ersetzt, spricht man von einer Ersatzerneuerung, die in der Regel im Rahmen einer Investition getätigt wird.[17]

Instandhaltung ist also ein wesentlicher Tätigkeitsbestandteil des Betriebs von Produktionsanlagen. Der andere wesentliche Tätigkeitsbestandteil des Betriebs ist das Bedienen von Produktionsanlagen.

Da Produktionsanlagen oft elektrische Anlagen bzw. Anlagen zur elektrischen Energieversorgung oder Teilanlagen übergeordneter Produktionseinheiten sind, sind folgende Definitionen im Zusammenhang mit dem Betrieb von elektrischen (Produktions-)Anlagen von besonderer Bedeutung: „*Betrieb sind alle Tätigkeiten, die erforderlich sind, damit eine elektrische Anlage funktionieren kann. (...) Dies umfasst Schalten, Regeln, Überwachen und Instandhalten (...).*"[18] „*Bedienen ist Teil des Betriebs und umfasst das bei bestimmungsgemäßem Gebrauch gefahrlose Beobachten, Regeln, und Schalten von elektrischen Anlagen.*"[19]

2.1.4 Vertrieb/Marketing

Vertrieb – oder früher auch Absatz – ist die Funktion innerhalb eines Betriebs, die die Übertragung der vom Betrieb erstellten oder von Dritten bezogenen Güter auf andere

---

[16] Quelle: *Rötzel/Rötzel-Schwunk* 2017, S. 19

[17] Vgl. *Rötzel/Rötzel-Schwunk* 2017, S. 19 ff.

[18] Quelle: DIN VDE 0105-100:2015-10, Abschnitt 3.1.2

[19] Quelle: DIN VDE 0105-100:2015-10, Abschnitt 3.4.101

Betriebe oder Verbraucher sicherstellt. Dies beinhaltet nicht nur die rein technische Durchführung des Verkaufsvorgangs mit vertraglicher Übereinkunft (Kontrahierung), Übergabe/Auslieferung (Distribution) und Bezahlung, sondern auch die konzeptionelle Vorbereitung des Verkaufs durch eine geeignete Marktbearbeitung mit dem Ziel, Marktwiderstände zu überwinden, also für das eigene Produkt am Markt Nachfrage zu erzeugen.[20] Diese Marktbearbeitung wird als Marketing bezeichnet und kann wie folgt definiert werden: *„Marketing sind alle Aktionen, um die Produkte und/oder Dienstleistungen eines Unternehmens zum Nutzen des Kunden und des Unternehmens zu vermarkten.“*[21]

Markt ist der zentrale Begriff für das Marketing und bezeichnet das Zusammentreffen von Angebot und Nachfrage. Der Zusammenhang ist in **Bild 2.7** grafisch skizziert. Sinkt der Preis, so steigt die nachgefragte Menge und umgekehrt. Die Angebotsmenge steigt bei steigendem Preis und umgekehrt. Der Schnittpunkt von Angebots- und Nachfragekurve bildet den sog. Gleichgewichtspreis und die sog. Gleichgewichtsmenge ab, d. h., Angebot und Nachfrage sind im Gleichgewicht, was bedeutet, dass die Planungen von Anbietern und Nachfragern gleich sind. Steigt die Nachfrage beispielsweise bei gleichbleibendem Angebot, so verschiebt sich die Nachfragekurve nach rechts, es bildet sich ein neues Gleichgewicht als Schnittpunkt von Angebot und Nachfrage, Preis und Menge steigen. Steigt das Angebot beispielsweise

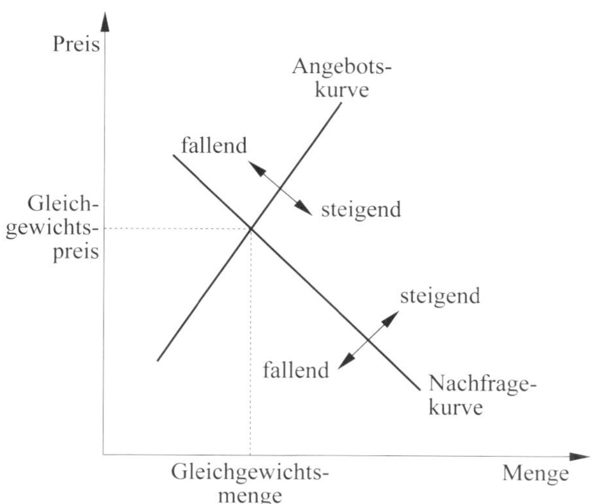

Bild 2.7 Angebot und Nachfrage

[20] Vgl. *Schmidt/Glockauer/Osenger* 2016, S. 31

[21] Quelle: *Hering* in: *Hering* 2016, S. 725

bei gleichbleibender Nachfrage, so verschiebt sich die Angebotskurve nach rechts, es bildet sich auch hier ein neuer Schnittpunkt, die Menge steigt, die Preise sinken.[22]

Die grundlegenden Fragen des Marketings ranken sich um folgende Themen:

- Kunde: Was sind die Kundenbedürfnisse? Welchen Nutzen erwarten die Kunden? Welche Kundensegmentierung nach z. B. Regionen, Produktanforderungen, Branchen, Umsatz, Privat- und Gewerbekunden ist möglich?
- Betrieb: Was kann der eigene Betrieb zur Befriedigung der Kundenbedürfnisse leisten? Wie sieht das Produktportfolio aus? Wo stehen die eigenen Produkte im Produktlebenszyklus (siehe **Bild 2.8**)? Wie sind die Umsatz- und Gewinnerwartungen an das Produktportfolio auf Grundlage der Einsortierung in den Produktlebenszyklus? Es wird dabei davon ausgegangen, dass ein Produkt folgenden Phasen durchläuft:
  - *Produkteinführung:* Es sind hier zunächst Einführungskosten wirksam, die bei nur geringem Umsatz zu einem Verlust (negativem Gewinn) führen.
  - *Wachstumsphase:* Der Marktanteil und Umsatz steigen stark, Konkurrenten treten auf, der Gewinn steigt langsam, da die Einführungskosten allmählich abnehmen.
  - *Reifephase:* Der Anstieg von Marktanteil und Umsatz verlangsamen sich und stagnieren, Einführungskosten sind nicht mehr wirksam, durch Erfahrungseffekte (z. B. bei der Produktion) erreicht der Gewinn ein Maximum.
  - *Sättigungsphase:* Der Umsatz steigt zunächst weiter bzw. verharrt auf hohem Niveau, der Gewinn ist rückläufig, da der hohe Umsatz nur durch erheblichen Aufwand (z. B. Preisreduzierung) gegenüber der immer stärker werdenden Konkurrenz bei stagnierendem oder rückläufigem Gesamtmarkt gehalten werden kann.
  - *Rückgangsphase:* Der Markt für das Produkt schrumpft stark, Umsatz und Gewinne brechen ein, das Produkt ist aus dem Markt zu nehmen.
- Wettbewerb: Was kann die Konkurrenz leisten? Was sind die Stärken und Schwächen und die Strategien der Konkurrenz? Welchen neuen Konkurrenten könnten in der Zukunft entstehen?
- Umfeld: Wie ist die Marktmacht? Liegt die Macht eher beim Anbieter (Verkäufermarkt) oder bei den Nachfragern (Käufermarkt)? Welche gesellschaftlichen, politischen, rechtlichen, ökologischen und technischen Entwicklungen gibt es?

[22] Vgl. *Vry* 2002, S. 13 ff.

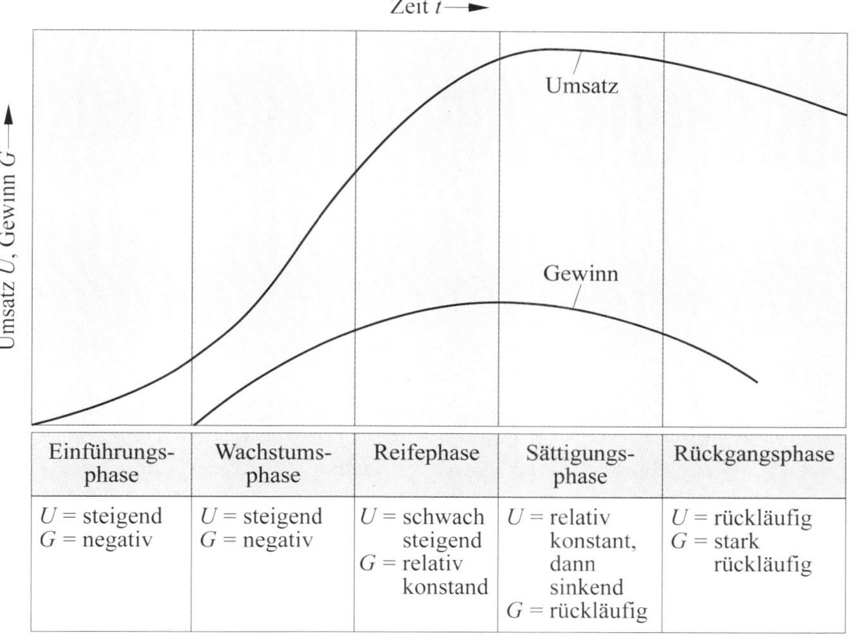

Einführungsphase	Wachstumsphase	Reifephase	Sättigungsphase	Rückgangsphase
U = steigend G = negativ	U = steigend G = negativ	U = schwach steigend G = relativ konstand	U = relativ konstant, dann sinkend G = rückläufig	U = rückläufig G = stark rückläufig

Bild 2.8 Produktlebenszyklus
(Quelle: *Olfert/Rahn/Zschenderlein* 2013, Nr. 758)

Die Beantwortung der Fragen sollte in einem Marketingkonzept münden, mit dem konkret benannte Ziele des eigenen Betriebs verfolgt werden.[23]

Innerhalb des Marketingkonzepts ist zu unterscheiden zwischen der Marketingstrategie, die die Frage beantwortet, wie diese Ziele langfristig erreicht werden sollen und dem Marketingmix als Zusammenstellung von Instrumenten zur kurzfristigen Erreichung der Ziele. Diese Instrumente lassen sich in vier Bereiche (4 P aus dem Angelsächsischen für Product, Price, Place, Promotion) einteilen:

- Produktpolitik [Product] (Produktgestaltung, Sortiment, Kundendienst);
- Kommunikationspolitik [Promotion] (Werbung, persönlicher Verkauf, Verkaufsfördermaßnahmen);
- Kontrahierungspolitik [Price] (Vertragsgestaltung, Konditionen, Preise, Rabatte);

[23] Vgl. *Hering* in: *Hering* 2016, S. 725 ff.

- Distributionspolitik [Place] (Wie kommt das Produkt zum Kunden? Vertreter, Fachhandel, Direktvertrieb, Transport, Versand).[24]

Ein Betrieb ist bestrebt, „*die Bedingungen für sein Angebot so zu gestalten, dass die von ihm erstellten Leistungen den Marktzielen entsprechend verkauft werden. Die Gestaltung dieser Bedingungen, die schließlich Teil des Kaufvertrags, des Kontrakts, werden, bezeichnet man als Kontrahierungspolitik. Dazu zählen Preis- und Rabattpolitik sowie die Bedingungen für Lieferung und Zahlung.*“[25] Weitere Elemente der Kontrahierungspolitik sind Lieferantenkredite und Leasingverträge. Die Maßnahmen der Kontrahierungspolitik haben ganz wesentliche Auswirkungen auf die Finanzlage eines Betriebs.[26]

„*Distribution heißt Verteilung, verteilt werden Produkte an Endverkäufer. Distribution befasst sich mit den Fragen, auf welchen Wegen und mit welchen Absatzmittlern Produkte vom Hersteller an die Endverkäufer gebracht werden. (...) Die Distributionspolitik befasst sich mit den Entscheidungen für die Maßnahmen, die zur Verteilung der Produkte innerhalb vorgegebener Ziele zu ergreifen sind. Diese Entscheidungen betreffen u. a. die Absatzwege, den Einsatz von Absatzmittlern und -helfern, den Einsatz von Reisenden oder Vertretern, die Einrichtung von Vertriebslagern, die Benutzung von Transportmitteln.*“[27] Im Rahmen der Distributionspolitik werden langfristige Entscheidungen getroffen, die nicht nur die Kosten und Erlöse beeinflussen, sondern auch starke Auswirkungen auf die Außendarstellung des Betriebs und das Image der Produkte haben.[28]

2.1.5 Rechnungswesen

Das Rechnungswesen ist das zentrale Informationssystem in einem Betrieb im Hinblick auf dessen wirtschaftliche Situation. Es gliedert sich in ein externes und ein internes Rechnungswesen. Adressaten des externen Rechnungswesens sind externe Stellen wie Steuerbehörden, Gläubiger und Anteilseigner. Zur Durchführung des externen Rechnungswesens gibt es eine Vielzahl gesetzlicher Vorschriften. Das interne Rechnungswesen richtet sich an interne Stellen und zielt auf die Steuerung betriebsinterner Prozesse durch Kalkulationen und statistische Auswertungen. In **Tabelle 2.1** sind Zweck, Betrachtungsbereich, Betrachtungszeitraum, Tätigkeit und Adressaten des internen und des externen Rechnungswesens als Übersicht dargestellt.

---

[24] Vgl. *Schott* in: *Wollenberg* 2000, S. 207 f.

[25] Quelle: *Vry* 2002, S. 113

[26] Vgl. *Olfert/Rahn/Zschenderlein* 2013, Nr. 499

[27] Quelle: *Vry* 2002, S. 201 f.

[28] Vgl. *Olfert/Rahn/Zschenderlein* 2013, Nr. 238

	Betrachtungsbereich		Fristigkeit	Tätigkeit	Adressat		Zweck/Ziel
externes Rechnungswesen	Aufwand und Ertrag	Gesamtvermögen	Betrachtung einer Periode, stichtagsbezogen	Inventur Buchhaltung Bilanz, GuV-Rechnung, Anhang, Lagebericht } Jahresabschluss	externe Stellen, Anteilseigner, Kapitalgeber, Gläubiger, Behörden (z. B. Steuerbehörden)	➡	Information über die wirtschaftliche Lage
internes Rechnungswesen	Kosten und Leistung/ Erlöse	betriebsnotwendiges Vermögen	kurzfristige und laufende Betrachtung, ggf. anlassbezogen	Kosten- und Leistungsrechnung, Betriebsstatistik, Controlling	interne Stellen, Betriebsleitung	➡	Steuerung des Betriebs, Vorbereitung von Entscheidungen
	Einzahlung und Auszahlung	Geldvermögen	langfristige Betrachtung, anlassbezogen	Investitionsrechnung			

Tabelle 2.1 Rechnungswesen

2.1.5.1 Externes Rechnungswesen

Die Vorschriften zum externen Rechnungswesen befinden sich auf nationaler Ebene im Handelsgesetzbuch (HGB). Daneben existieren auf internationaler Ebene weitere Regelwerke, wie z. B. die International Accounting Standards (IAS), die International Financial Reporting Standards (IFRS) oder die US-GAAP (United States General Accepted Accounting Principles), die für international agierende Unternehmen mit Kapitalmarktzugang bedeutsam sind. Ziel der Buchführung des externen Rechnungswesens ist es, Auskunft über die Vermögenslage und den Gewinn der vergangenen Rechnungsperiode (in der Regel ein Jahr) zu erhalten. Bei einigen Kleinbetrieben kann der Gewinn aus der Differenz von Einnahmen und Ausgaben ermittelt werden (Einnahme-Überschussrechnung), bei allen anderen Betrieben ist ein Jahresabschluss vorzulegen, der prinzipiell aus Bilanz, Gewinn- und Verlustrechnung (GuV), Lagebericht und Anhang besteht.[29]

2.1.5.1.1 Inventar und Bilanz

„Jeder Kaufmann hat zu Beginn seines Handelsgewerbes seine Grundstücke, seine Forderungen und Schulden, den Betrag seines baren Geldes sowie seine sonstigen Vermögensgegenstände genau zu verzeichnen und dabei den Wert der einzelnen Vermögensgegenstände und Schulden anzugeben. Er hat demnächst für den Schluss eines jeden Geschäftsjahrs ein solches Inventar aufzustellen.“[30] Das heißt, jeder Be-

[29] Vgl. *Plinke/Rese* in: *Plinke/Rese/Buck* u. a. 2014, S. 15 und *Schmidt* in: *Schmidt/Beltz* u. a. 2017, S. 151 ff.

[30] Quelle: § 240 HGB

trieb ist verpflichtet regelmäßig eine Inventur durchzuführen und das Ergebnis dieser Bestandsaufnahme in einer Liste, dem sog. Inventar, zu verzeichnen. Die Inventur kann dabei auf verschiedene Arten durchgeführt werden. Möglich sind permanente Inventur, Stichtagsinventur, zeitlich verlegte Inventur mit Wertfortschreibung und -rückrechnung.

„Die Bilanz fasst das ausführliche Inventar, in dem die Vermögensteile und Schulden einzeln erfasst sind in übersichtlicher Kontenform zusammen.“[31]

Die Bilanz ist also eine Gegenüberstellung von Mittelverwendung (Aktiva) und Mittelherkunft (Passiva) eines Betriebs zu einem Stichtag. Der in **Bild 2.9** schematisch grob dargestellte Aufbau einer Bilanz ist gesetzlich vorgeschrieben.[32]

Aktiva (Mittelverwendung)		**BILANZ**		**Passiva** (Mittelherkunft)	
A Anlagevermögen	...	*A* Eigenkapital	...		
B Umlaufvermögen	...	*B* Rückstellungen	...	} Fremdkapital	
C Rechnungsabgrenzungsposten	...	*C* Verbindlichkeiten	...	} Fremdkapital	
		D Rechnungsabgrenzungsposten	...		
Bilanzsumme	...	Bilanzsumme	...		

Bild 2.9 Bilanz

Anlagevermögen sind alle Gegenstände, die dem Geschäftsbetrieb dauernd dienen. Dazu gehören immaterielle Vermögensgegenstände (z. B. erworbene oder selbst geschaffene Schutzrechte und Lizenzen), Sachanlagen (z. B. Grundstücke, technische Anlagen und Maschinen, Betriebs- und Geschäftsausstattung) und Finanzanlagen. Zum Umlaufvermögen gehören Vorräte an Roh-, Hilfs- und Betriebsstoffen, unfertige und fertige Erzeugnisse, geleistete Anzahlungen auf noch ausstehende Lieferungen, Forderungen, Wertpapiere, Guthaben bei Banken sowie der Kassenbestand. Rechnungsabgrenzungsposten auf der Aktivseite stellen Ausgaben vor dem Bilanzstichtag für Aufwendungen nach dem Bilanzstichtag dar. Die Summe (= Bilanzsumme) auf der Aktivseite muss identisch der Summe auf der Passivseite sein.

Das Eigenkapital ist der Saldo zwischen der Bilanzsumme und dem Fremdkapital. Zum Eigenkapital gehören Kapitalrücklagen, gezeichnetes Kapital, Gewinnrücklagen, Gewinn-/Verlustvortrag sowie der Jahresüberschuss/Jahresfehlbetrag, der aus der Gewinn- und Verlustrechnung übernommen wird. Die Rückstellungen sind hinsichtlich des Zahlungszeitpunkts und der genauen Höhe ungewisse Zahlungsver-

[31] Quelle: *Härtl/Sommerhoff* 2010, S. 11

[32] Vgl. § 266 HGB

pflichtungen. Unter Verbindlichkeiten sind Zahlungsverpflichtungen aus vertraglichen Vereinbarungen sowie gegenüber Steuer- und Sozialbehörden zu verstehen. Die Rechnungsabgrenzungsposten auf der Passivseite sind Einnahmen vor dem Stichtag für Erträge nach dem Stichtag.

Bei der Aufstellung einer Bilanz sind die sog. Bilanzierungsgrundsätze zu befolgen:

- *Grundsatz der Bilanzklarheit:* Der Jahresabschluss mit der Bilanz muss klar und übersichtlich gestaltet sein. Die Vorschriften des HGB zur Gliederung sind einzuhalten.
- *Grundsatz der Bilanzwahrheit:* Sämtliche Vermögenswerte sind entsprechend dem Zweck der Bilanz wahrheitsgemäß zu bewerten.
- *Grundsatz der Bilanzkontinuität:* Stichtag und Bewertungsgrundsätze aufeinanderfolgender Bilanzen müssen gleich sein.
- *Grundsatz der Bilanzidentität:* Schlussbilanz des Vorjahrs muss identisch zur Anfangsbilanz des Folgejahrs sein.[33]

Neben der Handelsbilanz, die als Adressaten Anteilseigner und Gläubiger hat und die den in der Abrechnungsperiode erzielten Erfolg sowie das Vermögen, die Schulden und das Eigenkapital ausweist, ist eine Steuerbilanz aufzustellen, die die Grundlage für steuerliche Berechnungen bildet. „*Die Steuerbilanz ist eine (...) aufgrund steuerrechtlicher Vorschriften korrigierte Handelsbilanz. Sie wird von Betrieben, die zur Aufstellung einer Handelsbilanz verpflichtet sind, aus dieser abgeleitet und dient der Ermittlung des steuerrechtlichen Gewinns und damit der Bemessungsgrundlage für die Ertragsbesteuerung.*“[34]

2.1.5.1.2 Buchführung

Um Veränderungen der einzelnen Bilanzpositionen nachhalten zu können, werden Konten geführt. Ein Konto stellt eine zweiseitige Rechnung dar, in der in T-Form Geschäftsvorfälle erfasst werden, in dem Plus- bzw. Minusvorfälle auf der entsprechenden Seite des T-Kontos dokumentiert werden. Die linke Seite eines Kontos ist die Sollseite, die rechte Seite ist die Habenseite. Nach dem Prinzip der doppelten Buchführung führt jede Buchung eines Geschäftsvorfalls zu Änderungen auf zwei Konten. Zu jeder Buchung auf einem Konto gibt es also eine zweite Buchung auf dem sog. Gegenkonto. **Bild 2.10** zeigt dazu ein einfaches Beispiel: Der Anfangsbestand der Betriebsstoffe beläuft sich auf 40 000 Geldeinheiten (GE). Es werden zunächst Betriebsstoffe im Wert von 2 000 GE zugekauft und per Banküberweisung bezahlt;

---

33 Vgl. *Olfert/Rahn* 2017, S. 469 f.

34 Quelle: *Schmidt* in: *Schmidt/Beltz* u. a. 2017, S. 188

dann werden weitere Betriebsstoffe im Wert von 6 000 GE auf Lieferantenkredit gekauft. Schließlich werden Betriebsstoffe im Wert von 5 000 GE verbraucht. Es ergibt sich als Saldo (= Differenz von Plus- und Minusvorgängen) ein Schlussbestand der Betriebsstoffe von 43 000 GE.

SOLL (S)	Betriebsstoffe		HABEN (H)
Anfangsbestand (AB)	40 000		

⇩ Buchungssatz: „Betriebsstoffe an Bank 2 000" ⇩

SOLL (S)	Betriebsstoffe		HABEN (H)
Anfangsbestand (AB)	40 000		
Bank	2 000		

SOLL (H)	Bank		HABEN (H)
Anfangsbestand (AB)	*xxxxxx*	Betriebsstoffe	2 000

⇩ Buchungssatz: „Betriebsstoffe an Verbindlichkeiten 6 000" ⇩

SOLL (S)	Betriebsstoffe		HABEN (H)
Anfangsbestand (AB)	40 000		
Bank	2 000		
Verbindlichkeiten	6 000		

SOLL (S)	Verbindlichkeiten		HABEN (H)
		Anfangsbestand (AB)	*xxxxxx*
		Betriebsstoffe	6 000

⇩ Buchungssatz: „Betriebsstoffverbrauch an Betriebsstoffe 5 000" ⇩

SOLL (S)	Betriebsstoffe		HABEN (H)
Anfangsbestand (AB)	40 000	Betriebsstoffverbrauch	5 000
Bank	2 000	Schlussbestand (SB)	43 000
Verbindlichkeiten	6 000		
	48 000		48 000

SOLL (S)	Betriebsstoffverbrauch		HABEN (H)
Betriebsstoffe	5 000		

Bild 2.10 Buchungssätze
(in Anlehnung an *Olfert/Rahn* 2017, S. 457)

Man unterscheidet zwischen Bestandskonten und Erfolgskonten:

- *„**Bestandskonten** entsprechen Bilanzpositionen und werden, sofern ein Anfangsbestand am Beginn des Geschäftsjahrs vorhanden ist, am Jahresanfang aus der Eröffnungsbilanz heraus eröffnet. Sie verzeichnen Bestandszu- und -abnahmen und geben den Schlussbestand am [Geschäfts]jahresende in das Schlussbilanzkonto [und die Schlussbilanz] ab.*
- ***Erfolgskonten** werden (...) bei Bedarf eröffnet, haben also keinen Anfangsbestand, und nehmen Aufwendungen bzw. Erträge auf. Sie werden (...) in die Ergebnisrechnung abgeschlossen; der dort ermittelte Saldo entspricht dem Jahresergebnis.“*[35]

Die chronologische Erfassung von Geschäftsvorfällen erfolgt im sog. Grundbuch. Hier sind die Buchungssätze nach dem Prinzip „Soll an Haben“ nach Datum geordnet mit Verweis auf die entsprechenden Belege (z. B. Rechnung, Bankbeleg) aufgelistet. Die Buchungen auf die einzelnen Konten – also die sachliche Differenzierung der Geschäftsvorfälle – wird im sog. Hauptbuch vorgenommen, in dem die Konten in der Regel nach Gruppen bzw. Klassen geordnet sind. Das Ordnungssystem wird als Kontenrahmen bezeichnet. In der Regel wird der Industriekontenrahmen verwendet, der vom Bundesverband der Deutschen Industrie (BDI) herausgebracht wird und folgende Kontenklassen enthält: 0 Immaterielle Vermögensgegenstände und Sachanlagen, 1 Finanzanlagen, 2 Umlaufvermögen und aktive Rechnungsabgrenzung, 3 Eigenkapital und Rückstellungen, 4 Verbindlichkeiten und passive Rechnungsabgrenzung, 5 Erträge, 6 betriebliche Aufwendungen, 7 weitere Aufwendungen, 8 Ergebnisrechnung, 9 Kosten- und Leistungsrechnung. Innerhalb der Kontenklassen werden die Sachkonten geführt, zu denen im Bedarfsfall noch weitere Unterkonten angelegt werden können. Unterkonten können in sog. Nebenbüchern nach sachlichen Gesichtspunkten zusammengefasst werden, wobei die Salden erst am Ende des Geschäftsjahrs in das Hauptbuch übertragen werden. Nebenbücher sind z. B.:

- *Anlagenbuch (Anlagenbuchhaltung):* Hier werden die Zugänge, Abgänge und Abschreibungen der Vermögensgegenstände verbucht.
- *Kontokorrentbuch (Kontokorrentbuchhaltung):* Hier werden Forderungen (Debitorenbuchhaltung) und Verbindlichkeiten (Kreditorenbuchhaltung) kunden- und lieferantenbezogen verbucht.
- *Lagerbuchhaltung:* Hier werden Zugänge, Abgänge von eingelagerten Materialien und Produkten verbucht.
- *Lohn- und Gehaltsbuchhaltung:* Hier werden Löhne und Gehälter mitarbeiterbezogen verbucht.

---

[35] Quelle: *Schmidt* in: *Schmidt/Beltz* u. a. 2017, S. 169

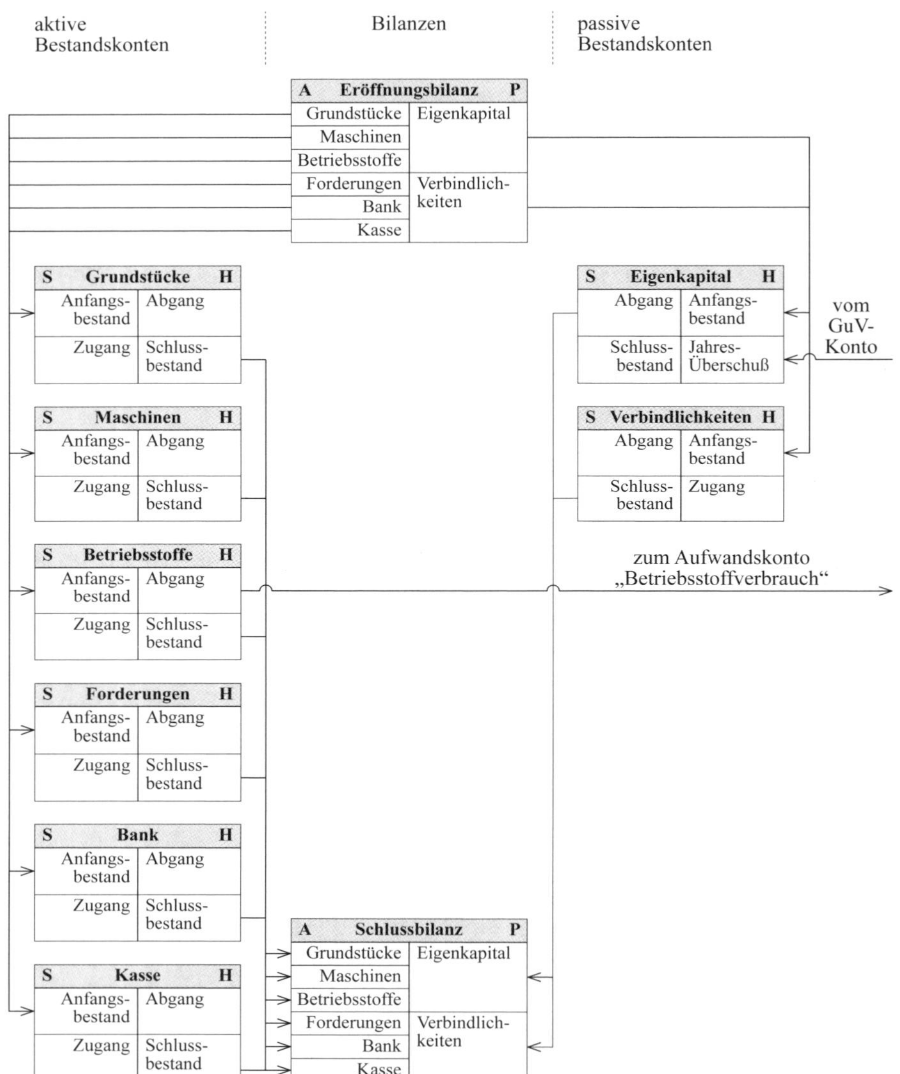

Bild 2.11 Bilanz- und Bestandskonten
(in Anlehnung an *Olfert/Rahn* 2017, S. 465)

Die Buchhaltung muss nach den Grundsätzen ordnungsgemäßer Buchführung (GoB) erfolgen, damit ein sachverständiger Dritte sich in angemessener Zeit einen Überblick verschaffen kann. Diese lauten

- Klarheit und Übersichtlichkeit;
- ordnungsgemäße Erfassung der Geschäftsvorfälle (vollständig, fortlaufend, richtig, zeitnah, sachlich geordnet);
- keine Buchung ohne Beleg (geordnete Aufbewahrung);
- ordnungsgemäße Aufbewahrung von Unterlagen;
- Aufbewahrungsfristen beachten.

In **Bild 2.11** und **Bild 2.12** ist der Zusammenhang von der Eröffnungsbilanz zur Schlussbilanz über die Buchführung schematisch dargestellt.

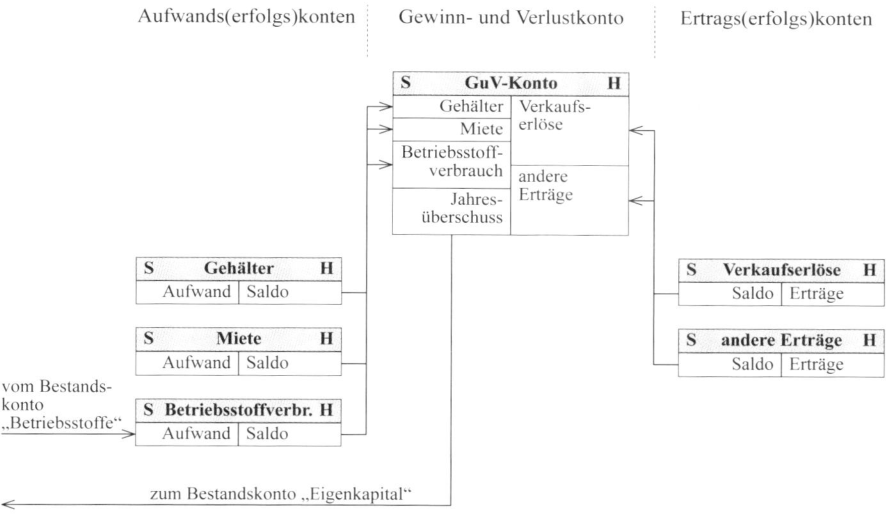

Bild 2.12 GuV und Erfolgskonten
(in Anlehnung an *Olfert/Rahn* 2017, S. 465)

2.1.5.1.3 Jahresabschluss und GuV-Rechnung

Der Jahresabschluss besteht aus der Schlussbilanz und der Gewinn- und Verlustrechnung (GuV) sowie bei Kapitalgesellschaften zusätzlich aus Anhang und Lagebericht. Im Anhang finden sich beispielsweise Erläuterungen zu den angewandten Bilanzierungs- und Bewertungsmethoden sowie Erläuterungen zur GuV-Rechnung.

Bei größeren Kapitalgesellschaften ist als weitere zusätzliche Information die Zusammensetzung des Anlagevermögens in einem sog. Anlagenspiegel auszuweisen. Der Anlagenspiegel enthält u. a. zu den einzelnen Posten historische Anschaffungskosten bzw. Herstellungskosten, Zugänge, Abgänge und Abschreibungen (= angesetzter Werteverzehr). Im Lagebericht werden der Geschäftsverlauf des abgelaufenen Jahrs und der erwartete Geschäftsverlauf des kommenden Jahrs einschließlich zu erwartender Risiken beschrieben.[36]

Die GuV-Rechnung fasst die wirtschaftlichen Vorgänge der Abrechnungsperiode übersichtlich in Staffelform zusammen. Staffelform bedeutet dabei, dass die einzelnen Posten listenartig untereinander zu Gruppen mit Zwischensummen und -salden zusammengefasst werden. Nach § 275 HGB kann die GuV-Rechnung nach dem Gesamtkosten- oder nach dem Umsatzkostenverfahren aufgestellt werden. Beim Gesamtkostenverfahren werden die gesamten Kosten der Abrechnungsperiode den Umsätzen und der Bestandserhöhung an noch nicht abgesetzten Leistungen gegenübergestellt. Beim Umsatzkostenverfahren werden ausschließlich die Umsätze und die dafür erforderlichen Aufwendungen erfasst. Beide Verfahren führen mit dem Jahresüberschuss/Jahresfehlbetrag zum selben Ergebnis.

Nach § 275 HGB sieht die Gliederung nach dem Gesamtkostenverfahren wie folgt aus:

1. Umsatzerlöse
2. Erhöhung oder Verminderung des Bestands an fertigen und unfertigen Erzeugnissen
3. andere aktivierte Eigenleistungen
4. sonstige betriebliche Erträge
5. Materialaufwand:
   a) Aufwendungen für Roh-, Hilfs- und Betriebsstoffe und für bezogene Waren,
   b) Aufwendungen für bezogene Leistungen
6. Personalaufwand:
   a) Löhne und Gehälter,
   b) soziale Abgaben und Aufwendungen für Altersversorgung und für Unterstützung, davon für Altersversorgung
7. Abschreibungen:
   a) auf immaterielle Vermögensgegenstände des Anlagevermögens und Sachanlagen,

[36] Vgl. *Schwab* 2014, S. 131 f. und *Schmidt* in: *Schmidt/Beltz* u. a. 2017, S. 210

b) auf Vermögensgegenstände des Umlaufvermögens, soweit diese die in der Kapitalgesellschaft üblichen Abschreibungen überschreiten

8. sonstige betriebliche Aufwendungen
9. Erträge aus Beteiligungen, davon aus verbundenen Unternehmen
10. Erträge aus anderen Wertpapieren und Ausleihungen des Finanzanlagevermögens, davon aus verbundenen Unternehmen
11. sonstige Zinsen und ähnliche Erträge, davon aus verbundenen Unternehmen
12. Abschreibungen auf Finanzanlagen und auf Wertpapiere des Umlaufvermögens
13. Zinsen und ähnliche Aufwendungen, davon an verbundene Unternehmen
14. Steuern vom Einkommen und vom Ertrag
15. Ergebnis nach Steuern
16. sonstige Steuern
17. Jahresüberschuss/Jahresfehlbetrag

Für das Umsatzkostenverfahren ist die Gliederung der GuV-Rechnung nach § 275 HGB folgende:

1. Umsatzerlöse
2. Herstellungskosten der zur Erzielung der Umsatzerlöse erbrachten Leistungen
3. Bruttoergebnis vom Umsatz
4. Vertriebskosten
5. allgemeine Verwaltungskosten
6. sonstige betriebliche Erträge
7. sonstige betriebliche Aufwendungen
8. Erträge aus Beteiligungen, davon aus verbundenen Unternehmen
9. Erträge aus anderen Wertpapieren und Ausleihungen des Finanzanlagevermögens, davon aus verbundenen Unternehmen
10. sonstige Zinsen und ähnliche Erträge, davon aus verbundenen Unternehmen
11. Abschreibungen auf Finanzanlagen und auf Wertpapiere des Umlaufvermögens
12. Zinsen und ähnliche Aufwendungen, davon an verbundene Unternehmen
13. Steuern vom Einkommen und vom Ertrag
14. Ergebnis nach Steuern
15. sonstige Steuern
16. Jahresüberschuss/Jahresfehlbetrag

Zur Analyse des Jahresabschlusses können Kennzahlen gebildet werden. Beispiele für Kennzahlen sind das sog. Betriebsergebnis und der sog. Cashflow.

Das Betriebsergebnis beschreibt als besondere Kennzahl den Erfolg des Betriebs im Kerngeschäft. Es errechnet sich wie folgt aus Positionen der GuV-Rechnung (Gesamtkostenverfahren):

Umsatzerlöse
\+ Erhöhung oder Verminderung des Bestands an fertigen und unfertigen Erzeugnissen
\+ andere aktivierte Eigenleistungen
\+ sonstige betriebliche Erträge
Betriebserträge

Materialaufwand
\+ Personalaufwand
\+ Abschreibungen
\+ sonstige betriebliche Aufwendungen
Betriebsaufwendungen

Betriebserträge – Betriebsaufwendungen = Betriebsergebnis[37]

Der Cashflow (Kassenzufluss) ist eine Kennzahl zur Beurteilung der Selbstfinanzierungskraft eines Betriebs. Er bereinigt den Jahresüberschuss um unbare Einflüsse und errechnet sich wie folgt:

Jahresüberschuss/-fehlbetrag
\+ Abschreibungen
– Zuschreibungen
\+ Zuführung zu Rückstellungen
– Auflösung von Rückstellungen
Cashflow[38]

Im Rahmen der Ergebnisanalyse sind die aus dem internationalen Rechnungslegungsstandard stammenden Earnings-Kennziffern von zunehmender Bedeutung:

- *EBT (Earning before Taxes):* Ergebnis vor Steuern (Steuern vom Ertrag, also Einkommen-, Körperschafts-, Gewerbesteuern);

---

37 Vgl. *Schmidt* in: *Schmidt/Beltz* u. a. 2017, S. 265 ff.
38 Vgl. *Schmidt* in: *Schmidt/Beltz* u. a. 2017, S. 249 f.

- *EBIT (Earning before Interest and Taxes):* Ergebnis vor Zinsen und Steuern; diese Kennzahl als Vergleichskennzahl ist von Interesse, da die für Schulden aufgewendeten Zinsen durchaus unterschiedlich sein können; das EBIT wird auch als ordentliches Betriebsergebnis bezeichnet und entspricht dem o. g. beschriebenen Betriebsergebnis;
- *EBITA (Earning before Interest, Taxes and Amortization):* Ergebnis vor Zinsen, Steuern und Abschreibungen auf immaterielle Vermögenswerte;
- *EBITDA (Earning before Interest, Taxes, Depreciation and Amortization):* Ergebnis vor Zinsen, Steuern, Abschreibungen auf Sachanlagen und auf immaterielle Vermögenswerte); die Kennzahl EBIT(D)A ist als Vergleichskennzahl von Interesse, da die gesetzlichen Regelungen für Abschreiben durchaus unterschiedlich sind; das EBITDA wird auch als ordentliches Betriebsergebnis vor Abschreibung bezeichnet.[39]

Der Zusammenhang zwischen den Earnings-Kennziffern und der GuV-Rechnung (Gesamtkostenverfahren) ist im Folgenden dargestellt[40]:

Umsatzerlöse
± Bestandsveränderungen Erzeugnisse
\+ aktivierte Eigenleistung
\+ sonstige betriebliche Erträge
= Gesamtleistung
– Materialaufwand
= Rohergebnis
– Personalaufwand
– sonstige betriebliche Aufwendungen
ordentliches Betriebsergebnis vor Abschreibungen (EBITDA)
– Abschreibungen
ordentliches Betriebsergebnis (EBIT)
\+ zins- und zinsähnliche Erträge
– zins- und zinsähnliche Aufwendungen
Ergebnis vor Steuern (EBT)
– Steuern
Jahresüberschuss/-fehlbetrag

[39] Vgl. *Schmidt* in: *Schmidt/Beltz* u. a. 2017, S. 246 f.
[40] Quelle: *Schmidt* in: *Schmidt/Beltz* u. a. 2017, S. 246

2.1.5.2 Internes Rechnungswesen

Das interne Rechnungswesen besteht aus der Kosten- und Leistungsrechnung und dem Controlling. Beides ist gesetzlich nicht vorgeschrieben. Die Kosten- und Leistungsrechnung ist vielmehr eine freiwillige Rechnung des Betriebs und dient der Kalkulation. Sie basiert auf der Realgüterbewegung und nicht auf der Zahlungsmittelbewegung. Die Kosten- und Leistungsrechnung ist eine kurzfristige Rechnung – im Gegensatz zur Investitionsrechnung, die Zinseinflüsse berücksichtigt – und ermittelt als Erfolgsrechnung den Wert des Güterverzehrs auf der einen Seite und den Wert der erstellten Leistung als kalkulatorischen Erfolg auf der anderen Seite. Die Kosten- und Leistungsrechnung wird fortlaufend erstellt, wobei fallweise, z. B. zur Kalkulation eines bestimmten Produkts, Sonderrechnungen durchgeführt werden.[41]

Das Controlling basiert auf dem Zahlenmaterial der Kosten- und Leistungsrechnung und unterstützt die Betriebsleitung bei der Steuerung des Betriebs. Controlling ist *„eine an Zielen orientierte Teilaufgabe des Managements, bei der die Koordination der Planungs-, Kontroll- und Steuerungsaktivitäten (...) im Mittelpunkt stehen. Systemgestützt werden passende Informationen bereitgestellt, um die Entscheidungsqualität [der Betriebsleitung] (...) zu verbessern.“*[42]

2.1.5.2.1 Kosten, Aufwand, Leistung, Ertrag

Im Folgenden werden einige grundlegende Begriffe erläutert:

Kosten ist ein Begriff aus der Kosten- und Leistungsrechnung und beschreibt den betriebsbedingten und finanziell bewertbaren Verbrauch von Gütern und Dienstleistungen. Kosten und der Begriff Aufwand aus dem externen Rechnungswesen sind nicht identisch. Kosten setzen sich zusammen aus den Grundkosten (= Zweckaufwand) und den Zusatzkosten. Den Zusatzkosten steht im externen Rechnungswesen kein Aufwand gegenüber. Zusatzkosten sind z. B. kalkulatorische Wagnisse wie Entwicklungskosten für erfolglose Produkte oder kalkulatorische Eigenkapitalzinsen.

Im Rahmen des Kostenbegriffs sind folgende weitere Definitionen von Bedeutung:

- *Fixkosten:* Diese Kosten sind innerhalb eines bestimmten Betrachtungszeitraums fest; sie ändern sich mit der Produktionsmenge nicht. Beispiel: Gebäudemiete, Abschreibungskosten für eine Produktionsanlage (siehe **Bild 2.13**).
- *Variable Kosten:* Diese Kosten sind abhängig von der Produktionsmenge/Ausbringungsmenge (X). Beispiel: Materialkosten (siehe Bild 2.13).

---

[41] Vgl. *Breid* in: *Manz/Breid* u. a. 1996, S. 5 f.

[42] Quelle: *Czenskowsky/Schünemann/Zdrowomyslaw* 2002, S. 25

- *Grenzkosten:* Dies sind die Kosten für eine zusätzliche Ausbringungseinheit (siehe Bild 2.13).
- *Alternativkosten:* Dies sind Kosten, die einen entgangenen Nutzen bewerten, z. B. entgangene Miete.
- *Einzelkosten (direkte Kosten):* Dies sind Kosten, die sich direkt – ohne Umwege – der betrieblichen Leistung (also dem Kostenträger) zurechnen lassen, z. B. Materialeinzelkosten.
- *Gemeinkosten (indirekte Kosten):* Dies sind Kosten, die den Kostenträgern (*„Güter und Dienstleistungen, die in Erfüllung des Betriebszwecks erstellt werden“*[43]) nicht unmittelbar zuzuordnen sind, z. B. Lagergemeinkosten.
- *Abschreibungskosten: „Abschreibung erfasst den Werteverzehr für materielle und immaterielle Gegenstände des Anlagevermögens, die nicht innerhalb einer Rechnungsperiode verbraucht werden.“*[44] Im externen Rechnungswesen wird die Abschreibung als bilanzieller Aufwand auf die einzelnen Rechnungsperioden verteilt. In der Kosten- und Leistungsrechnung wird die Abschreibung als kalkulatorische Abschreibungskosten erfasst. Die Verteilung der Abschreibungsraten auf die einzelnen Abrechnungsperioden ist linear, degressiv oder leistungsbezogen möglich. Beispiel: Bei linearer Abschreibung von 100 000 GE auf eine Abschreibungszeit von zehn Jahren entfällt auf jedes Jahr eine planmäßige Abschreibungsrate von 10 000 GE.

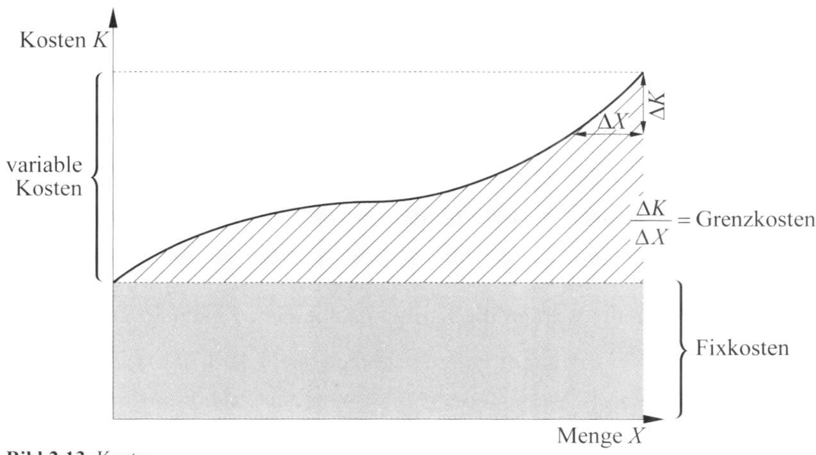

Bild 2.13 Kosten

---

43 Quelle: *Olfert/Rahn/Zschenderlein* 2013, Nr. 525

44 Quelle: *Olfert/Rahn/Zschenderlein* 2013, Nr. 015

Aufwand ist ein Begriff aus dem externen Rechnungswesen und beschreibt den finanziell bewertbaren Verbrauch von Gütern und Dienstleistungen. Aufwand und der Begriff Kosten aus der Kosten- und Leistungsrechnung sind nicht identisch. Der Aufwand setzt sich zusammen aus dem Zweckaufwand (= Grundkosten) und dem neutralen Aufwand. *„Der neutrale Aufwand dient grundsätzlich nicht der Realisation des Betriebszwecks."*[45] Er setzt sich zusammen aus betriebsfremdem Aufwand (z. B. Spenden, Aufwand für Sanierungen), außerordentlichem Aufwand (z. B. Verkauf von Anlagen unter Buchwert) und periodenfremdem Aufwand (z. B. Versicherungsprämien).

Leistung ist ein Begriff aus der Kosten- und Leistungsrechnung und beschreibt die betriebsbedingte und finanziell bewertbare Erstellung von Gütern und Dienstleistungen. Leistung und der Begriff Ertrag aus dem externen Rechnungswesen sind nicht identisch. Leistung setzt sich zusammen aus der Grundleistung (= betrieblicher Ertrag) und der Zusatzleistung. Der Zusatzleistung steht im externen Rechnungswesen kein Ertrag gegenüber. Zusatzleistungen sind z. B. selbst erstellte Patente.

Ertrag ist ein Begriff aus dem externen Rechnungswesen und beschreibt den finanziell bewertbaren Zuwachs an Gütern und Dienstleistungen. Ertrag und der Begriff Leistung aus der Kosten- und Leistungsrechnung sind nicht identisch. Der Ertrag setzt sich zusammen aus dem betrieblichen Ertrag (= Grundleistung) und dem neutralen Ertrag. *„Der neutrale Ertrag resultiert grundsätzlich nicht aus der Erstellung und Verwertung der Güter und Dienstleistungen. Er dient nicht dem Betriebszweck."*[46] Er setzt sich zusammen aus betriebsfremdem Ertrag (z. B. Gewinne aus Beteiligungen), außerordentlichem Ertrag (z. B. Verkauf von Anlagen über Buchwert) und periodenfremdem Ertrag (z. B. Steuerrückzahlung).

2.1.5.2.2 Kostenarten- und Kostenstellenrechnung

Die Kostenrechnung vollzieht sich in drei Stufen. Zunächst werden die Kosten in der Kostenartenrechnung nach Art und Höhe erfasst. Im zweiten Schritt wird in der Kostenstellenrechnung festgestellt, wo die Kosten entstehen. Im dritten Schritt, der Kostenträgerrechnung, werden die Kosten den Leistungen zugeordnet.

In der Kostenartenrechnung werden die Kosten nach einem Kostenartenplan prinzipiell wie folgt gegliedert:

- Materialkosten;
- Dienstleistungskosten;
- öffentliche Abgaben;

---

[45] Quelle: *Olfert/Rahn/Zschenderlein* 2013, Nr. 104

[46] Quelle: *Olfert/Rahn/Zschenderlein* 2013, Nr. 284

- Personalkosten;
- kalkulatorische Kosten:
  - kalkulatorische Abschreibung (es gibt hierzu keine rechtlichen Regelungen): *„Sie sind ein Hilfsmittel der Kostenrechnung, um den verursachungsgerechten Werteverzehr zu ermitteln. Dementsprechend können sie in beliebiger Höhe angesetzt werden. Sie sind nicht von den Anschaffungs- oder Herstellungskosten abhängig, sondern können – bei steigenden Preisen – vom Wiederbeschaffungswert aber auch vom Tageswert ausgehen.“*[47] Die kalkulatorische Abschreibung kann sich von der handelsrechtlichen und steuerrechtlichen Abschreibung unterscheiden;
  - kalkulatorische Zinsen (das im Betrieb gebundene Eigenkapital wird dazu mit einen kalkulatorischen Zins multipliziert);
  - kalkulatorische Wagnisse;
  - kalkulatorischer Unternehmerlohn;
  - kalkulatorische Miete (für die Betriebsräume bei eigenen Räumen).

Grundsätzlich ist bei allen Kostenarten festzustellen, ob es sich um Einzelkosten handelt, die also den betrieblichen Leistungen (Kostenträgern) direkt zuzuordnen sind. Oder, ob es sich um Gemeinkosten handelt, die nur über Schlüsselungsfaktoren den betrieblichen Leistungen zugerechnet werden können.

Nach der Erfassung in der Kostenartenrechnung wird in der Kostenstellenrechnung erfasst, wo die Kosten entstehen. Es werden dazu nach funktionalen Erfordernissen Kostenstellen in einem Kostenstellenplan nach Tätigkeiten zusammengefasst:

- Materialkostenstellen (z. B. Lager);
- Fertigungskostenstellen (z. B. Schlosserei);
- Verwaltungskostenstellen (z. B. Geschäftsführung);
- Vertriebskostenstellen (z. B. Versand);
- allgemeine Kostenstellen (z. B. Forschung und Entwicklung).

Nachdem erfasst wurde, welche Kosten (Kostenarten) wo (Kostenstellen) entstehen, wird im Betriebsabrechnungsbogen (BAB) eine interne Leistungsverrechnung durchgeführt. Der Betriebsabrechnungsbogen (BAB) ist eine tabellarische Zusammenstellung – heutzutage natürlich eine Datenbank in der IT – in der die Kostenstellen als Spalte und die Kostenarten als Zeile dargestellt sind. Einzelkosten sind im BAB lediglich zu Information bzw. als Grundlage für eine Schlüsselung der Gemeinkosten enthalten. Der BAB *„erfüllt folgende Aufgaben:*

[47] Quelle: *Olfert/Rahn* 2017, S. 497

- *Verteilung der Gemeinkosten auf die Kostenstellen,*
- *Durchführung der innerbetrieblichen Leistungsverrechnung,*
- *Bildung von Kalkulationssätzen.* "[48]

In **Bild 2.14** ist das Erfassungs- und Verrechnungsprinzip des Betriebsabrechnungsbogens an einem ganz einfachen Beispiel dargestellt.[49] Es sind die Hilfskostenstellen „Verwaltung" und „Instandhaltung" sowie die Hauptkostenstellen „Fertigung Produkt I" und „Fertigung Produkt II" erfasst. Hilfskostenstellen (oder auch Vorkosten- oder Nebenkostenstellen) sind solche, die nicht direkt auf die Kostenträger weiterverrechnet werden können. Hauptkostenstellen (oder auch Endkostenstellen) sind Kostenstellen, die direkt auf Kostenträger verrechnet werden können.

		Hilfskostenstellen		Hauptkostenstellen		
		Verwaltung	Instandhaltung	Fertigung Produkt I	Fertigung Produkt II	Summe
	primäre Gemeinkosten					
Kostenarten	Gehälter	60 GE	40 GE	300 GE	100 GE	500 GE
	Heizung	30 GE	10 GE	10 GE	10 GE	60 GE
		90 GE				
	Umlagen Verwaltung		→ 30 GE	30 GE	30 GE	90 GE
			80 GE			
	Umlagen Instandhaltung			→ 50 GE	30 GE	80 GE

	Fertigung Produkt I	Fertigung Produkt II
sekundäre Gemeinkosten	390 GE	170 GE
Einzelkosten (informativ)	400 GE	500 GE
Zuschlagsätze	390/400 = 97,5 %	170/500 GE 34 %

Bild 2.14 Prinzip Betriebsabrechnungsbogen (BAB)

[48] Quelle: *Schmidt* in: *Schmidt/Beltz* u. a. 2017, S. 290

[49] Vgl. *Breid* in: *Manz/Breid* u. a. 1996, S. 37

In dem Beispiel werden lediglich die Kostenarten Gehälter und Heizung betrachtet. Es wird zunächst die Hilfskostenstelle Verwaltung als Umlage den weiter rechts stehen Kostenstellen nach einer Schlüsselung (hier: zu je einem Drittel) zugerechnet. Danach wird die Kostenstelle Instandhaltung einschließlich der Umlage aus der Hilfskostenstelle Verwaltung auf die Hauptkostenstellen nach einer Schlüsselung (hier: 62,5 % und 37,5 %) umgelegt. Es wird nun für die Hauptkostenstellen die Summe aus den primären Gemeinkosten und den Umlagen gebildet. Diese Summen (sekundäre Gemeinkosten) werden nun in Verhältnis zu den informativ angegeben Einzelkosten gesetzt und ergeben die Zuschlagsätze (Gemeinkostenzuschläge).

Für die die Verrechnung der Hilfskostenstellen mittels Schlüsselfaktoren gibt es verschiedene Methoden (z. B. Anbauverfahren, Stufenleiterverfahren, mathematisches Gleichungsverfahren) auf die hier nicht näher eingegangen wird.[50]

2.1.5.2.3 Kostenträgerrechnung

Die Kostenträgerrechnung wird als Kostenträgerzeitrechnung und als Kostenträgerstückrechnung durchgeführt. Die Kostenträgerzeitrechnung ermittelt als kurzfristige Erfolgsrechnung für einen Kostenträger periodenbezogen (z. B. monatlich) Kosten und Umsatzerlöse und stellt diese gegenüber. Die Kostenträgerzeitrechnung hat in ihrem Aufbau eine gewisse Ähnlichkeit zur GuV-Rechnung. Unterschiede sind u. a., dass in der Kostenträgerzeitrechnung eine kürzere Periode als ein Jahr und nicht das Gesamtergebnis, sondern lediglich das kostenträgerbezogene Ergebnis betrachtet werden.[51]

Die Kostenträgerstückrechnung errechnet die Herstell- und Selbstkosten eines Kostenträgers. *„**Die Kostenträgerstückrechnung ist die Kalkulation eines Betriebs!***

Bei der Durchführung dieser Kalkulation ist die

- *Divisionskalkulation von der*
- *Zuschlagskalkulation*

zu unterscheiden. (…) Das wesentliche Merkmal der Divisionskalkulation ist, dass stets die Gemeinkosten des Betriebs oder eines Betriebsbereichs durch die Anzahl der hergestellten Güter/Kostenträger dividiert werden. Der Quotient ergibt die Selbstkosten je Stück. Eine Unterscheidung in Einzel- und Gemeinkosten findet nicht statt.“[52]

[50] Vgl. *Schmidt* in: *Schmidt/Beltz* u. a. 2017, S. 293 ff.

[51] Vgl. *Bartzsch* 1994, S. 284 ff.

[52] Quelle: *Schmidt* in: *Schmidt/Beltz* u. a. 2017, S. 298

Das Prinzip einer Zuschlagskalkulation sieht wie folgt aus:

Materialeinzelkosten
\+ Materialgemeinkosten
\+ Fertigungseinzelkosten
\+ Fertigungsgemeinkosten
\+ Sondereinzelkosten der Fertigung
= **Herstellkosten**
\+ Verwaltungsgemeinkosten
\+ Vertriebsgemeinkosten
\+ Sondereinzelkosten des Vertriebs
= **Selbstkosten**

2.1.5.2.4 Deckungsbeitragsrechnung

Zu Vorbereitung bestimmter betrieblicher Entscheidungen kann es sinnvoll sein, nicht sämtliche Kosten auf die Kostenträger zu verteilen, sondern lediglich die variablen Kosten. Bei der Verteilung sämtlicher Kosten spricht man von Vollkostenrechnung, beschränkt man sich auf die variablen Kosten spricht man von Teilkostenrechnung.

Eine besondere Form der Teilkostenrechnung ist die Deckungsbeitragsrechnung, durch die ermittelt wird, inwieweit der Absatz einer Leistung neben der Deckung der variablen Kosten einen Beitrag zur Deckung der Fixkosten liefert. Insofern gilt:

$$\text{Deckungsbeitrag} = \text{Umsatz} - \text{variable Kosten}.$$

Die Deckungsbeitragsrechnung kann periodenbezogen oder als Stückrechnung durchgeführt werden.

2.1.6 Personalwirtschaft

Unter den Begriff Personal eines Betriebs fallen alle Personen, die mit dem Betrieb einen Arbeitsvertrag, einen Ausbildungsvertrag oder einen anderen Vertrag haben, der sie zu Tätigkeiten nach Weisungen des Betriebs verpflichtet. Man bezeichnet diese Art der Tätigkeit als abhängige Beschäftigung. Der Inhaber eines Betriebs, die Organe einer Kapitalgesellschaft (z. B. Geschäftsführer einer GmbH oder Vorstand einer AG), Handelsvertreter oder Personen, die im Rahmen eines Werkvertrags für den Betrieb tätig sind, gehören nicht zum Personal. Unter rein wirtschaftlicher Betrachtungsweise ist das Personal ein Produktionsfaktor, der der Erreichung wirtschaftlicher Ziele dient. Da jedoch beim Einsatz von Menschen im Vergleich zu den anderen Produktionsfaktoren (Material, Maschinen, Vorprodukte, Betriebsmittel, Dienstleistungen) verhaltenswissenschaftliche Gesichtspunkte eine ganz erhebliche

Rolle spielen, hat die Funktion Personalwirtschaft in einem Betrieb nicht nur wirtschaftliche Ziele, sondern auch soziale Ziele zu verfolgen.[53]

Die Personalwirtschaft ist für den Produktionsfaktor „Mensch" zum Zwecke der wirtschaftlichen Zielerreichung verantwortlich. *„Sie hat diesen so auszuwählen und zu gestalten, dass das ökonomische Prinzip – ein bestimmtes Ziel mit dem Einsatz möglichst geringer Mittel zu erreichen – im Rahmen der Kombination der Produktionsfaktoren eine möglichst hohe Effizienz der menschlichen Arbeitskraft ergibt. (...) Die [gleichzeitig zu verfolgenden] sozialen Ziele beruhen auf der Tatsache, dass ein [Betrieb] zugleich ein soziales Gebilde darstellt, da in ihm Menschen zusammenarbeiten und deshalb miteinander in Beziehung stehen. Unter sozialen Zielen sind Erwartungen, Bedürfnisse, Interessen und Forderungen der Mitarbeiter und anderer Bezugsgruppen (z. B. Gewerkschaften) gegenüber dem [Betrieb] zu verstehen, die diese (...) erfüllt sehen wollen."*[54]

Die Personalwirtschaft hat einerseits die verwaltungstechnische Durchführung der betrieblichen Personalarbeit zu gewährleisten und andererseits mit den anderen Fachfunktionen innerhalb des Betriebs die notwendigen Grundsatz- und Einzelentscheidungen zu fällen sowie Methoden und Ziele festzulegen, die den wirtschaftlichen Erfolg des Betriebs sichern. Daraus ergibt sich in der Regel die nachstehende Gliederung in Einzelfunktionen:

- Personalplanung und Beschaffung
  - Personalplanung,
  - Personalbeschaffung;
- Personalverwaltung
  - Personalorganisation,
  - Personaleinsatz;
- Personalbetreuung
  - Personalentwicklung/Aus- und Weiterbildung,
  - Sozialwesen.

Die Personalplanung basiert auf dem von den anderen betrieblichen Funktionen ermittelten Personalbedarf und den Ergebnissen von Beobachtungen des Arbeitsmarkts. Die Ergebnisse der Personalplanung fließen in die Personalbeschaffung und die Personalentwicklung/Aus- und Weiterbildung ein. Im Rahmen der Personalbeschaffung werden Mitarbeiter angeworben bzw. über Personal-Leasing verpflichtet. Die Personalbeschaffung stellt den gesamten Einstellungsprozess über Ausschreibungen,

---

[53] Vgl. *Scharfenkamp* in: *Wollenberg* 2000, S. 297 f.

[54] Quelle: *Stopp* 2002, S. 19 f.

das Auswahlverfahren mit der Würdigung der eingegangenen Bewerbungen und der Durchführung von Bewerbungsgesprächen bis zur Unterzeichnung des Arbeitsvertrags sicher.

Innerhalb der Personalverwaltung werden als Mittel der Personalorganisation in Zusammenarbeit mit der jeweiligen Fachfunktion Stellenbeschreibungen angefertigt, auf deren Grundlage die Stellen bewertet werden. *„Eine Stellenbeschreibung ist die verbindliche, schriftliche, personenunabhängige Fixierung der organisatorischen Eingliederung einer Stelle im Hinblick auf: Ziele, Aufgaben, hierarchische Einordnung, Kompetenzen, Beziehung zu anderen Stellen.“*[55] Da die Lohn- und Gehaltsfindung das prioritäre Ziel einer Stellenbeschreibung ist, kommt der Beschreibung der erforderlichen Ausbildung des Stelleninhabers innerhalb der Stellenbeschreibung eine besondere Bedeutung zu. Als weiterer wesentlicher Aufgabenkomplex der Personalverwaltung ist der Personaleinsatz zu nennen. Hierunter fällt neben der Abrechnung und Durchführung der Lohn- und Gehaltszahlungen (Lohn- und Gehaltsbuchhaltung) die Organisation der verschiedenen Phasen einer Anstellung wie Einführungs- und Anlernphase, Versetzung, Kündigung und Pensionierung.

Unter den Oberbegriff Personalbetreuung werden zum einen die Funktionen Personalentwicklung mit der Organisation der Personalbeurteilung, den darauf fußenden Fördermaßnahmen sowie der Aus- und Weiterbildungsprogramme verstanden. Zum anderen wird auch das Sozialwesen der Personalbetreuung zugeordnet. Hierunter sind der Betrieb von sozialen Einrichtungen (z. B. Kantine) sowie der betriebliche Arbeitsschutz zu verstehen.[56]

2.1.7 IT

Unter IT (Abkürzung für Informations- und Kommunikationstechnik, andere Abkürzungen: IKT, ICK, IuK) ist sämtliche Technik zu verstehen, mit der Daten erfasst, gespeichert, verarbeitet und übermittelt werden. Man kann die IT unterteilen in Verarbeitungsgeräte (Computer) und Verfahren und Geräte zur Kommunikation (Netze).[57]

Eine einfachere Differenzierung ist die Einteilung in die Funktionen Geräte (Hardware) und Programme (Software). Die betrieblichen Funktionen der IT lassen sich einteilen in folgende Systeme:

- Büroinformationssysteme, mit denen Schreibtischfunktionalitäten (z. B. Textverarbeitung, Tabellenkalkulation, Terminpläne, Präsentation, E-Mail-Verkehr) digital abgebildet werden. Nutzer sind interne Mitarbeiter.

---

[55] Quelle: *Richter/Gamisch* 2014, S. 16 f.

[56] Vgl. *Stopp* 2002, S. 22 ff.

[57] Vgl. *Abts/Mülders* 2017, S. 7

- ERP-Systeme (Enterprise Resource Planning), mit denen innerbetriebliche Leistungsprozesse (z. B. Rechnungswesen, Customer Relation Management Systeme CRM) digital dargestellt werden. Nutzer sind interne Mitarbeiter.
- E-Commerce-Systeme, mit denen innerbetriebliche Leistungsprozesse für externe Stellen zugänglich gemacht werden können (z. B. Web-Shops). Nutzer sind interne Mitarbeiter und externe Teilnehmer.
- Managementunterstützungssysteme, mit denen Mitarbeitern in Leitungsfunktion Unterstützung und Information bereitgestellt werden (z. B. Workforcemanagementsysteme WFM).[58]

Die Aufgaben der IT sind folgende:

Datenadministration: Hierzu gehören Datenbankadministration, Datenmodellierung und Sicherstellung der Dokumentation. Betreuung der IT-Anwendungssysteme: Hierzu gehören Entwicklung und Wartung, Auswahl und Customizing. Betrieb der IT-Systeme: Hierzu zählen Beschaffung und Einrichtung, der Betrieb zentraler Systeme auf Servern, Systemprogrammierung sowie die Gewährleistung der erforderlichen Datensicherheit. IT-Controlling: Hiermit ist die Steuerung der IT gemeint mit Budgetplanung und -kontrolle, dem Aufbau und der Pflege eines Leistungsverrechnungssystems sowie einer Vertragsverwaltung für externe Dienstleister. Benutzerservice: Hierzu sind die Aus- und Weiterbildungsmaßnahmen für die IT-Nutzer zu zählen sowie die Bereitstellung eines Supports beispielsweise in Form einer Telefon-Hotline.[59]

2.2 Betriebliche Steuerung, Führung und Management

Damit die einzelnen betrieblichen Funktionen zielgerichtet zusammenwirken können, bedarf es in jedem Fall einer betrieblichen Steuerung. Die Aufgaben dieser Steuerung, die in der Regel als Führung bzw. Management bezeichnet werden, lassen sich mit Tätigkeitsbegriffen wie „Mitarbeiter auswählen“, „Mitarbeitern Aufgaben zuweisen“, „kontrollieren/überwachen“, „analysieren“, „entscheiden“, „koordinieren“ und „organisieren“ skizzenhaft umschreiben.

Um den Begriffskomplex „Führung und Management“ gibt es eine sehr große Anzahl weiterer Begriffe und Definitionen mit denen sich eine ständig wachsende Zahl an Publikationen befasst. Teilweise werden die Begriffe als synonyme verwendet, in jedem Falle sind die Begriffsgrenzen fließend. *„Führung ist die deutsche Übersetzung von Management. (...) Die in der deutschen Literatur häufig vorkommende Verwendung von ‚Management und Führung‘ sagt nichts aus. Nicht identisch sind*

58 Vgl. *Schrödl* in: *Hering* 2016, S. 499 f.

59 Vgl. *Abts/Mülders* 2017, S. 581

hingegen die Begriffe ‚Management' und ‚Leadership'. Im Kontext des Sachthemas ist die korrekte deutsche Übersetzung des englischen Begriffs ‚Management' der Begriff ‚Führung'. Daher ist die korrekte Rückübersetzung von ‚Führung' ins Englische nicht Leadership, sondern Management."[60]

Ausgehend von dem Oberbegriff Steuern kann folgende Definition hilfreich sein:

Steuern ist die zielgerichtete Einflussnahme auf das Verhalten von Gegenständen oder Menschen. Betont die Steuerung in besonderem Maße den sachbezogenen Aspekt spricht man eher von Management. Betont die Steuerung im besonderen Maße die Einflussnahme auf Menschen, also den personenbezogenen Aspekt, spricht man eher von Führung oder Leitung.[61]

Bild 2.15 soll dies verdeutlichen: Sämtliche aufgelisteten Tätigkeitsbegriffe lassen sich den Oberbegriffen Führung einerseits und Management andererseits zuordnen. Jedoch ist die Steuerung von Personen mit vergleichsweise wenig Freiheitsgraden der Gesteuerten ein starkes Merkmal von („Menschen"-)Führung, wohingegen der Managementbegriff stärker eine Freiwilligkeit der Geführten und den Kooperationsgedanken in den Vordergrund stellt.

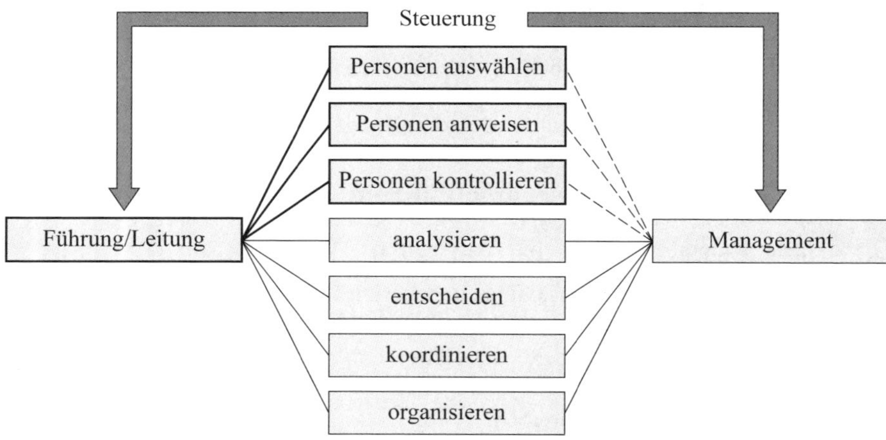

Bild 2.15 Führung und Management

So erklärt sich beispielsweise der Begriff des Produktmanagers, der für ein Produkt zuständig ist und nicht unbedingt Personalverantwortung trägt. Ein anderes Beispiel ist der Begriff des Projektmanagers, der für das Gelingen eines Projekts zuständig ist und auch nicht unbedingt die Personalverantwortung für sämtliche Mitarbeiter

[60] Quelle: *Malik* 2014, S. 408

[61] Vgl. *Müller* 1995, S. 1 ff.

des Projektteams trägt. Anders verhält es sich bei dem Begriff des Abteilungsleiters. Dieser trägt in der Regel die Personalverantwortung mit entsprechenden Weisungsrechten. Ein weiteres Beispiel ist der militärische Bereich mit seinem strikten Prinzip von Befehl und Gehorsam; hier ist stets von Führung die Rede, nie von Management.

2.3 Unternehmensführung und Organisation

2.3.1 Unternehmensführung

Die oberste betriebliche Steuerungsinstanz (z. B. Geschäftsführer bei einer GmbH, Vorstand bei einer AG) wird in der Regel als Unternehmensleitung oder Unternehmensführung bezeichnet. Die Unternehmensführung leitet den Betrieb bzw. das Unternehmen; insofern bedeutet Unternehmensführung *„die zielorientierte Gestaltung, Steuerung und Entwicklung“*[62] des Betriebs. Im Rahmen einer grundlegenden Planung hat die Unternehmensführung (= Betriebsführung) zur Zielsetzung, Festlegungen zum hierarchischen Gefüge (= Aufbauorganisation) und zur Art und Weise, wie die betriebliche Leistung zu erstellen ist (= Ablauforganisation), zu treffen. Diese Notwendigkeit zur Planung ergibt sich aus der Arbeitsteilung zwischen den verschiedenen Stellen und Funktionen innerhalb des Betriebs, also letztlich aus der Aufteilung großer Aufgabenkomplexe in kleinere Teilaufgaben, die von Spezialisten erledigt werden können. Bei der Planung wird in Abhängigkeit des Betrachtungszeitraums unterschieden in strategische, taktische und operative Planung. In der strategischen Planung wird dabei festgelegt, was langfristig zu tun ist (engl.: do the right thing), in der operativen Planung wird festgelegt, wie es zu tun ist (engl.: doing things right). Die taktische Planung ist dabei eine Zwischenstufe.[63]

2.3.2 Technikmanagement und technische Betriebsführung

Technisches Management oder kurz Technikmanagement bezeichnet den gesamten technikbezogenen Managementprozess eines Betriebs. Dazu gehören neben der technischen Leitung des Betriebs die Forschung und Entwicklung, die Planung von Produktion und Produktionsmitteln, die Errichtung der Produktionsmittel, die Produktion als Betrieb der Produktionsmittel mit dem dazu notwendigen Instandhaltungsprozess sowie die Koordination sämtlicher Schnittstellen zu den nicht technischen Bereichen im Betrieb. Technikmanagement umfasst also *„die Gestaltung und Lenkung der technischen Wertschöpfungsprozesse von Organisationen“*.[64]

---

62 Quelle: *Olfert/Rahn/Zschenderlein* 2013, Nr. 911

63 Vgl. *Schmidt* in: *Schmidt/Beltz* u. a. 2017, S. 25 ff.

64 Quelle: *Seibert* 1998, S. 18

Legt man den Schwerpunkt der Betrachtung weniger auf die Erfindertätigkeit von technischen Produkten als vielmehr auf den Produktionsprozess (also auf den Betrieb von technischen Betriebsmitteln), so spricht man von technischem Betriebsmanagement.

Ausgehend von der Begriffsdefinition in der Elektrotechnik, nach der *„alle Tätigkeiten, die erforderlich sind, damit die elektrotechnische Anlage funktionieren kann"*[65] als Betrieb zu bezeichnen sind, kann man die dazu erforderlichen Steuerungstätigkeiten als technische Betriebsführung definieren. Gelegentlich werden auch die Tätigkeiten Planung und Errichtung von Betriebsmitteln der technischen Betriebsführung zugerechnet. In **Bild 2.16** ist der Begriffszusammenhang zwischen Unternehmensführung, technischem Betriebsmanagement und technischer Betriebsführung illustriert.

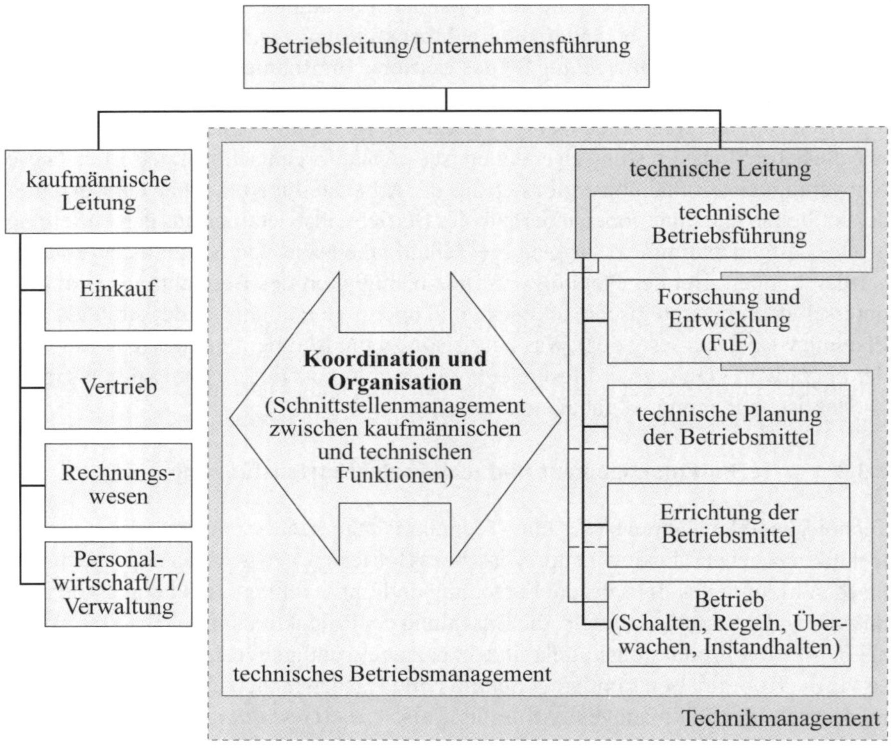

Bild 2.16 Technikmanagement und Unternehmensführung

[65] Quelle: DIN VDE 0105-100:2015-10, Abschnitt 3.1.2

2.3.3 Aufbau- und Ablauforganisation

Mit der Festlegung der Aufbauorganisation werden Aufgaben, Verantwortlichkeiten und Kompetenzen in einer hierarchischen Struktur verteilt. Es werden das Wer und Was festgelegt. Dokumentiert wird eine Aufbauorganisation üblicherweise mit Organigrammen und Aufgabenbeschreibungen. Hat in einem solchen System jede Stelle nur eine vorgesetzte Stelle, so spricht man von einer Stab-Linien-Organisation. Stellen, die in diesem System keine weiteren unterlagerten Stellen haben, also keine Vorgesetztenfunktion ausüben, werden Stabsstellen genannt. **Bild 2.17** zeigt beispielhaft den Aufbau einer Stab-Linien-Organisation.

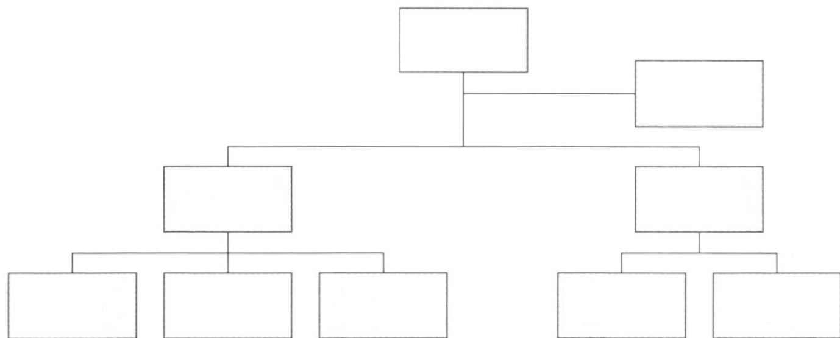

Bild 2.17 Stab-Linien-Organisation

Gibt es in einer Stab-Linien-Organisation Stellen mit mehreren vorgesetzten Stellen bzw. hierarchische Querverbindungen, so spricht man von einer Mehrlinienorganisation. Ein Sonderfall der Mehrlinienorganisation ist die Matrixorganisation, bei der die unterlagerten Stellen jeweils zwei vorgesetzte Stellen haben (siehe **Bild 2.18**).

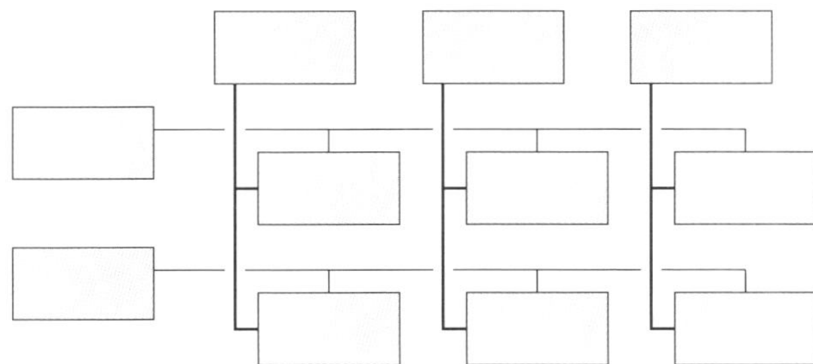

Bild 2.18 Matrixorganisation

In Mehrlinienorganisationen ist es zwingend erforderlich, dass die Kompetenzen der unterschiedlichen Vorgesetzten klar voneinander abgegrenzt sind.

Auch wenn sich Linienvorgesetzter (= Hauptlinienvorgesetzter, manchmal auch Disziplinarvorgesetzter genannt) und Fachvorgesetzter (= Fachlinienvorgesetzter) unterscheiden, liegt schon eine Mehrlinienorganisation vor, in der die Kompetenzen zwischen den beiden Vorgesetzten eindeutig zu regeln sind. Es ist insbesondere festzulegen, wie im Hinblick auf den Informationsaustausch die Verteilung zwischen Hol- und Bringschuld aussieht.

Der Linienvorgesetzte nimmt die nicht fachliche Verantwortung wahr. In nicht fachlicher Hinsicht wählt er Personal aus, weist Maßnahmen an und überwacht sie hinsichtlich nicht fachlicher Aspekte. Nicht fachliche Aspekte sind z. B. kaufmännische Angelegenheiten (Kosten und Termine).

Der Fachvorgesetzte nimmt die Fachverantwortung wahr. Er wirkt bei der Auswahl von Personal mit, er weist an, wie Maßnahmen durchzuführen sind und überwacht die fachliche Durchführung.

Beispiel

Der Leiter der Instandhaltungsabteilung ist Maschinenbauingenieur, also keine Elektrofachkraft. Im Verantwortungsbereich der Abteilung werden aber auch elektrotechnische Arbeiten durchgeführt, sodass die Geschäftsleitung einen Elektroingenieur aus einer Nachbarabteilung zur verantwortlichen Elektrofachkraft für die Instandhaltungsabteilung ernennt. Es ist in dieser Konstellation unbedingt klar zu regeln, wie die Rechte und Pflichten der verantwortlichen Elektrofachkraft als Fachvorgesetzter ausgestaltet sind. Die verantwortliche Elektrofachkraft nimmt die Stellung eines Schutzgaranten ein. Ein Schutzgarant ist jemand, der aufgrund seiner Stellung für den Schutz gefährdeter Rechtsgüter anderer verantwortlich ist und sich in diesem Zusammenhang durch Nichthandeln strafbar machen kann (§ 13 StGB Begehen durch Unterlassen).[66] Die Stellung eines Schutzgaranten bezieht hinsichtlich des Tuns und Unterlassens die gesamte Führungsverantwortung für Auswählen, Anweisen und Überwachen ein.[67] Dabei sind u. a. folgende Kompetenzen zu klären:

- Wie wirkt er bei der Auswahl neuer Mitarbeiter mit?
- Wie gelangt die Information über die Aufgaben der Instandhaltungsabteilung, geplante Arbeiten oder neue Arbeitsverfahren zur verantwortlichen Elektrofachkraft?
- Hat er ein (fachliches) Weisungsrecht gegenüber den Mitarbeitern der Instandhaltungsabteilung? Wenn ja, wissen die Mitarbeiter das?
- Hat er uneingeschränkten Zugang zu den elektrischen Betriebsstätten?

---

66 Vgl. *Eidam* 2008, Rn. 607 ff.

67 Vgl. *Adams/Davidsohn/Werner* 2002, S. 142

- Darf er eigenverantwortlich die Beschaffung von persönlicher Schutzausrüstung und anderer Schutzmittel veranlassen?
- Gibt es eine schriftliche Übertragung der entsprechenden Unternehmerpflichten?

Erst eine genaue Bewertung u. a. der Antworten zu diesen Fragen gibt Auskunft darüber, inwieweit die verantwortliche Elektrofachkraft tatsächlich als Schutzgarant wirken kann. Eine zu starke Einschränkung in den Wirkungsmöglichkeiten führt dazu, dass sie ungeachtet der Bezeichnung „verantwortliche Elektrofachkraft“ doch nur eingeschränkt Garantenfunktion übernehmen kann – also lediglich als Überwachungsgarant fungiert. Ein Überwachungsgarant ist hinsichtlich seines Tuns und Unterlassens im Gegensatz zum Schutzgaranten lediglich im Hinblick auf die Pflicht zur Überwachung (Kontroll-, Informations- und Initiativpflichten) strafrechtlich zu belangen. Ein Beauftragter hat beispielsweise stets die Stellung eines Überwachungsgaranten. In diesem Fall verbleibt die Schutzgarantenstellung beim Unternehmer bzw. beim Linienvorgesetzten.[68]

Neben der Aufbauorganisation sind Abläufe in der sog. Ablauforganisation festzulegen. Es ist zu regeln, wie und wann etwas getan werden muss. Besonderes Augenmerk bei der Ablauforganisation ist auf die Beschreibung von Schnittstellen zwischen den einzelnen Organisationseinheiten oder Stellen zu legen.[69] Bei der Schnittstellenbeschreibung ist klar zu definieren, wie die Hol- und Bringschuld von Informationen verteilt ist. **Bild 2.19** zeigt, wie ein einziger Prozess zwischen verschiedenen Stellen der Aufbauorganisation hin- und herspringt und wie dadurch eine Vielzahl an Schnittstellen entstehen. Im Gegensatz zum Vorgesetzten in der Aufbauorganisation ist der Prozessverantwortliche – oder besser der Prozessmanager – nicht für die Kompetenz und Fachkunde der beteiligten Stellen verantwortlich, sondern koordiniert lediglich den Ablauf.

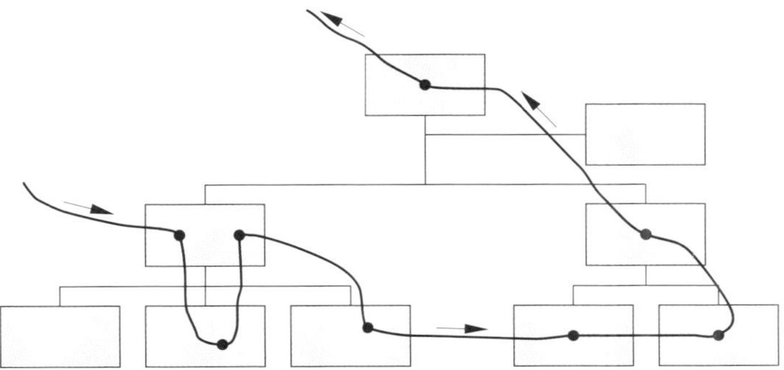

Bild 2.19 Ablauforganisation

[68] Vgl. *Adams/Davidsohn/Werner* 2002, S. 142

[69] Vgl. Kapitel 9.2.2.1 Organisieren

2.3.4 Normal- und Notfallorganisation

Ein Unternehmer hat dafür zu sorgen, dass gesetzliche Vorschriften eingehalten werden, beispielsweise Steuern und Abgaben ordnungsgemäß abgeführt werden und insbesondere Personen und Umwelt nicht zu Schaden kommen. Im Arbeitsschutzrecht werden diese Fürsorgepflichten gegenüber den eigenen Mitarbeitern und die Verkehrssicherungspflichten gegenüber Dritten als Unternehmerpflichten bezeichnet. Zum Schutz der eigenen Mitarbeiter und Dritter hat der Unternehmer alles tun, was möglich und zumutbar ist. Er hat *„für eine geeignete Organisation zu sorgen und die erforderlichen Mittel bereitzustellen.“*[70]

Die Organisation eines Betriebs ist also nicht nur für den Normalzustand auszulegen, sondern es sind zusätzlich Festlegungen für Störungen, Unfälle, Krisen oder andere außergewöhnliche Ereignisse und Notfälle zu treffen. Dies betrifft sowohl die Aufbauorganisation, in der für die genannten Fälle besondere Verantwortlichkeiten und Hierarchien festgelegt werden müssen, als auch die Ablauforganisation, in der für diese speziellen Fälle besondere Abläufe vorzusehen sind. Um die Unternehmerpflichten zu erfüllen, um also einem Organisationsverschulden wirksam entgegenzuwirken, muss in einem Betrieb neben der Normalaufbau- und Normalablauforganisation auch eine Notfallaufbau- und eine Notfallablauforganisation bestehen, die sämtliche Eventualitäten – auch außerhalb regulärer Arbeitszeiten – abdeckt. Außerdem muss es eine Beauftragtenorganisation (z. B. Einbindung des Betriebsarztes, der Sicherheitsfachkraft und der Sicherheitsbeauftragten in die Organisation) geben, mit der gesetzlich geforderte Zusatzaufgaben erfüllt werden.

Ziel einer wirksamen Normal- und Notfallorganisation muss es sein, Haftungsansprüche gegen den Betrieb und strafrechtliche Konsequenzen für seine Führungskräfte und Mitarbeiter auszuschließen. Dies ist dann der Fall, wenn bei einer Störung, einem Unfall, einer Krise, einem anderen außergewöhnlichen Ereignis oder Notfall keiner Führungskraft des Betriebs ein Organisationsverschulden nachgewiesen werden kann. Man bezeichnet ein Organisationsgefüge, welches wenig Ansatzpunkte – oder besser noch gar keine Ansatzpunkte – für ein Verschulden seiner Führungskräfte für eine mangel- oder lückenhafte Organisation bietet, als gerichtsrobuste oder (sprachlich noch stärker) als „gerichtsfeste“ Organisation.

---

[70] Quelle: § 3 Abs. 2 ArbSchG

2.3.5 „Gerichtsfeste“ Organisation

Eine mögliche Definition für Gerichtsfestigkeit lautet: Eine Organisation ist „gerichtsfest“, wenn *„eine festgelegte, d. h. dokumentierte Aufbau- und Ablauforganisation* [vorliegt] *zu:*

- *Anweisungs-, Auswahl und Überwachungspflichten*
- *Transparenter Delegation von Aufgaben, Kompetenz, Verantwortung,*
- *Entsprechende Kooperationsregelungen*

  als
- *Anweisungs- und als*
- *Nachweissystem.*

Die ‚gerichtsfeste Organisation hat zu gewährleisten, dass die Risiken, die mit den verschiedenen unternehmerischen Tätigkeiten verbunden sind, nicht wegen Organisationsdefiziten real werden, d. h. zu Schäden führen‘.“[71]

Man spricht also von einer „gerichtsfesten“ Organisation, wenn jegliches Haftungs- und Strafrisiko für die Organisation und die darin handelnden Personen nach einem etwaigen Unfall oder Störfall durch die ordnungsgemäße und regelkonforme Ausübung der Führungspflichten „Auswählen“, „Anweisen“ und „Überwachen“ und deren entlastenden, gerichtsverwertbaren Nachweis ausgeschlossen ist.

„Im Rahmen der Auswahl ist (...) vom jeweiligen Vorgesetzten zu prüfen, ob der vorgesehene Mitarbeiter in der Lage ist, die vorgesehene Aufgabe zu erfüllen. Dies bedeutet, der Mitarbeiter muss die formalen Voraussetzungen erfüllen und auch beispielsweise die vorgeschriebenen Ausbildungen absolviert haben. Zusätzlich zur Frage des Ausbildungsstands sind die tatsächlichen Gegebenheiten zu bewerten. Der Mitarbeiter muss de facto in der Lage sein, die übertragene Aufgabe zu erledigen. (...)

(...) Im Rahmen der Erfüllung der Anweisungspflicht sind von Hierarchieebene zu Hierarchieebene Aufgaben, Kompetenzen und Verantwortung so festzulegen, dass der betroffene Mitarbeiter in der Lage ist, seine ihm übertragenen Aufgaben zu erfüllen.“[72] Verantwortung und Kompetenz müssen dabei eine Einheit bilden, denn nur so kann der Mitarbeiter seine Aufgaben mit der notwendigen Durchsetzungskraft gerade auch gegenüber anderen Mitarbeitern erfüllen.

Im Rahmen der Überwachungspflicht hat ein Vorgesetzter die ordnungsgemäße Erledigung der übertragenen Aufgabe zu überprüfen. Die Häufigkeit der Überprüfung

---

[71] Quelle: *Adams/Rekittke* 1999, S. 45 f.

[72] Quelle: *Davidsohn* in: VGB PowerTech 7/2014

ist abhängig von der Erfahrenheit des Mitarbeiters, vom Ergebnis vorangegangener Überprüfungen und vom Risiko, welches mit der übertragenen Aufgabe einhergeht. Die Überprüfungen durch den Vorgesetzten sind im Rahmen eines Anweisungs- und Nachweissystems zu dokumentieren. Ebenfalls dokumentiert werden sollten in einem Anweisungs- und Nachweissystem sämtliche zeitliche und logische Abläufe im Rahmen der Ablauforganisation, damit der Betreiber im Falle einer Störung, eines Unfalls, einer Krise oder eines anderen außergewöhnlichen Ereignisses oder Notfalls in der Lage ist, sich vom Vorwurf des Organisationsverschuldens zu entlasten.[73]

Ob eine Organisation den Reifezustand „gerichtsfest“ tatsächlich erreicht hat, lässt sich in der Praxis natürlich erst nach einer gerichtlichen Untersuchung anlässlich eines Unfalls oder Störfalls, der ja eigentlich durch ein wirksames Anweisungs- und Nachweissystem verhindert werden soll, zweifelsfrei feststellen. Insofern ist eine absolute „gerichtsfeste“ Organisation eher ein Idealzustand, der wohl in unerreichbarer Ferne liegt; gleichwohl sollte jeder Verantwortungsträger in einer Organisation bestrebt sein, in seinem Verantwortungsbereich dem Zustand einer idealen absolut „gerichtsfesten“ Organisation möglichst nahezukommen.

---

73 Vgl. *Davidsohn* in: VGB PowerTech 7/2014

3 Investitionsrechnung

3.1 Allgemeines zu Investitionen in elektrischen Anlagen

„Im allgemeinen Sprachgebrauch wird unter dem Begriff ‚Investition' verstanden, Zeit, Gefühl, und/oder Geld zu ‚opfern', um einen Vorteil zu erlangen oder aber – entweder freiwillig oder zur Vermeidung von Nachteilen – eine Pflicht zu erfüllen. Mit dem Begriff Investition kann aber auch die Ausstattung (...) mit mehrjährig nutzbaren Wirtschaftsgütern gemeint sein. Dieser Tatbestand erinnert (...) an die Herkunft des Begriffs: Investieren (lat.: investire) bedeutet ‚Einkleiden'. Eine Einkleidung muss finanziert werden – nicht nur mit eigenem, sondern durchaus auch mit fremden Mitteln."[74]

In der Betriebswirtschaft wird der Begriff Investitionen definiert als Auszahlungen für die Anschaffung oder Herstellung von langlebigen Gütern und Dienstleistungen, deren langfristige Nutzung Einzahlungen nach sich zieht bzw. erwarten lässt. Die Minderungen zukünftiger Auszahlungen infolge einer Investition werden dabei rechnerisch wie Einzahlungen behandelt. Investitionen finden sich als Anlagevermögen auf der Aktiv-Seite der Bilanz.[75]

Um Entscheidungen über bevorstehende Investitionen in elektrische Anlagen treffen zu können, ist die wirtschaftliche Vorteilhaftigkeit einer Investition zu beurteilen bzw. ein wirtschaftlicher Vergleich zwischen verschiedenen Investitionsvarianten durchzuführen. Die Investitionsrechnung ist eine Prognoserechnung. Investitionen lassen sich einteilen in Erweiterungs-, Ersatz und Rationalisierungsinvestitionen. Darüber hinaus ist eine Differenzierung nach Kann- und Muss-Investitionen sinnvoll. Bei Kann-Investitionen ist die absolute Wirtschaftlichkeit zu prüfen, bei Muss-Investitionen – aber auch bei Entscheidungen zwischen verschiedenen Varianten im Rahmen von Kann-Investitionen – ist die relative Wirtschaftlichkeit zu untersuchen. Bei einer Investitionsrechnung werden Einzahlungen und Auszahlungen betrachtet. Relative Wirtschaftlichkeit einer Investitionsmaßnahme liegt dann vor, wenn die Auszahlungen geringer sind als die der Vergleichsmaßnahmen. Absolute Wirtschaftlichkeit einer Investitionsmaßnahme liegt vor, wenn die Einzahlungen die Auszahlungen der Höhe nach übertreffen bzw. wenn die Auszahlungen geringer sind als bei der „Unterlassungsalternative" – beispielsweise dem Weiterbetrieb einer bestehenden Anlage. Bei Investitionen in elektrische Anlagen wird die Erlösseite oft nicht berührt.

---

74 Quelle: *Grob* 2006, S. 2

75 Vgl. *Linnhoff/Pellens* in: *Busse von Colbe/Coenenberg/Kajüter* u. a. 2007, S. 307

Insofern sind bei der Untersuchung der absoluten Wirtschaftlichkeit Einsparungen, die aus einer Investition resultieren, als Einzahlungen zu berücksichtigen, sofern die Investitionsberechnung nicht als vergleichende Rechnung mit der „Unterlassungsalternative" aufgebaut wird.[76]

Ohne Anspruch auf Vollständigkeit seien im Folgenden einige Zahlungsarten genannt:

Einzahlungen können sein

- Umsatzerlöse,
- öffentliche Zuschüsse,
- Einsparungen.

Auszahlungen können sein

- Kapitalkosten für Anschaffung/Herstellung (fixe Kosten):
  - Abschreibung,
  - Zinsen;
- verbrauchsgebundene Zahlungen (variable Kosten):
  - Energie,
  - Betriebsstoffe;
- betriebsgebundene Zahlungen (variable oder fixe Kosten):
  - Bedienung,
  - Instandhaltung;
- Steuern.[77]

Steuern und Abgaben (z. B. Ertragssteuern, Verkehrssteuer, Substanzsteuern, Gebühren) sollten in der Investitionsrechnung als eigene Auszahlungen in die Berechnung einfließen. Eine alleinige Berücksichtigung im Kalkulationszinssatz kann zu Verzerrungen des Ergebnisses führen.[78]

Zur Ermittlung der steuerlichen Auszahlungen sind umfangreiche Berechnungen erforderlich, in die das Ergebnis der Investitionsrechnung im Hinblick auf die Bilanz und die GuV-Rechnung einfließt.[79] Beschränkt man sich auf die Berücksichtigung der Ertragssteuern, so kann die ertragssteuerliche Auszahlung mit Gl. (3.1) angenähert werden, wobei der Einfluss der Fremdkapitalzinsen auf die Ertragsbesteuerung unberücksichtigt bleibt:[80]

---

76 Vgl. *Haubrich* in: *Hosemann* 1988, S. 275

77 Vgl. VDI 6025, Abschnitt 2 und VDEW 1993, S. 16

78 Vgl. VDEW 1993, S. 57

79 Vgl. VDEW 1993, S. 49 ff.

80 Vgl. VDI 6025, Abschnitt 2.4

$$\text{Auszahlung (Steuern)} \approx s \cdot (E - A - Ab), \quad (3.1)$$

mit:

A Summe der betrieblichen Auszahlungen (ohne Zinszahlungen) einer Periode,

Ab Abschreibungsrate einer Periode,
bei linearer Abschreibung also Anschaffungsauszahlung/Nutzungsdauer,

E Summe der Einzahlungen einer Periode,

s Steuersatz.

Als Steuersatz ist in Abhängigkeit der Rechtsform des Betriebs der Körperschafts- bzw. Einkommensteuersatz zuzüglich des Gewerbesteuersatzes (Messzahl · Hebesatz) anzunehmen. Liegen keine Angaben dazu vor, kann ein rechnerischer Ansatz von $s = 30$ % p. a. bis 50 % p. a. sinnvoll sein.

Eine besondere Rolle in der Investitionsrechnung spielen kalkulatorischer Zinssatz und die Nutzungsdauer der Investition.

Als Nutzungsdauer sollte die tatsächlich zu erwartende technische bzw. technisch-wirtschaftliche Lebensdauer des Investitionsobjekts angesetzt werden. Obwohl diese sich durchaus von den handelsrechtlichen und steuerrechtlichen Abschreibungsdauern unterscheidet, können die Werte aus den AfA-Tabellen der Finanzbehörden im ersten Ansatz als Orientierungshilfe dienen.

Der kalkulatorische Zinssatz spiegelt die Finanzierungskosten wider. Er kann einerseits aufgefasst werden als Fremdkapitalzins, also als tatsächlich anfallende Zinskosten, die an den Kapitalgeber abgeführt werden. Andererseits kann er aufgefasst werden als entgangener Guthabenzins, der bei alternativer Geldanlage am Kapitalmarkt zu erzielen gewesen wäre. Für die mathematische Behandlung des Zinssatzes spielt es keine Rolle, ob es sich um Fremdkapitalzins oder entgangenen Guthabenzins (Eigenkapitalzins) handelt. In der Realität handelt es sich bei einer betrieblichen Finanzierung ohnehin um eine Mischfinanzierung aus Eigen- und Fremdkapital; insofern ist der nominale Zins ein gewichteter Durchschnitt aus Eigen- und Fremdkapitalzins (Gl. (3.2)):[81]

$$i_{\mathrm{nom}} = i_{\mathrm{f}} \cdot (1 - EK) + i_{\mathrm{e}} \cdot EK, \quad (3.2)$$

mit:

EK Eigenkapitalquote,

i_{nom} kalkulatorischer Nominalzinssatz,

i_{f} nominaler Fremdkapitalzinssatz,

i_{e} nominaler Eigenkapitalzinssatz.

---

[81] Vgl. *Grob*, S. 84

Als Wert für den nominalen Fremdkapitalzinssatz ist der langfristige (größer vier Jahre) Kapitalmarktzinssatz sinnvoll.

Vor der Durchführung einer Investitionsrechnung ist noch zu entscheiden, ob man eine Betrachtung vor Ertragssteuer oder nach Ertragssteuer vornimmt. In einer Modellwelt nach Ertragssteuern ist neben den Ertragssteuern als eigener Auszahlung zusätzlich der nominale Eigenkapitalzins mit dem Faktor (1 – s) schwächer zu gewichten und damit der kalkulatorische Nominalzins nach Ertragssteuern wie folgt zu berechnen (Gl. (3.3)):[82]

$$i_{\text{nom (nach Steuern)}} = i_{\text{f}} \cdot (1 - EK) + i_{\text{e}} \cdot EK \cdot (1 - s), \tag{3.3}$$

mit:

i_{nom} kalkulatorischer Nominalzinssatz,

i_{f} nominaler Fremdkapitalzinssatz,

i_{e} nominaler Eigenkapitalzinssatz,

EK Eigenkapitalquote,

s Ertragssteuersatz.

Um schließlich die Entwicklung der Kaufkraft zu berücksichtigen, kann es sinnvoll, den Nominalzinssatz um die Preissteigerungsrate zu korrigieren. Man bewegt sich nach dieser Korrektur in einer realitätsnäheren Modellwelt, in der die Ergebnisse einer Investitionsrechnung zukünftige Preissteigerungen rechnerisch berücksichtigen und insofern die Ergebnisse die Kaufkraft bezogen auf die Gegenwart widerspiegeln. Für den kalkulatorischen Realzinssatz (nach Ertragssteuern) gilt dann (Gl. (3.4)):[83]

$$1 + i_{\text{real (nach Steuern)}} = \left(i_{\text{nom (nach Steuern)}} + 1\right) \cdot (1 - r) \quad \rightarrow \tag{3.4}$$

$$i_{\text{real (nach Steuern)}} \approx i_{\text{nom (nach Steuern)}} - r,$$

mit:

i_{real} kalkulatorischer Realzinssatz,

i_{nom} kalkulatorischer Nominalzinssatz,

r Inflationsrate.

---

82 Vgl. VDI 6025, S. 18

83 Vgl. *Haubrich* in: *Hosemann* 1988, S. 277

Beispielhaft sei nachfolgend der Realzinssatz nach Ertragssteuern mit folgenden Ausgangsdaten berechnet:

i_f	(nominaler Fremdkapitalzinssatz)	=	5 % p. a.	bzw. 0,05,
i_e	(nominaler Eigenkapitalzinssatz)	=	3 % p. a.	bzw. 0,03,
EK	(Eigenkapitalquote)	=	30 %	bzw. 0,3,
s	(Ertragssteuersatz)	=	35 % p. a.	bzw. 0,35,
r	(Inflationsrate)	=	1,5 % p. a.	bzw. 0,015

Gemäß der Gl. (3.2) bis Gl. (3.4) errechnet sich daraus:

$i_{nom} = 0{,}05 \cdot (1-0{,}3) + 0{,}03 \cdot 0{,}3 = 0{,}44$ bzw. 4,4 % p. a.,

$i_{nom\,(nach\,Steuern)} = 0{,}05 \cdot (1-0{,}3) + 0{,}03 \cdot 0{,}3 \cdot (1-0{,}35) = 0{,}040\,9$ bzw. 4,09 % p. a.,

$i_{real\,(nach\,Steuern)} \approx 0{,}040\,9 - 0{,}015 = 0{,}025\,9$ bzw. 2,59 % p. a.

3.2 Statische Investitionsrechnung

Die verschiedenen Verfahren der statischen Investitionsrechnung betrachten jeweils nur eine Periode und vernachlässigen damit die Auswirkung von Zins- und Zinseszins auf den Zeitpunkt einer Ein- oder Auszahlung.

Zinsen werden mit dem sog. Durchschnittswertverfahren in Näherung bestimmt. Das Durchschnittswertverfahren geht davon aus, dass das eingesetzte Kapital über die Nutzungsdauer linear zurückfließt. Daher errechnen sich näherungsweise die durchschnittlichen jährlichen Zinskosten, indem man die Hälfte des eingesetzten Kapitals mit dem kalkulatorischen Zinssatz multipliziert. Hat das Investitionsobjekt nach Ablauf der Nutzungsdauer einen Restwert, so muss dieser Restwert vollständig mit dem kalkulatorischen Zinssatz multipliziert und hinzuaddiert werden. **Bild 3.1** illustriert den Zusammenhang.[84]

Das Prinzip der Durchschnittswertverzinsung findet Eingang in sämtliche statische Verfahren der Investitionsrechnung:

- Kostenvergleichsrechnung,
- Gewinnvergleichsrechnung,
- Rentabilitätsrechnung,
- Amortisationsrechnung.

[84] Vgl. *Rautenberg* 1993, S. 95 f.

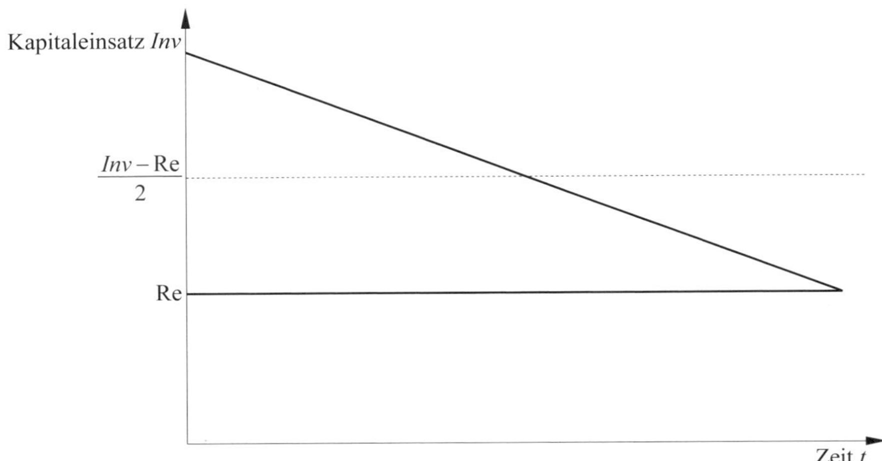

Bild 3.1 Durchschnittswertverzinsung – *Inv* Anschaffungskosten; *Re* Restwert; *i* kalkulatorischer Zinssatz; durchschnittliche jährliche Zinskosten $= \frac{Inv - Re}{2} \cdot i + i \cdot Re$

3.2.1 Kostenvergleichs-, Gewinnvergleichs- und Rentabilitätsrechnung

Bei der Kostenvergleichsrechnung wird – wie der Name schon sagt – lediglich die Kostenseite eines Projekts betrachtet. Sie eignet sich für den Vergleich verschiedener Investitionsvarianten insofern, dass die Variante mit den geringsten Kosten pro Jahr die wirtschaftlich relativ vorteilhafteste ist.

Die Anschaffungskosten werden als Abschreibung auf die Perioden umgelegt. Die Zinskosten werden nach dem Prinzip der Durchschnittswertverzinsung auf die Perioden verteilt. Für alle anderen Kosten werden ebenfalls Durchschnittswerte ermittelt. In **Tabelle 3.1** ist eine Kostenvergleichsrechnung an einem einfachen Beispiel in Form einer periodenbezogenen Gesamtkostenvergleichsrechnung dargestellt. In dem Beispiel werden für Energie, Instandhaltung, Material, Hilfs- und Betriebsstoffe zeitbezogene Annahmen getroffen. Außerdem werden die Ertragssteuern abgeschätzt. Als Ergebnis der Gesamtkostenvergleichsrechnung stellen sich beide Varianten in etwa gleich vorteilhaft dar. Werden nun die erwarteten Erlöse in die Berechnung einbezogen und aus der Differenz von Kosten und Erlösen der Gewinn ermittelt, so wird die Kostenvergleichsrechnung zur Gewinnvergleichsrechnung erweitert. Variante II ist nun als günstiger zu beurteilen. Aussagen über die Verzinsung des eingesetzten Kapitals sind jedoch immer noch nicht möglich. Um diesen Nachteil zu beheben, setzt man den zu erwartenden Gewinn ins Verhältnis zur eingesetzten Investitionssumme und es ergibt sich die Rentabilität. Man spricht nun von einer Rentabilitätsrechnung.

Rechnung	Größe	Formel	**Investitions-variante I**	**Investitions-variante II**
Rentabilitätsrechnung; Gewinnvergleichsrechnung; Kostenvergleichsrechnung	Anschaffungswert	Inv	100 000 GE	140 000 GE
	Nutzungsdauer	T	15 Jahre	15 Jahre
	kalkulatorischer Zinssatz (real, nach Ertragssteuern)	$i = 6\ \%$ p. a.	0,06	0,06
	Ertragssteuersatz	$s = 30\ \%$ p. a.	0,3	0,3
	Kapitalkosten pro Jahr			
	Abschreibung	$\frac{Inv}{T} = Ab$	6 667 GE/a	9 333 GE/a
	Zinsen	$i \cdot 0{,}5 \cdot Inv = z$	3 000 GE/a	4 200 GE/a
	Betriebliche Kosten pro Jahr			
	Energie		5 000 GE/a	2 000 GE/a
	Instandhaltung		8 000 GE/a	3 000 GE/a
	Material-, Hilfs- und Betriebsstoffe		9 000 GE/a	9 000 GE/a
	Summe der jährlichen betrieblichen Kosten	A	22 000 GE/a	14 000 GE/a
	Ertragssteuern	$s \cdot (E - A - Ab) = Est$	6 400 GE/a	11 000 GE/a
	Gesamtkosten	$A + Ab + z + Est = GK$	**38 067 GE/a**	**38 533 GE/a**
	erwartete Erlöse	E	50 000 GE/a	60 000 GE/a
	Erwarteter Gewinn	$E - GK = G$	**11 933 GE/a**	**21 467 GE/a**
	Rentabilität	$\frac{G}{Inv} \cdot 100 = R$	**11,93 % p. a.**	**15,33 % p. a.**

Tabelle 3.1 Kosten, Gewinn, Rentabilität

Auch hierbei zeigt sich in dem Beispiel (Tabelle 3.1), dass Investitionsvariante II gegenüber Variante I relativ vorteilhaft ist. Absolute wirtschaftliche Vorteilhaftigkeit liegt dann vor, *„wenn die Rentabilität größer ist als der Kalkulationszinssatz, der zur Beurteilung herangezogen wird.“*[85] Neben einer periodenbezogenen Betrachtung werden üblicherweise auch Stückkosten- und Stückgewinnvergleichsberechnungen durchgeführt, auf die hier jedoch nicht eingegangen wird.

3.2.2 Statische Amortisationsrechnung

In der Amortisationsrechnung wird der Zeitraum ermittelt, nach dem die getätigte Investitionssumme zurückgeflossen ist. Je kürzer die Amortisationszeit ist, desto geringer ist das wirtschaftliche Risiko. Insofern ist die Amortisationsrechnung eine

[85] Quelle: *Rautenberg* 1993, S. 103

reine Sicherheitsrechnung, die für sich alleine gesehen keine Aussage über die wirtschaftliche Vorteilhaftigkeit eines Investitionsvorhabens zulässt. Die Amortisationszeit (auch: Kapitalrückflusszeit oder Pay-Off-Periode) wird ermittelt als Quotient aus Investitionssumme und dem zu erwartenden (durchschnittlichen) Gewinn zuzüglich der Abschreibung, die bei der Gewinnermittlung zunächst abgezogen worden ist:

$$PO = \frac{Inv}{G + Ab}, \tag{3.5}$$

mit:

PO Amortisationszeit (Kapitalrückflusszeit, Pay-Off-Periode),

In Investitionssumme,

Ab Abschreibung.

<table>
<tr><th colspan="6"></th><th>Investitions-variante I</th><th>Investitions-variante II</th></tr>
<tr><td rowspan="18">statische Amortisationsrechnung</td><td rowspan="17">Rentabilitätsrechnung</td><td rowspan="16">Gewinnvergleichsrechnung</td><td rowspan="14">Kostenvergleichsrechnung</td><td>Anschaffungswert</td><td>Inv</td><td>100 000 GE</td><td>140 000 GE</td></tr>
<tr><td>Nutzungsdauer</td><td>T</td><td>15 Jahre</td><td>15 Jahre</td></tr>
<tr><td>kalkulatorischer Zinssatz (real, nach Ertragssteuern)</td><td>$i = 6\ \%$ p. a.</td><td>0,06</td><td>0,06</td></tr>
<tr><td>Ertragssteuersatz</td><td>$s = 30\ \%$ p. a.</td><td>0,3</td><td>0,3</td></tr>
<tr><td>Kapitalkosten pro Jahr</td><td></td><td></td><td></td></tr>
<tr><td>Abschreibung</td><td>$\frac{Inv}{T} = Ab$</td><td>6 667 GE/a</td><td>9 333 GE/a</td></tr>
<tr><td>Zinsen</td><td>$i \cdot 0,5 \cdot Inv = z$</td><td>3 000 GE/a</td><td>4 200 GE/a</td></tr>
<tr><td>Betriebliche Kosten pro Jahr</td><td></td><td></td><td></td></tr>
<tr><td>Energie</td><td></td><td>5 000 GE/a</td><td>2 000 GE/a</td></tr>
<tr><td>Instandhaltung</td><td></td><td>8 000 GE/a</td><td>3 000 GE/a</td></tr>
<tr><td>Material-, Hilfs- und Betriebsstoffe</td><td></td><td>9 000 GE/a</td><td>9 000 GE/a</td></tr>
<tr><td>Summe der jährlichen betrieblichen Kosten</td><td>A</td><td>22 000 GE/a</td><td>14 000 GE/a</td></tr>
<tr><td>Ertragssteuern</td><td>$s \cdot (E - A - Ab) = Est$</td><td>6 400 GE/a</td><td>11 000 GE/a</td></tr>
<tr><td>Gesamtkosten</td><td>$A + Ab + z + Est = GK$</td><td>38 067 GE/a</td><td>38 533 GE/a</td></tr>
<tr><td colspan="2">erwartete Erlöse</td><td>E</td><td>50 000 GE/a</td><td>60 000 GE/a</td></tr>
<tr><td colspan="2">Erwarteter Gewinn</td><td>$E - GK = G$</td><td>11 933 GE/a</td><td>21 467 GE/a</td></tr>
<tr><td colspan="3">Rentabilität</td><td>$\frac{G}{Inv} \cdot 100 = R$</td><td>11,93 % p. a.</td><td>15,33 % p. a.</td></tr>
<tr><td colspan="4">Amortisationszeit (Pay-Off-Periode)</td><td>$\frac{Inv}{G + Ab} = PO$</td><td>5,38 Jahre</td><td>4,55 Jahre</td></tr>
</table>

Tabelle 3.2 Amortisation

Da die Amortisationsrechnung lediglich eine Aussage über das Risiko eines Projekts erlaubt, kann sie nie als alleiniges Entscheidungskriterium herangezogen werden. Es ist daher sinnvoll, eine möglicherweise bereits vorhandene Kostenvergleichs-, Gewinnvergleichs- und Rentabilitätsbetrachtung lediglich um die Kennzahl „statische Amortisationszeit" zu erweitern. In **Tabelle 3.2** ist dies auf der Grundlage des Beispiels aus Tabelle 3.1 im vorangegangenen Kapitel exemplarisch durchgeführt.

3.3 Dynamische Investitionsrechnung

In der statischen Investitionsrechnung wird lediglich die erste Zahlungsperiode (in der Regel ein Jahr) betrachtet und vereinfachend angenommen, dass die Zahlungen aller folgenden Perioden wertmäßig denen der ersten Periode entsprechen. Tatsächlich ist aber der Wert einer zukünftigen Zahlung geringer als der Wert einer nominal gleich hohen Zahlung in der Gegenwart. Eine Zahlung von gegenwärtig 100 GE hat bei einem kalkulatorischen Zinssatz von 5 % p. a. denselben Wert wie eine Zahlung von 105 GE in einem Jahr. Umgekehrt hat eine Zahlung von 100 GE in einem Jahr denselben Wert wie eine Zahlung von $100\ \text{GE}/(1+0{,}05)=95{,}24\ \text{GE}$ zum gegenwärtigen Zeitpunkt. Eine Zahlung von 100 GE in zwei Jahren hat denselben Wert wie eine Zahlung von $100\ \text{GE}/(1+0{,}05)^2\ =90{,}70\ \text{GE}$ zum gegenwärtigen Zeitpunkt. Dieser Mangel der zeitpunktunabhängigen Bewertung einer Zahlung in der statischen Investitionsbetrachtung wird in der dynamischen Investitionsrechnung durch die Bewertung einer Zahlung nach ihrem Zahlungszeitpunkt behoben.

In der dynamischen Investitionsrechnung werden sämtliche Zahlungen auf einen einheitlichen Zeitpunkt abgezinst (diskontiert) oder aufgezinst (askontiert). Dieser Zeitpunkt ist in der Regel der Startpunkt einer Investition (Jahr „null") oder das Ende ihrer Nutzungsdauer.

3.3.1 Finanzmathematische Grundbegriffe

3.3.1.1 Aufzinsen, Abzinsen, Barwert einer Einzelzahlung

Um Zahlungen, die zu unterschiedlichen Zeitpunkten anfallen, vergleichbar zu machen, sind die Zahlungen auf einen einheitlichen Bezugszeitpunkt wertmäßig zu beziehen. **Bild 3.2** illustriert diesen Sachverhalt. Liegt der Bezugszeitpunkt in der Zukunft, muss die Zahlung mit dem Aufzinsfaktor $AUZF$ aufgezinst (askontiert) werden. Liegt der Bezugspunkt in der Vergangenheit, muss die Zahlung mit dem Abzinsfaktor $ABZF$ abgezinst (diskontiert) werden. Es wird davon ausgegangen, dass die Zinsen nachschüssig anfallen, also jeweils nach einer Periode.

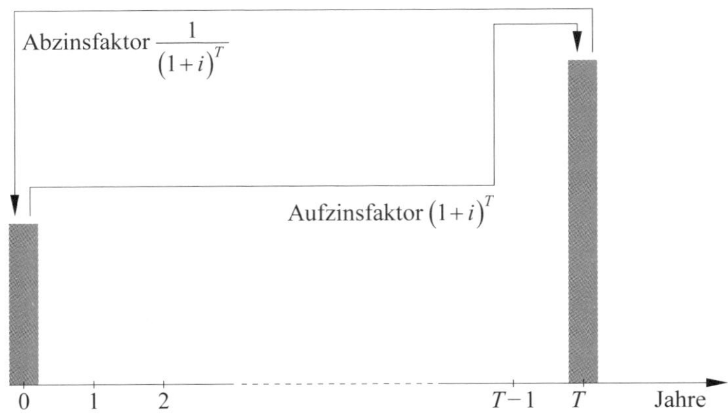

Bild 3.2 Zinsfaktoren

Es gilt damit:

$$AUZF(i,T) = q^T = (1+i)^T, \tag{3.6}$$

$$ABZF(i,T) = \frac{1}{q^T} = \frac{1}{(1+i)^T}, \tag{3.7}$$

mit:

i kalkulatorischer Zinssatz (auf 1 normiert),

q Zinsfaktor ($q = 1 + i$),

T Zeitpunkt der Zahlung (Periodenabstand zum Bezugszeitpunkt).

Im Fall einer Abzinsung wird der diskontierte Wert auch als Barwert bezeichnet. Entsprechend heißt der Abzinsfaktor auch Barwertfaktor einer Einzelzahlung.

Als Beispiel sei bei einem kalkulatorischen Zinssatz von 6 % p. a. die Frage zu beantworten, ob eine Zahlung in Höhe von 900 GE in fünf Jahren oder eine Zahlung von 1 000 GE in acht Jahren mehr Wert ist:

Um einen wertmäßigen Vergleich durchführen zu können, sind die Barwerte der beiden Zahlungen zu berechnen. Gemäß Gl. (3.7) werden zunächst die Barwertfaktoren der beiden Einzelzahlungen ermittelt und daraus dann die Barwerte:

$$ABZF\,(6\,\%, 5\text{ Jahre}) = \frac{1}{(1+0{,}06)^5} = 0{,}747,$$

$$ABZF\ (6\ \%, 8\ \text{Jahre}) = \frac{1}{(1+0,06)^8} = 0,627$$

Der Barwert der 800-GE-Zahlung beträgt demnach 0,747 · 900 = 672,30 GE und der Barwert der 1 000-GE-Zahlung beträgt 0,627 · 1 000 GE = 627,00 GE. Die Zahlung von 900 GE in fünf Jahren ist also höherwertig als die Zahlung von 1 000 GE in acht Jahren.

3.3.1.2 Barwert einer Zahlungsreihe, Annuität

Werden mehrere gleichhohe und aufeinanderfolgende jährliche Zahlungen AN auf das Bezugsjahr null abgezinst (diskontiert) und aufsummiert, so erhält man den Barwert einer Zahlungsreihe K_0, der sich ausgehend von Gl. (3.7) wie folgt ausdrücken lässt (siehe **Bild 3.3**):

$$K_0 = \frac{AN}{q} + \frac{AN}{q^2} + \frac{AN}{q^3} \ldots \frac{AN}{q^T} = AN \cdot \sum_{n=1}^{T} \frac{1}{q^n}. \tag{3.8}$$

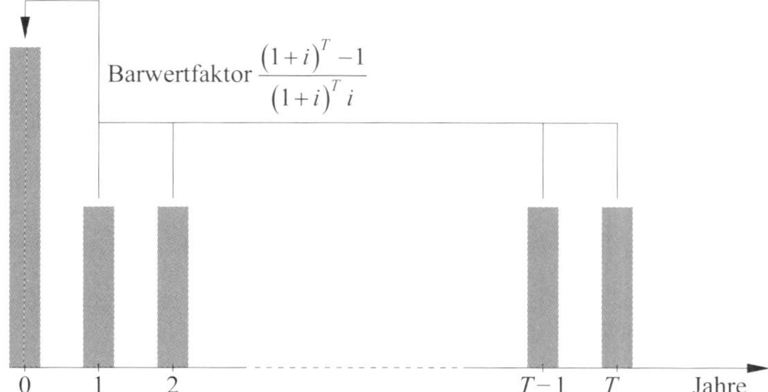

Bild 3.3 Barwertfaktor

Dies ist eine geometrische Reihe, zu deren Lösung man gelangt, indem man Gl. (3.8) mit q multipliziert und davon Gl. (3.8) wieder abzieht:

$$qK_0 - K_0 = AN \sum_{n=1}^{T} \frac{1}{q^{n-1}} - AN \sum_{n=1}^{T} \frac{1}{q^n},$$

$$K_0(q-1) = AN\left(1-\frac{1}{q^T}\right).$$

Nach K_0 aufgelöst ergibt sich:

$$K_0 = AN\frac{q^T-1}{q^T(q-1)}.$$

Mit $q = 1 + i$ ergibt sich:

$$K_0 = AN\frac{(1+i)^T-1}{(1+i)^T i} = AN \cdot BWF. \tag{3.9}$$

Für den sog. Barwertfaktor einer Zahlungsreihe BWF gilt dann:

$$BWF(i,T) = \frac{(1+i)^T-1}{(1+i)^T i}. \tag{3.10}$$

Indem man mit dem Barwertfaktor BWF den Barwert von Zahlungsreihen unterschiedlicher Höhe und unterschiedlicher Dauer errechnet, kann man den Wert dieser Zahlungsreihen vergleichen.

Bildet man den Kehrwert des Barwertfaktors für Zahlungsreihen, erhält man den sog. Annuitätenfaktor ANF:

$$ANF(i,T) = \frac{(1+i)^T i}{(1+i)^T-1}, \tag{3.11}$$

$$AN = K_0 \cdot ANF. \tag{3.12}$$

Mit dem Annuitätenfaktor lässt sich eine Einmalzahlung in eine Zahlungsreihe gleichbleibender Höhe umwandeln (siehe **Bild 3.4**). Dies ist beispielsweise bei der Berechnung eines Annuitätenkredits von Bedeutung, indem aus der Höhe des Kredits, dem Zinssatz und der Laufzeit die jährlichen Raten ermittelt werden.

Im Folgenden werden die Begriffe Barwertfaktor und Annuitätenfaktor an drei Beispielen veranschaulicht:

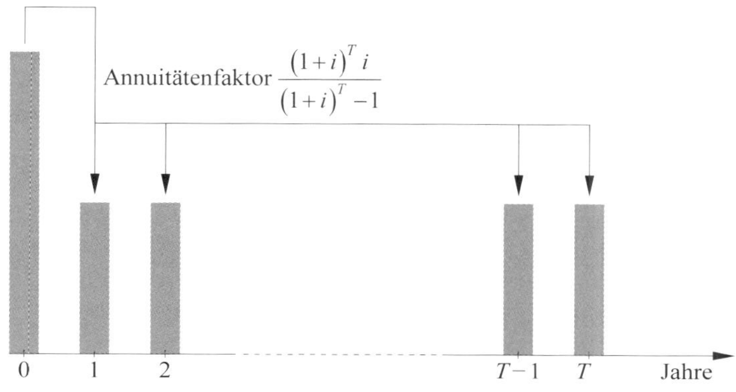

Bild 3.4 Annuitätenfaktor

Beispiel 1 (Vergleich zweier Zahlungsreihen):

Es sollen zwei Zahlungsreihen bei einem kalkulatorischen Zinssatz von 7 % p. a. verglichen werden. Welche Zahlungsreihe ist höherwertig?

Zahlungsreihe 1: 1 000 GE p. a. über zehn Jahre, beginnend mit dem Jahr eins,

Zahlungsreihe 2: 1 500 GE p. a. über acht Jahre, beginnend mit Jahr drei.

In **Bild 3.5** sind die Rechenschritte skizziert. Zunächst werden die Barwerte bezogen auf den Zeitpunkt unmittelbar vor Einsetzen der Zahlungsreihe berechnet (1. Schritt):

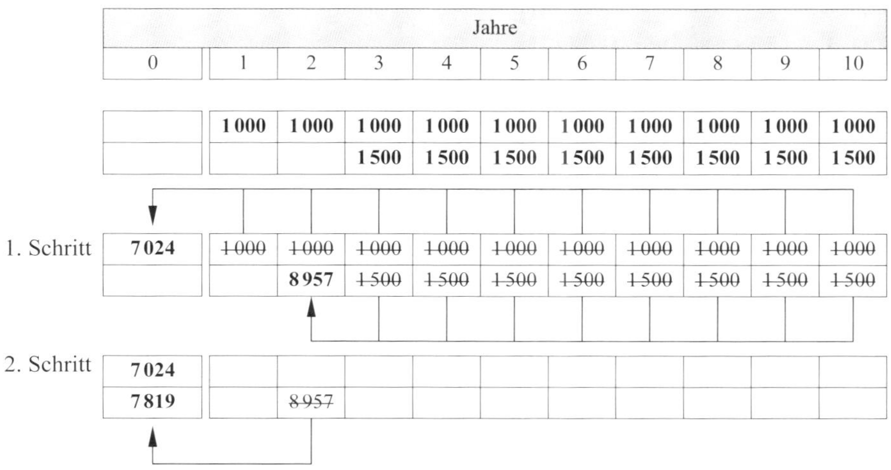

Bild 3.5 Vergleich der Zahlungsreihen

Für die Zahlungsreihe 1 ergibt sich gemäß Gl. (3.10):

$$BWF\left(7\ \%, 10\ \text{Jahre}\right) = \frac{\left(1+0{,}07\right)^{10}-1}{\left(1+0{,}07\right)^{10}\cdot 0{,}07} = 7{,}024\,.$$

Der Barwert der Zahlungsreihe 1 zum Zeitpunkt 0 ist somit 7,024 · 1 000 GE = 7 024 GE.

Für die Zahlungsreihe 2 ergibt sich gemäß Gl. (3.7):

$$BWF\left(7\ \%, 8\ \text{Jahre}\right) = \frac{\left(1+0{,}07\right)^{8}-1}{\left(1+0{,}07\right)^{8}\cdot 0{,}07} = 5{,}971\,.$$

Der Barwert der Zahlungsreihe 2 zum Zeitpunkt 2 ist somit 5,971 · 1 500 GE = 8 957 GE.

Nun wird der auf das Jahr 2 bezogene Barwert der Zahlungsreihe 2 gemäß Gl. (3.7) auf das Jahr 0 abgezinst:

$$ABZF\left(7\ \%, 2\ \text{Jahre}\right) = \frac{1}{\left(1+0{,}07\right)^{2}} = 0{,}873\,.$$

Der Barwert der Zahlungsreihe 2 zum Zeitpunkt 0 ergibt sich damit zu 0,873 · 8 957 GE = 7 819 GE. Damit ist die Zahlungsreihe 2 höherwertig als die Zahlungsreihe 1.

Beispiel 2 (Annuitätenkredit):

Es soll ein Kredit über 100 000 GE mit einem Zinssatz von 5 % p. a., einer Laufzeit von 15 Jahren in Jahresraten mit gleichbleibender Höhe zurückgezahlt werden. Wie hoch sind die jährlichen Raten? Wie hoch ist die Tilgungsrate im ersten Jahr (Anfangstilgung)? Wie hoch ist die Tilgungsrate im zweiten Jahr?

Gemäß Gl. (3.11) beträgt der Annuitätenfaktor:

$$ANF\left(5\ \%, 15\ \text{Jahre}\right) = \frac{\left(1+0{,}05\right)^{15}\cdot 0{,}05}{\left(1+0{,}05\right)^{15}-1} = 0{,}096\,34\,.$$

Die Raten betragen demnach jeweils 0,096 34 · 100 000 GE = 9 634 GE. Die erste Rate enthält einen Zinsanteil von 0,05 · 100 000 GE = 5 000 GE. Der Tilgungsanteil der ersten Rate beträgt demnach 9 634 GE – 5 000 GE = 4 634 GE. Die Anfangstilgungsrate beträgt also 4 634 GE/100 000 GE = 0,046 3 (→ 4,63 %).

Die Restschuld nach Zahlung der ersten Rate beträgt 100 000 GE – 4 634 GE = 95 366 GE.

Die zweite Rate enthält einen Zinsanteil von 0,05 · 95 366 GE = 4 778 GE. Der Tilgungsanteil der zweiten Rate beträgt demnach 9 634 GE – 4 778 GE = 4 856 GE. Die Tilgungsrate der zweiten Rate beträgt also 4 856 GE/100 000 GE = 0,0486 (→ 4,86 %).

Beispiel 3 (Annuitätenkredit II)

Der Zinssatz eines Annuitätenkredits beträgt 5 % p. a. Wie lange dauert es, bis der Kredit (theoretisch, also bei gleichbleibenden Zinsen über die gesamte Laufzeit) bei gleichbleibenden Raten von 7 % der Kreditsumme vollständig zurückgezahlt ist?

Zu Beantwortung der Frage ist Gl. (3.11) nach T aufzulösen:

$$ANF\left(i,T\right)=\frac{\left(1+i\right)^{T}i}{\left(1+i\right)^{T}-1}=\frac{q^{T}i}{q^{T}-1}\quad\rightarrow\quad T=\log_{q}\frac{ANF}{ANF-i}=\frac{\ln\frac{ANF}{ANF-i}}{\ln q},\tag{3.13}$$

$$q=1+0,05=1,05;\quad i=0,05;\quad ANF=0,07;$$

$$T=\frac{\ln\frac{ANF}{ANF-i}}{\ln q}=\frac{\ln\frac{0,07}{0,07-0,05}}{\ln 1,05}=25,67\text{ Jahre}.$$

3.3.2 Kapitalwertmethode

Bei der Kapitalwertmethode – auch Barwertmethode genannt – werden alle Ein- und Auszahlungen auf den Investitionsbeginn zu einem Barwert abgezinst. Dieser Barwert wird im Falle einer Investitionsbetrachtung Kapitalwert C_0 genannt. Die Zahlungsreihe einer Investition setzt sich zusammen aus der negativen Investitionssumme INV_0, den abgezinsten Einzahlungen E_n, den abgezinsten Auszahlungen A_n und dem möglicherweise anfallenden abgezinsten Liquidationserlös bzw. Restwert L am Ende der Nutzungsdauer.[86] Mit Gl. (3.7) für den Abzinsfaktor ergibt sich dann:

$$C_0=-INV_0+\frac{E_1-A_1}{q}+\frac{E_2-A_2}{q^2}+\ldots+\frac{E_T-A_T}{q^T}+\frac{L}{q},\tag{3.14}$$

$$C_0=-INV_0+\frac{L}{q^T}+\sum_{n=1}^{T}\frac{E_n-A_n}{q^n}.\tag{3.15}$$

[86] Vgl. *Hering* in: *Hering* 2016, S. 664

Für den Sonderfall, dass sämtliche Ein- und Auszahlungen nominal gleich sind, gilt mit der Formel für den Barwertfaktor einer Zahlungsreihe (Gl. (3.9)) und $q = 1 + i$ folgendes:

$$C_0 = -INV_0 + \frac{L}{q^T} + (E - A)\frac{q^T - 1}{q^T (q-1)}, \tag{3.16}$$

$$C_0 = -INV_0 + \frac{L}{(1+i)^T} + (E - A)\frac{(1+i)^T - 1}{(1+i)^T i}. \tag{3.17}$$

Ist der Kapitalwert größer als null, so ist die Investition wirtschaftlich vorteilhaft. Bei einer vergleichenden Berechnung ist die Investitionsvariante am Vorteilhaftesten, die den größten Kapitalwert hervorbringt.

			Investitions-variante I	**Investitions-variante II**
	Anschaffungswert zum Zeitpunkt 0	INV_0	100 000 GE	140 000 GE
	Nutzungsdauer	T	15 Jahre	15 Jahre
	Restwert nach Nutzungsdauer	L	0 GE	0 GE
	kalkulatorischer Zinssatz (real, nach Ertragssteuern)	$i = 6\,\%$ p. a.	0,06	0,06
	Abzinsfaktor	$q = 1 + i$	1,06	1,06
	Ertragssteuersatz	$s = 30\,\%$ p. a.	0,3	0,3
	Barwertfaktor	$BWF = \frac{q^T - 1}{q^T i}$	9,712	9,712
	erwartete Erlöse	E	50 000 GE/a	60 000 GE/a
jährliche Betriebskosten	Energie		5 000 GE/a	2 000 GE/a
	Instandhaltung		8 000 GE/a	3 000 GE/a
	Material-, Hilfs- und Betriebsstoffe		9 000 GE/a	9 000 GE/a
	Summe der jährlichen betrieblichen Kosten	A	22 000 GE/a	14 000 GE/a
	Abschätzung Ertragssteuern	$Est = s \cdot \left(E - A - \frac{INV_0}{T} \right)$	6 400 GE/a	11 000 GE/a
	Auszahlungen, einschließlich Ertragssteuern	$A' = A + Est$	28 400 GE/a	25 000 GE/a
	Kapitalwert	$C_0 = -INV_0 + \frac{L}{q^T} + BWF \cdot (E - A')$	109 785 GE/a	199 929 GE/a
	Endwert	$C_E = C_0 \cdot q^T$	263 105 GE/a	479 141 GE/a

Tabelle 3.3 Kapitalwertmethode

Mit den Werten aus dem Beispiel in Kapitel 3.2.1 wird die Kapitalwertmethode in **Tabelle 3.3** erläutert. Der Restwert nach der Nutzungsdauer wird aus Gründen der Vereinfachung zu null angesetzt. Die als konstant angenommene Zahlungsreihe $E - A'$ wird mit dem Barwertfaktor gemäß Gl. (3.10) auf den Zeitpunkt null abgezinst und zur (negativen) Investitionssumme INV_0 hinzuaddiert, sodass sich der Kapitalwert ergibt. Es zeigt sich, dass die Variante II einen deutlich höheren Kapitalwert hervorbringt als Variante I. Investitionsvariante II ist also wirtschaftlicher. Es ist durchaus möglich, einen anderen Zeitpunkt als den Zeitpunkt null als Bezugszeitpunkt zu wählen. Am qualitativen Ergebnis ändert sich mit einem anderen Bezugszeitpunkt jedoch nichts. In Tabelle 3.3 ist in der letzten Zeile beispielsweise der sog. Endwert berechnet. Dies ist der auf das Ende der Nutzungszeit aufgezinste Kapitalwert. Auch beim Vergleich der Endwerte (Endwertmethode) schneidet die Investitionsvariante II wirtschaftlicher ab.

3.3.2.1 Methode des internen Zinsfußes/Renditeberechnung

Eine Sonderform der Kapitalwertmethode ist die Methode des internen Zinsfußes. Verändert man den kalkulatorischen Zinssatz und trägt den Kapitalwert C_0 nach Gl. (3.16) und Gl. (3.17) über den kalkulatorischen Zinssatz i auf, ergibt sich eine Kurve wie in **Bild 3.6** dargestellt. Der Zinssatz, bei dem der Kapitalwert C_0 null wird, heißt interner Zinsfuß r. Es ergibt sich aus Gl. (3.16):

$$INV_0 - \frac{L}{q^T} = (E - A)\frac{q^T - 1}{q^T(q-1)} = (E - A)\frac{(1+r)^T - 1}{(1+r)^T r}. \qquad (3.18)$$

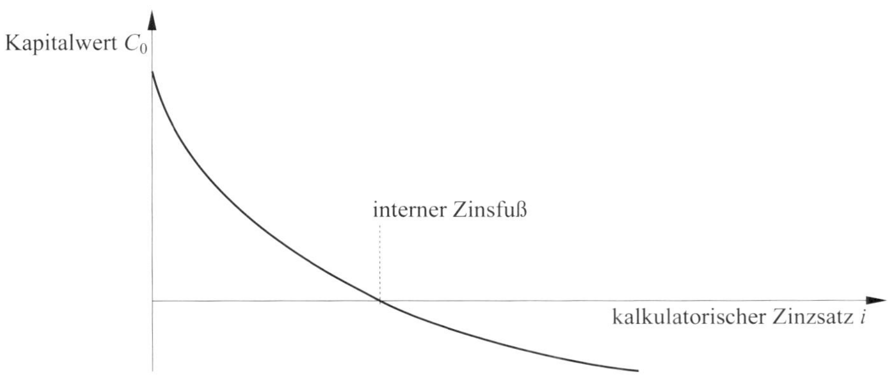

Bild 3.6 Interner Zinsfuß

		Investitions-variante I	Investitions-variante II	Investitionsvariante I		Investitionsvariante II	
				kalkulatorischer Zins	Kapitalwert	kalkulatorischer Zins	Kapitalwert
Anschaffungswert zum Zeitpunkt 0	INV_0	100 000 GE	140 000 GE	0,060	109 785	0,060	199 929
Nutzungsdauer	T	15 Jahre	15 Jahre	0,191	4 871	0,230	5 354
Restwert nach der Nutzungsdauer L		0 GE	0 GE	0,192	4 427	0,231	4 807
kalkulatorischer Zinssatz (real, nach Ertragssteuern)	$i = 6\ \%$ p. a.	0,06	0,06	0,193	3 987	0,232	4 264
Abzinsfaktor	$q = 1 + i$	1,06	1,06	0,194	3 549	0,233	3 724
Ertragssteuersatz	$s = 30\ \%$ p. a.	0,3	0,3	0,195	3 115	0,234	3 188
Barwertfaktor	$BWF = \frac{q^T - 1}{q^T i}$	9 712	9 712	0,196	2 684	0,235	2 656
erwartete Erlöse	E	50 000 GE/a	60 000 GE/a	0,197	2 256	0,236	2 127
Energie		5 000 GE/a	2 000 GE/a	0,198	1 831	0,237	1 601
Instandhaltung		8 000 GE/a	3 000 GE/a	0,199	1 409	0,238	1 079
Material, Hilfs- und Betriebsstoffe		9 000 GE/a	9 000 GE/a	0,200	990	0,239	560
Summe der jährlichen betrieblichen Kosten	A	22 000 GE/a	14 000 GE/a	0,201	574	0,240	45
Abschätzung Ertragssteuern	$Est = s \cdot (E - A - INV_0 / T)$	6 400 GE/a	11 000 GE/a	0,202	162	0,241	−467
Auszahlungen, einschließlich Ertragssteuern	$A' = A + Est$	28 400 GE/a	25 000 GE/a	0,203	−248	0,242	−975
Kapitalwert	$C_0 = -INV_0 + \frac{L}{q^T} + BWF \cdot (E - A')$	109 785 GE	199 929 GE	0,204	−655	0,243	−1 480
Endwert	$C_E = C_0 \cdot q^T$	263 105 GE	479 141 GE	0,205	−1 059	0,244	−1 982

interne Zinsfüße

Tabelle 3.4 Interner Zinsfuß – Beispiel

Der interne Zinsfuß r ist die Rendite der Investitionsmaßnahme. Die Investitionsmaßnahme erzielt so viel Rendite, dass sie mit einem Fremdkapitalzins in Höhe von r vollständig fremdfinanziert werden kann und gerade noch keinen Verlust macht. Oder anders anschaulich gemacht: Die Investitionsmaßnahme erzielt so viel Rendite wie bei Unterlassung der Maßnahme an Eigenkapitalzinsen erwirtschaftet würden. Bei einem kalkulatorischen Zinssatz in Höhe des internen Zinsfußes ist es gleichgültig, ob die Investitionsmaßnahme realisiert wird, da der Kapitalwert ja null ist.

Bei einem Vergleich verschiedener Investitionsmaßnahmen ist die Variante am wirtschaftlich vorteilhaftesten, die den höchsten internen Zinsfuß aufweist.

Zur Berechnung des internen Zinsfußes ist Gl. (3.18) nach r aufzulösen. Dazu sind numerische Methoden anzuwenden oder man nähert sich mithilfe einer Tabellenkalkulation durch Probieren an die Nullstelle „interner Zinsfuß" an. In **Tabelle 3.4** ist dies am bekannten Beispiel durchgeführt. Dazu ist die ursprüngliche Tabelle 3.3 um eine entsprechende Variationsrechnung ergänzt worden. Der interne Zinsfuß für Variante I liegt näherungsweise bei etwa 20,2 % und für Variante II bei etwa 24,0 %. Variante II ist also wirtschaftlicher.

Der interne Zinsfuß weicht erheblich von der bereits berechneten statischen Rentabilität ab. Dazu sei hier als Vergleich noch mal auf Tabelle 3.1 hingewiesen, in der die statischen Rentabilitäten von 11,93 p. a. für Variante I und 15,33 % p. a. für Variante II ausgewiesen sind.

Eine andere Methode, den internen Zinsfuß zu ermitteln, ist die Anwendung von Tabellenwerken. Nach Gl. (3.19) ist der Barwertfaktor BWF nämlich der Quotient aus Investition und Einnahmeüberschuss:

$$\frac{INV_0 - \dfrac{L}{q^T}}{(E-A)} = \frac{q^T - 1}{q^T(q-1)} = \frac{(1+r)^T - 1}{(1+r)^T r} = BWF\,. \tag{3.19}$$

Aus dem errechneten Barwertfaktor BWF und der vorgegebenen Nutzungsdauer T lässt sich aus entsprechenden Tabellen der interne Zinsfuß ablesen.

3.3.3 Annuitätenmethode

Bei der Annuitätenmethode wird die Investitionszahlung – ggf. korrigiert um den abgezinsten Liquiditätserlös – über den Annuitätenfaktor ANF als Annuität auf die Nutzungsjahre verteilt. Diese Annuität entspricht den Kreditraten für einen Annuitätenkredit mit dem kalkulatorischen Zinssatz i und einer Laufzeit T, die identisch der Nutzungszeit ist. Die Annuität AN ist somit der (jährliche) Kapitaldienst, bestehend aus Zins und Tilgung. Werden zum Kapitaldienst AN die weiteren jährlichen betrieblichen Ein- und Auszahlungen E und $-A'$ hinzuaddiert, so erhält man die jährliche Gesamtzahlung GZ einer Investitionsmaßnahme:

$$GZ = \left(-INV_0 + \frac{L}{q^T} \right) \cdot ANF + \left(E - A' \right), \tag{3.20}$$

$$ANF = \frac{q^T i}{q^T - 1}. \tag{3.21}$$

Ist die jährliche Gesamtzahlung GZ positiv, so ist das Investitionsprojekt wirtschaftlich. Im negativen Fall ist es unwirtschaftlich. Vergleicht man mehrere Investitionsvorhaben, so ist das Vorhaben mit der höchsten jährlichen Gesamtzahlung am wirtschaftlich vorteilhaftesten.

			Investitionsvariante I	**Investitionsvariante II**
	Anschaffungswert zum Zeitpunkt 0	INV_0	100 000 GE	140 000 GE
	Nutzungsdauer	T	15 Jahre	15 Jahre
	Restwert nach Nutzungsdauer	L	0 GE	0 GE
	kalkulatorischer Zinssatz (real, nach Ertragssteuern)	$i = 6\,\%$ p. a.	0,06	0,06
	Abzinsfaktor	$q = 1 + i$	1,06	1,06
	Ertragssteuersatz	$s = 30\,\%$ p. a.	0,3	0,3
	Annuitätenfaktor	$ANF = \frac{q^T i}{q^T - 1}$	0,103	0,103
	erwartete Erlöse	E	50 000 GE/a	60 000 GE/a
betriebliche Kosten pro Jahr	Energie		5 000 GE/a	2 000 GE/a
	Instandhaltung		8 000 GE/a	3 000 GE/a
	Material-, Hilfs- und Betriebsstoffe		9 000 GE/a	9 000 GE/a
	Summe der jährlichen betrieblichen Kosten	A	22 000 GE/a	14 000 GE/a
	Abschätzung Ertragssteuern	$Est = s \cdot \left(E - A - \frac{INV_0}{T} \right)$	6 400 GE/a	11 000 GE/a
	Auszahlungen, einschließlich Ertragssteuern	$A' = A + Est$	28 400 GE/a	25 000 GE/a
	Annuität (Zins und Tilgung)	$AN = \left(-INV_0 + \frac{L}{q^T} \right) \cdot ANF$	−10 296,28 GE/a	−14 415 GE/a
	jährliche Gesamtzahlung	$GZ = AN + \left(E - A' \right)$	11 304 GE/a	20 585 GE/a

Tabelle 3.5 Annuitätenmethode

Liegt bereits der Kapitalwert C_0 einer Investitionsmaßnahme vor, so lässt sich daraus über den Annuitätenfaktor direkt die jährliche Gesamtzahlung berechnen. Insofern ist die Annuitätenmethode die Umkehrung der Kapitalwertmethode:

$$GZ = ANF \cdot C_0 . \tag{3.22}$$

In **Tabelle 3.5** wird die Annuitätenmethode auf das bereits bekannte Beispiel angewendet. Die Investitionsvariante II ist im Vergleich zu Variante I wirtschaftlicher, da sie die höhere jährliche Gesamtzahlung aufweist.

Mit Gl. (3.22) lassen sich aus den bereits in Tabelle 3.3 ausgewiesenen Kapitalwerten die jährlichen Gesamtzahlungen auch direkt ermitteln:

$ANF = 0{,}102\,96$;

Investitionsvariante I: GZ = 0,102 96 · 109 785 GE = 11 304 GE;
Investitionsvariante II: GZ = 0,102 96 · 199 929 GE = 20 585 GE.

3.3.4 Dynamische Amortisationsrechnung

Die dynamische Amortisationszeit ist die Zeit, nach der der Kapitalwert einer Investitionsmaßnahme als kumulierter Barwert null wird – also vom Negativen ins Positive wechselt. Die Amortisationszeit ist die Kapitalrückflusszeit und dadurch ein Maß für das Risiko eines Investitionsvorhabens.

Je kürzer die Amortisationszeit ist, desto geringer ist das Investitionsrisiko. Nach der Amortisationszeit ist das eingesetzte Investitionskapital (rechnerisch) durch den Einzahlungsüberschuss zurückgeflossen; in der restlichen Zeit bis zum Ende der Nutzungsdauer trägt der Einzahlungsüberschuss (rechnerisch) vollständig zum Gewinn der Maßnahme bei – also zum Kapitalwert.

Für das bekannte Beispiel mit den Investitionsvarianten I und II ist in **Tabelle 3.6** und **Tabelle 3.8** der Barwert der Zahlungen eines jeden Jahrs tabellarisch aufgetragen und in der letzten Spalte kumulativ addiert. Für Variante I wird der kumulierte Barwert im 6. Jahr positiv, für Variante II im 5. Jahr. Das heißt, die dynamische Amortisationszeit für Variante I liegt zwischen fünf und sechs Jahren, für Variante II zwischen vier und fünf Jahren. Das Risiko für Investitionsvariante II ist also geringer.

Die negative Anfangsinvestition INV_0 wird dabei vollständig im Jahr 0 angesetzt und durch kumulatives Hinzurechnen der abgezinsten Einzahlungsüberschüsse über die Jahre bis zum Ende der Nutzungszeit zum Kapitalwert C_0 aufaddiert.

Zum Verständnis sei darauf hingewiesen, dass man die Anfangsinvestition zwar auch als Barwert auf die einzelnen Jahre der Nutzungszeit verteilen und die abgezinsten Zahlungen kumulativ zum Kapitalwert C_0 aufaddieren kann, man dabei aber keine Aussage über die Amortisationszeit (siehe **Tabelle 3.7** und **Tabelle 3.9**) gewinnt.

Zinssatz $i = 6{,}00\ \%$ p. a.	→	0,06
Zinsfaktor $q =$	$1 + i =$	1,06

Investitionsvariante I

Jahr	Auszahlungen in GE		Einzahlungen in GE	Abzinsfaktor	Barwert in GE	kumulierter Barwert/ Kapitalwert in GE
	Invest.	betriebl. Auszahl.				
n	INV_n	A'_n	E_n	$\frac{1}{q^n}$	$BW_n = \frac{1}{q^n} \cdot (-INV_n + E_n - A'_n)$	
0	100 000	0	0	1,000	−100 000	−100 000
1	0	28 400	50 000	0,943	20 377	−79 623
2	0	28 400	50 000	0,890	19 224	−60 399
3	0	28 400	50 000	0,840	18 136	−42 263
4	0	28 400	50 000	0,792	17 109	−25 154
5	0	28 400	50 000	0,747	16 141	−9 013
6	0	28 400	50 000	0,705	15 227	6 214
7	0	28 400	50 000	0,665	14 365	20 579
8	0	28 400	50 000	0,627	13 552	34 132
9	0	28 400	50 000	0,592	12 785	46 917
10	0	28 400	50 000	0,558	12 061	58 978
11	0	28 400	50 000	0,527	11 379	70 356
12	0	28 400	50 000	0,497	10 735	81 091
13	0	28 400	50 000	0,469	10 127	91 218
14	0	28 400	50 000	0,442	9 554	100 772
15	0	28 400	50 000	0,417	9 013	109 785

← dynamische Amotisationszeit (between years 5 and 6)

← Kapitalwert C_0 (year 15)

Tabelle 3.6 Investitionsvariante I – dynamische Amortisation

Zinssatz i = 6,00 % p. a.	→	0,06
Zinsfaktor q =	$1 + i$ =	1,06

Investitionsvariante I

Jahr n	Auszahlungen in GE Kapital-dienst AN (Zins + Tilgung)	 betriebl. Auszahl. A'_n	Einzah-lungen in GE E_n	Ab-zins-faktor $\frac{1}{q^n}$	Barwert in GE $BW_n = \frac{1}{q^n} \cdot (-INV_n + E_n - A'_n)$	kumulierter Barwert/ Kapitalwert in GE
0	0	0	0	1,000	0	0
1	10296	28400	50000	0,943	10664	10664
2	10296	28400	50000	0,890	10060	20724
3	10296	28400	50000	0,840	9491	30215
4	10296	28400	50000	0,792	8954	39169
5	10296	28400	50000	0,747	8447	47615
6	10296	28400	50000	0,705	7969	55584
7	10296	28400	50000	0,665	7518	63102
8	10296	28400	50000	0,627	7092	70194
9	10296	28400	50000	0,592	6691	76884
10	10296	28400	50000	0,558	6312	83196
11	10296	28400	50000	0,527	5955	89151
12	10296	28400	50000	0,497	5618	94769
13	10296	28400	50000	0,469	5300	100068
14	10296	28400	50000	0,442	5000	105068
15	10296	28400	50000	0,417	4717	109785 ← Kapital-wert C_0

Tabelle 3.7 Investitionsvariante I – Kontrolle

Zinssatz $i = 6{,}00$ % p. a.	→	0,06
Zinsfaktor $q =$	$1 + i =$	1,06

Investitionsvariante II

Jahr n	**Auszahlungen in GE** **Invest.** INV_n	**betriebl. Auszahl.** A'_n	**Einzahlungen in GE** E_n	**Abzinsfaktor** $\frac{1}{q^n}$	**Barwert in GE** $BW_n = \frac{1}{q^n} \cdot \left(-INV_n + E_n - A'_n\right)$	**kumulierter Barwert/ Kapitalwert in GE**	
0	140 000	0	0	1,000	−140 000	−140 000	
1	0	25 000	60 000	0,943	33 019	−106 981	
2	0	25 000	60 000	0,890	31 150	−75 831	
3	0	25 000	60 000	0,840	29 387	−46 445	
4	0	25 000	60 000	0,792	27 723	−18 721	← dynamische Amotisationszeit
5	0	25 000	60 000	0,747	26 154	7 433	
6	0	25 000	60 000	0,705	24 674	32 106	
7	0	25 000	60 000	0,665	23 277	55 383	
8	0	25 000	60 000	0,627	21 959	77 343	
9	0	25 000	60 000	0,592	20 716	98 059	
10	0	25 000	60 000	0,558	19 544	117 603	
11	0	25 000	60 000	0,527	18 438	136 041	
12	0	25 000	60 000	0,497	17 394	153 435	
13	0	25 000	60 000	0,469	16 409	169 884	
14	0	25 000	60 000	0,442	15 481	185 324	
15	0	25 000	60 000	0,417	14 604	199 929	← Kapitalwert C_0

Tabelle 3.8 Investitionsvariante II – dynamische Amortisation

Zinssatz $i = 6{,}00$ % p. a.	→	0,06
Zinsfaktor $q =$	$1 + i =$	1,06

Investitionsvariante II

Jahr n	**Auszahlungen in GE** **Kapital-dienst** AN (Zins + Tilgung)	 **betriebl. Auszahl.** A'_n	**Einzah-lungen in GE** E_n	**Ab-zins-faktor** $\frac{1}{q^n}$	**Barwert in GE** $BW_n = \frac{1}{q^n} \cdot (-INV_n + E_n - A'_n)$	**kumulierter Barwert/ Kapitalwert in GE**
0	0	0	0	1,000	0	0
1	14415	25000	60000	0,943	19420	19420
2	14415	25000	60000	0,890	18321	37741
3	14415	25000	60000	0,840	17284	55025
4	14415	25000	60000	0,792	16305	71330
5	14415	25000	60000	0,747	15382	86712
6	14415	25000	60000	0,705	14512	101224
7	14415	25000	60000	0,665	13690	114914
8	14415	25000	60000	0,627	12915	127830
9	14415	25000	60000	0,592	12184	140014
10	14415	25000	60000	0,558	11495	151509
11	14415	25000	60000	0,527	10844	162353
12	14415	25000	60000	0,497	10230	172583
13	14415	25000	60000	0,469	9651	182234
14	14415	25000	60000	0,442	9105	191339
15	14415	25000	60000	0,417	8589	199929 ← Kapitalwert C_0

Tabelle 3.9 Investitionsvariante II – Kontrolle

Die tabellarische Ermittlung der Amortisationszeit, wie in Tabelle 3.6 und Tabelle 3.8 gezeigt, hat den Vorteil, dass unterschiedliche Zahlungen in den einzelnen Jahren berücksichtigt werden können.

Eine andere Methode, die dynamische Amortisationszeit zu ermitteln, ist die Anwendung von Tabellenwerken. Diese Methode ist jedoch nur anwendbar, wenn die jährlichen Ein- und Auszahlungen konstant sind. In Gl. (3.16) wird der Kaptalwert C_0 zu null gesetzt und daraus der Barwertfaktor BWF ermittelt:

$$C_0 = -INV_0 + \frac{L}{q^T} + (E - A) \cdot BWF = 0,$$

$$BWF = \frac{INV_0 - \frac{L}{q^T}}{E - A} = \frac{q^T A - 1}{q^T A(q-1)} = \frac{(1+r)^T A - 1}{(1+r)^T A r}. \tag{3.23}$$

Mit dem vorgegebenen kalkulatorischen Zinssatz r lässt sich aus dem errechneten Barwert in dem entsprechenden Tabellenwerk die Zeit T_A – also die Amortisationszeit – ermitteln.

4 Asset-Management

4.1 Aufgaben und Ziele des Asset-Managements

Was ist ein Asset? Was bedeutet Asset-Management? Die einschlägige Norm DIN ISO 55000 sagt dazu:

„Ein Asset ist ein Element, ein Gegenstand oder eine Einheit, das (der) (die) einen möglichen oder tatsächlichen Wert für eine Organisation besitzt. Dieser Wert variiert zwischen verschiedenen Organisationen und ihren Stakeholdern und kann materieller oder immaterieller Art, finanzieller oder nicht finanzieller Art sein. Der Zeitabschnitt von der Erzeugung eines Assets bis zum Ende der Existenz eines Assets wird als Asset-Lebensdauer (...) bezeichnet. Die Lebensdauer eines Assets stimmt nicht zwangsläufig mit dem Zeitabschnitt überein, in dem eine Organisation die Verantwortung dafür trägt; stattdessen kann ein Asset im Laufe seiner Lebensdauer für eine oder mehrere Organisationen einen potenziellen oder tatsächlichen Wert darstellen, und der Wert des Assets für eine Organisation kann sich im Laufe seiner Lebensdauer ändern. Eine Organisation kann sich entsprechend ihrer Bedürfnisse dazu entschließen, ihre Assets in Gruppen oder singulären Einheiten zu managen, um dadurch zusätzliche Vorteile zu erzielen. Derartige Gruppierungen von Assets können nach Asset-Typen, Asset-Systemen oder Asset-Portfolios vorgenommen werden.“[87] Der Begriff Asset-Management wird in der Norm wie folgt definiert: Asset-Management bezeichnet die *„koordinierte[n] Aktivitäten einer Organisation (...), um mithilfe von Assets (...) Werte zu schaffen. (...) Das Schaffen von Werten schließt üblicherweise eine Abwägung der Kosten, Risiken (...), Chancen und des Performancezuwachses (...) ein. (...) Der Begriff „Aktivität“ hat eine breite Bedeutung und kann beispielsweise den Ansatz, die Vorbereitung, die Pläne und ihre Einführung beinhalten.“*[88] Performance bedeutet in diesem Zusammenhang *„messbares Ergebnis“*[89] bzw. Leistung.

Auf das Gebiet der Elektrotechnik bezogen ist ein Asset[90] ein elektrisches Betriebsmittel bzw. eine elektrische Anlage. Das (elektro)technische Asset-Management hat die Bewirtschaftung der (elektro)technischen Anlagen zum Inhalt, wobei der Optimierung der Lebenszykluskosten unter Einhaltung vorgegebener Randbedingungen eine besondere Bedeutung zukommt. Die Lebenszykluskosten eines elektrotechnischen Betriebsmittels beziehen sich auf die gesamte Lebensdauer von der Beschaffung oder

[87] Quelle: DIN ISO 55000:2017-05, Abschnitt 2.3

[88] Quelle: DIN ISO 55000:2017-05, Abschnitt 3.3.1

[89] Quelle: DIN ISO 55000:2017-05, Abschnitt 3.1.17

[90] Asset (engl.) = Vermögensgegenstand, Wirtschaftsgut

Herstellung, dem Bau, der Inbetriebnahme, dem produktiven Betrieb, der Instandhaltung, der Außerbetriebnahme, der Demontage bis zur Entsorgung. Gliedern lässt sich das Asset-Management in ein strategisches Asset-Management, welches langfristig das Budget für Neuinvestitionen, Ersatzerneuerung und Instandhaltung unter Einhaltung vorgegebener Randbedingungen und Anforderungen ermittelt und ein operatives Asset-Management, welches mittel- und kurzfristig konkrete Maßnahmen auf der Grundlage des vorgegeben Budget und der einzuhaltenden Randbedingungen und Anforderungen festlegt.[91] Randbedingungen und Anforderungen können sein:

- Technische Vorgaben (Vorgaben technische Zuverlässigkeit und zur Erfüllung des Betriebszwecks);
- Betriebsstrategie;
- Sicherheitsvorgaben (z. B. zum Arbeits- und Gesundheitsschutz und zur Verkehrssicherungspflicht);
- Umweltschutzanforderungen;
- kaufmännische Anforderungen (z. B. finanzielle Beschränkungen);
- gesetzlicher Rahmen;
- Erwartungen der Stakeholder.

Stakeholder ist eine *„Person oder Organisation (...) die eine Entscheidung oder Tätigkeit beeinflussen kann, die davon beeinflusst sein kann, oder die sich davon beeinflusst fühlt. (...) „Stakeholder" (interessierte Kreise) können auch als „interessierte Partei" bezeichnet werden.*"[92]

Der angestrebte Nutzen des Asset-Managements ist nach DIN ISO 55000 sehr umfangreich: Er *„kann u. a. folgendes umfassen:*

- *verbesserte wirtschaftliche Performance (...);*
- *faktenbasierte Entscheidungen zu Asset-bezogenen Investitionen (...);*
- *planvoller und kontrollierter Umgang mit Risiken (...);*
- *verbesserte Leistungen und Erträge (...);*
- *demonstrierte gesellschaftliche Verantwortung (...);*
- *erwiesene Regelkonformität (...);*
- *erhöhte Reputation (...);*
- *verbesserte Nachhaltigkeit der Organisation (...);*
- *gesteigerte Effizienz und Effektivität. (...)*"[93]

---

91 Vgl. *Hiller/Bodach/Castor* 2014, S. 263

92 Quelle: DIN ISO 55000:2017-05, Abschnitt 3.1.22

93 Quelle: DIN ISO 55000:2017-05, Abschnitt 2.2

Daraus ergeben sich folgende Aufgaben des Asset-Managements:

- Festlegung der Budgets auf Grundlage der Anforderungen und der Betriebs- und Zustandsdaten;
- Beauftragung größerer Einzelmaßnahmen (Neuinvestitionen, Ersatzinvestitionen, größere Instandhaltungsmaßnahmen);
- Festlegung der Instandhaltungsstrategie;
- Optimierung der Lebenszykluskosten einer elektrischen Anlage.

In **Bild 4.1** sind die Aufgaben schematisch in Beziehung gesetzt. Es wird deutlich, dass der Asset-Managementprozess sehr starken Einfluss auf den ordnungsgemäßen Zustand und sicheren Betrieb der elektrischen Anlagen hat. Insofern ist Asset-Management als Teil der Aufgaben des Anlagenbetreibers anzusehen. Dabei ist es nicht zwingend, dass das Asset-Management innerhalb der Aufbauorganisationen eine eigene Organisationseinheit bildet. Wenn das Asset-Management dennoch eine eigene Einheit/Stelle in der Aufbauorganisation bildet, ist zur Vermeidung von „Reibungsverlusten" und zur Wahrung der Organisationssicherheit die Schnittstelle zur Einheit, in der die Betriebsverantwortung wahrgenommen wird, detailliert zu klären.

Da der Gegenstand eines Asset-Managements langlebige Assets sind, ist ein Asset-Management umso sinnvoller, je höher die Lebensdauer der Assets ist. Bei Immobilien und Anlagen der Energieversorgung ist es in jedem Fall sinnvoll. Bei Produktionsanlagen mit kurzer Einsatz- und Lebensdauer ist der Nutzen eines Asset-Managements aufgrund des Zwangs zur kurzfristigen Anpassung des Anlagen- und Maschinenparks an die schnell wechselnden Anforderungen des Absatzmarkts eher fragwürdig. Hier treten andere Managementaufgaben wie Marketingmanagement oder Produktionsmanagement in den Vordergrund.

Die DIN ISO 55001 legt *„Anforderungen an ein AM-Managementsystem (...) fest"* und *„ist insbesondere für das Management physischer Assets vorgesehen"*.[94] Die Norm *„ermöglicht es einer Organisation, ein eigenes AM-Managementsystem auf die Anforderungen verwandter Managementsysteme auszurichten und diese darin zu integrieren."*[95]

Die Norm macht Vorgaben zum Kontext, zur Führung, zur Planung einschließlich des Umgangs mit Chancen Risiken und Zielen, zu Unterstützungsmaßnahmen und zur betrieblichen Steuerung einschließlich Chance Management.

---

[94] Quelle: DIN ISO 55001:2018-03, Abschnitt 1

[95] Quelle: DIN ISO 55001:2018-03, S. 8

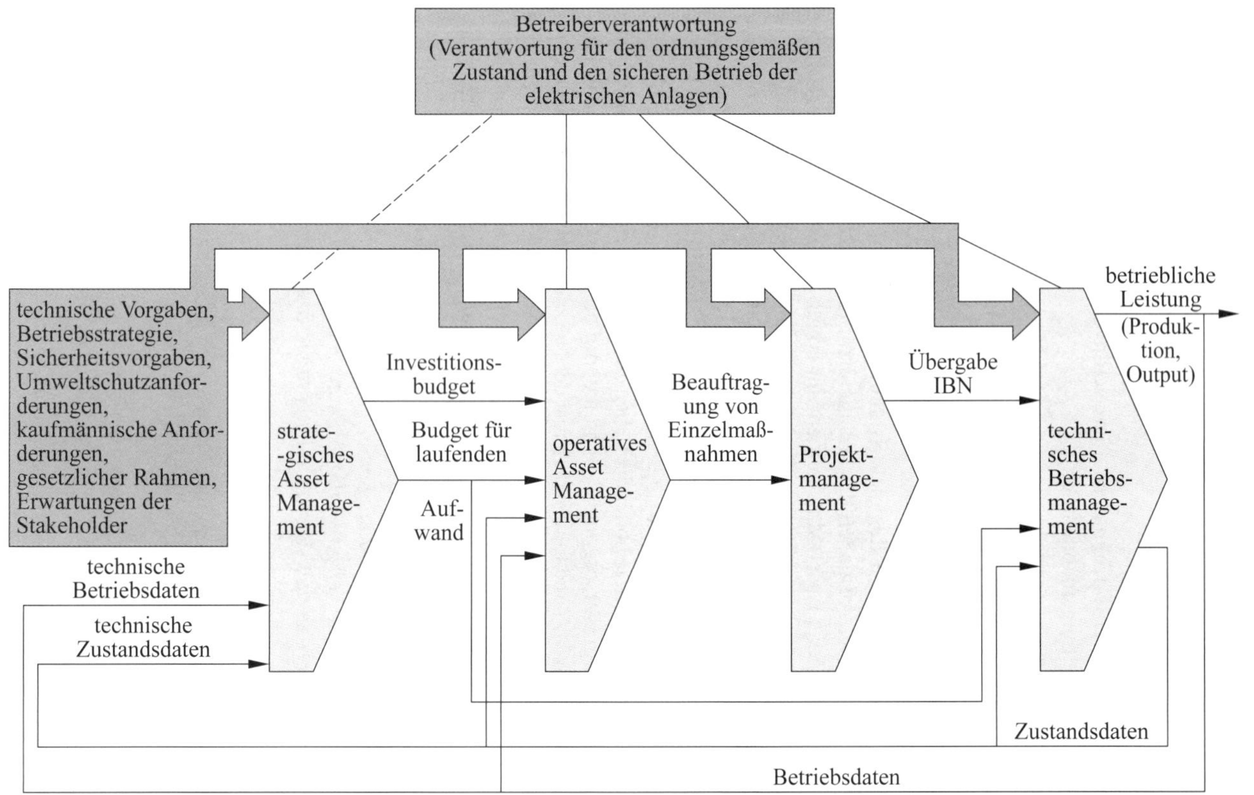

Bild 4.1 Prozess Asset-Management

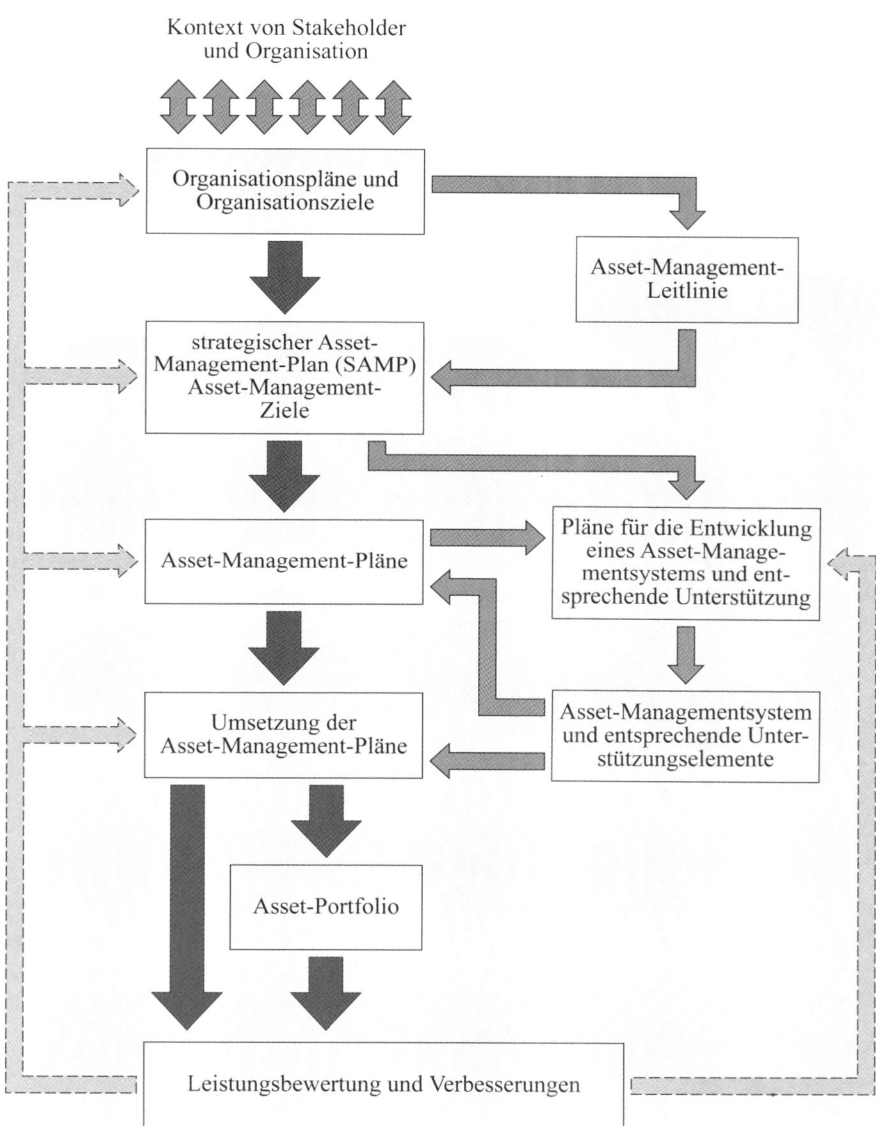

Das grau hinterlegte Feld bezeichnet die Grenze des Asset-Managementsystems.

Bild 4.2 Asset-Managementsystem
(Quelle: DIN ISO 55000:2017-05, Bild B.1)

In **Bild 4.2** sind die Schlüsselelemente eines Asset-Managementsystems und deren Zusammenhang dargestellt. Dazu seien hier einige Begriffsdefinitionen aus DIN ISO 55000 zitiert:

„Organisationsziel [bedeutet] übergeordnetes Ziel, das den Kontext und die Ausrichtung der Aktivitäten einer Organisation (...) festlegt. (...) Organisationsziele werden durch die Planungsaktivitäten der Organisation auf strategischer Ebene festgelegt.

(...)

Organisationsplan [bedeutet] dokumentierte Information (...), die Programme zum Erreichen der Organisationsziele (...) festlegt.

(...)

[Ein] Asset-Portfolio [besteht aus] Assets, die im Anwendungsbereich des AM-Managementsystems (...) sind. (...) Ein Portfolio wird üblicherweise zu Zwecken der betrieblichen Steuerung festgelegt und zugeordnet. Portfolios für physische Hardware könnten nach Kategorien festgelegt werden (z. B. Anlage, Ausrüstung, Werkzeuge, Land). Software-Portfolios könnten durch Software-Hersteller oder durch die Plattform (z. B. Server, Großrechner) festgelegt werden. (...) Ein AM-Managementsystem kann mehrere Asset-Portfolios umfassen. Wenn mehrere Asset-Portfolios und AM-Managementsysteme zum Einsatz kommen, sollten die Aktivitäten des Managements (...) zwischen den Portfolios und Systemen koordiniert werden.

(...)

[Der] strategische Asset-Management-Plan SAMP [ist die] dokumentierte Information (...), die spezifiziert, wie die Organisationsziele (...) in Ziele (...) des Asset-Managements (...) umzuwandeln sind, die Vorgehensweise für die Entwicklung von Asset-Management-Plänen (...) und die Rolle des AM-Managementsystems (...) zur Unterstützung der Erreichung der AM-Ziele festlegt.

(...)

[Ein] Asset-Management-Plan [ist die] dokumentierte Information (...), die festlegt, welche Aktivitäten, Ressourcen und Zeitrahmen für ein einzelnes Asset (...) oder eine Gruppe Assets erforderlich sind, um die Ziele (...) des Asset-Managements der Organisation (...) zu erreichen. (...) Ein Asset-Management-Plan wird von dem strategischen Asset-Management-Plan [SAMP] (...) abgeleitet.

(...)

[Ein] Managementsystem [ist ein] Satz zusammenhängender und sich gegenseitig beeinflussender Elemente einer Organisation (...), um Leitlinien, Ziele (...) und Prozesse (...) zum Erreichen dieser Ziele festzulegen. (...) Ein Managementsystem kann eine oder mehrere Disziplinen behandeln. (...) Die Elemente des Systems beinhalten die Struktur der Organisation, Rollen und Verantwortlichkeiten, Vorbereitung sowie

Anwendung usw. (...). Der Anwendungsbereich eines Managementsystems kann die ganze Organisation, bestimmte Funktionen der Organisation, bestimmte Bereiche der Organisation oder eine oder mehrere Funktionen über eine Gruppe von Organisationen hinweg umfassen.

(...)

[Das] AM-Managementsystem [ist das] Managementsystem (...) für das Asset-Management (...), dessen Funktion die Festlegung der Asset-Management-Leitlinien (...) und Asset-Management-Ziele (...) ist. Das AM-Managementsystem ist ein Teil des Asset-Managements."[96]

4.2 Rollenmodell

Die Tätigkeiten innerhalb des Asset-Managements werden nach verschiedenen Rollen eingeteilt, die unterschiedliche Aufgaben und Interessen haben und unterschiedliche Ziele verfolgen. Durch das Zusammenwirken der verschiedenen Rollen wird für den Betrieb oder die Organisation insgesamt eine Nutzenmaximierung erwartet. Die erwartete Nutzenmaximierung basiert insbesondere auf der organisatorischen Trennung der Rollen, deren Beziehungen vorwiegend als Auftraggeber-/Auftragnehmer-Beziehung ausgestaltet werden.

4.2.1 Grundmodell

Die Rollen sind Asset-Owner („Eigentümer"), Asset-Manager („Verwalter") und Asset-Service („Technischer Dienstleister"). In **Bild 4.3** sind die Beziehungen der verschiedenen Rollen schematisch dargestellt. Die verschiedenen Rollen bilden eine hierarchische Pyramide, wobei die jeweils höherstehende Rolle die darunterliegende mit Tätigkeiten beauftragt und im Gegenzug Informationen, Daten und Vorschläge von der unterlagerten Tätigkeitsrolle erhält.

Da in diesem Modell sowohl der Asset-Service als auch der Asset-Manager lediglich Vorschläge nach oben weiterreichen bzw. Aufträge und Weisungen von oben erhalten, haben diese beiden Tätigkeitsrollen nur im begrenzten Umfang Einfluss auf den ordnungsgemäßen Zustand und den sicheren Betrieb der Assets (also der elektrischen Anlagen). Sofern es nicht ausdrücklich anders festgelegt ist, liegt die Letztverantwortung für den ordnungsgemäßen Zustand und sicheren Betrieb der elektrischen Anlagen also die Betreiberverantwortung im Drei-Rollen-Grundmodell beim Asset-Owner. In der Praxis ergeben sich jedoch oft Abwandlungen von diesem

[96] Quelle: DIN ISO 55000:2017-05, S. 33 ff.

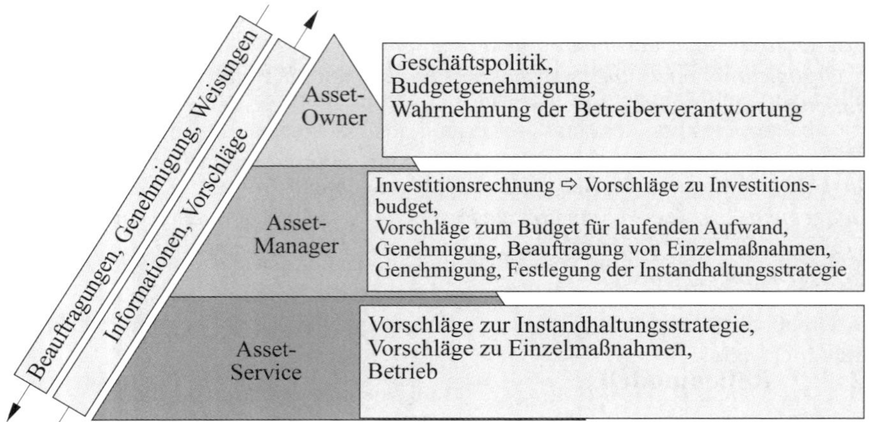

Bild 4.3 Drei-Rollen-Grundmodell

Modell, nämlich immer dann, wenn die Betreiberverantwortung – also die Unternehmerverantwortung für den Arbeits- und Gesundheitsschutz – auf eine andere Rolle als den Asset-Owner übertragen wird. Dies kann beispielsweise durch die Ernennung einer (Gesamt)verantwortlichen Elektrofachkraft, die nicht die Rolle des Asset-Owners ausfüllt, als oberste elektrotechnische Instanz eines Betriebs oder Betriebsteils der Fall sein.

4.2.1.1 Asset-Owner

Der Asset-Owner übernimmt die Rolle des Eigentümers. Er entscheidet über die wirtschaftlichen Fragestellungen und ist die oberste Genehmigungsinstanz für das Budget. Er macht die grundlegenden strategischen Vorgaben und legt die anzustrebende Qualität, die zu akzeptierenden Risiken und die Geschäftspolitik fest. Er beauftragt den Asset-Manager mit dem Management der Assets und kontrolliert die Einhaltung seiner Vorgaben. Der Asset-Owner muss nicht zwingend der tatsächliche Eigentümer des Betriebs mit seinen (u. a.) elektrischen Anlagen zu sein, er braucht auch nicht Teil der Geschäftsführung sein, er muss aber von der Betriebs-/Geschäftsleitung mit der Wahrnehmung der wirtschaftlichen Eigentümerinteressen in Bezug auf die elektrotechnischen Assets/Anlagen beauftragt sein.[97]

Überträgt man zur Veranschaulichung die Rolle des Asset-Owners in die Welt der Immobilien, so ist der Asset-Owner der tatsächliche Eigentümer eines Gebäudes.

[97] Vgl. *Balzer/Schorn* 2014, S. 11

4.2.1.2 Asset-Manager

Der Manager übernimmt die Rolle des Verwalters. Überträgt man auch hier die Rolle des Asset-Managers in die Welt der Immobilien, so ist der Asset-Manager der Gebäudeverwalter, der Handwerker und den Hausmeister beauftragt, sämtliche Aufgaben im Zusammenhang mit der Vermietung übernimmt und dem Eigentümer Vorschläge zu Instandhaltungsmaßnahmen unterbreitet.

Der Asset-Manager beauftragt den Asset-Service mit dem Betrieb der elektrischen Assets/Anlagen und nimmt Vorschläge und Informationen des Asset-Service entgegen, auf deren Basis er unter Berücksichtigung der Vorgaben des Asset-Owners Einzelmaßnahmen beim Asset-Service beauftragt und die Strategie zur Instandhaltung festlegt.

Der Asset-Manager *„identifiziert die notwendigen Maßnahmen und veranlasst die Umsetzung auf der Basis technischer Standards, deren Festlegung ebenfalls in seinen Aufgabenbereich gehört. Abschließend muss er ein entsprechendes Controlling seiner Maßnahmen (...) aufsetzen. (...) Für die operative Umsetzung setzt er als Auftraggeber den [Asset] Service Provider ein.“*[98]

4.2.1.3 Asset-Service

Der Asset-Service-Provider oder kurz: Asset-Service ist – um in der Analogie der Immobilienbewirtschaftung zu bleiben – der Hausmeister bzw. der beauftragte Handwerker.

Er ist *„zuständig für die operativen technischen und betrieblichen Abläufe, wie z. B. Anlagenbetrieb, Projektierung und Bauausführung“.*[99]

Der Asset-Service sorgt für einen möglichst reibungslosen Betrieb der elektrischen Assets/Anlagen und macht dem Asset-Manager Vorschläge zur Instandhaltungsstrategie und zu Einzelmaßnahmen. Er führt Maßnahmen zur Entstörung durch und versorgt den Asset-Manager mit Informationen und betrieblichen Daten, sodass der Asset-Manager in die Lage versetzt wird, dem Asset-Owner Budgetvorschläge und Vorschläge zu Investitionen zu machen.

Sofern es Teil der Beauftragung durch den Asset-Manager ist, kann der Asset-Service Aufträge an externe Dienstleister vergeben. Dies kann sowohl Maßnahmen der laufenden Instandhaltung als auch Maßnahmen im Rahmen größerer Investitionsprojekte betreffen.

---

[98] Quelle: *Balzer/Schorn* 2014, S. 12
[99] Quelle: *Balzer/Schorn* 2014, S. 12

4.2.2 Praxisorientierte Abwandlungen

Das Drei-Rollen-Grundmodell beantwortet nicht die Frage, wer als oberste Instanz die Betreiberverantwortung für die elektrischen Assets/Anlagen wahrnimmt. Die Betreiberverantwortung ist nach DIN VDE 0105-100 definiert als die Verantwortung der *„Person mit der Gesamtverantwortung für den sicheren Betrieb der elektrischen Anlage, die Regeln und Randbedingungen der Organisation vorgibt“.*[100] Zwar ist die Betreiberverantwortung, wenn nichts anderes festgelegt wurde, zunächst auf der Ebene der Geschäfts-/Betriebsleitung angesiedelt und damit im Drei-Rollen-Grundmodell mit der Asset-Owner-Rolle verbunden. Es stellt sich aber die Frage, wer nimmt diese Rolle wahr, wenn auf der Asset-Owner-Ebene die nötigen Fachkenntnisse fehlen? Für eine verantwortliche fachliche Leitung – also eine leitende Elektrofachkraft – sind nach DIN VDE 1000-10 nämlich als Voraussetzung vorgegeben: Erfahrungen auf dem betreffenden elektrotechnischen Fachgebiet und eine Ausbildung als Elektromeister, Elektrotechniker oder Elektroingenieur.[101]

Sind diese genannte Voraussetzung auf der Asset-Owner-Ebene nicht vorhanden, wird in der Praxis die Betreiberverantwortung oft in die Ebene Asset-Manager oder Asset-Service übertragen. Es ergeben sich dann zwei mögliche Abwandlungen des Drei-Rollen-Modells:

4.2.2.1 Betreiberverantwortung beim Asset-Manager

Bei diesem Rollenmodell wird die Betreiberverantwortung an das Asset-Management delegiert – idealerweise durch eine schriftliche Pflichtenübertragung. Das Asset-Management bzw. der Asset-Manager wandelt sich dadurch zu einer Vorgesetzteninstanz für den Asset-Service. Das im ursprünglichen Drei-Rollen-Grundmodell Auftraggeber – Auftragnehmer-Verhältnis zwischen Asset-Manager und Asset-Service wird eher zu einem Vorgesetzten-Untergebenen-Verhältnis. Asset-Manager und Asset-Service rücken aufbauorganisatorisch zusammen (siehe **Bild 4.4**). Der Asset-Manager gibt dem Asset-Service Weisungen.

4.2.2.2 Betreiberverantwortung beim Asset-Service

Da Asset-Owner und Asset-Manager oft sehr stark kaufmännisch geprägt sind und elektrotechnische Fachexpertise dort in ausreichendem Maße nicht vorhanden ist und auch die Voraussetzungen nach DIN VDE 1000-10 fehlen, wird die Betreiberverantwortung manchmal an den Asset-Service delegiert – auch hier idealerweise durch eine schriftliche Pflichtenübertragung.

---

[100] Quelle: DIN VDE 0105-100:2015-10, Abschnitt 3.2.1

[101] Vgl. DIN VDE 1000-10:2009-01, Abschnitt 5.3

Bild 4.4 Drei-Rollen-Modell A

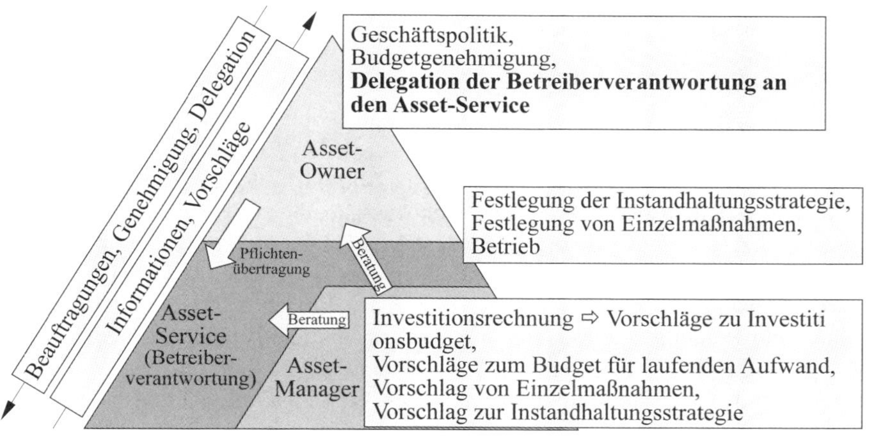

Bild 4.5 Drei-Rollen-Modell B

Bei dieser Abwandlung des Drei-Rollen-Modells wandelt sich das Asset-Management zur reinen Beratungsinstanz für den Asset-Service und den Asset-Owner (siehe **Bild 4.5**). Einzelmaßnahmen und Instandhaltungsstrategie werden nicht mehr vom Asset-Manager, sondern direkt vom Asset-Service unter Einhaltung der Budgetvorgaben des Asset-Owners festgelegt.

4.3 Technisches Controlling

Das technische Controlling basiert auf den technischen Betriebsdaten und unterstützt die Betriebsleitung bei der Steuerung des technischen Betriebs. Technisches Controlling ist die an den Zielen (Geschäftspolitik) der Betriebsleitung orientierte Teilaufgabe des Asset-Managements, bei der die Koordination der Planungs-, Kontroll- und Steuerungsaktivitäten im Mittelpunkt steht. Systemgestützt werden passende technische Informationen bereitgestellt, um die Entscheidungsqualität der Betriebsleitung zu verbessern.[102]

Die Entscheidungen betreffen zum großen Teil die Instandhaltungsstrategie und setzen bei vielen Fragestellungen in diesem Zusammenhang die Aufstellung einer Prioritätenliste möglicher Maßnahmen voraus. Methoden zur Aufstellung einer Prioritätenliste sind Nutzwertanalyse oder RCM-Methode.

4.3.1 Instandhaltungsstrategien

Ein technisches Betriebsmittel durchläuft in seinem betrieblichen Lebenszyklus in der Regel unterschiedliche Phasen, in denen der technische Zustand jeweils verschieden ist. Als statistische Kenngröße für den sich über die Zeit verändernden technischen Zustand eines Betriebsmittels kann die Ausfallrate herangezogen werden. Trägt man die Ausfallrate über die Zeit auf, ergibt sich – idealisiert dargestellt – üblicherweise die sog. Badewannenkurve (siehe Kurve A in **Bild 4.6**). Phase 1 ist geprägt durch „technische Kinderkrankheiten", also durch Ausfälle, die auf Fertigungs- und Montagemängel zurückzuführen sind. Sind diese Mängel durch entsprechende Nachbearbeitung erst mal behoben, folgt in Phase 2 ein über längere Zeit stabiler Betrieb mit niedriger Ausfallrate des Betriebsmittels. In Phase 3 macht sich trotz regelmäßiger Wartung ein zunehmender Verschleiß bemerkbar und die Ausfallrate steigt wieder an. Kurve A zeigt typischerweise die Entwicklung der Ausfallrate von technischen Bauteilen und Betriebsmitteln mit beweglichen Verschleißteilen. Etwas anders verhält sich die Ausfallrate bei elektrotechnischen Betriebsmitteln mit wenigen oder gar keinen beweglichen Teilen (z. B. Kabel). Hier spielt weniger der Verschleiß beweglicher Teile als vielmehr der durch Alterung stetig abnehmende Isolationspegel der Isolierwerkstoffe die entscheidende Rolle, der schon direkt nach der Fertigung bzw. nach der Inbetriebnahme einsetzt. Insofern gibt es bei elektrotechnischen Betriebsmitteln mit wenig beweglichen Teilen keine Unterscheidung zwischen Phase 2 und Phase 3 (siehe Kurve B in Bild 4.6).[103]

[102] Vgl. *Czenskowsky/Schünemann/Zdrowomyslaw* 2002, S. 25

[103] Vgl. *Hiller/Bodach/Castor* 2014, S. 265 f.

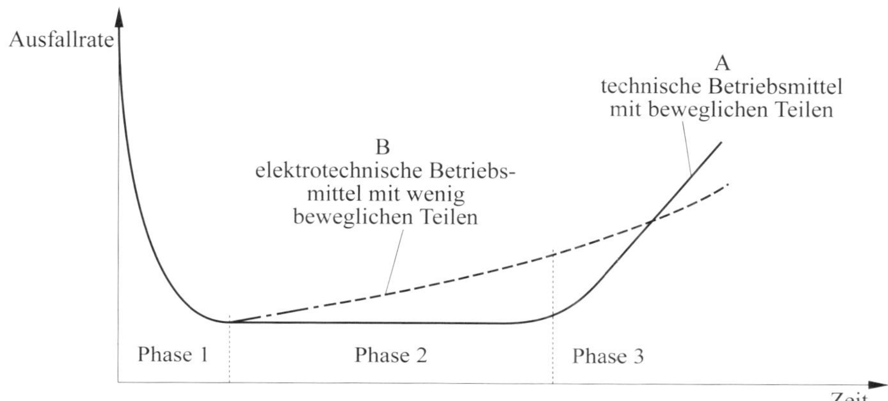

Bild 4.6 Badewannenkurve
(in Anlehnung an *Hiller/Bodach/Castor* 2014, S. 265, Bild 10.4)

Aufgabe der Instandhaltung ist es, dafür zu sorgen, dass ein elektrisches Betriebsmittel/eine elektrische Anlage im ordnungsgemäßen Zustand bestimmungsgemäß funktionieren kann. Instandhaltung ist die *„Kombination aller technischen und administrativen Maßnahmen sowie Maßnahmen des Managements während des Lebenszyklus eines IH-Objekts (...) zur Feststellung und Beurteilung des Istzustands sowie zur Erhaltung des funktionsfähigen Zustands oder zur Rückführung in diesen, sodass das IH-Objekt die geforderten Funktionen erfüllen kann“.*[104]

Die Instandhaltung kann grundsätzlich vorbeugend, ereignisorientiert, zustandsorientiert oder prioritätenorientiert sein:

„[Vorbeugende Instandhaltung bedeutet] Instandhaltung zur Verminderung der Ausfallwahrscheinlichkeit oder der Wahrscheinlichkeit einer eingeschränkten Funktionserfüllung einer Anlage oder eines Betriebsmittels. (...) Die vorbeugende Instandhaltung wird in festgelegten Zeitabständen oder nach einer festgelegten Anzahl von Funktionszyklen durchgeführt, jedoch ohne vorherige Zustandsermittlung.

(...)

[Ereignisorientierte Instandhaltung bedeutet] Instandhaltung, ausgeführt nach Fehlererkennung, um ein IH-Objekt in einen Zustand zu bringen, in dem es eine geforderte Funktion erfüllen kann. (...) Die ereignisorientierte Instandhaltung muss, ggf. ohne Aufschub, nach der Fehlererkennung ausgeführt werden, um unannehmbare Folgen zu vermeiden. Gemäß den im Instandhaltungskonzept vorgesehenen Kriterien kann die Instandhaltung zurückgestellt werden.

---

[104] Quelle: DIN VDE V 0109-1:2014-09, Abschnitt 3.1

(...)

[Zustandsorientierte Instandhaltung bedeutet] Instandhaltung, die aus der Zustandsermittlung der Betriebsmittel und der Anlagen und den sie darstellenden Parametern sowie den sich daraus ergebenden Maßnahmen besteht. (...) Dabei wird die zustandsorientierte IH von der Analyse und Bestimmung von Parametern, welche die Verschlechterung des Zustands des IH-Objekts kennzeichnen, abgeleitet.

(...)

[Prioritätenorientierte Instandhaltung bedeutet] Instandhaltung, die neben dem Zustand der Betriebsmittel eine Priorisierung der Instandhaltungsmaßnahmen berücksichtigt. (...) Durch Priorisierung können Einflüsse aus der Wichtigkeit von Anlagen (...) berücksichtigt werden. Die Priorisierung kann auch auf der Basis einer Risikobetrachtung erfolgen. Diese Risikobetrachtung gliedert sich grundsätzlich in folgende Arbeitsschritte:

- *Definition und Identifizierung der führenden Fehlermechanismen;*
- *qualitative Klassifikation der zugehörigen Eintrittswahrscheinlichkeit;*
- *qualitative Klassifikation der zugehörigen Auswirkungen im Falle eines Fehlereintritts;*
- *Ermittlung der Risikoklassen durch die Kombination der Klassifikation für die Eintrittswahrscheinlichkeit und der jeweiligen Auswirkungen.*"[105]

Die prioritätenorientierte Instandhaltung kann also einerseits als zuverlässigkeitsorientierte Instandhaltung beispielsweise mit der RCM-Methode ausgeprägt werden oder sie wird andererseits als risikoorientierte Instandhaltung entwickelt, indem für jedes Betriebsmittel das mögliche Risiko als Fehlereintrittswahrscheinlichkeit × Schadenumfang ermittelt wird. Anschließend kann dann eine Clusterung der Risiken in einer Risikomatrix erfolgen (siehe **Bild 4.7**).[106]

[105] Quelle: DIN VDE V 0109-1:2014-09, Abschnitt 3.1.4

[106] Vgl. *Balzer/Schorn* 2014, S. 25 und 193 ff.

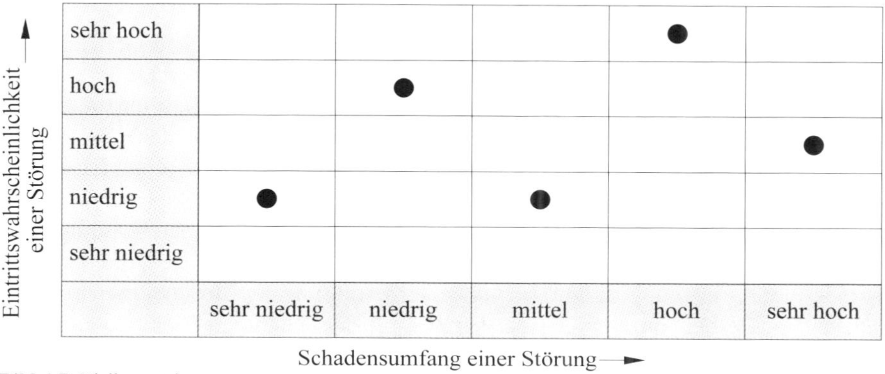

Eintrittswahrscheinlichkeit einer Störung					
sehr hoch				●	
hoch		●			
mittel					●
niedrig	●		●		
sehr niedrig					
	sehr niedrig	niedrig	mittel	hoch	sehr hoch

Schadensumfang einer Störung →

Bild 4.7 Risikomatrix

4.3.2 Nutzwertanalyse

Punktebewertungsverfahren (Scoring-Verfahren) dienen der Beurteilung von Handlungsalternativen und können als einfache Checklisten mit Ja/Nein-Eintragungen oder als Bewertungstabellen mit Punktevergabe nach einem Bewertungsschlüssel in Abhängigkeit vom Erfüllungsgrad der einzelnen Alternative ausgeprägt sein. Punktebewertungsverfahren sind leicht zu realisieren und erlauben die Einbeziehung verschiedener Personen für die Bewertung, wobei dann eine abschließende Durchschnittsermittlung sinnvoll ist.[107]

Zu den weiterentwickelten Punktebewertungsverfahren gehört die Nutzwertanalyse.

„Die Nutzwertanalyse ist ein formalisiertes Verfahren zur Bewertung des Nutzens eines Vorschlags entsprechend den Wert- und Zielvorstellungen der beteiligten Entscheider. Gegenüber einfacheren Punktebewertungsverfahren werden bei der Nutzwertanalyse

- *eine größere Zahl von Bewertungskriterien berücksichtigt,*
- *die Bewertungskriterien, entsprechend ihrem Nutzenbeitrag gewichtet,*
- *genauere Vorschriften zur Punktevergabe definiert,*
- *genauere und fundiertere Analysen und Recherchen durchgeführt,*
- *Begründungen für die Bewertung der Alternativen dokumentiert."*[108]

Die Nutzwertanalyse ist also ein Verfahren zur Ermittlung einer Prioritätenliste verschiedener Handlungsalternativen auf der Basis mehrerer Entscheidungskriterien.

[107] Vgl. *Seibert* 1998, S. 67

[108] Quelle: *Seibert* 1998, S. 68

Handlungsalternativen können z. B. verschiedene Investitionsalternativen sein. Im Gegensatz zu den Methoden der Investitionsrechnung, bei denen lediglich die Wirtschaftlichkeit betrachtet wird, werden bei der Nutzwertanalyse mehrere Zielkriterien festgelegt, von denen die Wirtschaftlichkeit lediglich ein Kriterium darstellt. Eine Nutzwertanalyse ist sinnvoll, wenn neben quantifizierbaren monetären Einflussgrößen weitere nicht quantifizierbare Parameter Einfluss auf eine Entscheidung haben. Insofern ist die Nutzwertanalyse oft als Ergänzung zu einer Investitionsrechnung, die lediglich Ein- und Auszahlungen bewertet, sinnvoll. Die Nutzwertanalyse sortiert Entscheidungsalternativen auf Grundlage von Entscheidungspräferenzen, die durchaus subjektiver Natur sein können. Neben der Herbeiführung der Entscheidungsfindung selbst ist es Ziel der Nutzwertanalyse, den Weg zur Entscheidung zu dokumentieren.[109]

Die Prinzipien Nutzwertanalyse eignen sich insbesondere auch zur Festlegung von Prioritäten im Vorfeld von Entscheidungen außerhalb von Investitionsbetrachtungen – nämlich immer dann, wenn verschiedene Kriterien in einer Gesamtbetrachtung zusammengeführt werden müssen. Als Beispiele seien genannt: unternehmerische Entscheidungen zu Standort und Rechtsform, Lieferantenauswahl, Produkt- und Sortiment-Entscheidungen.[110] Als besonderes Beispiel im Rahmen des Asset-Managements ist die Bewertung des technischen Zustands eines Betriebsmittels, in den verschiedene technische Kriterien mit unterschiedlicher Gewichtung einfließen.

Die Durchführung der Nutzwertanalyse erfolgt in mehreren Schritten und wird schematisch in **Tabelle 4.1** dargestellt:

			Alternative 1		Alternative 2		Alternative 3	
Zielkriterium	**Mindest-/ Ausschlusskriterien**	**Gewichtung**	**Zielerreichung** (1 bis 10 Punkte)	**Nutzen** Gewichtung × Zielerreichung	**Zielerreichung** (1 bis 10 Punkte)	**Nutzen** Gewichtung × Zielerreichung	**Zielerreichung** (1 bis 10 Punkte)	**Nutzen** Gewichtung × Zielerreichung
A	> 1	20 %	3	0,6	2	0,4	3	0,6
B	–	30 %	8	2,4	3	0,9	3	0,9
C	> 2	40 %	1 (Ausschlusskriterium)	0,4	4	1,6	4	1,6
D	> 3	10 %	4	0,4	6	0,6	6	0,6
Gesamtnutzen				**3,8**		**3,5**		**3,7**

Tabelle 4.1 Nutzwertanalyse

[109] Vgl. VDEW 1993, S. 34 f.

[110] Vgl. *Schmidt* in: *Schmidt/Kampe* u. a. 2017, S. 415

1. Auswahl der Bewertungskriterien: Diese können wirtschaftlicher, technischer, sozialer, rechtlicher, qualitätsmäßiger oder sicherheitsorientierte Natur sein.
2. Um eine Plausibilitätsbetrachtung zu ermöglichen, ist eine *„Beschränkung auf fünf bis sieben Zielkriterien sinnvoll, wobei die Kriterien voneinander unabhängige Kriterien sein müssen. Eine zusätzliche Untergliederung einzelner Zielkriterien mit jeweils eigener Gewichtung ist möglich. Werden monetäre Ergebnisse in die Nutzwertanalyse als Zielkriterium mit einbezogen, so wird von einer Kosten-Nutzen-Analyse gesprochen“*[111] *„Die Kriterienauswahl sollte folgende Grundsätze beachten:*
   - *Operationalität: Die Kriterien müssen „handhabbar“ sein, also möglichst exakt beschrieben und möglichst „messbar“. Letzteres ist bei qualitativen Merkmalen dann gegeben, wenn eine Einordnung auf einer Skala von „schlecht“ bis „sehr gut“ möglich ist (...).*
   - *Hierarchiebezogenheit: Bewertungskriterien, die zur gleichen Kategorie gehören, sollen zusammen angeordnet werden.*
   - *Unterschiedlichkeit/Überschneidungsfreiheit: Die ausgewählten Kriterien müssen sich auf unterschiedliche Merkmale beziehen.*
   - *Nutzenunabhängigkeit: Die Kriterien müssen voneinander unabhängig sein, d. h. das Vorliegen oder die Ausprägung eines Merkmals darf nicht vom Vorliegen oder der Ausprägung eines anderen Merkmals abhängen.“*[112]
3. Festlegung von Ausschluss- und Mindestkriterien, die den gewünschten Mindeststandard der Bewertung beschreiben, bei deren Über- oder Unterschreitung eine Handlungsalternative nicht weiterverfolgt wird.
4. Festlegung der Gewichtung der einzelnen Kriterien. Die Gewichtung spiegelt die Bedeutung der einzelnen Kriterien wider. Hierbei ist eine Normierung auf 100 % oder 1 sinnvoll. Im Beispiel von Tabelle 4.1 geht Kriterium C mit einer Gewichtung von 40 % besonders stark in die Gesamtbewertung ein.
5. Bewertung der Kriterien im Hinblick auf die Zielerreichung. Im Beispiel von Tabelle 4.1 werden dazu Punkte von 1 bis 10 verteilt.
6. Berechnung des Nutzens der einzelnen Kriterien. Dazu wird pro Kriterium die Bewertung mit der Gewichtung multipliziert und es werden dadurch „Nutzenwerte“ ermittelt.
7. Berechnung des Gesamtnutzens der einzelnen Alternativen. Dazu werden für jede Alternative die „Nutzen-Werte“ addiert und dadurch der Gesamtnutzen jeder Alternative in einem Zahlenwert dargestellt.

---

[111] Quelle: VDEW 1993, S. 35

[112] Quelle: *Schmidt* in: *Schmidt/Kampe* u. a. 2017, S. 416

8. Abschließende Bewertung und Priorisierung der Alternativen. Dazu werden zunächst die Alternativen, die den Mindestkriterien nicht genügen von der weiteren Betrachtung ausgeschlossen. Im Beispiel von Tabelle 4.1 ist dies die Alternative 1, die bei dem Zielkriterium C die Mindestpunktzahl 2 nicht erreicht. Danach werden die verbleibenden Alternativen nach der Höhe ihres Gesamtnutzens geordnet. Im Beispiel von Tabelle 4.1 ist damit Alternative 3 den beiden anderen Alternativen vorzuziehen.

4.3.3 RCM-Methode

Im Rahmen des Asset-Managements stellt sich oft die Frage, wie Erneuerungsvorhaben zu priorisieren sind, wenn Finanzmittel, Personal und andere Ressourcen nur begrenzt zur Verfügung stehen und neben dem technischen Zustand der elektrischen Anlagen ihre Wichtigkeit berücksichtigt werden muss.[113]

Im Rahmen dieser Problemstellung ist eine Methode zur Erstellung einer Prioritätenliste die RCM-Methode (Reliability Centered Maintenance (engl.) = zuverlässigkeitsorientierte Instandhaltung). In **Bild 4.8** ist das grundlegende Prinzip der RCM-Methode dargestellt. Zunächst wird analog zur Nutzwertanalyse der technische Zustand einer elektrischen Anlage anhand zuvor festgelegter Kriterien erfasst. Dazu wird ein Punktsystem verwendet, bei dem für die Ausprägung jedes Kriteriums ein Punktwert vergeben wird, der anschließend mit einer Gewichtung multipliziert wird. Die einzelnen Kriterien, die Bepunktung für die unterschiedlichen Ausprägungen der Kriterien und insbesondere die Wichtungsfaktoren sind innerhalb einer Betriebsmittelgruppe einheitlich zu verwenden, da ansonsten keine Vergleichbarkeit gegeben ist.[114] Da die Zustandsbewertung sich nur zum Teil an harten und messbaren Fakten orientiert und insbesondere die Gewichtungen der einzelnen Kriterien subjektiv festgelegt werden, ist das Punktsystem vorab betriebsintern vor dem Hintergrund praktisch gemachter Betriebserfahrungen abzustimmen und bei Bedarf – z. B. bei Unplausibilitäten der Ergebnisse – nachzusteuern. Es ist darauf zu achten, dass die Anzahl der Kriterien überschaubar bleibt, um Plausibilitätsbetrachtungen möglich zu machen. Auf kaufmännische Kriterien wie Restabschreibungszeit, Restbuchwert ö. Ä. sollte verzichtet werden, da diese kein Maß für den technischen Zustand einer Anlage sind und das Ergebnis verzerren. Auch sollte darauf geachtet werden, dass ein und dasselbe Kriterium nicht unter verschiedenen Bezeichnungen mehrfach verwendet wird und es dadurch zu einer unerkannten und verdeckten Übergewichtung eines Kriteriums kommt (z. B. Kriterium „Anlagenalter“ und zusätzliches Kriterium „erwartete Restnutzungsdauer“).

---

[113] Vgl. *Werth* 2014, S. 1

[114] Vgl. *Dunker/Martinez/Mayer* in: *Köhler-Schute* 2012, S. 21 ff.

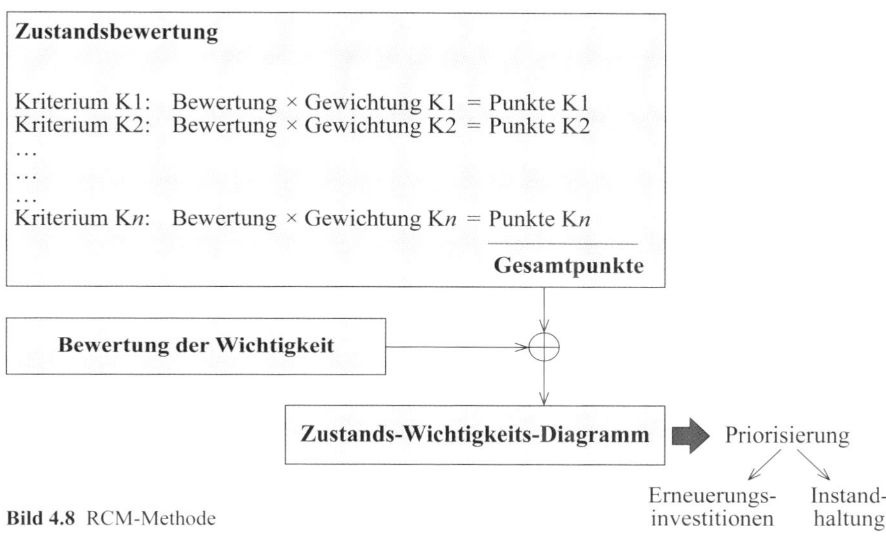

Bild 4.8 RCM-Methode

Zusätzlich zum technischen Zustand einer elektrischen Anlage wird ihre Wichtigkeit ermittelt. Bei Anlagen, die der Energieversorgung industrieller Produktionsanlagen oder des öffentlichen Netzes dienen, kann die übertragene Energie ein Maß für die Wichtigkeit sein. Eine andere Möglichkeit besteht darin, den Schaden – nicht nur den finanziellen Schaden – zu bewerten, der bei Ausfall der zu betrachteten Anlage entsteht, und daraus ein Punktesystem zu entwickeln. Mit diesem System erhalten Anlagen, deren Ausfall zu einem großen Schaden führt eine hohe Wichtigkeit und Anlagen, deren Ausfall nur einen geringen Schaden nach sich zieht, eine niedrigere Wichtigkeit. Im Vergleich zum technischen Anlagenzustand beruht die Wichtigkeit stärker auf subjektiver Einschätzung.[115]

Im Zustands-Wichtigkeits-Diagramm werden Zustands- und Wichtigkeitsbewertung zusammengeführt. Dazu werden beide Bewertungen auf denselben Bezugswert (z. B. 1 oder 100 normiert und die verschiedenen Anlagen/Betriebsmittel einer Anlagen-/Betriebsmittelgruppe in das Diagramm eingetragen (siehe **Bild 4.9**). Zusätzlich wird eine Bezugsgerade d durch den Ursprung des Koordinatensystems gelegt. Die Bewertung mit dem größten senkrechten Abstand zur Gerade d genießt die höchste Priorität. Im Beispiel von Bild 4.9 mit den Bewertungen B1 bis B4 hat die Bewertung B2 den größten Abstand, d. h., die Anlage mit der Bewertung B2 ist prioritär zu behandeln – beispielsweise zu erneuern. Es ist leicht zu erkennen, dass der Abstand der Bewertungen vom Winkel α abhängig ist. Ist der Winkel $\alpha = 45°$, so werden Zustand

[115] Vgl. *Balzer/Schorn* 2014, S. 28 ff.

und Wichtigkeit gleichgewichtet bewertet. Ist der Winkel $\alpha < 45°$, wird der Zustand schwächer gewichtet bis zum Grenzfall $\alpha = 0°$, bei dem der technische Zustand gar nicht mehr in die Bewertung einfließt. Ist der Winkel $\alpha > 45°$, wird die Wichtigkeit schwächer gewichtet bis zum Grenzfall $\alpha = 90°$, bei dem die Wichtigkeit gar nicht mehr in die Bewertung einfließt.

Die Ergebnisse der RCM-Methode, als die Prioritätenliste einer Anlagen-/Betriebsmittelgruppe, können sowohl in die Planung von Erneuerungsinvestitionen als auch in die laufende Instandhaltung einfließen.

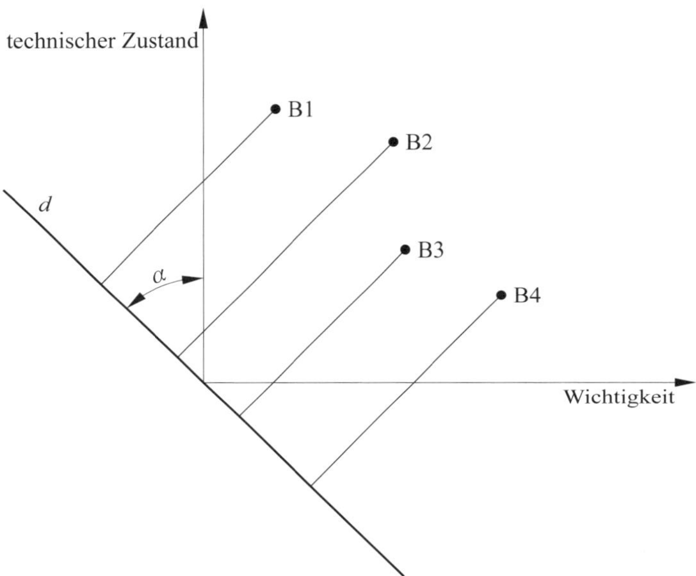

Bild 4.9 Zustands-Wichtigkeits-Diagramm

5 Technisch-physikalische Auslegung

5.1 Grundsätze

Eine technische Planung beginnt stets mit der Grundlagenermittlung und der sog. Vorplanung. Dies sind vorbereitende Arbeitsschritte, die vor der eigentlichen Planung im engeren Sinne stattfinden müssen, weil zunächst eine Idee entwickelt und hinreichend konkretisiert werden muss und erst daraus eine technische Aufgabenstellung und Nutzungsanforderung an eine elektrische Anlage abgeleitet werden kann. Dies gilt sowohl für Neuanlagen als auch für den Ersatz bestehender Anlagen. Bestandteil der Vorplanung ist u. a. die „*Erarbeitung eines Planungskonzepts[;] dazu gehören z. B.: Vordimensionierung der Systeme und maßbestimmenden Anlagenteile, Untersuchungen von alternativen Lösungsmöglichkeiten bei gleichen Nutzungsanforderungen einschließlich Wirtschaftlichkeitsbetrachtung (...).*“[116] Es ist leicht ersichtlich, dass die technisch-physikalische Grobauslegung bzw. Vordimensionierung im Planungsablauf ziemlich früh durchgeführt werden muss. Diese Grobauslegung ist Teil des Managementprozesses und bereitet z. B. die Entscheidung zwischen verschiedenen Lösungsalternativen vor. Diese Auslegung der *maßbestimmenden* elektrischen Anlagenteile ist abhängig vom Gesamtsystem, in das die elektrische Anlage integriert ist. Das Gesamtsystem besteht beispielsweise aus dem speisenden Stromversorgungsnetz, den zu speisenden Antriebsmaschinen und den anzutreibenden Arbeitsmaschinen sowie dem gesamten nachgelagerten technischen Produktionsprozess. Insofern ist die Auslegung von elektrischen Anlagen immer eine Systemaufgabe, in die eine Vielzahl elektrischer und nicht elektrischer Parameter einfließt.[117] Dies bezieht sich sowohl auf den planmäßigen (gewünschten) Normalbetrieb als auch auf die Beherrschung des (unerwünschten) Störungsfalls. Ohne Anspruch auf Vollständigkeit sind in **Bild 5.1** Eingangs- und Ausgangsgrößen einer technisch-physikalischen Auslegung im Rahmen einer Vorplanung und deren Abhängigkeiten untereinander skizziert.

Nachstehend wird je ein vereinfachtes Beispiel für die Grobauslegung im Hinblick auf den Normalbetrieb und ein Beispiel im Hinblick auf die Beherrschung einer Störung dargestellt.

Bei dem Beispiel für den Normalbetriebszustand handelt es sich um die Auslegung eines Pumpenantriebs, bei dem die über die Elektrotechnik hinausgehende Systemaufgabe im Vordergrund steht.

---

[116] Quelle: Anlage 15 zu § 55 Abs. 3, § 56 Abs. 3 HOAI

[117] Vgl. *Weidauer* 2013, S. 210

In dem Beispiel, welches Bezug zur Auslegung für einen Störfall hat, werden einfache und grundlegende Aspekte einer Kurzschlussbetrachtung, die bei der Auslegung von elektrischen Energieanlagen stets eine besondere Bedeutung hat, angerissen.

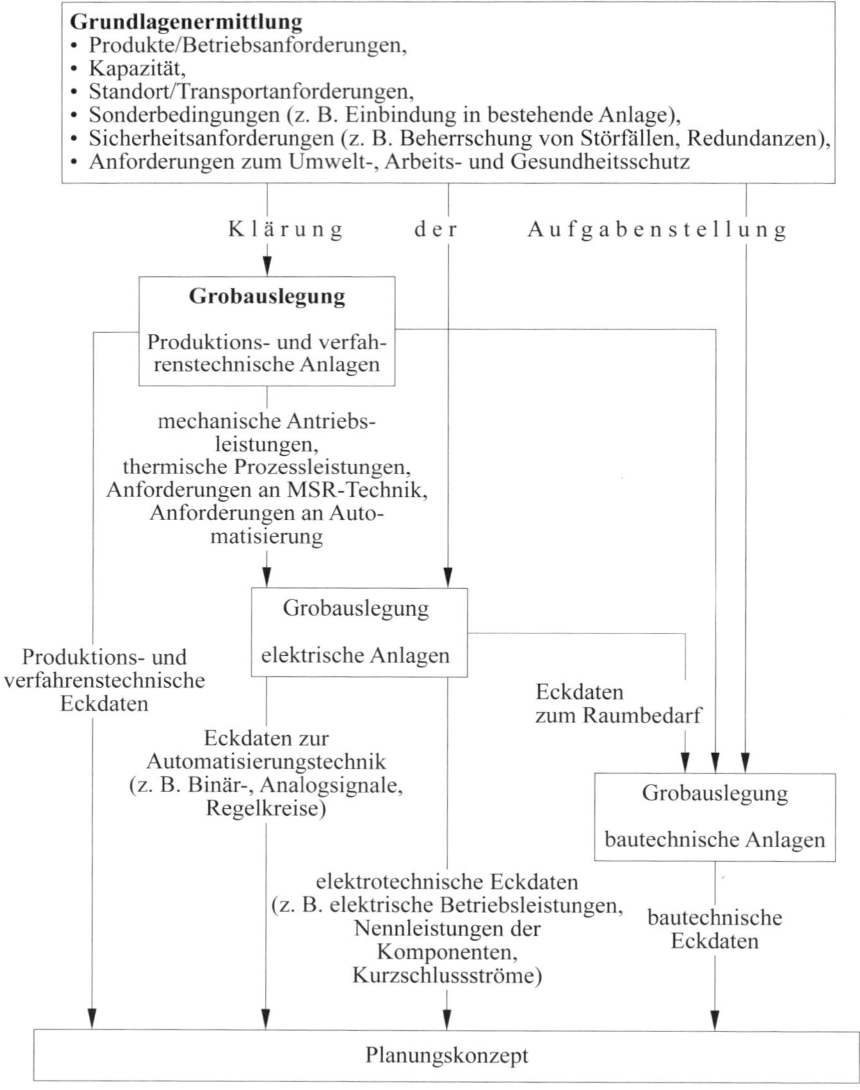

Bild 5.1 Grobauslegung

5.2 Beispiel: Auslegung eines Pumpenantriebs als Systemaufgabe

5.2.1 Aufgabenstellung

Im Folgenden werden an dem sehr stark vereinfachten Beispiel eines Pumpenantriebs ausgewählte Aspekte einer groben technisch-physikalischen Auslegung als Systemaufgabe für den Normalbetrieb dargestellt. Diese exemplarisch ausgewählten Aspekte sind die Ermittlung der Betriebsleistung, Auswahl eines Antriebsmotors im Hinblick auf seine Nennleistung und die Möglichkeiten einer Reduzierung der Fördermenge (Drosselung, Drehzahlverstellung).

Die Auslegungsaufgabe besteht darin, eine Kreiselpumpe mit Antrieb zu dimensionieren, um damit über eine 525 m lange Wasserleitung in DN 200 eine Wassermenge von max. 230 m^3/h und min. 150 m^3/h zu transportieren und zusätzlich ein Höhenunterschied von 12 m zu überwinden ist. In der Rohrleitung befinden sich 22 Segmentbögen und ein Regelventil. Das Regelventil hat bei vollständiger Öffnung einen Durchflusskoeffizienten von K_{vs} = 350 m^3/h. In **Bild 5.2** ist die beschriebene Anordnung mit ihren technischen Randbedingungen skizziert.

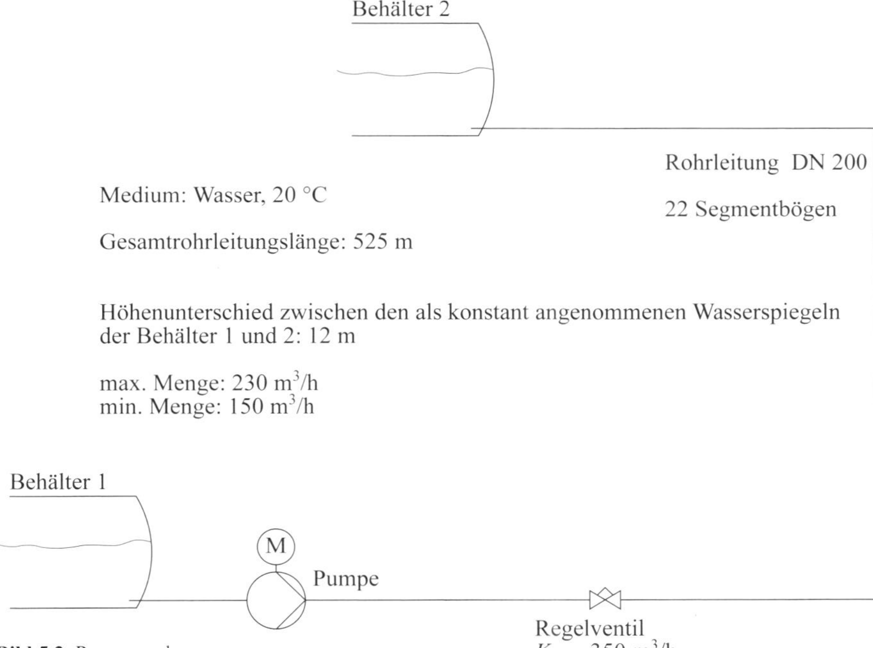

Bild 5.2 Pumpenanlage

Um die erforderliche elektrische Antriebsleistung zu ermitteln, sind folgende Arbeitsschritte notwendig:

- Berechnung der Strömungswiderstände,
- Berechnung der Pumpleistung,
- Auswahl einer Pumpe,
- Ermittlung des Betriebspunkts der Pumpe,
- Ermittlung der Motorleistung,
- Ermittlung der Antriebsleistung bei Drosselung der Fördermenge mit Regeventil,
- Ermittlung der Antriebsleistung bei Drosselung der Fördermenge durch Drehzahlabsenkung.

5.2.2 Berechnung der Strömungswiderstände

Für den Druckverlust aufgrund von Reibung gilt:

$$\Delta p_{\text{Verlust}} = \frac{1}{2} \rho \zeta v^2, \tag{5.1}$$

mit:

$\Delta p_{\text{Verlust}}$ Druckverlust,

ρ Dichte der Flüssigkeit, hier Wasser 20 °C, also $\rho = 1\,000$ kg/m^3,

ζ Druckverlustbeiwert,

v mittlere Geschwindigkeit der Flüssigkeit.

Es wird vereinfachend angenommen, dass der Innendurchmesser d einer Leitung DN 200 genau 200 mm beträgt. Damit beträgt die Querschnittsfläche A der Rohrleitung:

$$A = \pi \left(\frac{d}{2} \right)^2 = \pi \left(\frac{0{,}2\ \text{m}}{2} \right)^2 = 0{,}03142\ \text{m}^2.$$

Die mittlere Geschwindigkeit v lässt sich aus dem Volumenstrom berechnen:

$$v = \frac{\text{Volumenstrom}}{A} = \frac{230\ \text{m}^3}{0{,}03142\ \text{m}^2 \cdot 3600\ \text{s}} = 2{,}03\ \frac{\text{m}}{\text{s}}.$$

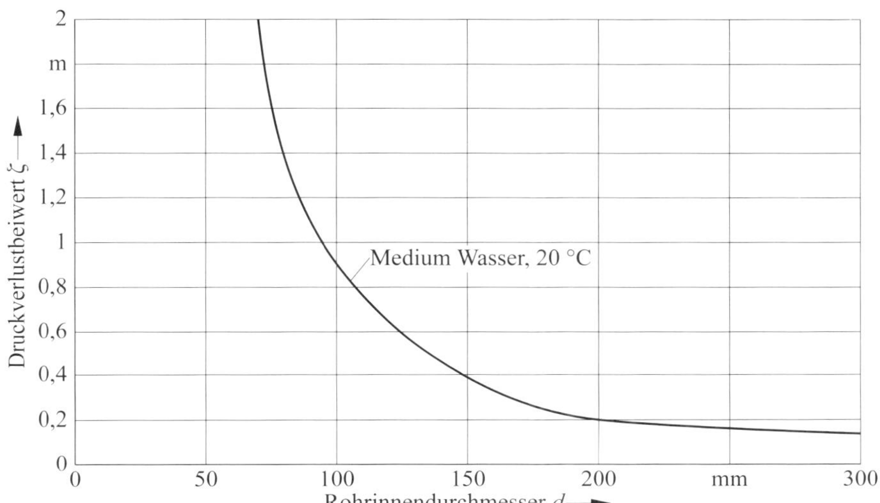

Bild 5.3 Druckverlustbeiwert für glatte Rohre
(Quelle: *Wagner* 1992, S. 83)

Mit dem spezifischen Druckverlustbeiwert von 0,2 pro Meter aus **Bild 5.3** lässt sich der Druckverlustbeiwert für die Rohrleitung mit der Länge $l = 525$ m berechnen:

$$\zeta_{\text{Rohr}} = 525\ \text{m} \cdot \frac{0,2}{\text{m}} = 105\,.$$

Der Druckverlustbeiwert der 22 Segmentbögen unter Berücksichtigung von **Tabelle 5.1** ist sehr gering:

$$\zeta_{\text{Bögen}} = 22 \cdot 0,25 = 5,5\,.$$

Der Druckverlustbeiwert für das Ventil wird aus dem Durchlasskoeffizienten K_{vs} bzw. K_{v} ermittelt. Der K_{vs}-Wert bei voll geöffnetem Ventil bzw. der K_{v}-Wert bei gedrosseltem Ventil ist als Wassermenge in m^3/h (20 °C, 1 000 kg/m^3) definiert, die bei einem Druckverlust von 1 bar durch das Ventil strömt. Mit Gl. (5.1) gilt also:

$$1\ \text{bar} = 10^5\ \text{Pa} = \frac{1}{2} \cdot 1000\ \frac{\text{kg}}{\text{m}^3} \cdot \zeta_{\text{Ventil}} \cdot v^2\,. \tag{5.2}$$

Einzelwiderstand	ζ
Querschnittsänderungen:	
Erweiterung D_2/D_1 = 1,2 bis 2	
stetig ($\alpha \approx 8°$)	0 bis 1,2
unstetig	0,2 bis 1,5
Verengung D_1/D_2 = 1,2 bis 2:	
stetig ($\alpha \approx 8°$)	0,02 bis 0,035
unstetig	0,1 bis 0,6
Bogen und Formstücke:	
Rohrkrümmer 90°	0,2
Segmentbogen 90°	0,25
Kniestück 90°	1,2
Kniestück 45°	0,3
Hosenstück 45°	0,7
Etagenstück 30°	0,25

Tabelle 5.1 Druckverlustbeiwerte für Einzelwiderstände
(Quelle: *Hell* 1985, S. 85; vgl. Energietechnische Arbeitsmappe 1995, 9.10)

Die Geschwindigkeit v errechnet sich aus dem $K_{v(s)}$-Wert und der Querschnittsfläche A:

$$v = \frac{K_{v(s)}}{A}.$$

Aus Gl. (5.2) ergibt sich dann:

$$\zeta_{\text{Ventil}} = \frac{2 \cdot 10^5 \text{ Pa}}{1000 \frac{\text{kg}}{\text{m}^3}} \cdot \left(\frac{A}{K_{v(s)}} \right), \tag{5.3}$$

$$\zeta_{\text{Ventil}} = \frac{2 \cdot 10^5 \text{ Pa}}{1000 \frac{\text{kg}}{\text{m}^3}} \cdot \left(\frac{0{,}0314\,2 \text{ m}^2 \cdot 3600 \text{ s}}{350 \text{ m}^3} \right)^2 = 20{,}89.$$

Die Addition der einzelnen Druckverlustbeiwerte ergibt den Gesamt-Druckverlustbeiwert:

$$\zeta_{\text{gesamt}} = \zeta_{\text{Rohr}} + \zeta_{\text{Bögen}} + \zeta_{\text{Ventil}} = 105 + 5{,}5 + 20{,}89 = 131{,}89 \approx 131. \tag{5.4}$$

5.2.3 Berechnung der Pumpleistung

Für die Pumpleistung[118] gilt:

$$P_{\text{Pump}} = \Delta P \cdot \text{Volumenstrom}. \tag{5.5}$$

Der Förderdruck der Pumpe setzt sich zusammen aus dem hydrostatischen Druck Δp_{h} und dem Druckverlust $\Delta p_{\text{Verlust}}$ aufgrund der Reibungsverluste; der hydrostatische Druck ist abhängig von der Höhe h, der Dichte der Flüssigkeit und der Erdbeschleunigung g; für den Druckverlust aufgrund der Reibung gilt Gl. (5.1):

$$\Delta p_{\text{h}} = \rho \cdot g \cdot h, \tag{5.6}$$

$$\Delta p = \Delta p_{\text{h}} + \Delta p_{\text{Verlust}} = \rho \cdot g \cdot h + \frac{1}{2} \rho \zeta_{\text{gesamt}}\, v^2, \tag{5.7}$$

$$\Delta p = \rho \cdot g \cdot h + \frac{1}{2} \rho \zeta_{\text{gesamt}} \left(\frac{\text{Volumenstrom}}{A} \right)^2, \tag{5.8}$$

$$\Delta p = 1000\,\frac{\text{kg}}{\text{m}^3} \cdot 9{,}81\,\frac{\text{m}}{\text{s}^2} \cdot 12\text{ m} + \frac{1}{2} \cdot 1000\,\frac{\text{kg}}{\text{m}^3} \cdot 131 \cdot \left(\frac{230\,\frac{\text{m}^3}{3600\text{ s}}}{0{,}03142\text{ m}^2} \right)^2$$

$$= 117\,720\text{ Pa} + 270\,819\text{ Pa} \approx 3{,}9\text{ bar}.$$

Die Pumpleistung P_{Pump} beträgt also gemäß Gl. (5.5):

$$P_{\text{Pump}} = 3{,}9 \cdot 10^5\text{ Pa} \cdot \frac{230\text{ m}^3}{3600\text{ s}} = 24\,916\text{ W} \approx 24{,}9\text{ kW}.$$

Um darauf vorbereitet zu sein, dass sich die Reibungsverluste innerhalb der Rohrleitungen im Laufe der Zeit durch Ablagerungen erhöhen, wird eine Pumpe mit einem etwas höheren Förderdruck als die errechneten 3,9 bar gewählt. Die Wahl fällt auf eine Kreiselpumpe mit der Nenndrehzahl 1 480 min^{-1}, einer Fördermenge von 230 m^3/h bei einem Förderdruck von 4,6 bar, einem Wirkungsgrad von $\eta = 0{,}75$ im Nennbetriebspunkt (Optimalpunkt) und der in **Bild 5.4** dargestellten Kennlinie (Drosselkurve).

[118] Die Beschleunigungsleistung 0,5 · Massenstrom · v^2, hier: 0,5 · (230 000 kg/3 600 s) · (2,03 m/s)^2 = 132 W, ist vernachlässigbar.

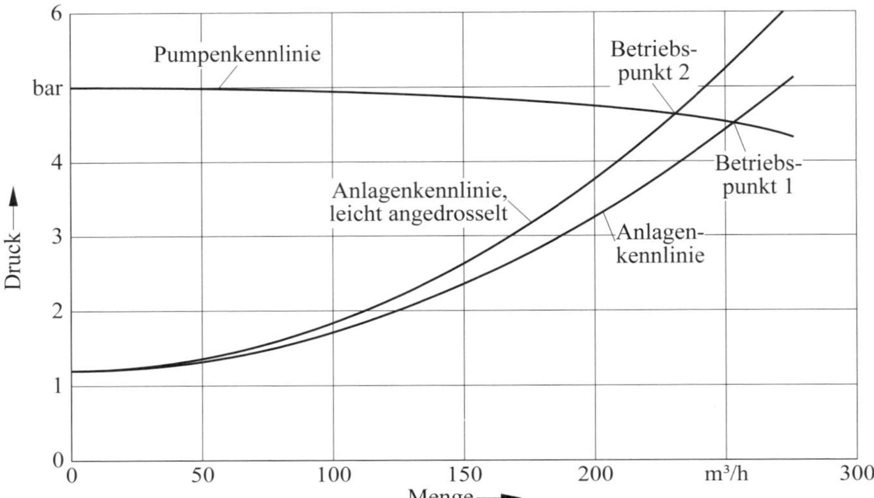

Bild 5.4 Pumpen- und Anlagenkennlinie

Stellt man die Abhängigkeit des Drucks Δp von der Menge gemäß Gl. (5.8) grafisch dar, so erhält man die sog. Anlagenkennlinie oder Rohrkennlinien. Der Schnittpunkt von Anlagenkennlinie und Pumpenkennlinie (Drosselkurve) ist der sich tatsächlich einstellende Betriebspunkt[119] (siehe Bild 5.4).

Es stellt sich der Betriebspunkt 1 mit einer Fördermenge von etwa 253 m^3/h und einem Förderdruck etwa 4,45 bar ein. Da aber laut Aufgabenstellung nur eine Menge von 230 m^3/h zu fördern ist, muss das Rohrleitungssystem leicht gedrosselt und die Anlagenkennlinie dadurch steiler gemacht werden. Dies ist z. B. durch das Schließen des Regelventils möglich, sodass sich der Betriebspunkt 2 mit einer Fördermenge von genau 230 m^3/h ergibt. Der Förderdruck beträgt dann 4,6 bar.

Die Pumpleistung $P_{\text{Pumpe 1}}$ im Betriebspunkt 1 beträgt:

$$P_{\text{Pumpe 1}} = 4{,}45 \cdot 10^5\ \text{Pa} \cdot \frac{253\ \text{m}^3}{3600\ \text{s}} = 31274\ \text{W} \approx 31{,}3\ \text{kW}.$$

Die Pumpleistung $P_{\text{Pumpe 2}}$ im Betriebspunkt 2 beträgt:

$$P_{\text{Pumpe 2}} = 4{,}6 \cdot 10^5\ \text{Pa} \cdot \frac{230\ \text{m}^3}{3600\ \text{s}} = 29388\ \text{W} \approx 29{,}4\ \text{kW}.$$

[119] Vgl. *Holzenberger/Jung* 1989, S. 49 f.

Multipliziert man die Pumpleistung mit dem Wirkungsgrad der Pumpe η, so erhält man die notwendige Antriebsleistung (Wellenleistung) P_{Antrieb}:

$$P_{\text{Antrieb}} = \frac{P_{\text{Pumpe}}}{\eta_{\text{Pumpe}}}. \tag{5.9}$$

Der Wirkungsgrad einer Pumpe ist abhängig vom Betriebspunkt. Im Nennbetriebspunkt (Optimalpunkt) ist er am höchsten. Der Betriebspunkt 2 ist genau der Nennbetriebspunkt der Pumpe, sodass hier für den Wirkungsgrad $\eta = 0{,}75$ angesetzt werden kann:

$$P_{\text{Antrieb 2}} = \frac{29{,}4\ \text{kW}}{0{,}75} = 39{,}2\ \text{kW}.$$

Die Wirkungsgrade der Betriebspunkte, die vom Nennbetriebspunkt abweichen, werden üblicherweise vom Pumpenhersteller in einer weiteren Kennlinie dargestellt. Darauf wird hier nicht näher eingegangen. Für den Betriebspunkt 2 wird vereinfachend ein Wirkungsgrad von $\eta = 0{,}7$ angenommen, sodass sich für die Antriebsleistung im Betriebspunkt 1 ergibt:

$$P_{\text{Antrieb 1}} = \frac{31{,}3\ \text{kW}}{0{,}7} = 44{,}7\ \text{kW}.$$

5.2.4 Elektrische Leistung des Antriebsmotors

Auf Grundlage der Pumpendrehzahl und der notwendigen Antriebsleistung wird („Auslegungsreserven“ bleiben unberücksichtigt) als Antriebsmaschine ein Asynchronmotor mit folgenden Nenndaten gewählt:

Nennleistung:	P_N	$= 45$ kW,
Nenndrehzahl	n_n	$= 1\,482\ \text{min}^{-1}$,
Nennmoment:	M_N	$= 280$ Nm,
Nennwirkleistungsfaktor:	$\cos\varphi_N$	$= 0{,}83$,
Kippmoment:	M_{Kipp}	$= 650$ Nm,
Nennschlupf:	s_N	$= 1{,}2\ \% \rightarrow 0{,}012$,
Kippschlupf:	s_{Kipp}	$= 5{,}3\ \% \rightarrow 0{,}053$,
Nennspannung:	U_N	$= 400$ V,
Nennwirkungsgrad:	η_n	$= 93\ \%$.

Für die aufgenommene elektrische Leistung gilt:

$$P_{\text{elektrisch}} = \frac{P_{\text{Antrieb}}}{\eta_{\text{elektrisch}}}. \tag{5.10}$$

Für die beiden Betriebspunkte ergeben sich daraus folgende elektrische Wirkleistungen:

$$P_{\text{elektrisch 2}} = \frac{39{,}2\ \text{kW}}{0{,}93} = 42{,}2\ \text{kW} \quad \text{und} \quad P_{\text{elektrisch 1}} = \frac{44{,}7\ \text{kW}}{0{,}93} = 48\ \text{kW}.$$

Es wird dabei vereinfachend vorausgesetzt, dass der elektrische Wirkungsgrad konstant bleibt[120]. Wenn weiterhin vereinfachend angenommen wird, dass der Wirkleistungsfaktor bei den unterschiedlichen Lastfällen konstant bleibt[121], gilt für die aufgenommenen Scheinleistungen S und Ströme I:

$$S = \frac{P_{\text{elektrisch}}}{\cos\varphi}, \tag{5.11}$$

$$I = \frac{S}{\sqrt{3} \cdot U_{\text{N}}}. \tag{5.12}$$

Für die beiden Betriebspunkte ergibt sich:

$$S_2 = \frac{42{,}2\ \text{kW}}{0{,}84} = 50{,}2\ \text{kVA} \quad \text{und} \quad I_2 = \frac{50{,}2\ \text{kVA}}{\sqrt{3} \cdot 400\ \text{V}} = 72{,}5\ \text{A},$$

$$S_1 = \frac{48{,}0\ \text{kW}}{0{,}84} = 57{,}7\ \text{kVA} \quad \text{und} \quad I_1 = \frac{57{,}7\ \text{kVA}}{\sqrt{3} \cdot 400\ \text{V}} = 83{,}3\ \text{A}.$$

5.2.5 Drehzahl-Drehmoment-Kennlinie

Die Drehzahl-Drehmoment-Kennlinie des Asynchronmotors lässt sich aus der Kloss'schen Formel entwickeln:

[120] In der Realität verändert sich der Wirkungsgrad mit der Belastung des Motors. Für eine grobe Auslegung ist eine Berechnung mit konstantem Wirkungsgrad jedoch ausreichend.

[121] Tatsächlich nimmt der $\cos\varphi$ eines Asynchronmotors mit Abweichung vom Nennbetriebspunkt zu. Die Ortskurve des Ständerstroms bildet einen Kreis (Heyland-Osanna-Kreis), vgl. *Weidauer* 2013, S. 74.

$$M = \frac{2 \cdot M_{\text{Kipp}}}{\frac{s}{s_{\text{Kipp}}} + \frac{s}{s_{\text{Kipp}}}}, \tag{5.13}$$

mit:

M Drehmoment,

M_{Kipp} Kippmoment (max. Drehmoment),

s Schlupf,

s_{Kipp} Kippschlupf (Schlupf bei max. Drehmoment).

Der Schlupf s ist definiert als

$$s = \frac{n_{\text{synchron}} - n}{n_{\text{synchron}}}, \tag{5.14}$$

$$s_{\text{Kipp}} = \frac{n_{\text{synchron}} - n_{\text{Kipp}}}{n_{\text{synchron}}}, \tag{5.15}$$

mit:

n_{synchron} synchrone Drehzahl, hier: $1\,500\ \text{min}^{-1} = 25\ \text{s}^{-1}$,

n mechanische Drehzahl,

n_{Kipp} Drehzahl bei max. Drehmoment.

Aus Gl. (5.13) und Gl. (5.14) ergibt sich für die Drehzahl-Drehmoment-Kennlinie des Asynchronmotors:

$$M = \frac{2 \cdot M_{\text{Kipp}}}{\left(\frac{n_{\text{synchron}} - n}{n_{\text{synchron}}}\right)^2 - s_{\text{Kipp}}^2} \cdot s_{\text{Kipp}} \left(\frac{n_{\text{synchron}} - n}{n_{\text{synchron}}}\right). \tag{5.16}$$

Mit den Kenngrößen des ausgewählten Motors lautet diese Funktion:

$$M = \frac{2 \cdot 650\ \text{Nm}}{\left(\frac{25\ \text{s}^{-1} - n}{25\ \text{s}^{-1}}\right)^2 - 0{,}053^2} \cdot 0{,}053 \cdot \left(\frac{25\ \text{s}^{-1} - n}{25\ \text{s}^{-1}}\right).$$

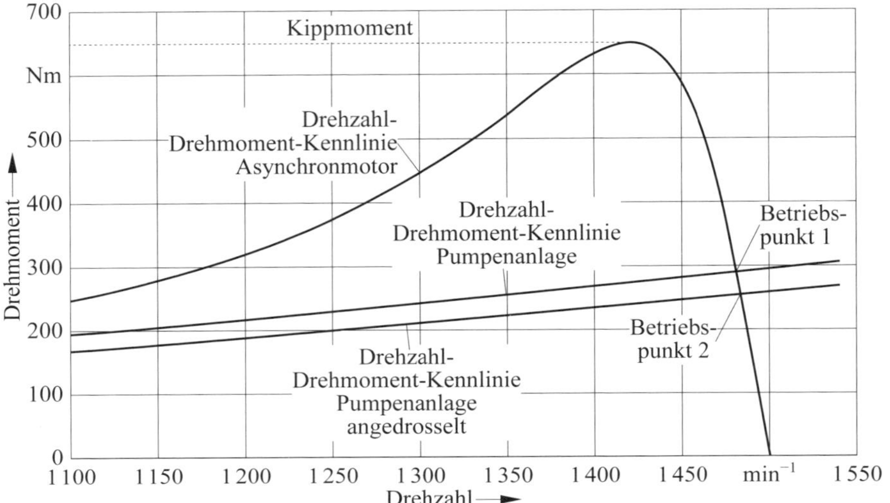

Bild 5.5 Drehzahl-Drehmoment-Kennlinie – Asynchronmotor und Pumpenanlage

In **Bild 5.5** ist diese Funktion grafisch dargestellt. Der Schnittpunkt der Kennlinie des Motors mit der Drehzahl-Drehmoment-Kennlinie des Systems aus Pumpe und Anlage ist der sich einstellende Betriebspunkt.

Die Drehzahl-Drehmoment-Kennlinie des Systems aus Pumpe und Anlage wird wie folgt errechnet:

Aus Gl. (5.8) und Gl. (5.5) ergibt sich für die Pumpleistung als Funktion des Volumenstroms:

$$P_{\text{Pumpe}} = \rho \cdot g \cdot h \cdot \text{Volumenstrom} + \frac{1}{2} \cdot \rho \cdot \zeta \cdot \frac{\text{Volumenstrom}^3}{A^2}. \qquad (5.17)$$

Für das Verhältnis von Fördermenge und Drehzahl einer Kreiselpumpe gilt[122]:

$$\frac{\text{Volumenstrom}}{\text{Nennvolumenstrom}} = \frac{n}{n_{\text{N}}} \quad \rightarrow \quad \text{Volumenstrom} = \frac{n}{n_{\text{N}}} \cdot \text{Nennvolumenstrom}. \qquad (5.18)$$

Ferner gilt für die Pumpleistung P_{Pumpe} in Abhängigkeit von Drehzahl und Drehmoment:

$$P_{\text{Pumpe}} = 2\pi \cdot n \cdot M \cdot \eta_{\text{Pumpe}}. \qquad (5.19)$$

[122] Vgl. KSB Pumpenhandbuch 1968, S. 88

Aus Gl. (5.17), Gl. (5.28) und Gl. (5.19) ergibt sich:

$$2\pi \cdot n \cdot M \cdot \eta_{\text{Pumpe}} = \rho \cdot g \cdot h \cdot \text{Nennvolumenstrom} \cdot \frac{n}{n_\text{N}} + \frac{\rho \cdot \zeta}{2 \cdot A^2} \cdot \left(\frac{n}{n_\text{N}} \cdot \text{Nennvolumenstrom} \right)^3 . \tag{5.20}$$

Nach M aufgelöst ergibt sich für die Drehzahl-Drehmoment-Kennlinie des Systems aus Pumpe und Anlage:

$$M = \frac{\rho \cdot g \cdot h \cdot \text{Nennvolumenstrom}}{2\pi \cdot n_\text{N} \cdot \eta_{\text{Pumpe}}} + \frac{\rho \cdot \zeta}{4\pi \cdot \eta_{\text{Pumpe}} \cdot A^2} \cdot \left(\frac{\text{Nennvolumenstrom}}{n_\text{N}} \right)^3 \cdot n^2 . \tag{5.21}$$

Zwischen Leistung und Drehzahl besteht ein kubischer Zusammenhang (Gl. (5.17)) und zwischen Drehzahl und Drehmoment besteht ein quadratischer Zusammenhang (Gl. (5.21)).

Werden die Werte des vorliegenden Beispiels in Gl. (5.21) eingesetzt und grafisch dargestellt, ergeben sich die in Bild 5.5 dargestellten Betriebspunkte für den ungedrosselten und den gedrosselten Fall:

Ungedrosselt

Hier ist der Referenzvolumenstrom nicht der Nennvolumenstrom, sondern der in Bild 5.4 abgelesene Wert 253 m^3/h):

$$M = \frac{1000 \,\frac{\text{kg}}{\text{m}^3} \cdot 9{,}81 \,\frac{\text{m}}{\text{s}^2} \cdot 12 \text{ m} \cdot 253 \,\frac{\text{m}^3}{3600 \text{ s}}}{2\pi \cdot 1480 \,\frac{1}{60 \text{ s}} \cdot 0{,}7} + \frac{1000 \,\frac{\text{kg}}{\text{m}^3} \cdot 131}{4\pi \cdot 0{,}7 \cdot \left(0{,}03142 \text{ m}^2\right)^2} \cdot \left(\frac{253 \,\frac{\text{m}^3}{60 \text{ min}}}{1480 \text{ min}^{-1}} \right)^3 \cdot n^2 .$$

Gedrosselt

Hier muss vorab der Widerstandsbeiwert ermittelt werden. Dieser beträgt $\zeta_{\text{gesamt, gedrosselt}}$ = 166,1 (die Berechnung dazu wird unten gesondert dargestellt):

$$M = \frac{1000\,\frac{\text{kg}}{\text{m}^3}\cdot 9{,}81\,\frac{\text{m}}{\text{s}^2}\cdot 12\text{ m}\cdot 230\,\frac{\text{m}^3}{3600\text{ s}}}{2\pi\cdot 1480\,\frac{1}{60\text{ s}}\cdot 0{,}75} + \frac{1000\,\frac{\text{kg}}{\text{m}^3}\cdot 166{,}1}{4\pi\cdot 0{,}7\cdot\left(0{,}03142\text{ m}^2\right)^2}\cdot\left(\frac{230\,\frac{\text{m}^3}{60\text{ min}}}{1480\text{ min}^{-1}}\right)^3\cdot n^2.$$

Berechnung von $\zeta_{\text{gesamt, gedrosselt}}$:

Aus Gl. (5.7) folgt:

$$\zeta_{\text{gesamt, gedrosselt}} = \frac{2\cdot(\Delta p - \rho\cdot g\cdot h)}{\rho\cdot v^2}, \tag{5.22}$$

$$\zeta_{\text{gesamt, gedrosselt}} = \frac{2\cdot\left(4{,}6\cdot 10^5\text{ Pa} - 1000\,\frac{\text{kg}}{\text{m}^3}\cdot 9{,}81\,\frac{\text{m}}{\text{s}^2}\cdot 12\text{ m}\right)}{1000\,\frac{\text{kg}}{\text{m}^3}\cdot\left(2{,}03\,\frac{\text{m}}{\text{s}}\right)^2} = 166{,}1.$$

Aus Gl. (5.4) folgt:

$$\zeta_{\text{Ventil}} = \zeta_{\text{gesamt, gedrosselt}} - \zeta_{\text{Rohr}} - \zeta_{\text{Bögen}},$$

$$\zeta_{\text{Ventil}} = 166{,}1 - 105 - 5{,}5 = 55{,}6.$$

Aus Gl. (5.3) ergibt sich daraus für das Ventil ein einzustellender K_{v}-Wert von:

$$K_{\text{v}} = A\cdot\sqrt{\frac{2\cdot 10^5\text{ Pa}}{1000\,\frac{\text{kg}}{\text{m}^3}\cdot\zeta_{\text{Ventil}}}}, \tag{5.23}$$

$$K_{\text{v}} = 0{,}03142\text{ m}^2\cdot\sqrt{\frac{2\cdot 10^5\text{ Pa}}{1000\,\frac{\text{kg}}{\text{m}^3}\cdot 55{,}6}} = 0{,}0596\,\frac{\text{m}^3}{\text{s}} = 214{,}5\,\frac{\text{m}^3}{\text{h}}.$$

5.2.6 Reduzierung der Fördermenge

Gemäß Aufgabenstellung sollen minimal 150 m^3/h gefördert werden. Eine Reduzierung der Fördermenge kann entweder über eine Drosselung oder über eine Absenkung der Speisefrequenz des Asynchronmotors und der damit verbundenen Drehzahlreduzierung der Pumpe erfolgen. Im ersten Fall wird das Regelventil zugefahren und damit der Druckverlustbeiwert des Systems erhöht, sodass die Anlagenkennlinie steiler wird und sich der neue Betriebspunkt 3 mit der gewünschten Fördermenge 150 m^3/h einstellt. Im zweiten Fall wird die Drehzahl gesenkt, sodass die Pumpe eine andere Pumpenkennlinie hat, die mit der unveränderten Anlagenkennlinie als Schnittpunkt den neuen Betriebspunkt 4 ergibt.

Für jede Drehzahl n hat eine Kreiselpumpe eine eigene Kennlinie. Die verschiedenen drehzahlabhängigen Pumpenkennlinien werden vom Hersteller angegeben oder lassen sich mit folgenden Zusammenhängen aus einer vorgegebenen Kennlinie konstruieren:[123]

$$\frac{\text{Fördermenge}_1}{\text{Fördermenge}_2} = \frac{n_1}{n_2}, \tag{5.24}$$

$$\frac{\text{Förderdruck}_1}{\text{Förderdruck}_2} = \left(\frac{n_1}{n_2}\right)^2. \tag{5.25}$$

Ein Punkt (Fördermenge$_1$, Δp_1) auf einer vorgegeben Pumpenkennlinie mit der Drehzahl n_1 geht über in einen Punkt (Fördermenge$_2$, Δp_2) auf der Kennlinie mit der Drehzahl n_2.

Dabei gilt:

$$\text{Fördermenge}_2 = \frac{n_2}{n_1} \cdot \text{Fördermenge}_1 \quad \text{und} \quad \Delta p_2 = \left(\frac{n_2}{n_1}\right)^2 \cdot \Delta p_1.$$

In **Bild 5.6** ist dies beispielhaft für den Punkt A, der in den Punkt B übergeht, skizziert.

In Bild 5.6 sind ferner die Betriebspunkte 1, 3 und 4 mit den verschiedenen Anlagenkennlinien (gedrosselt und ungedrosselt) und die Pumpenkennlinien für die Drehzahlen 1 480 min^{-1} und 1 051 min^{-1} dargestellt. In **Bild 5.7** sind die Drehzahl-Drehmoment-Kennlinien für den Asynchronmotor mit synchroner Nennfrequenz und abgesenkter synchroner Frequenz, die Drehzahl-Drehmoment-Kennlinien des Systems Pumpe mit Anlage für den ungedrosselten und den gedrosselten Fall sowie die Betriebspunkte 1, 3 und 4 dargestellt.

[123] Vgl. KSB Pumpen-Handbuch 1968, S. 88 ff.

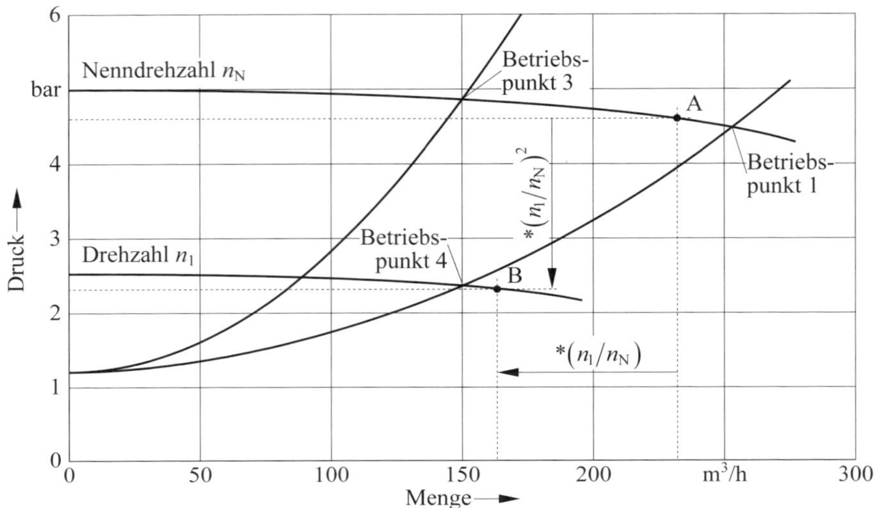

Bild 5.6 Verstellung des Betriebspunkts durch Drosselung oder Drehzahländerung

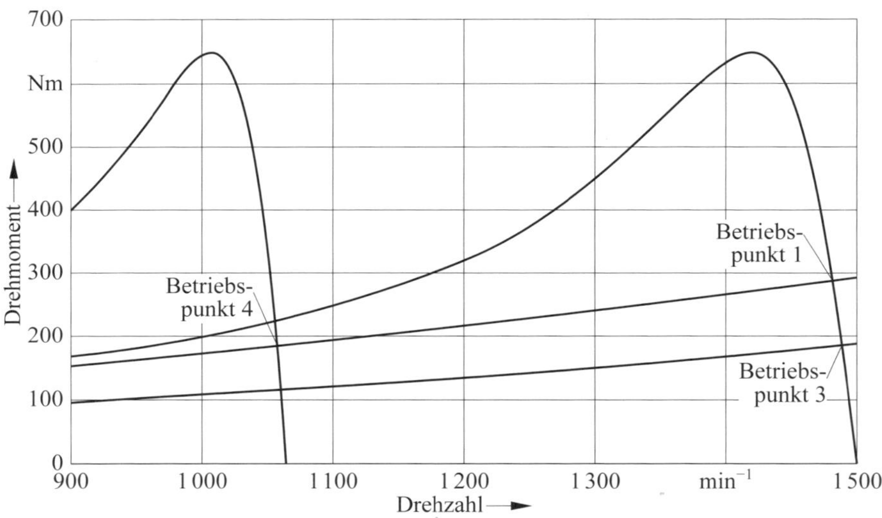

Bild 5.7 Drehzahl-Drehmoment-Kennlinie – Drosselung, Drehzahländerung

Man sieht auf den ersten Blick, dass die Leistungsaufnahme im Betriebspunkt 3 größer ist als im Betriebspunkt 4.

Im Folgenden werden die Pumpleistung und die Antriebsleistung für die Betriebspunkte 3 und 4 berechnet. Aus dieser Kenntnis kann unter Berücksichtigung der geplanten Betriebsstunden beispielsweise ermittelt werden, ob die Einspeisung des Asynchronmotors über einen Frequenzumrichter wirtschaftliche Vorteile gegenüber einem Asynchronmotor mit starrer Einspeisung bietet. Da an dieser Stelle nur prinzipielle Überlegungen angerissen werden, wird diese Betrachtung jedoch hier nicht weiterverfolgt.

5.2.6.1 Drosselung mit Regelventil

Für den Betriebspunkt 3 gilt nach Gl. (5.5):

$$P_{\text{Pumpe 3}} = 4,87 \cdot 10^5 \text{ Pa} \cdot \frac{150 \text{ m}^3}{3600 \text{ s}} = 20,3 \text{ kW}.$$

Nimmt man weiterhin einen Pumpenwirkungsgrad von $\eta = 0,7$ an, so ergibt sich für die Antriebsleistung (Wellenleistung):

$$P_{\text{Antrieb 3}} = \frac{20,3 \text{ kW}}{0,7} = 29 \text{ kW}.$$

Für den Widerstandsbeiwert $\zeta_{\text{gesamt, gedrosselt}}$ für das System gilt nach Gl. (5.22):

$$\zeta_{\text{gesamt, gedrosselt}} = \frac{2 \cdot (\Delta p - \rho \cdot g \cdot h)}{\rho \cdot v^2},$$

$$v = \frac{150 \dfrac{\text{m}^3}{3600 \text{ s}}}{0,03142 \text{ m}^2} = 1,33 \frac{\text{m}}{\text{s}},$$

$$\zeta_{\text{gesamt, gedrosselt}} = \frac{2 \cdot \left(4,87 \cdot 10^5 \text{ Pa} - 1000 \dfrac{\text{kg}}{\text{m}^3} \cdot 9,81 \dfrac{\text{m}}{\text{s}^2} \cdot 12 \text{ m}\right)}{1000 \dfrac{\text{kg}}{\text{m}^3} \cdot \left(1,33 \dfrac{\text{m}}{\text{s}}\right)^2} = 417,5$$

Aus Gl. (5.4) folgt:

$$\zeta_{\text{Ventil}} = \zeta_{\text{gesamt, gedrosselt}} - \zeta_{\text{Rohr}} - \zeta_{\text{Bögen}},$$

$$\zeta_{\text{Ventil}} = 417{,}5 - 105 - 5{,}5 = 307.$$

Aus Gl. (5.3) ergibt sich daraus für das Ventil ein einzustellender K_v-Wert von:

$$K_\text{v} = A \cdot \sqrt{\frac{2 \cdot 10^5 \text{ Pa}}{1000 \frac{\text{kg}}{\text{m}^3} \cdot \zeta_{\text{Ventil}}}},$$

$$K_\text{v} = 0{,}03142 \text{ m}^2 \cdot \sqrt{\frac{2 \cdot 10^5 \text{ Pa}}{1000 \frac{\text{kg}}{\text{m}^3} \cdot 307}} = 0{,}0253 \frac{\text{m}^3}{\text{s}} = 91{,}3 \frac{\text{m}^3}{\text{h}}.$$

5.2.6.2 Reduzierung mit Drehzahlabsenkung

Für den Betriebspunkt 4 gilt nach Gl. (5.5):

$$P_{\text{Pumpe 4}} = 2{,}4 \cdot 10^5 \text{ Pa} \cdot \frac{150 \text{ m}^3}{3600 \text{ s}} = 10 \text{ kW}.$$

Nimmt man weiterhin einen Pumpenwirkungsgrad von $\eta = 0{,}7$ an, so ergibt sich für die Antriebsleistung (Wellenleistung):

$$P_{\text{Antrieb 4}} = \frac{10 \text{ kW}}{0{,}7} = 14{,}3 \text{ kW}.$$

Für die Drehzahl-Drehmoment-Kennlinie gilt bei reduzierter Speisefrequenz weiterhin Gl. (5.16):

$$M = \frac{2 \cdot M_{\text{Kipp}}}{\left(\frac{n_{\text{synchron}} - n}{n_{\text{synchron}}}\right)^2 - s_{\text{Kipp}}^2} \cdot s_{\text{Kipp}} \left(\frac{n_{\text{synchron}} - n}{n_{\text{synchron}}}\right).$$

Die synchrone Drehzahl ist jetzt $n_{\text{synchron}} = 1\,065 \text{ min}^{-1} = 17{,}75 \text{ s}^{-1}$.

Mit den Kenngrößen des ausgewählten Motors lautet diese Funktion dann:

$$M = \frac{2 \cdot 650\ \text{Nm}}{\left(\frac{17{,}75\ \text{s}^{-1} - n}{17{,}75\ \text{s}^{-1}}\right)^2 - 0{,}053^2} \cdot 0{,}053 \cdot \left(\frac{17{,}75\ \text{s}^{-1} - n}{17{,}75\ \text{s}^{-1}}\right).$$

In Bild 5.7 sind beide Drehzahl-Drehmoment-Kennlinien des Asynchronmotors mit $n_{\text{synchron}} = 1\,065\ \text{min}^{-1} = 17{,}75\ \text{s}^{-1}$ und $n_{\text{synchron}} = 1\,500\ \text{min}^{-1} = 25\ \text{s}^{-1}$ grafisch dargestellt.

5.3 Beispiel: Kurzschlussberechnung

Kurzschlussvorgänge sind hochkomplexe dynamische Ausgleichsvorgänge, deren exakte Berechnung einerseits mit erheblichem Aufwand verbunden ist, deren rechnerische Vorherbestimmung andererseits für die Auslegung elektrischer Anlagen im Hinblick auf den Schutz von Menschen, Tieren und Sachanlagen jedoch enorme Bedeutung hat. Elektrische Betriebsmittel, wie z. B. Leitungen, Schaltanlagen, Transformatoren, müssen der thermischen und mechanischen Beanspruchung durch die zu erwartenden Kurzschlussströme gewachsen sein. Elektrische Schutzorgane, wie z. B. Leistungsschalter und Sicherungen, müssen ein ausreichendes Ausschaltvermögen aufweisen, um die zu erwartenden Kurzschlussströme abzuschalten. Darüber hinaus müssen die Ansprechwerte der Schutzorgane so gewählt werden, dass die Schutzorgane auch beim kleinsten zu erwartenden Kurzschlussstrom noch angeregt werden bzw. auslösen. In **Bild 5.8** und in **Bild 5.9** sind die Stromverläufe für den Fall eines generatorfernen und den Fall eines generatornahen Kurzschlusses prinzipiell dargestellt.

Der generatorferne Kurzschlussstrom setzt sich aus einem abklingenden Gleichstromglied und einem konstanten Wechselstromglied zusammen. Ein Kurzschluss gilt als generatorfern, wenn die *„Größe des Wechselstromanteils des zu erwartenden Kurzschlusses im Wesentlichen konstant bleibt.“*[124]

Entsprechend nimmt beim generatornahen Kurzschluss per Definition der Wechselstromanteil des zu erwartenden Kurzschlussstroms ab. Ein *„generatornaher Kurzschluss kann angenommen werden, wenn mindestens eine Synchronmaschine einen zu erwartenden Anfangs-Kurzschlusswechselstrom liefert, der größer als das doppelte des Bemessungsstroms der Maschine ist (…).“*[125] Der generatornahe Kurz-

[124] Quelle: DIN EN 60909-0 (**VDE 0102**):2016-12, Abschnitt 3.16

[125] Quelle: DIN EN 60909-0 (**VDE 0102**):2016-12, Abschnitt 3.17

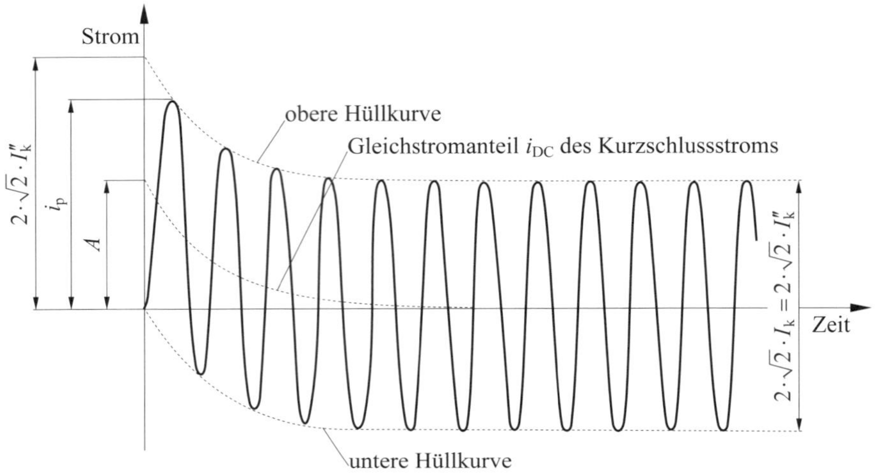

Bild 5.8 Kurzschlussstrom für generatorfernen Kurzschluss mit konstantem Wechselstromanteil (schematischer Verlauf) (Quelle: DIN EN 60909-0 (**VDE 0102**):2016-02, Bild 1)

I''_k Anfangs-Kurzschlusswechselstrom,
i_p Stoßkurzschlussstrom,
I_k Dauerkurzschlussstrom,
i_{DC} Gleichstromanteil des Kurzschlussstroms,
A Anfangswert des Gleichstromanteils i_{DC}

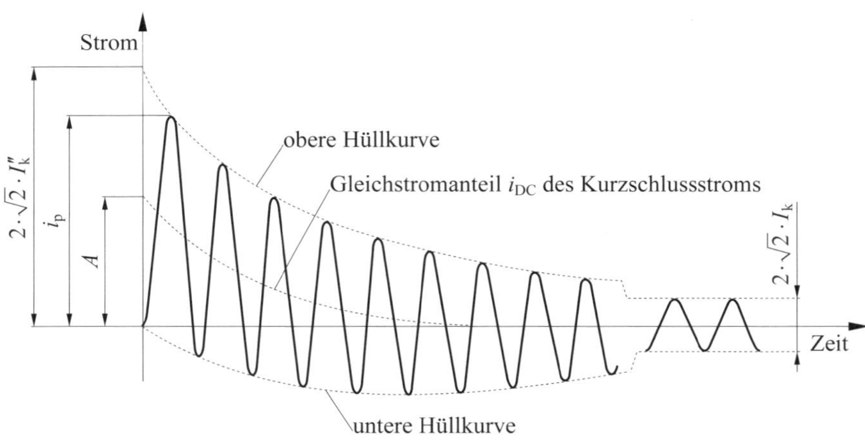

Bild 5.9 Kurzschlussstrom für generatornahen Kurzschluss mit abklingendem Wechselstromanteil (schematischer Verlauf) (Quelle: DIN EN 60909-0 (**VDE 0102**):2016-02, Bild 2)

I''_k Anfangs-Kurzschlusswechselstrom,
i_p Stoßkurzschlussstrom,
I_k Dauerkurzschlussstrom,
i_{DC} Gleichstromanteil des Kurzschlussstroms,
A Anfangswert des Gleichstromanteils i_{DC}

schlussstrom ist eine Überlagerung aus einem abklingenden Gleichstromglied und drei Wechselstromanteilen – einem stationären Anteil, einem langsam abklingen (transienten) Anteil und einem schnell abklingenden (subtransienten) Anteil. Für vereinfachte praktische Berechnungen kann man den Kurzschlussverlauf in ein Modell mit drei zeitlichen Abschnitten (subtransienter, transienter und stationärer Bereich) einteilen, in denen jeweils die subtransiente synchrone Reaktanz X''_d, die transiente synchrone Reaktanz X'_d und die stationäre synchrone Reaktanz X_d wirksam sind.[126]

Es gilt:

$$X''_\mathrm{d} < X'_\mathrm{d} < X_\mathrm{d}.$$

Entsprechend sind in dem Modell die wirksamen Polradspannungen E'' als subtransiente wirksame Spannung, E' als transiente wirksame Spannung und E als stationäre wirksame Spannung. Für den Generatorklemmenkurzschluss aus dem Leerlauf gilt:

$$\frac{U_\mathrm{N}}{\sqrt{3}} = E'' = E' = E.$$

Ansonsten gilt für einen Kurzschluss aus dem Belastungsbetrieb heraus:

$$\frac{U_\mathrm{N}}{\sqrt{3}} < E'' < E' < E.$$

In **Bild 5.10** ist das entsprechende Zeigerdiagramm dargestellt.

„Eine vollständige Berechnung der Kurzschlussströme sollte den zeitlichen Verlauf der Ströme an der Kurzschlussstelle vom Beginn des Kurzschlusses bis zu seinem Ende liefern (...), zugehörig zum Augenblickswert der Spannung vor dem Kurzschluss. (...) In den meisten praktischen Fällen ist eine solche Berechnung jedoch nicht notwendig. Abhängig vom Anwendungsfall interessieren der Effektivwert des Wechselstromanteils und der höchste Spitzenwert i_p des Kurzschlussstroms nach dem Kurzschlusseintritt.“[127]

Die DIN EN 60909-0 (**VDE 0102**) empfiehlt daher eine vereinfachte Berechnungsmethode, die den meisten praktischen Anwendungsfällen genügt. Diese Methode der Ersatzspannungsquelle *„beruht auf der Einführung einer Ersatzspannungsquelle an der Kurzschlussstelle. Die Ersatzspannungsquelle ist die einzige wirksame Spannung des Netzes. Alle Netzeinspeisungen, Synchron- und Asynchronmaschinen werden durch ihre Innenimpedanzen ersetzt (...). In allen Fällen ist es möglich, den Kurzschlussstrom an der Kurzschlussstelle (...) mithilfe der Ersatzspannungsquelle zu bestimmen.*

[126] Vgl. *Heuck/Dettmann/Schulz* 2013, S. 209

[127] Quelle: DIN EN 60909-0 (**VDE 0102**):2016-12, Abschnitt 5.1

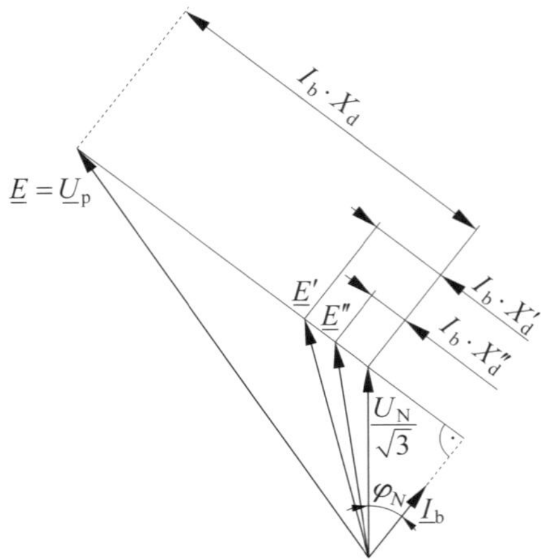

Bild 5.10 Zeigerdiagramm Synchrongenerator (Volltrommel-Läufer) übererregt
I_b Betriebsstrom vor Kurzschlusseintritt,
E wirksame Spannung Dauerkurzschluss,
E' wirksame transiente Spannung,
E'' wirksame subtransiente Spannung,
U_N Klemmenspannung vor Kurzschlusseintritt, Nennspannung,
U_p Polradspannung,
X_d synchrone Reaktanz,
X_d' transiente synchrone Reaktanz,
X_d'' subtransiente synchrone Reaktanz,
φ_N Phasenverschiebung vor Kurzschlusseintritt, Nennbetriebspunkt

Betriebsdaten und die Belastungen, die Stellung der Transformatorstufenschalter, die Erregung der Generatoren usw. sind nicht erforderlich; zusätzliche Berechnungen für alle möglichen Lastzustände im Augenblick des Kurzschlusseintritts sind überflüssig. “[128]

Es wird ein Spannungsfaktor c eingeführt, der bei der Berechnung des Anfangs-Kurzschlusswechselstroms u. a. den Unterschied der wirksamen Anfangsspannung E'' und der Netzbetriebsspannung an der Kurzschlussstelle berücksichtigt, sodass das Berechnungsergebnis stets auf der sicheren Seite liegt. Weiterhin werden durch den Spannungsfaktor c berücksichtigt: zeitliche und örtliche Spannungsänderungen, Stellungsänderung von Stufenschaltern sowie das Verhalten von Lasten und Kapazitäten.[129]

[128] Quelle: DIN EN 60909-0 (**VDE 0102**):2016-12, Abschnitt 5.3.1

[129] Vgl. *Roeper* 1984, S. 111 und DIN EN 60909-0 (**VDE 0102**):2016-12, Abschnitt 3.15

Netznennspannung U_N	Spannungsfaktor c für die Berechnung der	
	größten Kurzschlussströme c_{max} a)	kleinsten Kurzschlussströme c_{min}
Niederspannung 100 V bis 1 000 V (DIN EN 60038 (**VDE 0175-1**):2012-04, Tabelle 1)	1,05 c) 1,10 d)	0,95 c) 0,90 d)
Hochspannung b > 1 kV bis 230 kV (DIN EN 60038 (**VDE 0175-1**):2012-04, Tabellen 3, 4)	1,10	1,00
Hochspannung b, e > 230 kV (DIN EN 60038 (**VDE 0175-1**):2012-04, Tabelle 5)	1,10	1,00

a) c_{max} U_n sollte die höchste Spannung U_m für Betriebsmittel in Netzen nicht überschreiten.

b) Wenn keine Nennspannung genormt ist, sollte c_{max} $U_n = U_m$ oder c_{min} $U_n = 0{,}90$ U_m angewendet werden.

c) Für Niederspannungsnetze mit einer Toleranz von ±6 %, z. B. für Netze, die von 380 V auf 400 V umbenannt wurden.

d) Für Niederspannungsnetze mit einer Toleranz von ± 10 %.

e) Für Netznennspannungen zugehörig zu U_m > 420 kV ist der Spannungsfaktor c in dieser Norm nicht definiert.

Tabelle 5.2 Spannungsfaktor c
(Quelle: DIN EN 60909-0 (**VDE 0102**):2016-02, Tabelle 1)

Der Spannungsfaktor c ist gemäß **Tabelle 5.2** zu wählen.

In dem folgenden Beispiel werden einige wichtige Verfahren einer stark vereinfachten Kurzschlussberechnung, wie sie im Rahmen des Managementprozesses in der Frühphase eines Projekts zur groben Vordimensionierung einer elektrischen Anlage durchzuführen ist, gezeigt.

5.3.1 Aufgabenstellung

Die Aufgabenstellung besteht darin, für die in **Bild 5.11** skizzierte Anordnung den Anfangs-Kurzschlusswechselstrom I''_k, den Stoßkurzschlussstrom i_p und den zweipoligen Anfangs-Kurzschlusswechselstrom I''_{k2} an den Kurzschlussstellen 1 und 2 und den kleinsten zu erwartenden Kurzschlussstrom an der Kurzschlussstelle 2 zu bestimmen. Sämtliche technische Daten sind Bild 5.11 zu entnehmen.

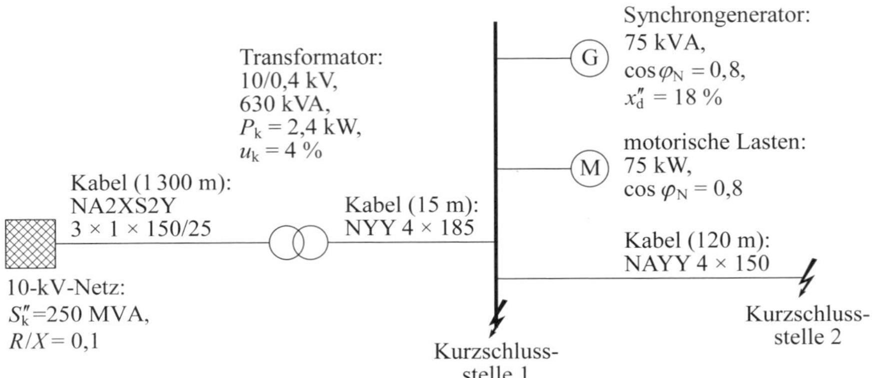

Bild 5.11 Skizze zur Kurzschlussbetrachtung

5.3.2 Ersatzschaltbild

Zunächst ist für die Anwendung der *Methode der Ersatzspannungsquelle* das einphasige Ersatzschaltbild für die Anordnung aus Bild 5.11 zu entwickeln. Jedes Netzelement wird darin durch eine Impedanz modelliert. Das Ersatzschaltbild ist in **Bild 5.12** dargestellt, wobei die Werte der Impedanzen der Netzelemente darin schon vorweggenommen sind.

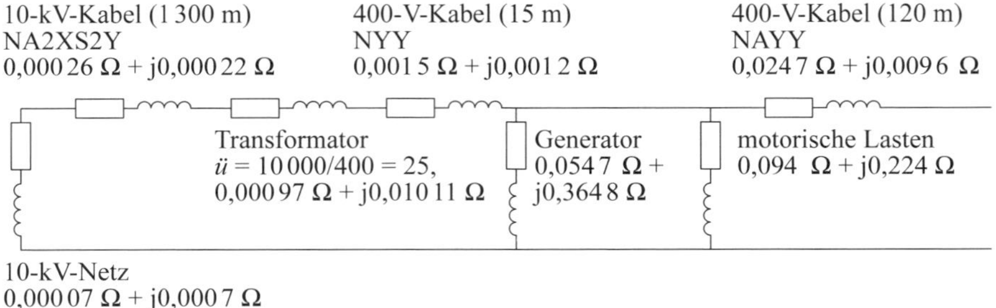

Bild 5.12 Ersatzschaltbild Kurzschlussbetrachtung

Zur Berechnung des max. Kurzschlussstroms mit der Methode der Ersatzspannungsquelle an der Kurzschlussstelle sind die Impedanzen für Transformatoren, Generatoren und Kraftwerksblöcken gemäß Normung ggf. mit Impedanzkorrekturfaktoren K zu multiplizieren.[130] Da es sich bei dem vorliegenden Beispiel lediglich um eine

[130] Vgl. DIN EN 60909-0 (**VDE 0102**):2016-12, Abschnitt 6.1

rechnerische Grobabschätzung im Rahmen einer technischen Vordimensionierung handelt, wird auf die Anwendung der Impedanzkorrekturfaktoren – mit Ausnahme des direkt in die Kurzschlussstelle einspeisenden Synchrongenerators – hier nicht weiter eingegangen.

Die Impedanzen der Netzelemente ermitteln sich wie folgt:

5.3.2.1 Netz

Die Anfangs-Kurzschlusswechselstromleistung S_k'' (kurz: Kurzschlussleistung) ist eine fiktive Größe und ist definiert als Anfangs-Kurzschlusswechselstrom I_k'' multipliziert mit der Wiederkehrspannung (Netzspannung) und dem Faktor 3 für die drei Außenleiter:[131]

$$S_k'' = 3 \cdot \frac{U_N}{\sqrt{3}} \cdot I_k'' = \sqrt{3} \cdot U_N \cdot I_k'' \,. \tag{5.26}$$

Mit $I_k'' = \dfrac{c \dfrac{U_N}{\sqrt{3}}}{Z_Q}$ gemäß **Bild 5.13** ergibt sich für die Netzimpedanz Z_Q:

$$Z_Q = \frac{c \cdot U_N^2}{S_k''} \,. \tag{5.27}$$

Mit den Werten des vorliegenden Beispiels ergibt sich:

$$Z_Q = \frac{1{,}1 \cdot (10\,000 \text{ V})^2}{250 \cdot 10^6 \text{ VA}} = 0{,}44\ \Omega \,.$$

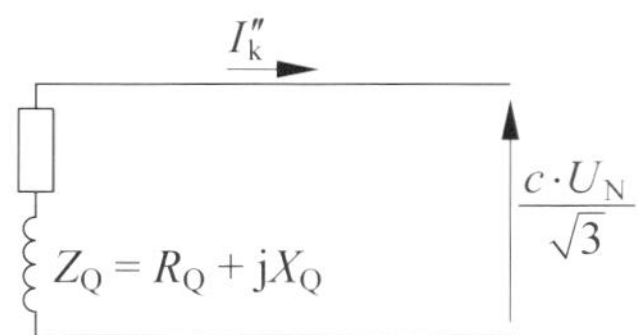

Bild 5.13 Netzimpedanz

131 Vgl. DIN EN 60909-0 (**VDE 0102**):2016-12, Abschnitt 3.6

Mit $Z_\mathrm{Q}^2 = R_\mathrm{Q}^2 + X_\mathrm{Q}^2$ und $R/X = 0{,}1$ ergibt sich:

$$X_\mathrm{Q} = \frac{Z_\mathrm{Q}}{\sqrt{1+\left(\frac{R}{X}\right)^2}}, \tag{5.28}$$

$$X_\mathrm{Q} = \frac{0{,}44\ \Omega}{\sqrt{1+(0{,}1)^2}} = 0{,}4378\ \Omega,$$

$$R_\mathrm{Q} = \left(\frac{R}{X}\right)\cdot X_\mathrm{Q} = 0{,}1\cdot 0{,}4378\ \Omega = 0{,}04378\ \Omega.$$

Da sich die Berechnung auf die 400-V-Seite der Anordnung bezieht, müssen die Impedanzwerte noch durch das Quadrat des Übersetzungsverhältnisses $ü$ dividiert werden:

$ü = 10\,000\ \mathrm{V}/400\ \mathrm{V} = 25;$

$$X_{\mathrm{Q,\,400\,V}} = \frac{X_\mathrm{Q}}{ü^2} = \frac{0{,}4378\ \Omega}{25^2} = \mathbf{0{,}0007\ \Omega};$$

$$R_{\mathrm{Q,\,400\,V}} = \frac{R_\mathrm{Q}}{ü^2} = \frac{0{,}04378\ \Omega}{25^2} = \mathbf{0{,}00007\ \Omega}.$$

5.3.2.2 Kabel

Folgende Impedanzen pro km (Z') werden in der Normung für die in der **Beispielanordnung** verwendeten Kabel angegeben:[132]

NA2XSY 3 × 1 × 150/25 in Dreiecksanordnung: $\underline{Z}' = (0{,}124 + \mathrm{j}0{,}106)\ \Omega/\mathrm{km}$;

NYY 4 × 185: $\underline{Z}' = (0{,}0991 + \mathrm{j}0{,}0803)\ \Omega/\mathrm{km}$;

NAYY 4 × 150: $\underline{Z}' = (0{,}206 + \mathrm{j}0{,}0802)\ \Omega/\mathrm{km}$.

Mit den angegebenen Längen 1 300 m, 15 m und 120 m ergeben sich folgende Impedanzen:

[132] Vgl. DIN EN 60909-0 Beiblatt 4 (**VDE 0102 Beiblatt 4**):2009-08, Tabellen 9 und 12

NA2XSY 3 × 1 × 150/25: $Z = (0{,}124 + \text{j}0{,}106)\,\Omega/\text{km} \cdot 1{,}3\text{ km}$
$= 0{,}1612\,\Omega + \text{j}0{,}1378\,\Omega;$

NYY 4 × 185: $Z = (0{,}0991 + \text{j}0{,}0803)\,\Omega/\text{km} \cdot 0{,}015\text{ km}$
$= \mathbf{0{,}0015\,\Omega + j0{,}0012\,\Omega};$

NAYY 4 × 150: $Z = (0{,}206 + \text{j}0{,}0802)\,\Omega/\text{km} \cdot 0{,}12\text{ km}$
$= \mathbf{0{,}0247\,\Omega + j0{,}0096\,\Omega}.$

Da sich die Berechnung auf die 400-V-Seite der Anordnung bezieht, muss die Impedanz des 10-kV-Kabels noch durch das Quadrat des Übersetzungsverhältnisses $\ddot{u}$ dividiert werden:

$\ddot{u} = 10\,000\text{ V}/400\text{ V} = 25;$

NA2XSY 3 × 1 × 150/25: $Z/\ddot{u}^2 = (0{,}1612\,\Omega + \text{j}0{,}1378\,\Omega)/25^2$
$= \mathbf{0{,}00026\,\Omega + j0{,}00022\,\Omega}.$

5.3.2.3 Transformator

Die relative Kurzschlussspannung u_k ist der Anteil der Nennspannung, den man an eine Seite des Transformators anlegen muss, damit bei kurzgeschlossenen Klemmen der jeweils anderen Seite der Nennstrom fließt (siehe **Bild 5.14**).

Aus Bild 5.14 ergibt sich:

$$I_\text{N} = u_\text{k} \cdot \frac{U_\text{N}}{\sqrt{3}} \cdot \frac{1}{Z_\text{T}}. \tag{5.29}$$

Für die Nennscheinleistung S_N des Transformators gilt:

$$S_\text{N} = \sqrt{3} \cdot U_\text{N} \cdot I_\text{N}. \tag{5.30}$$

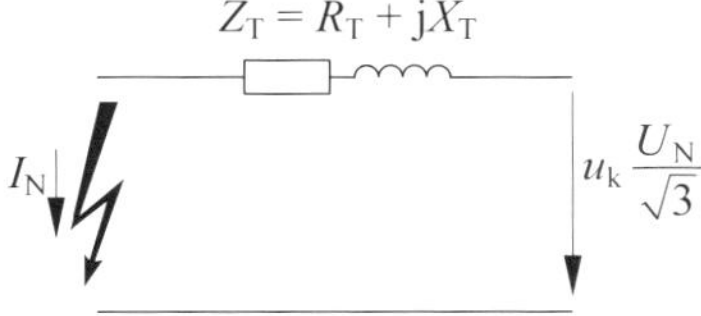

Bild 5.14 Ersatzschaltbild zum Kurzschlussversuch Transformator

Für den Nennstrom I_N des Transformators errechnet sich daraus:

$$I_N = \frac{S_N}{\sqrt{3} \cdot U_N} = \frac{630\,000 \text{ VA}}{\sqrt{3} \cdot 400 \text{ V}} = 909{,}3 \text{ A}.$$

Aus Gl. (5.29) und Gl. (5.30) folgt:

$$Z_T = u_k \cdot \frac{U_N^2}{s_N}. \tag{5.31}$$

Mit den Werten des vorliegenden Beispiels ergibt sich:

$$Z_T = 0{,}04 \cdot \frac{(400 \text{ V})^2}{630\,000 \text{ VA}} = 0{,}01016\,\Omega.$$

Für die Kurzschlussverluste P_k gilt:

$$P_k = 3 \cdot R_T \cdot I_N^2. \tag{5.32}$$

Daraus folgt für R_T:

$$R_T = \frac{P_k}{3 \cdot I_N^2}. \tag{5.33}$$

Mit den Werten des Beispiels ergibt sich für R_T:

$$R_T = \frac{2\,400 \text{ W}}{3 \cdot (909{,}3 \text{ A})^2} = \mathbf{0{,}00097\,\Omega}.$$

Mit $Z_T^2 = R_T^2 + X_T^2$ folgt für X_T:

$$X_T = \sqrt{Z_T^2 - R_T^2}. \tag{5.34}$$

Mit den Werten des Beispiels errechnet sich:

$$X_T = \sqrt{(0{,}01016\,\Omega)^2 - (0{,}00097\,\Omega)^2} = \mathbf{0{,}01011\,\Omega}.$$

5.3.2.4 Synchrongenerator

Der Anfangs-Kurzschlusswechselstrom eines Synchrongenerators errechnet sich nach dem Ersatzschaltbild **Bild 5.15a**.

Der Anfangs-Kurzschlusswechselstrom I_k'' ist abhängig von der subtransienten wirksamen Spannung E'' und der (gesättigten) subtransienten Reaktanz X_d''. Der Wirkanteil R_G an der wirksamen subtransienten Impedanz $\underline{Z}_G = R_G + jX_d''$ wird dabei vernachlässigt. Für einen Kurzschluss aus dem Leerlauf ist die subtransiente wirksame Spannung gleich der Klemmenspannung im Leerlauf. Für einen Kurzschluss aus dem Belastungsbetrieb gilt:[133]

$$\underline{E}'' = \frac{\underline{U}_N}{\sqrt{3}} + jX_d'' \cdot \underline{I}_b, \tag{5.35}$$

$$E'' \approx (1{,}05 \text{ bis } 1{,}28) \cdot \frac{U_N}{\sqrt{3}}. \tag{5.36}$$

$\underline{I}_b$ ist dabei der Betriebsstrom unmittelbar vor Eintritt des Kurzschlusses. In Bild 5.10 ist das entsprechende Zeigerdiagramm dargestellt.

Zur Anwendung der Methode der Ersatzspannungsquelle an der Kurzschlussstelle wird das Ersatzschaltbild gemäß Bild 5.15b modifiziert; die im Vergleich zur Nennspannung U_N höhere wirksame subtransiente Spannung E'' wird durch den Spannungsfaktor c und ggf. durch den Impedanzkorrekturfaktor K_G berücksichtigt.

„Bei der Berechnung der größten Anfangs-Kurzschlusswechselströme in Netzen mit direktem Anschluss von Generatoren ohne Blocktransformatoren, z. B. in Industrienetzen oder Niederspannungsnetzen, ist die folgende Impedanz (...) zu verwenden:“[134]

$$\underline{Z}_{GK} = K_G \left(R_G + jX_d''\right), \tag{5.37}$$

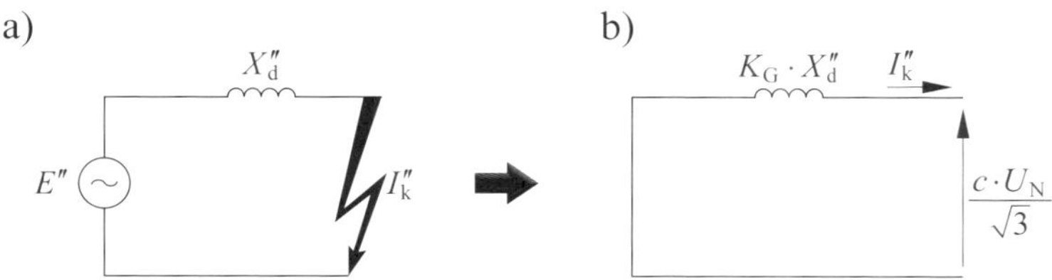

Bild 5.15 Kurzschluss-Ersatzschaltbild – Synchrongenerator

133 Vgl. *Roeper* 1984, S. 38

134 Quelle: DIN EN 60909-0 (**VDE 0102**):2016-12, Abschnitt 6.6.1

$$K_{\text{G}} = \frac{U}{U_{\text{N}}} \cdot \frac{c_{\text{max}}}{1 + x''_{\text{d}} \cdot \sqrt{1 - \cos^2 \varphi_{\text{N}}}}. \tag{5.38}$$

Z_{GK} ist dabei die korrigierte Impedanz. Beim kleinsten Kurzschluss ist $K_{\text{G}} = 1$ zu wählen. Mit den Werten aus dem Beispiel ergibt sich für K_{G}:

$$K_{\text{G}} = \frac{400\ \text{V}}{400\ \text{V}} \cdot \frac{1{,}05}{1 + 0{,}18 \cdot \sqrt{1 - 0{,}8^2}} = 0{,}95.$$

Die subtransiente Reaktanz wird in Analogie zur Kurzschlussspannung eines Transformators in Prozent bzw. bezogen auf 1 angegeben. Es gilt:

$$X''_{\text{d}} = x''_{\text{d}} \cdot \frac{U_{\text{N}}^2}{S_{\text{N}}}. \tag{5.39}$$

Mit den Werten des Beispiels: $x''_{\text{d}} = 18\,\% \rightarrow 0{,}18$, $U_{\text{N}} = 400$ V und $S_{\text{N}} = 75$ kVA ergibt sich:

$$X''_{\text{d}} = 0{,}18 \cdot \frac{(400\ \text{V})^2}{75\,000\ \text{VA}} = 0{,}384\ \Omega.$$

„Für RG darf mit genügender Genauigkeit gesetzt werden:

$R_{\text{G}} = 0{,}05 \cdot X''_{\text{d}}$ *bei Generatoren mit* $U_{\text{N}} > 1$ *kV und* $S_{\text{N}} > 100$ *MVA,*
$R_{\text{G}} = 0{,}07 \cdot X''_{\text{d}}$ *bei Generatoren mit* $U_{\text{N}} > 1$ *kV und* $S_{\text{N}} < 100$ *MVA sowie*
$R_{\text{G}} = 0{,}15 \cdot X''_{\text{d}}$ *bei Generatoren mit* $U_{\text{N}} < 1\,000$ *V.*“[135]

Für das vorliegende Beispiel lässt sich also abschätzen:

$$R_{\text{G}} = 0{,}15 \cdot X''_{\text{d}} = 0{,}15 \cdot 0{,}384\ \Omega = 0{,}0576\ \Omega.$$

Die Multiplikation mit dem Korrekturfaktor K_{G} führt zu:

$$\underline{Z}_{\text{GK}} = K_{\text{G}} \left(R_{\text{G}} + \text{j}X''_{\text{d}} \right) = 0{,}95 \cdot \left(0{,}0576\ \Omega + \text{j}0{,}384\ \Omega \right) = \mathbf{0{,}0547\ \Omega + j0{,}3648\ \Omega}.$$

[135] Quelle: *Roeper* 1984, S. 91

5.3.2.5 Motorische Lasten

Im Kurzschluss-Ersatzschaltbild ist die Impedanz für Asynchronmotoren Z_{M} wie folgt zu bestimmen:[136]

$$Z_{\mathrm{M}} = \frac{U_{\mathrm{N}}}{\sqrt{3} \cdot I_{\mathrm{an}}} = \frac{1}{\frac{I_{\mathrm{an}}}{I_{\mathrm{N}}}} \cdot \frac{U_{\mathrm{N}}^2}{S_{\mathrm{N}}}. \tag{5.40}$$

I_{an} ist dabei der Anzugsstrom. Bei umrichtergespeisten Antrieben ist für I_{an} der dreifache Nennstrom des Motors zu wählen.[137]

Mit den Werten des Beispiels ($P_{\mathrm{N}} = 75$ kW, $U_{\mathrm{N}} = 400$ V, $I_{\mathrm{an}}/I_{\mathrm{N}} = 7$, $\cos\varphi_{\mathrm{N}} = 0{,}8$) ergibt sich:

$$S_{\mathrm{N}} = \frac{P_{\mathrm{N}}}{\cos\varphi_{\mathrm{N}}} = \frac{75\ \mathrm{kW}}{0{,}8} = 94\ \mathrm{kVA},$$

$$Z_{\mathrm{M}} = \frac{1}{\frac{I_{\mathrm{an}}}{I_{\mathrm{N}}}} \cdot \frac{U_{\mathrm{N}}^2}{S_{\mathrm{N}}} = \frac{1}{7} \cdot \frac{(400\ \mathrm{V})^2}{94\,000\ \mathrm{VA}} = 0{,}243\ \Omega.$$

„*Wenn $R_{\mathrm{M}}/X_{\mathrm{M}}$ durch den Hersteller nicht angegeben wird, können die folgenden Verhältnisse mit ausreichender Genauigkeit verwendet werden:*

$R_{\mathrm{M}}/X_{\mathrm{M}} = 0{,}1$, mit $X_{\mathrm{M}} = 0{,}995 \cdot Z_{\mathrm{M}}$ für Hochspannungsmotoren mit Leistungen (...) je Polpaar ≥ 1 MW;

$R_{\mathrm{M}}/X_{\mathrm{M}} = 0{,}15$, mit $X_{\mathrm{M}} = 0{,}989 \cdot Z_{\mathrm{M}}$ für Hochspannungsmotoren mit Leistungen (...) je Polpaar < 1 MW;

$R_{\mathrm{M}}/X_{\mathrm{M}} = 0{,}42$, mit $X_{\mathrm{M}} = 0{,}922 \cdot Z_{\mathrm{M}}$ für Niederspannungsmotorgruppen einschließlich Anschlusskabel.“[138]

Für das Beispiel wird auf dieser Grundlage ermittelt:

$$X_{\mathrm{M}} = 0{,}922 \cdot Z_{\mathrm{M}} = 0{,}922 \cdot 0{,}243\ \Omega = \mathbf{0{,}224\ \Omega},$$

$$R_{\mathrm{M}} = 0{,}42 \cdot X_{\mathrm{M}} = 0{,}42 \cdot 0{,}224\ \Omega = \mathbf{0{,}094\ \Omega}.$$

---

136 Vgl. DIN EN 60909-0 (**VDE 0102**):2016-12, Abschnitt 6.10 und *Roeper* 1984 S. 92

137 Vgl. DIN EN 60909-0 (**VDE 0102**):2016-12, Abschnitt 6.11

138 Quelle: DIN EN 60909-0 (**VDE 0102**):2016-12, Abschnitt 6.10

5.3.2.6 Vereinfachung des Ersatzschaltbilds

In einem ersten Arbeitsschritt werden die Impedanzen für das Netz, das 10-kV-Kabel (NA2XS2Y), den Transformator und das 400-V-Kabel (NYY) addiert:

Netz:	0,000 07 Ω + j0,000 70 Ω
10-kV-Kabel:	0,000 26 Ω + j0,000 22 Ω
Transformator:	0,000 97 Ω + j0,010 11 Ω
400-V-Kabel:	0,001 50 Ω + j0,000 12 Ω
Summe:	0,002 80 Ω + j0,011 15 Ω

Es ergibt sich eine erste Vereinfachung des Ersatzschaltbilds zur Kurzschlussbetrachtung (siehe **Bild 5.16b**).

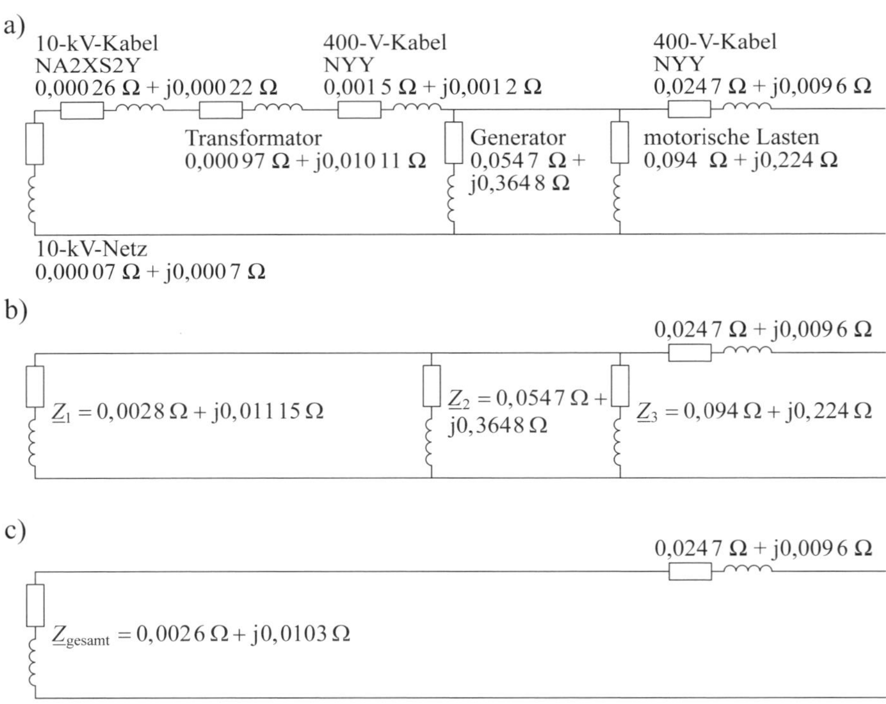

Bild 5.16 Vereinfachung des Ersatzschaltbilds zur Kurzschlussbetrachtung

Für die Umrechnung komplexer Zahlen von kartesischen Koordinaten in Polarkoordinaten gilt:

$$\underline{Z} = R + \mathrm{j}X = Z \cdot \mathrm{e}^{\mathrm{j}\varphi} = \sqrt{R^2 + X^2} \cdot \mathrm{e}^{\mathrm{j}\arctan\frac{X}{R}}. \quad (5.41)$$

Umgekehrt gilt für die Umrechnung von Polarkoordinaten in kartesische Koordinaten:

$$\underline{Z} = Z \cdot \mathrm{e}^{\mathrm{j}\varphi} = R + \mathrm{j}X = Z \cdot \cos\varphi + \mathrm{j}Z \cdot \sin\varphi. \quad (5.42)$$

Es ist gemäß Bild 5.16b die Impedanz der Parallelschaltung von Z_1, Z_2 und Z_3 als Z_{gesamt} zu berechnen:

$$\underline{Z}_{\text{gesamt}} = \frac{1}{\frac{1}{\underline{Z}_1} + \frac{1}{\underline{Z}_2} + \frac{1}{\underline{Z}_3}}.$$

Es werden dafür zunächst mithilfe von Gl. (5.41) und Gl. (5.42) die Admittanzen berechnet:

$$\frac{1}{\underline{Z}_1} = \frac{1}{0{,}0028\,\Omega + \mathrm{j}0{,}01115\,\Omega} = \frac{1}{0{,}0115\,\Omega \cdot \mathrm{e}^{\mathrm{j}1{,}3248}}$$
$$= 86{,}9853\,\mathrm{S} \cdot \mathrm{e}^{-\mathrm{j}1{,}3248} = 21{,}1860\,\mathrm{S} - \mathrm{j}84{,}3658\,\mathrm{S},$$

$$\frac{1}{\underline{Z}_2} = \frac{1}{0{,}0547\,\Omega + \mathrm{j}0{,}3648\,\Omega} = \frac{1}{0{,}3689\,\Omega \cdot \mathrm{e}^{\mathrm{j}1{,}4220}}$$
$$= 2{,}7109\,\mathrm{S} \cdot \mathrm{e}^{-\mathrm{j}1{,}4220} = 0{,}4020\,\mathrm{S} - \mathrm{j}2{,}6810\,\mathrm{S},$$

$$\frac{1}{\underline{Z}_3} = \frac{1}{0{,}0940\,\Omega + \mathrm{j}0{,}2240\,\Omega} = \frac{1}{0{,}2429\,\Omega \cdot \mathrm{e}^{\mathrm{j}1{,}1735}}$$
$$= 4{,}1165\,\mathrm{S} \cdot \mathrm{e}^{-\mathrm{j}1{,}1735} = 1{,}5929\,\mathrm{S} - \mathrm{j}3{,}7958\,\mathrm{S}.$$

Die Addition der Admittanzen ergibt:

$$\frac{1}{\underline{Z}_1} + \frac{1}{\underline{Z}_2} + \frac{1}{\underline{Z}_3} = \frac{1}{\underline{Z}_{\text{gesamt}}} = 23{,}181\,\mathrm{S} - \mathrm{j}90{,}843\,\mathrm{S}.$$

Abschließend wird mithilfe von Gl. (5.41) der Kehrwert gebildet, der dann mit Gl. (5.42) in kartesischen Koordinaten umgerechnet wird:

$$\underline{Z}_{\text{gesamt}} = \frac{1}{\frac{1}{\underline{Z}_{\text{gesamt}}}} = \frac{1}{23{,}181\,\text{S} - \text{j}90{,}843\,\text{S}} = \frac{1}{93{,}754\,\text{S} \cdot \text{e}^{-\text{j}1{,}321}}$$

$$= 0{,}011\,\Omega \cdot \text{e}^{\text{j}1{,}321} = \mathbf{0{,}0026\,\Omega + j0{,}0103\,\Omega}.$$

An der Kurzschlussstelle 1 ist für den Anfangs-Kurzschlusswechselstrom also

$$\underline{Z} = \underline{Z}_{\text{gesamt}} = 0{,}0026\,\Omega + \text{j}0{,}0103\,\Omega.$$

An der Kurzschlussstelle 2 gilt:

$$\underline{Z} = \underline{Z}_{\text{gesamt}} + 0{,}0247\,\Omega + \text{j}0{,}0096\,\Omega$$

$$= 0{,}0026\,\Omega + \text{j}0{,}0103\,\Omega + 0{,}0247\,\Omega + \text{j}0{,}0096\,\Omega = 0{,}0273\,\Omega + \text{j}0{,}0199\,\Omega.$$

Es ergeben sich also für die beiden Kurzschlussstellen Ersatzschaltbilder gemäß **Bild 5.17**.

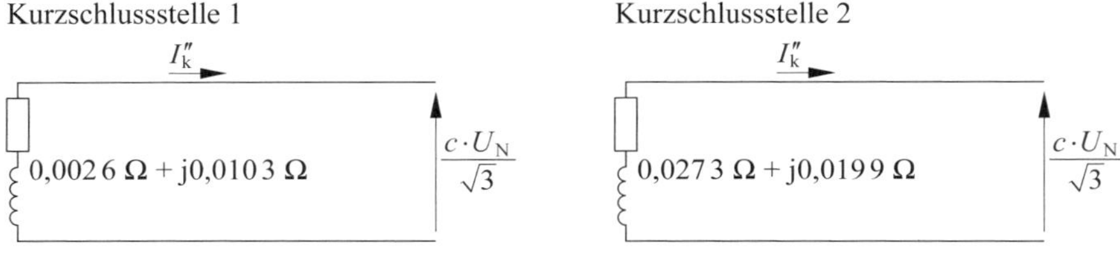

Bild 5.17 Kurzschluss-Ersatzschaltbild

5.3.3 Berechnung der Ströme

Der Anfangs-Kurzschlusswechselstrom I''_{k} ist abhängig von der Kurzschlussimpedanz Z_{k} und der Ersatzspannungsquelle. Es gilt:[139]

$$I''_{\text{k}} = \frac{c \cdot U_{\text{N}}}{\sqrt{3} \cdot Z_{\text{k}}} = \frac{c \cdot U_{\text{N}}}{\sqrt{3} \cdot \sqrt{R_{\text{k}}^2 + X_{\text{k}}^2}}. \tag{5.43}$$

Für den Stoßkurzschlussstrom i_{p} gilt:[140]

$$i_{\text{p}} = \kappa \cdot \sqrt{2} \cdot I''_{\text{k}}. \tag{5.44}$$

[139] Vgl. DIN EN 60909-0 (**VDE 0102**):2016-12, Abschnitt 7.2.1

[140] Vgl. DIN EN 60909-0 (**VDE 0102**):2016-12, Abschnitt 8.1.1

Der Stoßfaktor κ ist vom Verhältnis R/X abhängig und kann wie folgt abgeschätzt werden:

$$\kappa \approx 1,02 + 0,98 \cdot \mathrm{e}^{-3\frac{R}{X}}. \tag{5.45}$$

In **Bild 5.18** ist der Stoßfaktor grafisch dargestellt.

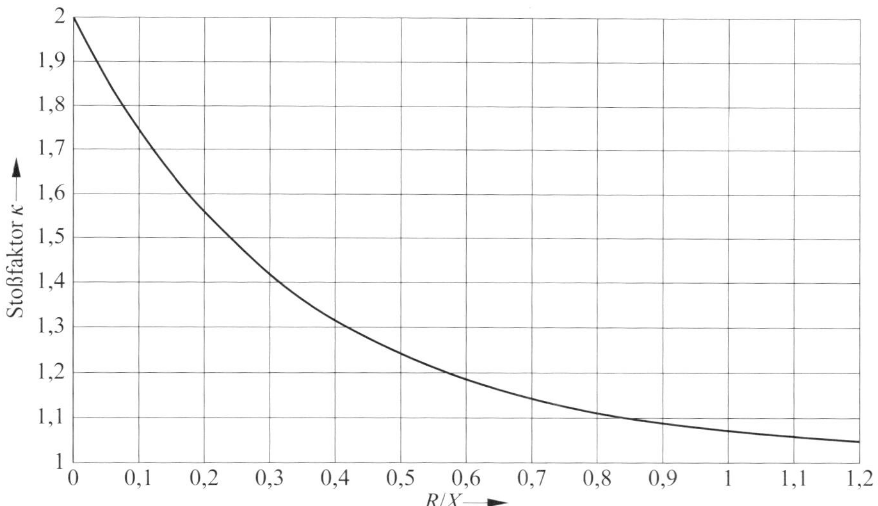

Bild 5.18 Stoßfaktor

Der zweipolige Kurzschluss ist ein unsymmetrischer Fall und erfordert grundsätzlich eine Berechnung mit der Methode der symmetrischen Komponenten.[141] Beim zweipoligen Kurzschluss ohne Erdberührung lässt sich jedoch im Vergleich zum dreipoligen Kurzschluss erkennen, dass sich der Weg des Kurzschlusses verdoppelt (also Faktor 0,5) und die treibende Spannung die Außenleiterspannung (also Faktor $\sqrt{3}$) ist. Es ergibt sich demnach folgender Zusammenhang für den zweipoligen Anfangs-Kurzschlusswechselstrom ohne Erdberührung I''_{k2}:[142]

$$I''_{\mathrm{k2}} = \frac{\sqrt{3}}{2} \cdot I''_{\mathrm{k}}. \tag{5.46}$$

[141] Vgl. DIN EN 60909-0 (**VDE 0102**):2016-12, Abschnitt 5.3.2 und Abschnitt 7.4

[142] Vgl. DIN EN 60909-0 (**VDE 0102**):2016-12, Abschnitt 7.3

5.3.3.1 Dreipoliger Anfangs-Kurzschlusswechselstrom

Kurzschlussstelle 1

Für die Kurzschlussstelle 1 ist der Anfangs-Kurzschlusswechselstrom I_{k}'' mit $c = 1{,}05$ nach Tabelle 5.2 gemäß Gl. (5.43):

$$I_{\mathrm{k}}'' = \frac{c \cdot U_{\mathrm{N}}}{\sqrt{3} \cdot Z_{\mathrm{k}}} = \frac{1{,}05 \cdot 400\ \mathrm{V}}{\sqrt{3} \cdot \sqrt{(0{,}0026\ \Omega)^2 + (0{,}0103\ \Omega)^2}} = 22{,}83\ \mathrm{kA}\,.$$

Kurzschlussstelle 2

Für die Kurzschlussstelle 2 ist der Anfangs-Kurzschlusswechselstrom I_{k}'' mit $c = 1{,}05$ nach Tabelle 5.2 gemäß Gl. (5.43):

$$I_{\mathrm{k}}'' = \frac{c \cdot U_{\mathrm{N}}}{\sqrt{3} \cdot Z_{\mathrm{k}}} = \frac{1{,}05 \cdot 400\ \mathrm{V}}{\sqrt{3} \cdot \sqrt{(0{,}0273\ \Omega)^2 + (0{,}0199\ \Omega)^2}} = 7{,}18\ \mathrm{kA}\,.$$

5.3.3.2 Stoßkurzschlussstrom

Kurzschlussstelle 1

Für das Verhältnis R/X und den Stoßfaktor κ gilt an der Kurzschlussstelle 1 gemäß Gl. (5.44) und Gl. (5.45):

$$\frac{R}{X} = \frac{0{,}0026\ \Omega}{0{,}0103\ \Omega} = 0{,}252,$$

$$\kappa \approx 1{,}02 + 0{,}98 \cdot \mathrm{e}^{-3\frac{R}{X}} = 1{,}02 + 0{,}98 \cdot \mathrm{e}^{-(3 \cdot 0{,}252)} = 1{,}487\,.$$

Der Stoßkurzschluss an der Kurzschlussstelle 1 ist

$$i_{\mathrm{p}} = \kappa \cdot \sqrt{2} \cdot I_{\mathrm{k}}'' = 1{,}487 \cdot \sqrt{2} \cdot 22{,}83\ \mathrm{kA} = 48\ \mathrm{kA}\,.$$

Kurzschlussstelle 2

Für das Verhältnis R/X und den Stoßfaktor κ gilt an der Kurzschlussstelle 2 gemäß Gl. (5.44) und Gl. (5.45):

$$\frac{R}{X} = \frac{0{,}0273\ \Omega}{0{,}0199\ \Omega} = 1{,}37$$

$$\kappa \approx 1{,}02 + 0{,}98 \cdot \mathrm{e}^{-3\frac{R}{X}} = 1{,}02 + 0{,}98 \cdot \mathrm{e}^{-(3 \cdot 1{,}37)} = 1{,}036\,.$$

Der Stoßkurzschluss an der Kurzschlussstelle 2 ist

$$i_\mathrm{p} = \kappa \cdot \sqrt{2} \cdot I_\mathrm{k}'' = 1{,}036 \cdot \sqrt{2} \cdot 7{,}18\ \mathrm{kA} = 10{,}52\ \mathrm{kA}\,.$$

5.3.3.3 Zweipoliger Anfangs-Kurzschlusswechselstrom (ohne Erdberührung)

Kurzschlussstelle 1

Gemäß Gl. (5.46) gilt:

$$I_\mathrm{k2}'' = \frac{\sqrt{3}}{2} \cdot I_\mathrm{k}'' = \frac{\sqrt{3}}{2} \cdot 22{,}83\ \mathrm{kA} = 19{,}77\ \mathrm{kA}\,.$$

Kurzschlussstelle 2

Gemäß Gl. (5.46) gilt:

$$I_\mathrm{k2}'' = \frac{\sqrt{3}}{2} \cdot I_\mathrm{k}'' = \frac{\sqrt{3}}{2} \cdot 7{,}18\ \mathrm{kA} = 6{,}22\ \mathrm{kA}\,.$$

5.3.3.4 Einpoliger Kurzschlussstrom (Niederspannung)

Der kleinste Kurzschluss an der Kurzschlussstelle 2 ist der einpolige Kurzschluss. Beim einpoligen Kurzschluss handelt es sich um einen unsymmetrischen Fall, der grundsätzlich mit der Methode der symmetrischen Komponenten zu berechnen ist. Das vorliegende Beispiel kann jedoch vereinfacht behandelt werden, weil es sich um ein Niederspannungsnetz handelt, in dem der Sternpunkt starr geerdet und die Außenleiter (L1, L2, L3) und der Rückleiter (PEN) der verwendeten Kabel gleichartig aufgebaut sind. Zur Ermittlung des kleinsten Kurzschlusses wird der Beitrag des Synchrongenerators und der motorischen Lasten vernachlässigt. Die Niederspannungskabel werden als Hin- und Rückleiter berücksichtigt. Aus Gründen einer vereinfachten Berechnung wird die Impedanz des 10-kV-Netzes und des 10-kV-Kabels als null angesetzt. Es ergibt sich somit ausgehend von Bild 5.16a das einfache Ersatzschaltbild nach **Bild 5.19**.

Der Spannungsfaktor c ist nach Tabelle 5.2 für den kleinsten anzunehmenden Kurzschlussstrom zu $c = 0{,}95$ zu wählen.

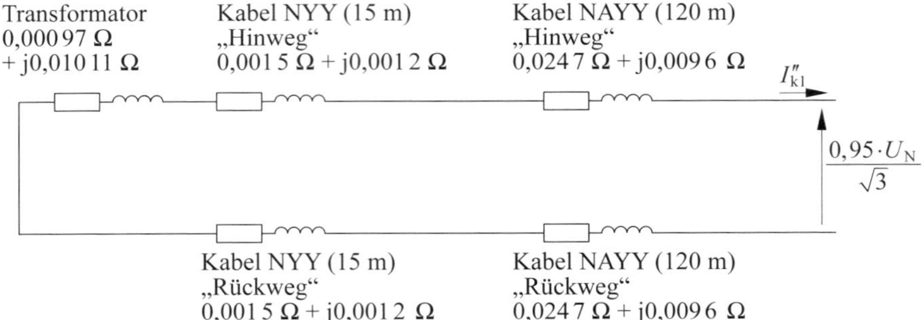

Bild 5.19 Einpoliger Kurzschluss im Niederspannungsnetz

Es werden zunächst die Impedanzen addiert:

Transformator:	0,000 97 Ω + j0,010 11 Ω
Kabel NYY (15 m):	0,001 50 Ω + j0,001 20 Ω
	0,001 50 Ω + j0,001 20 Ω
Kabel NAYY (120 m):	0,024 70 Ω + j0,009 60 Ω
	0,024 70 Ω + j0,009 60 Ω
Summe:	$\underline{Z} = 0,05337\,\Omega + \mathrm{j}0,03171\,\Omega$

Für den kleinsten einpoligen Kurzschlussstrom I''_{k1} mit den Zahlenwerten des Beispiels gilt dann:

$$I''_{k1} = \frac{c \cdot U_N}{\sqrt{3} \cdot \sqrt{R^2 + X^2}} = \frac{0,95 \cdot 400\ \mathrm{V}}{\sqrt{3} \cdot \sqrt{(0,05337\,\Omega)^2 + (0,03171\,\Omega)^2}} = 3,53\ \mathrm{kA}.$$

6 Planung und Projektmanagement

6.1 Planung

Planung bedeutet allgemein: gedankliche Vorwegnahme späteren Handelns.

In der Technik bedarf jegliche Maßnahme einer vorausgehenden Planung, damit durch das Zusammenspiel der eingesetzten Faktoren das gewünschte Ziel der Maßnahme erreicht wird. Die Faktoren sind z. B.: Kosten, Zeit, Personal, Material, Werkzeuge und andere technische Betriebsmittel, Behördenauflagen, Kundenwünsche.

Je genauer die vorausgehende Planung ist, desto länger dauert sie und desto weniger Freiheitsgrade bestehen bei der Umsetzung. Dies kann einerseits von Vorteil sein, weil die Umsetzung der Maßnahme sehr effizient und ohne Zeitverzug durchgeführt werden kann. Andererseits können unvorhergesehen Einflüsse die ursprüngliche Planung wertlos machen und die Notwendigkeit von Improvisationen kann zu Verzögerungen führen. Bei weniger detaillierter Planung einer Maßnahme ist der Planungszeitraum zwar kürzer, jedoch kann die Umsetzung der Maßnahme einen längeren Zeitraum in Anspruch nehmen, da viele Fragen erst zum Zeitpunkt der Ausführung aufgeworfen und geklärt werden. Hier werden Entscheidungen in die Umsetzungsphase verschoben und Improvisationen sind gewollt.

In **Bild 6.1** ist der Zusammenhang zwischen Planungsgrad und dem Erfolg einer Maßnahme dargestellt. Es gilt, die Planung ausreichend detailliert zu gestalten und

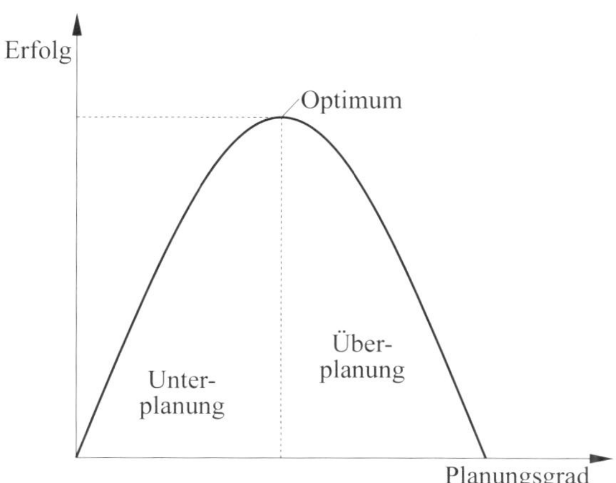

Bild 6.1 Planungsgrad und Erfolg (vgl. *Vahs* 2012, S. 19)

gleichzeitig genügend Entscheidungsspielraum in der Umsetzungsphase zu belassen, um die Planungsdauer nicht überlang und ineffizient werden zulassen und in der Umsetzungsphase auf unvorhergesehene Einflüsse effizient reagieren zu können.

In **Bild 6.2** sind ein Planungsablauf und sein über die Zeit immer enger werdender Planungsspielraum schematisch dargestellt. Die Bezeichnungen der einzelnen Planungsabschnitte sind beispielhaft und werden begrifflich in der Praxis nicht immer einheitlich verwendet.

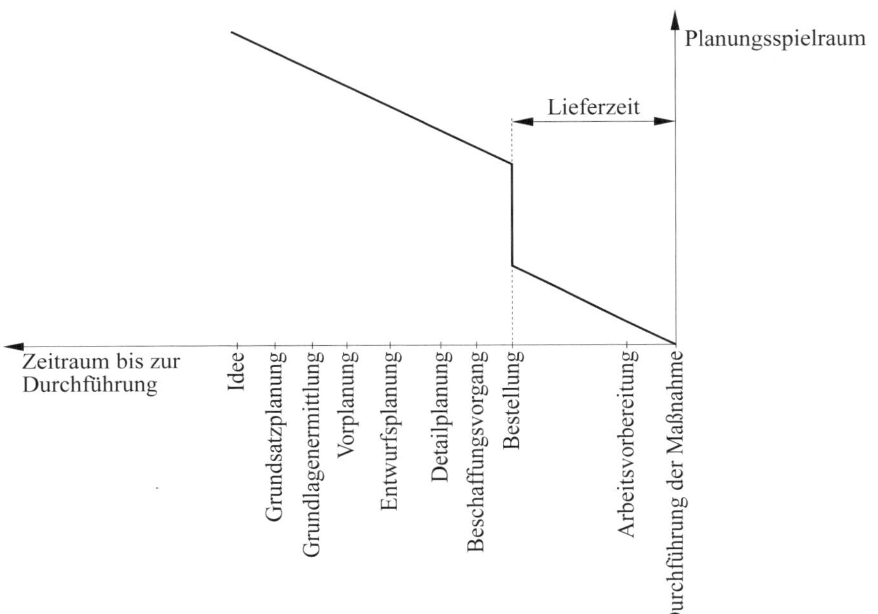

Bild 6.2 Planungsspielraum

Üblicherweise beginnt eine Planung mit einer Idee oder mit grundsätzlichen Überlegungen im Rahmen einer Grundsatzplanung bzw. einer Grundlagenermittlung. In diesem frühen Planungsstadium besteht noch ein sehr großer Spielraum im Hinblick auf die weitere Ausgestaltung der zu planenden Maßnahme. Dieser Planungsspielraum wird mit fortschreitender Planung in den einzelnen Planungsabschnitten immer geringer und erreicht im letzten Planungsabschnitt vor der Maßnahmendurchführung – der Arbeitsvorbereitung – ein Minimum. Die Arbeitsvorbereitung ist der letzte Planungsschritt vor der Durchführung und die letzte Möglichkeit für planerische Änderungen. Alle späteren Änderungen bedeuten Improvisationen an der Arbeitsstelle (Baustelle, Produktionsort).

Arbeitsvorbereitung ist die unmittelbar vor der Durchführung einer Maßnahme erforderliche Detailkoordination aller an der Maßnahme beteiligten Ressourcen (z. B. Personal, Material, Werkzeug, interne und externe Dienstleistungen) und andere den Erfolg der Maßnahme beeinflussenden Faktoren (z. B. Stillstandzeiten, Abschaltzeiten, Behördenauflagen, Kundenwünsche).

Eine besondere Zäsur im Planungsablauf stellt der Beschaffungsvorgang mit der Bestellung dar. Durch vertragliche Bindung an externe Lieferanten und Dienstleister durch den Bestellvorgang erfährt der Spielraum im Planungsablauf schlagartig eine besonders starke Einschränkung, da ab dem Bestellzeitpunkt Änderungen des Bestellgegenstands gar nicht oder nur mit erhöhten finanziellen Anstrengungen möglich sind.

6.2 Projektmanagement

6.2.1 Projekt und Management

Werden mehrere einzelne Maßnahmen in einer speziellen Organisation aufeinander abgestimmt und dienen demselben einmalig zu erreichenden Ziel, bezeichnet man die Summe dieser Maßnahmen als Projekt. Sowohl jeder einzelnen Maßnahme als auch der abgestimmten Gesamtheit der einzelnen Maßnahmen geht jeweils eine Planung voraus.

Ein Projekt ist also ein komplexes Vorhaben aus einzelnen Maßnahmen, das gekennzeichnet ist

- durch eine Zielvorgabe,
- durch einen definierten Anfang und ein definiertes Ende,
- durch Einmaligkeit,
- durch die Begrenzung zur Verfügung stehender Ressourcen (z. B. Zeit, Finanzen, Personal).[143]

„Projektmanagement (...) ist das Führen, also das Umsetzen angemessener Verhaltensweisen in der Organisation und Planung und das Steuern von Projekten. Dazu werden Methoden und Tools auf die jeweilige Aufgabenstellung zielorientiert angepasst.“[144]

---

[143] Vgl. *Rinza* 1998, S. 3; *Hering* 2014, S. 2; VDI 6600 Blatt 1:2006-10, Abschnitt 2.2

[144] Quelle: VDI 6600 Blatt 1:2006-10, Abschnitt 2.3

Letztendlich hat der Begriff Projektmanagement zwei Bedeutungen:

Zum einen fungiert der Begriff als Oberbegriff der Tätigkeiten Planung, Steuerung und Überwachung eines Projekts; zum anderen bezeichnet er die Institution, die diese Tätigkeiten durchführt.[145]

6.2.2 Projektorganisation und -controlling

6.2.2.1 Planung und Controlling

In **Bild 6.3** sind die grundlegenden Mechanismen der Planung und des Controllings von Projekten als Regelkreis dargestellt.

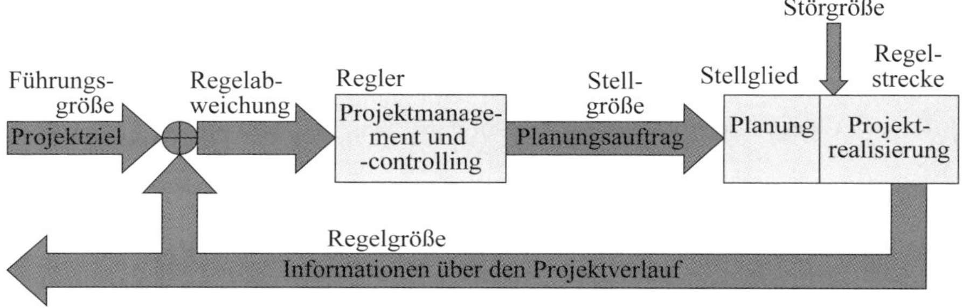

Bild 6.3 Projektplanung und -controlling
(vgl. *Schmitz/Windhausen* 1986, S. 23)

Die Führungsgröße ist das angestrebte Projektziel. Dieses wird mit dem tatsächlichen Projektfortschritt verglichen und daraus als Regelabweichung die Entfernung zum Projektziel bzw. die Abweichung vom Projektplan ermittelt. Aus der Abweichungsanalyse entwickelt das Projektmanagement und -controlling als Regler steuernde Eingriffe in den Realisierungsprozess des Projekts. Die Projektrealisierung mit dem vorgeschalteten Planungsprozess als Stellglied kann dabei als Regelstrecke aufgefasst werden, an der unvorhergesehene Ereignisse als Störgröße angreifen. Das Modell der Projektplanung und des Projektcontrollings als Bestandteil eines Regelkreises verdeutlicht die Notwendigkeit von kontinuierlichen Eingriffen in die Projektrealisierung auf der Basis kontinuierlicher Informationen über den Projektfortschritt. Die daraus resultierenden Anpassungen der Planung sind zukunftsgerichtet und sollten möglichst die Wirkung zu erwartender Störungen antizipieren. Die Planung eines Projekts wird maßgeblich bestimmt von dem Projektziel und den zur Verfügung stehenden Ressourcen, wie z. B. Zeit, Finanzmittel, Personal, Material- und Betriebsmittelkapazitäten.

[145] Vgl. *Rinza* 1998, S. 4 f.

Dargestellt wird das Projektziel in einem Projektstrukturplan, der eine Untergliederung des Projektziels in Teilziele, Aufgabenpakete, Aufgaben und Aktivitäten beinhaltet, aus denen die Projektparameter wie Aufgabebeschreibungen, Kosten, Termine, sonstiger Ressourcenverbrauch abgeleitet werden. Die Informationen über den Projektverlauf beziehen sich in Form von Sachstandsberichten und Soll-Ist-Vergleichen auf die einzelnen Projektparameter.[146]

6.2.2.2 Projektstruktur

Grundlage für alle anderen Planungsschritte eines Projekts wie Organisationsplanung, Spezifikationen, Kosten-, Termin-, Kapazitätsplanung, Netzplan ist der Projektstrukturplan. Der Strukturplan ist das Ergebnis einer genauen Strukturanalyse eines Projekts und stellt eine Aufgliederung des Projekts in Teilprojekte, Aufgaben, Teilaufgaben, Arbeitspakete bis zu Einzelaktivitäten dar. Dargestellt wird ein Projektstrukturplan in der Regel in einer Baumstruktur ähnlich eines Organigramms (siehe **Bild 6.4**). Grundsätzlich sind zwei Gliederungsarten möglich:

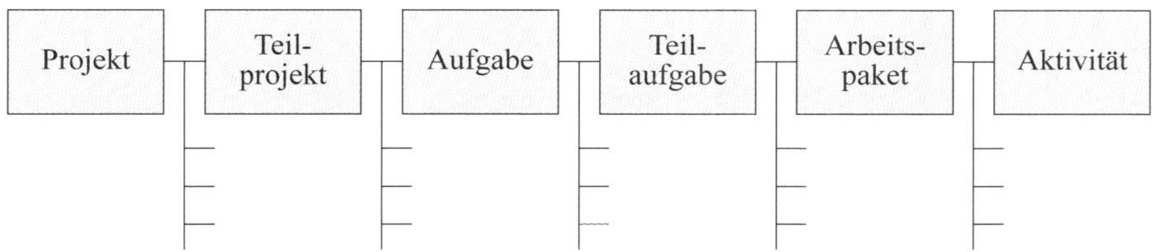

Bild 6.4 Projektstrukturplan – Prinzip

Bei einer aufbauorientierten Gliederung erfolgt die Unterteilung nach dem Aufbau des Zielsystems. Beispiel: Gebäude, verfahrenstechnische Anlage, elektrische Anlage usw.

Bei einer funktionsorientierten Gliederung erfolgt die Unterteilung nach den durchzuführenden Tätigkeiten, in denen sich oft die verschiedenen Projekt-, Planungs- und Ausführungsphasen widerspiegeln. Beispiel: Vorplanung, Planung, Arbeitsvorbereitung, Montage.

In der Praxis wird oft eine gemischte Gliederung gewählt, bei der in den höheren Strukturebenen eine aufbauorientierte Gliederung und in den unteren Ebenen eine funktionsorientierte Darstellungsform bevorzugt wird.[147]

Ebenso wie eine betriebliche Organisation benötigt auch eine Projektorganisation eine Aufbau- und eine Ablauforganisation.

---

[146] Vgl. *Schmitz/Windhausen* 1986, S. 22 ff.

[147] Vgl. *Rinza* 1998, S. 37 ff.

„Die Projektaufbauorganisation umfasst die Verknüpfung von Projektaufgabenbereichen mit dafür zuständigen Aufgabenträgern sowie die Festlegung von Verantwortung und Befugnissen dieser Aufgabenträger. Die Projektablauforganisation beinhaltet die Unterteilung des Gesamtprojekts in mehrere aufeinander abgestimmte Teilabschnitte (Projektphasen) sowie die Festlegung von Vorgehensweisen und Arbeitsmethoden für diese Teilabschnitte.“[148]

Die Projektaufbauorganisation kann als Projektorganisation in der Linie, als Stabsprojektorganisation, als reine Projektorganisation oder als Matrix-Projektorganisation ausgestaltet werden:

Bei der Projektorganisation in der Linie wird ein Mitarbeiter der am Stärksten betroffenen Abteilung mit der Projektleitung betraut. Für die Projektarbeit werden weder neue Stellen eingerichtet noch werden Mitarbeiter für die Projektarbeit freigestellt. Die Mitarbeiter der eigenen Abteilung hat der Projektleiter im direkten Zugriff – idealerweise ist der Projektleiter gleichzeitig Abteilungsleiter der am Stärksten betroffenen Abteilung. Mitarbeiter aus anderen Abteilungen leisten lediglich „Zuarbeit“. Vorteil der Organisation in der Linie ist die unproblematische Einrichtung dieser Organisation, nachteilig kann sich die unzureichende Einbindung der zuarbeitenden Abteilungen auswirken.[149]

Ähnlich gering wie bei der Projektorganisation in der Linie sind die organisatorischen Änderungen bei der Stabsprojektorganisation. Bei der Stabs- oder Einflussprojektorganisation wird an möglichst hoher Stelle in der Betriebshierarchie eine Stabsstelle mit der Projektleitung beauftragt. Die Projektmitglieder verbleiben in der Fachabteilung und erledigen die Projektarbeit neben ihrem Tagesgeschäft bzw. bekommen zeitliche Freiräume für die Projektarbeit eingeräumt. Der Projektleiter hat keine Weisungsrechte gegenüber den Projektmitarbeitern, sondern bezieht seine Autorität lediglich aus seiner hierarchischen Stellung nahe der Betriebsleitung. Vorteil der Stabsprojektorganisation ist der flexible Einsatz der Projektmitarbeiter und die Umgehung von Bereichsinteressen zugunsten der Interessen des Gesamtbetriebs. Ein schneller Projektfortschritt ist allerdings sehr stark vom diplomatischen Geschick des Projektleiters abhängig, der möglicherweise zwischen widerstrebenden Interessen einzelner Bereiche vermitteln muss.[150]

Bei der reinen Projektorganisation wird eine eigene organisatorische Einheit (Projektabteilung) gebildet, in die sowohl der Projektleiter als auch die Projektmitarbeiter versetzt werden. Insofern ist die reine Projektorganisation ein Eingriff die (funktionale) Aufbauorganisation des Betriebs. Der Projektleiter ist Linienvorgesetzter der Projektmitarbeiter. Vorteil der reinen Projektorganisation ist die ausschließliche

148 Quelle: *Seibert* 1998, S. 278

149 Vgl. *Seibert* 1998, S. 286

150 Vgl. *Seibert* 1998, S. 287 f. und *Hering* 2014, S. 9 f.

Konzentration der Projektmitglieder auf die Projektarbeit und der damit verbundene hohe Identifikationsgrad mit den Projektzielen sowie der Know-how-Transfer zwischen den Fachabteilungen. Nachteilig ist der Umstellungs- und Organisationsaufwand am Projektanfang mit Einrichtung der Projektabteilung und ihrer Auflösung am Ende des Projekts.[151]

Die Matrixorganisation versucht die Vorteile der reinen und der Stabsprojektorganisation zu verbinden. Der (funktionalen) Aufbauorganisation wird eine Projektorganisation überlagert. In einer sog. schwachen Matrixorganisation sind die Projektmitarbeiter bei projektbezogenen Fragestellungen dem Projektleiter unterstellt, ansonsten bleiben die Weisungsbefugnisse beim jeweiligen Fach- und Linienvorgesetzten. Dies kann zu Konflikten führen. In einer starken Matrixorganisation (auch: Auftragsorganisation) wird ein spezielles Team eingerichtet, welches dem Projektleiter fachlich und in der Linie unterstellt ist und das wesentliche Projektaufgaben abwickelt bzw. Aufträge an andere Projektmitglieder vergibt und steuert. Insofern ähnelt eine starke Matrixorganisation eher der reinen Projektorganisation. Eine Sonderform der staken Matrixorganisation ist die sog. Time-Sharing-Projektorganisation, bei der die Projektmitarbeiter zu fest definierten Zeiten (z. B. an bestimmten Wochentagen) in eine reine Projektorganisation abgeordnet werden, zu den verbleibenden Zeiten jedoch ihre Stelle in der angestammten (funktionalen) Aufbauorganisation ausfüllen.[152]

6.2.2.3 Rollen und Gremien

6.2.2.3.1 Projektleiter und Projektbüro

An der Spitze der Projektorganisation steht der Projektleiter, der von der Betriebsleitung bzw. einem entsprechenden Steuerungsgremium (z. B. Lenkungsgremium) eingesetzt wird. Die Aufgaben und Verantwortlichkeiten des Projektleiters sind:

- Strukturierung und ggf. Präzisierung der Aufgabenstellung;
- Zusammenstellung des Projektteams bzw. Erarbeitung eines Vorschlags zur Zusammensetzung des Teams;
- Festlegung der Projektorganisation bzw. Erarbeitung eines Vorschlags;
- Koordinierung des Projektteams und anderer am Projekt beteiligten Stellen;
- Verantwortung für Planung, Durchführung und Controlling des Projekts einschließlich entsprechender Reports an Betriebsleitung bzw. Lenkungsgremium;
- Verantwortung für Entscheidungsvorlagen an Betriebsleitung bzw. Lenkungsgremium.

[151] Vgl. *Seibert* 1998, S. 291 f. und *Hering* 2014, S. 8 f.

[152] Vgl. *Seibert* 1998, S. 288 ff. und *Hering* 2014, S. 10 f.

In Abhängigkeit des Projektumfangs kann dem Projektleiter zur Unterstützung seiner persönlichen Aufgaben ein sog. Projektbüro oder Projektsekretariat zur Seite gestellt werden. Das Projektbüro entlastet den Projektleiter und übernimmt beispielsweise Terminkoordination und Zeitmanagement, Dokumentenverwaltung, Schreibdienste und Postverteilung.

6.2.2.3.2 Projektteam

Das Projektteam ist die fachübergreifende Arbeitsgruppe, die die Projektaufgabe löst bzw. die verschiedenen Positionen aus dem Projektstrukturplan bearbeitet oder deren Bearbeitung steuert. Je nach Ausprägung der Projektorganisation bewegen sich die Projektmitglieder innerhalb des Projekts entweder in einem hierarchiefreien Raum oder sind in eine Projektorganisation eingefügt. Insofern kann die Rolle des Projektleiters an der Spitze des Projektteams entweder eher der eines Sprechers ähneln oder eher der eines Leiters einer Organisationseinheit mit umfangreichen Fach- und Leitungskompetenzen.

6.2.2.3.3 Projektgremien

Das wichtigste Gremium ist das Lenkungsgremium (auch: Lenkungsausschuss):

Das Lenkungsgremium setzt sich aus in der Betriebshierarchie hochstehenden Mitglieder zusammen und hat für eine Grobabstimmung des Projektprogramms zu sorgen:

„Dazu zählen u. a.

- *die Auswahl der durchzuführenden Projekte,*
- *die Einsetzung der Projektleiter,*
- *die Zuweisung von personellen und finanziellen Ressourcen,*
- *die Genehmigung von Projektzielsetzungen und Projektplänen,*
- *übergeordnete strategische Grundsatzentscheidungen (...).“*[153]

Adressat des Lenkungsgremiums ist der Projektleiter. In den Fällen, in denen der Projektleiter nicht mit ausreichenden Vollmachten ausgestattet ist oder bei großen Projekten, die in mehrere Teilprojekte mit eigenen (Teil-)Projektleitern strukturiert sind, kann es sinnvoll sein, aufbauorganisatorisch zwischen Lenkungsgremium und Projektleitung ein sog. Steuerungsgremium (auch: Kernteam) anzusiedeln. Dieses Steuerungsgremium tagt häufiger als das Lenkungsgremium und *„dient der Feinabstimmung (...), wie etwa*

[153] Quelle: *Seibert* 1998, S. 283

- *Abstimmung (...) mit dem Auftraggeber oder dem Anwender,*
- *Abstimmung zwischen der Gesamtprojektleitung sowie den beteiligten Teilprojektleitern und Fachabteilungen,*
- *Verfolgung des Projektfortschritts und Kontrolle von Teilergebnissen,*
- *Meilensteinentscheidungen während des Projektablaufs,*
- *Entscheidung über Ressourcenverteilung innerhalb des Gesamtprojekts,*
- *Klärung von Kompetenzkonflikten zwischen Projektleitern und Linienmanagern.*"[154]

6.2.2.3.4 Informelle Rollen

Außerhalb der formellen Projektorganisation gibt es informelle Rollen, von denen in nicht unerheblichem Maß der Projekterfolg abhängt. Diese informellen Rollen übernehmen als Projekt-Promotor eine projekttreibende Aufgabe und liefern damit zur Akzeptanz eines Projekts einen entscheidenden Anteil. Man unterscheidet dabei zwischen folgenden Autoritätspersonen: Der Fachpromotor treibt mit seiner fachlichen Autorität die mit einem Projekt einhergehende technische Innovation voran. Der Machtpromotor (Projektsponsor) ist Teil der obersten Leitung eines Betriebs und sorgt mit seiner „Amtsautorität" dafür, dass innerbetriebliche Widerstände sich nicht zu einer Projektblockade auswachsen. Der Prozesspromotor fungiert als Verbindung zwischen Fach- und Machtpromotor und fördert als Kommunikator die Akzeptanz eines Projekts innerhalb des Betriebs.[155]

6.2.2.4 Terminplanung

In Abhängigkeit des Projektumfangs sind drei verschiedene Formen einer Terminplanung möglich. Die einfachste Art der Terminplanung ist die Aufstellung von Terminlisten, in die das geplante Erreichen von Zwischenergebnissen als sog. Meilensteine eingetragen wird. Bei komplexeren Projekten ist eine ausreichende Analyse und übersichtliche Darstellung von Terminen als Meilensteinplan nicht mehr möglich, sodass die Entwicklung eines Terminplanes als Gantt-Diagramm oder Netzplan erforderlich wird.

---

[154] Quelle: *Seibert* 1998, S. 283

[155] Vgl. *Seibert* 1998, S. 285

6.2.2.4.1 Gantt-Diagramm

In einem Gantt-Diagramm (Balkendiagramm) wird die jeweilige Dauer einer Aktivität bzw. einer Position aus dem Projektstrukturplan durch die Länge eines Balkens parallel zu einer Zeitachse verdeutlicht. Ergänzend kann die logische Abfolge von Aktivitäten in ein Gantt-Diagramm eingetragen werden, sodass übersichtlich zu erkennen ist, welche Aktivitäten zeitlich parallel durchgeführt werden können und welche Aktivitäten chronologisch vorzusehen sind, weil sie in ein System von Vorgänger- und Nachfolgeaktivitäten eingebunden sind. **Bild 6.5** gibt das Prinzip eines Gantt-Diagramms anhand eines modellhaften Projekts mit fünf Aktivitäten wieder.

Die Dauer des Projekts wird in dem Beispiel durch die Summe der Aktivitäten 2 und 3 bestimmt, weil diese in einer logischen Abfolge angeordnet sind.

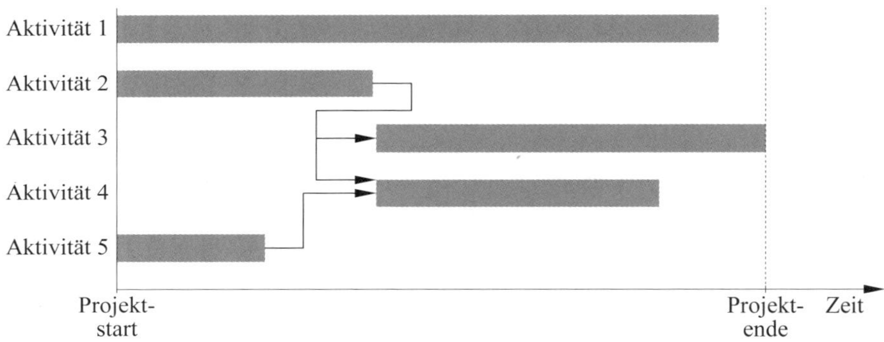

Bild 6.5 Gantt-Diagramm

6.2.2.4.2 Netzplantechnik

In der Planung mit Netzplantechnik fließen neben der logischen Abfolge von Aktivitäten auch andere Parameter wie Zeit, Kosten, Einsatzmittel und weitere Einflussgrößen in die Analyse und Planung ein. Grundlage ist die Graphentheorie: Ein Projekt wird in Einzelabschnitte unterteilt, welche in eine logische Abfolge eingeordnet werden und für die die jeweilige Bearbeitungsdauer ermittelt wird. Die Einzelabschnitte werden tabellarisch oder grafisch angeordnet und es werden daraus Termine berechnet.

Bei der grafischen Darstellung sind drei Arten möglich:

- *Vorgangspfeilnetz:* Beginn und Ende eines Vorgangs wird als Knoten dargestellt, der Vorgang als Pfeil;
- *Ereignisknotennetz:* punktuelle Ereignisse werden als Knoten dargestellt, die Zeitdauer zwischen den Ereignissen als Pfeile;

- *Vorgangsknotennetz:* Vorgänge werden als Knoten dargestellt, die logischen Verknüpfungen als Pfeile; diese Darstellungsform ist in der Praxis am häufigsten anzutreffen; sie erlaubt die Eintragung einer Vielzahl weiterer Parameterinformationen in einem Vorgangsknoten. Werden die Vorgangsknoten zusätzlich als zeitachsenparallele Balken dargestellt, erhält man – sofern die logisch nacheinander folgenden Vorgänge auch zeitlich nacheinander angeordnet werden – eine Kombination aus Vorgangsknotennetz und Gantt-Diagramm. Diese kombinierte Darstellung hat dann eine Grundstruktur wie in Bild 6.5.[156]

6.3 Planungs- und Projektphasen

Im Folgenden werden die zeitlich und sachlich aufeinanderfolgenden Phasen eines Projekts anhand der Honorarordnung für Architekten- und Ingenieure (HOAI) skizziert.[157] Die Perspektive dabei ist die eines externen beratenden Ingenieurs. Das Projekt wird in Leistungsphasen (LPH) eingeteilt, für die jeweils Grundleistungen und besondere Leistungen angegeben werden. Die vom beratenden Ingenieur zu erbringen Leistungen sind dabei in Grundleistungen und besondere Leistungen aufgeteilt. Grundleistungen sind Leistungen, *„die zur ordnungsgemäßen Erfüllung eines Auftrags im Allgemeinen erforderlich sind (...)“*.[158] Besondere Leistungen sind Leistungen, die mit dem externen beratenden Ingenieur zusätzlich vereinbart werden können, wobei die jeweilige Aufzählung in der HOAI keinen Anspruch auf Vollzähligkeit erhebt.[159]

6.3.1 Grundlagenermittlung

Die Grundlagenermittlung ist ein Arbeitsschritt vor der eigentlichen Planung. Es werden Daten zu Randbedingungen gesammelt und die Aufgabenstellung bzw. eine Idee entwickelt. Es handelt sich bei der Grundlagenermittlung weniger um eine Planungsphase als vielmehr um eine Beratungsphase. Die HOAI gibt dazu folgende Grund- und besondere Leistungen an:

„Grundleistungen:

a) Klären der Aufgabenstellung aufgrund der Vorgaben oder der Bedarfsplanung des Auftraggebers im Benehmen mit dem Objektplaner.

---

[156] Vgl. *Rinza* 1998, S. 70 ff. und *Seibert* 1998, S. 379 f.

[157] Vgl. *Kasikci* 2015, 57 ff.

[158] Quelle: § 3 Abs. 2 HOAI

[159] Vgl. § 3 Abs. 3 HOAI

b) Ermitteln der Planungsrandbedingungen und Beraten zum Leistungsbedarf und ggf. zur technischen Erschließung.

c) Zusammenfassen, Erläutern und Dokumentieren der Ergebnisse.

Besondere Leistungen:

- *Mitwirken bei der Bedarfsplanung für komplexe Nutzungen zur Analyse der Bedürfnisse, Ziele und einschränkenden Gegebenheiten (Kosten-, Termine und andere Rahmenbedingungen) des Bauherrn und wichtiger Beteiligter;*
- *Bestandsaufnahme, zeichnerische Darstellung und Nachrechnen vorhandener Anlagen und Anlagenteil;*
- *Datenerfassung, Analysen und Optimierungsprozesse im Bestand;*
- *Durchführen von Verbrauchsmessungen;*
- *endoskopische Untersuchungen;*
- *Mitwirken bei der Ausarbeitung von Auslobungen und bei Vorprüfungen für Planungswettbewerbe.*"[160]

6.3.2 Vorplanung

In der Vorplanung erfolgen die Projekt- und Planungsvorbereitungen und es wird ein technisches Konzept einschließlich einer Vor- bzw. Grob-Auslegung der technischen Komponenten entwickelt. Auf Grundlage des technischen Konzepts werden die Kosten geschätzt und eine erste Wirtschaftlichkeitsbetrachtung durchgeführt. Die HOAI gibt dazu folgende Grund- und besondere Leistungen an:

„*Grundleistungen:*

a) Analysieren der Grundlagen[,] Mitwirken beim Abstimmen der Leistungen mit den Planungsbeteiligten;

b) Erarbeiten eines Planungskonzepts, dazu gehören z. B.: Vordimensionieren der Systeme und maßbestimmenden Anlagenteile, Untersuchen von alternativen Lösungsmöglichkeiten bei gleichen Nutzungsanforderungen einschließlich Wirtschaftlichkeitsvorbetrachtung, zeichnerische Darstellung zur Integration in die Objektplanung unter Berücksichtigung exemplarischer Details, Angaben zum Raumbedarf;

c) Aufstellen eines Funktionsschemas bzw. Prinzipschaltbilds für jede Anlage;

[160] Quelle: Anlage 15 (zu § 55 Abs. 3, § 56 Abs. 3 HOAI) LPH 1

d) Klären und Erläutern der wesentlichen fachübergreifenden Prozesse, Randbedingungen und Schnittstellen, Mitwirken bei der Integration der technischen Anlagen;

e) Vorverhandlungen mit Behörden über die Genehmigungsfähigkeit und mit den zu beteiligenden Stellen zur Infrastruktur;

f) Kostenschätzung (...);

g) Zusammenfassen, Erläutern und Dokumentieren der Ergebnisse.

Besondere Leistungen:

- *Erstellen des technischen Teils eines Raumbuchs,*
- *Durchführen von Versuchen und Modellversuchen.*"[161]

6.3.3 Entwurfsplanung

Das Konzept der Vorplanung wird im Sinne einer System- und Integrationsplanung zu einem detaillierten Entwurf verfeinert, in dem sämtliche technische Komponenten und Systeme aufeinander abgestimmt und im Hinblick auf ihre Auslegungsdaten festgelegt sind. Die Kostenschätzung wird zu einer Kostenberechnung erweitert. Es wird ein Terminplan erstellt. Die HOAI gibt dazu folgende Grund- und besondere Leistungen an:

„*Grundleistungen:*

a) Durcharbeiten des Planungskonzepts (stufenweise Erarbeitung einer Lösung) unter Berücksichtigung aller fachspezifischen Anforderungen sowie unter Beachtung der durch die Objektplanung integrierten Fachplanungen, bis zum vollständigen Entwurf;

b) Festlegen aller Systeme und Anlagenteile;

c) Berechnen und Bemessen der technischen Anlagen und Anlagenteile, Abschätzen von jährlichen Bedarfswerten (z. B. Nutz-, End- und Primärenergiebedarf) und Betriebskosten; Abstimmen des Platzbedarfs für technische Anlagen und Anlagenteile; zeichnerische Darstellung des Entwurfs in einem mit dem Objektplaner abgestimmten Ausgabemaßstab mit Angabe maßbestimmender Dimensionen Fortschreiben und Detaillieren der Funktions- und Strangschemata der Anlagen[;] Auflisten aller Anlagen mit technischen Daten und Angaben z. B. für Energiebilanzierungen[;] Anlagenbeschreibungen mit Angabe der Nutzungsbedingungen;

[161] Quelle: Anlage 15 (zu § 55 Abs. 3, § 56 Abs. 3 HOAI) LPH 2

d) *Übergeben der Berechnungsergebnisse an andere Planungsbeteiligte zum Aufstellen vorgeschriebener Nachweise; Angabe und Abstimmung der für die Tragwerksplanung notwendigen Angaben über Durchführungen und Lastangaben (ohne Anfertigen von Schlitz- und Durchführungsplänen);*
e) *Verhandlungen mit Behörden und mit anderen zu beteiligenden Stellen über die Genehmigungsfähigkeit;*
f) *Kostenberechnung (...) und Terminplanung;*
g) *Kostenkontrolle durch Vergleich der Kostenberechnung mit der Kostenschätzung;*
h) *Zusammenfassen, Erläutern und Dokumentieren der Ergebnisse.*

Besondere Leistungen:

- *Erarbeiten von besonderen Daten für die Planung Dritter, z. B. für Stoffbilanzen, usw.;*
- *detaillierte Betriebskostenberechnung für die ausgewählte Anlage;*
- *detaillierter Wirtschaftlichkeitsnachweis;*
- *Berechnung von Lebenszykluskosten;*
- *detaillierte Schadstoffemissionsberechnung für die ausgewählte Anlage;*
- *detaillierter Nachweis von Schadstoffemissionen;*
- *Aufstellen einer gewerkeübergreifenden Brandschutzmatrix;*
- *Fortschreiben des technischen Teils des Raumbuchs;*
- *Auslegung der technischen Systeme bei Ingenieurbauwerken nach Maschinenrichtlinie;*
- *Anfertigen von Ausschreibungszeichnungen bei Leistungsbeschreibung mit Leistungsprogramm;*
- *Mitwirken bei einer vertieften Kostenberechnung;*
- *Simulationen zur Prognose des Verhaltens von Gebäuden, Bauteilen, Räumen und Freiräumen.*“[162]

6.3.4 Genehmigungsplanung

Die Genehmigungsplanung besteht aus der Zusammenstellung, Anpassung und Vervollständigung bereits erarbeiteter Unterlagen zur Einreichung bei Behörden sowie aus etwaigen Verhandlungen mit Behörden. Die HOAI gibt dazu folgende Grundleistungen an:

[162] Quelle: Anlage 15 (zu § 55 Abs. 3, § 56 Abs. 3 HOAI) LPH 3

„Grundleistungen:

a) Erarbeiten und Zusammenstellen der Vorlagen und Nachweise für öffentlich-rechtliche Genehmigungen oder Zustimmungen einschließlich der Anträge auf Ausnahmen oder Befreiungen sowie Mitwirken bei Verhandlungen mit Behörden;

b) Vervollständigen und Anpassen der Planungsunterlagen, Beschreibungen und Berechnungen."[163]

6.3.5 Ausführungsplanung

In der Ausführungsplanung werden die Ergebnisse der Entwurfs- und Genehmigungsplanung zur Ausführungsreife weiterentwickelt. Berücksichtigt wird dabei insbesondere der möglicherweise schon weiter fortgeschrittene Planungsstand anderer Gewerke des Objekts, für die bereits Ausschreibungsergebnisse, Werkstatt- oder Montagepläne vorliegen. *„Objekte sind Gebäude, Innenräume, Freianlagen, Ingenieurbauwerke, Verkehrsanlagen. Objekte sind auch Tragwerke und Anlagen der technischen Ausrüstung."*[164] Ein Objekt ist also der übergeordnete Planungsgegenstand. Die HOAI gibt dazu folgende Grund- und besondere Leistungen an:

„Grundleistungen:

a) Erarbeiten der Ausführungsplanung auf Grundlage der [bisherigen Planungs-] Ergebnisse (...) unter Beachtung der durch die Objektplanung integrierten Fachplanungen bis zur ausführungsreifen Lösung.

b) Fortschreiben der Berechnungen und Bemessungen zur Auslegung der technischen Anlagen und Anlagenteile[;] zeichnerische Darstellung der Anlagen in einem mit dem Objektplaner abgestimmten Ausgabemaßstab und Detaillierungsgrad einschließlich Dimensionen (keine Montage- oder Werkstattpläne)[;] Anpassen und Detaillieren der Funktions- und Strangschemata der Anlagen (...)[;] Abstimmen der Ausführungszeichnungen mit dem Objektplaner und den übrigen Fachplanern.

c) Anfertigen von Schlitz- und Durchbruchsplänen.

d) Fortschreibung des Terminplans.

e) Fortschreiben der Ausführungsplanung auf den Stand der Ausschreibungsergebnisse und der dann vorliegenden Ausführungsplanung des Objektplaners, Übergeben der fortgeschriebenen Ausführungsplanung an die ausführenden Unternehmen.

---

[163] Quelle: Anlage 15 (zu § 55 Abs. 3, § 56 Abs. 3 HOAI) LPH 4

[164] Quelle: § 2 Abs. 1 HOAI

f) Prüfen und Anerkennen der Montage- und Werkstattpläne der ausführenden Unternehmen auf Übereinstimmung mit der Ausführungsplanung.

Besondere Leistungen:

- *Prüfen und Anerkennen von Schaltplänen des Tragwerksplaners auf Übereinstimmung mit der Schlitz- und Durchbruchsplanung.*
- *Anfertigen von Plänen für Anschlüsse von beigestellten Betriebsmitteln und Maschinen (Maschinenanschlussplanung) mit besonderem Aufwand (z. B. bei Produktionseinrichtungen).*
- *Leerrohrplanung mit besonderem Aufwand (z. B. bei Sichtbeton oder Fertigteilen).*
- *Mitwirkung bei Detailplanungen mit besonderem Aufwand, z. B. Darstellung von Wandabwicklungen in hochinstallierten Bereichen.*
- *Anfertigen von allpoligen Stromlaufplänen.* "[165]

6.3.6 Vergabe/Bestellung

6.3.6.1 Vorbereitung der Vergabe

Die Vorbereitung der Vergabe besteht aus der Erstellung der Vergabeunterlagen mit Leistungsbeschreibungen, technischen Spezifikationen und Mengengerüsten. Die HOAI gibt dazu folgende Grund- und besondere Leistungen an:

„Grundleistungen:

a) Ermitteln von Mengen als Grundlage für das Aufstellen von Leistungsverzeichnissen in Abstimmung mit Beiträgen anderer an der Planung fachlich Beteiligter;

b) Aufstellen der Vergabeunterlagen, insbesondere mit Leistungsverzeichnissen nach Leistungsbereichen, einschließlich der Wartungsleistungen auf Grundlage bestehender Regelwerke;

c) Mitwirken beim Abstimmen der Schnittstellen zu den Leistungsbeschreibungen der anderen an der Planung fachlich Beteiligten;

d) Ermitteln der Kosten auf Grundlage der vom Planer bepreisten Leistungsverzeichnisse.

e) Kostenkontrolle durch Vergleich der vom Planer bepreisten Leistungsverzeichnisse mit der Kostenberechnung;

f) Zusammenstellen der Vergabeunterlagen.

---

[165] Quelle: Anlage 15 (zu § 55 Abs. 3, § 56 Abs. 3 HOAI) LPH 5

Besondere Leistungen:

- *Erarbeiten der Wartungsplanung und -organisation;*
- *Ausschreibung von Wartungsleistungen, soweit von bestehenden Regelwerken abweichend."*[166]

6.3.6.2 Vergabe

Der Vergabevorgang beginnt mit der Anfrage infrage kommenden Unternehmern mit dem Ziel, vergleichbare Angebote zu bekommen. Es folgen der technische und wirtschaftliche Vergleich der Angebote und in der Regel auch ein oder mehrere Gespräche mit den Bietern zur technischen und kaufmännischen Klärung. Abgeschlossen wird der Vergabevorgang mit dem Vertragsabschluss bzw. der Bestellung. Die HOAI gibt dazu folgende Grund- und besondere Leistungen an:

„Grundleistungen:

a) Einholen von Angeboten;

b) Prüfen und Werten der Angebote, Aufstellen der Preisspiegel nach Einzelpositionen, Prüfen und Werten der Angebote für zusätzliche oder geänderte Leistungen der ausführenden Unternehmen und der Angemessenheit der Preise;

c) Führen von Bietergesprächen;

d) Vergleichen der Ausschreibungsergebnisse mit den vom Planer bepreisten Leistungsverzeichnissen und der Kostenberechnung;

e) Erstellen der Vergabevorschläge, Mitwirken bei der Dokumentation der Vergabeverfahren;

f) Zusammenstellen der Vertragsunterlagen und bei der Auftragserteilung.

Besondere Leistungen:

- *Prüfen und Werten von Nebenangeboten;*
- *Mitwirken bei der Prüfung von bauwirtschaftlich begründeten Angeboten (Claim-Abwehr)."*[167]

[166] Quelle: Anlage 15 (zu § 55 Abs. 3, § 56 Abs. 3 HOAI) LPH 6

[167] Quelle: Anlage 15 (zu § 55 Abs. 3, § 56 Abs. 3 HOAI) LPH 7

6.3.6.3 Vertragsarten

Die Vergabe des Auftrags an einen Dienstleister, Lieferanten, Hersteller oder Errichter eines Objekts bzw. einer Anlage ist ein entscheidender Einschnitt im Planungsprozess, weil ab dem Zeitpunkt der Vergabe die Freiheitsgrade durch die Festlegung des Vertragsgegenstands stark eingeengt sind (siehe Bild 6.2).

Ein Vertrag als zweiseitiges Rechtsgeschäft entsteht grundsätzlich durch zwei übereinstimmende Willenserklärungen der beiden Vertragspartner. Er entsteht durch Antrag und Annahme.[168]. *„Ein Antrag ist dabei die empfangsbedürftige Willenserklärung, durch die eine Person einer anderen einen Vertrag in der Weise anträgt (oder anbietet), dass das Zustandekommen nur von der Zustimmung (Annahme) des anderen Teils abhängt."*[169] *„Die Annahme ist die vorbehaltlose Bejahung eines Antrags auf Abschluss eines Vertrags."*[170]

Der Vorgang Antrag und Annahme erstreckt sich in der Projektpraxis über einen längeren Zeitraum, der Vergabephase, in der der Leistungsumfang und Preis zwischen Auftraggeber und Auftragnehmer verhandelt und festgelegt wird und die ihren Abschluss in der Vertragsvergabe findet.

In diesem Zusammenhang sei auf das oft verwendete Begriffspaar Lastenheft/Pflichtenheft hingewiesen. Das Lastenheft ist eine hersteller- und produktneutrale Beschreibung des angestrebten Lieferumfangs mit entsprechenden Plänen und Mengengerüsten und wird in der Regel auf Bauherrenseite erstellt. Es soll die Fragen „Was und wofür?" beantworten. Das Pflichtenheft wird in der Regel vom Auftragnehmer erarbeitet und ergänzt die allgemeinen Anforderungen des Lastenhefts mit konkreten Lösungen. Das Lastenheft beantwortet die Fragen „Wie und womit?".[171]

Nachstehend wird das Wesen einiger wichtiger Vertragstypen skizziert:

6.3.6.3.1 Kaufvertrag

Der Kaufvertrag spielt bei der Beschaffung von Anlagen und Betriebsmitteln eine besondere Rolle. Der Kaufvertrag begründet ein Schuldverhältnis, d. h. eine Rechtsbeziehung zwischen zwei Vertragspartnern, durch die der eine (Gläubiger) vom anderen (Schuldner) eine Leistung fordern kann. Bei einem Schuldverhältnis können beide Seiten gleichzeitig Gläubiger und Schuldner sein.

[168] Vgl. §§ 145 ff. BGB

[169] Quelle: *Köbler* 2016, S. 22

[170] Quelle: *Köbler* 2016, S. 20

[171] Vgl. *Bindel/Hofmann* 2017, S. 24, S. 90

Die vertragstypischen Pflichten beim Kaufvertrag werden in § 433 BGB geregelt:

„Durch den Kaufvertrag wird der Verkäufer einer Sache verpflichtet, dem Käufer die Sache zu übergeben und das Eigentum an der Sache zu verschaffen. Der Verkäufer hat dem Käufer die Sache frei von Sach- und Rechtsmängeln zu verschaffen.

Der Käufer ist verpflichtet, dem Verkäufer den vereinbarten Kaufpreis zu zahlen und die gekaufte Sache abzunehmen.“[172]

Durch einen Kaufvertrag werden lediglich Ansprüche und Verpflichtungen begründet. Der Übergang vom Eigentum am Kaufgegenstand und Kaufpreis ist mit Abschluss des Kaufvertrags noch nicht wirksam.

Hauptpflichten des Verkäufers sind die Übergabe und Eigentumsübertragung der Kaufsache, d. h. der Verkäufer hat dem Käufer den unmittelbaren Besitz an der Kaufsache zu verschaffen. Der unmittelbare Besitz bedeutet die tatsächliche (physische) Herrschaft über die Sache. Besitz ist zu unterscheiden vom Eigentum, welches die rechtliche Beziehung einer Person zu einer Sache darstellt in dem Sinne, mit der Sache beliebig verfahren zu können. Auch das Eigentum hat der Verkäufer zu übertragen. Die Unterscheidung von Besitz und Eigentum spielt eine besondere Rolle beim sog. Kauf mit Eigentumsvorbehalt bis zur Kaufpreiszahlung. Eine weitere Hauptpflicht des Verkäufers ist die Gewährleistung der Sach- und Mängelfreiheit der Kaufsache. Nebenpflichten des Verkäufers sind abhängig von Art und Umfang des Vertrags. Sie können sich beispielsweise auf Verpackung, Transport, Informationen, Gebrauchsanleitungen oder der Warnung vor besonderen Gefahren beziehen. Hauptpflicht des Käufers ist die Zahlung des Kaufpreises und die Abnahme der Kaufsache, d. h. er ist verpflichtet an der Entgegennahme/Übergabe der Kaufsache aktiv mitzuwirken.[173]

Zur Erhaltung der Rechte des Käufers aus einem Mangel der Kaufsache ist der Käufer – bei einem Handelsgeschäft, also einem Kauf unter Kaufleuten – verpflichtet, die Kaufsache *„unverzüglich nach der Ablieferung durch den Verkäufer, soweit dies nach ordnungsmäßigem Geschäftsgange tunlich ist, zu untersuchen und, wenn sich ein Mangel zeigt, dem Verkäufer unverzüglich Anzeige zu machen. Unterlässt der Käufer die Anzeige, so gilt die Ware als genehmigt, es sei denn, dass es sich um einen Mangel handelt, der bei der Untersuchung nicht erkennbar war. Zeigt sich später ein solcher Mangel, so muss die Anzeige unverzüglich nach der Entdeckung gemacht werden; anderenfalls gilt die Ware auch in Ansehung dieses Mangels als genehmigt.“*[174] Besondere Formvorschriften gelten für eine Mängelrüge nicht.[175]

---

172 Quelle: § 433 BGB

173 Vgl. *Joussen* 1996, S. 25 ff. und *Jacoby/von Hinden* 2018, S. 257 ff.

174 Quelle: § 377 HGB

175 Vgl. *Köbler* 2016, S. 277

6.3.6.3.2 Werkvertrag

„Durch den Werkvertrag wird der Unternehmer zur Herstellung des versprochenen Werks, der Besteller zur Entrichtung der vereinbarten Vergütung verpflichtet. Gegenstand des Werkvertrags kann sowohl die Herstellung oder Veränderung einer Sache als auch ein anderer durch Arbeit oder Dienstleistung herbeizuführender Erfolg sein.“[176]

Der Auftraggeber (Besteller) wird im Werkvertrag zur Zahlung der vereinbarten Vergütung verpflichtet. Der Auftragnehmer (Unternehmer) schuldet dem Auftraggeber die Herbeiführung eines bestimmten Erfolgs einschließlich der Übernahme der Gefahr für das Gelingen dieses Erfolgs. *„Der wesentliche Unterschied zum Kauf besteht darin, dass bei diesem die Auslieferung eines bereits vorhandenen Gegenstands geschuldet wird, während die Werkleistung aufgrund des Vertrags erst erstellt wird. Der Gegenstand des Werks kann körperlicher Natur sein, wie etwa die Erstellung einer bestimmten Anlage oder die Erstellung (...) von Unterlagen.“*[177] Das Werk kann aber auch nicht körperlicher Natur sein wie die Überprüfung von vorhandenen Unterlagen oder die Durchführung von Reparaturarbeiten. Entscheidend ist der dem Auftraggeber (Besteller) geschuldete Erfolg der Arbeit. Unerheblich ist, ob der Auftragnehmer (Unternehmer) Zutaten oder Nebensachen zur Werkserstellung beschafft. Sofern die Aufwendungen für die Arbeitsleistung deutlich höher als die Aufwendungen für die Stoffbeschaffung sind, handelt es sich um einen Werkvertrag. Insofern ist der Vertrag über Reparaturarbeiten, der den Auftragnehmer zur Beschaffung von Ersatzteilen verpflichtet, ein Werkvertrag.[178]

Der Auftraggeber (Besteller) hat neben der Zahlungsverpflichtung, die Pflicht bei der Erstellung des Werks mitzuwirken und die Erstellung des Werks zu fördern. Er hat beispielsweise bei beauftragten Reparaturarbeiten dem Personal des Auftragnehmers (Unternehmers) den Zugang zu den elektrischen Betriebsräumen zu gewähren und ihm – nach Einweisung und Durchführung der Sicherheitsmaßnahmen – die Erlaubnis zur Arbeit (Durchführungserlaubnis) zu erteilen.

Nach Herstellung des Werks (z. B. nach Abschluss der beauftragten Wartungsarbeiten) ist der Auftraggeber (Bestseller) verpflichtet, *„das vertragsmäßig hergestellte Werk abzunehmen, sofern nicht nach der Beschaffenheit des Werks die Abnahme ausgeschlossen ist. Wegen unwesentlicher Mängel kann die Abnahme nicht verweigert werden. Als abgenommen gilt ein Werk auch, wenn der Unternehmer dem Besteller nach Fertigstellung des Werks eine angemessene Frist zur Abnahme gesetzt hat und*

[176] Quelle: § 631 BGB
[177] Quelle: *Joussen* 1996, S. 28
[178] Vgl. *Joussen* 1996, S. 29

der Besteller die Abnahme nicht innerhalb dieser Frist unter Angabe mindestens eines Mangels verweigert hat.“[179]

Beispiele für besondere Werkverträge, die im BGB näher bestimmt sind, sind der Bauvertrag, der Architekten- und Ingenieurvertrag und der Bauträgervertrag.

6.3.6.3.3 Werklieferungsvertrag

Der Werklieferungsvertrag ist eine Mischform aus Kaufvertrag und Werkvertrag. Abweichend vom reinen Werkvertrag, ist beim Werklieferungsvertrag der Auftragnehmer (Unternehmer) verpflichtet, den Stoff, aus dem das Werk herzustellen ist, auch zu liefern. Nach § 650 BGB gilt: „Auf einen Vertrag, der die Lieferung herzustellender oder zu erzeugender beweglicher Sachen zum Gegenstand hat, finden die Vorschriften über den Kauf Anwendung.“[180] *„Infolge der weitreichenden Maßgeblichkeit des Kaufrechts bleiben für den Anwendungsbereich des Werkvertragsrechts im Wesentlichen die Herstellung unbeweglicher Sachen (...), reine Reparaturarbeiten sowie die Herstellung unkörperlicher Werke (...). Maßgeblich für die Anwendung des § 650 BGB ist, ob die Sache zum Zeitpunkt der Lieferung beweglich ist. Ob sie später durch einen Dritten eingebaut werden soll, ist hingegen unbeachtlich.*“[181]

6.3.6.3.4 Dienstvertrag

„Durch den Dienstvertrag wird derjenige, welcher Dienste zusagt, zur Leistung der versprochenen Dienste, der andere Teil zur Gewährung der vereinbarten Vergütung verpflichtet. Gegenstand des Dienstvertrags können Dienste jeder Art sein.“[182]

Der entscheidende Unterschied des Dienstvertrags zum Kauf-, Werk- und Werklieferungsvertrag ist die fehlende Verpflichtung des Auftragnehmers zu einem Erfolg. Der Auftragnehmer ist lediglich zur Tätigkeit an sich verpflichtet. Beispiele für Dienstverträge sind Arbeitsvertrag, Beratungsvertrag oder Betriebsführungsvertrag. Auch bei Wartungsverträgen handelt sich um Dienstverträge, weil der Auftragnehmer lediglich die Wartungstätigkeit schuldet – nicht jedoch einen bestimmten Erfolg. Inspektions- und Reparaturverträge gelten hingegen als Werkverträge, weil sie einzelfallbezogen auf einen bestimmten Erfolg als Ergebnis abzielen (Zustandsbeurteilung bzw. Wiederherstellung des Sollzustands).[183]

---

[179] Quelle: § 640 BGB

[180] Quelle: § 650 Abs. 1 BGB

[181] Quelle: *Jacoby/von Hinden* 2018, S. 416

[182] Quelle: § 611 BGB

[183] Vgl. *Joussen* 1996, S. 30 f.

6.3.7 Objektüberwachung (Bauüberwachung)

Die Objektüberwachung ist kein Planungsschritt mehr, sondern die laufende Überprüfung der geplanten und vertraglich festgelegten Realisierung. Sie endet mit der Inbetriebnahme des Objekts bzw. mit der Übergabe des Objekts an den Besteller/Bauherrn. Die HOAI gibt dazu folgende Grund- und besondere Leistungen an:

„*Grundleistungen:*

a) Überwachen der Ausführung des Objekts auf Übereinstimmung mit der öffentlich-rechtlichen Genehmigung oder Zustimmung, den Verträgen mit den ausführenden Unternehmen, den Ausführungsunterlagen, den Montage- und Werkstattplänen, den einschlägigen Vorschriften und den allgemein anerkannten Regeln der Technik;

b) Mitwirken bei der Koordination der am Projekt Beteiligten;

c) Aufstellen, Fortschreiben und Überwachen des Terminplans (Balkendiagramm);

d) Dokumentation des Bauablaufs (Bautagebuch);

e) Prüfen und Bewerten der Notwendigkeit geänderter oder zusätzlicher Leistungen der Unternehmer und der Angemessenheit der Preise;

f) gemeinsames Aufmaß mit den ausführenden Unternehmen;

g) Rechnungsprüfung in rechnerischer und fachlicher Hinsicht mit Prüfen und Bescheinigen des Leistungsstands anhand nachvollziehbarer Leistungsnachweise;

h) Kostenkontrolle durch Überprüfen der Leistungsabrechnungen der ausführenden Unternehmen im Vergleich zu den Vertragspreisen und dem Kostenanschlag;

i) Kostenfeststellung;

j) Mitwirken bei Leistungs- und Funktionsprüfungen;

k) fachtechnische Abnahme der Leistungen auf Grundlage der vorgelegten Dokumentation, Erstellung eines Abnahmeprotokolls, Feststellen von Mängeln und Erteilen einer Abnahmeempfehlung;

l) Antrag auf behördliche Abnahmen und Teilnahme daran;

m) Prüfung der übergebenen Revisionsunterlagen auf Vollzähligkeit, Vollständigkeit und stichprobenartige Prüfung auf Übereinstimmung mit dem Stand der Ausführung;

n) Auflisten der Verjährungsfristen der Ansprüche auf Mängelbeseitigung;

o) Überwachen der Beseitigung der bei der Abnahme festgestellten Mängel;

p) systematische Zusammenstellung der Dokumentation, der zeichnerischen Darstellungen und rechnerischen Ergebnisse des Objekts.

Besondere Leistungen:

- *Durchführen von Leistungsmessungen und Funktionsprüfungen;*
- *Werksabnahmen;*
- *Fortschreiben der Ausführungspläne (z. B. Grundrisse, Schnitte, Ansichten) bis zum Bestand;*
- *Erstellen von Rechnungsbelegen anstelle der ausführenden Firmen, z. B. Aufmaß;*
- *Schlussrechnung (Ersatzvornahme);*
- *Erstellen fachübergreifender Betriebsanleitungen (z. B. Betriebshandbuch, Reparaturhandbuch) oder Computer-aided-Facility-Managementkonzepte;*
- *Planung der Hilfsmittel für Reparaturzwecke.*"[184]

6.3.7.1 Inbetriebnahme

Als Inbetriebnahme wird der Übergang von der Montage in den bestimmungsmäßigen Betrieb einer Anlage bezeichnet. In der Inbetriebnahme wird die Funktionsbereitschaft der montierten Komponenten einschließlich des Zusammenwirkens der Komponenten überprüft bzw. hergestellt. Die Überprüfung des einwandfreien Zustands der einzelnen Komponenten gehört in der Regel nicht zur Inbetriebnahme, sondern wird unter dem Aufgabenkomplex der Qualitätssicherung subsumiert. Die Inbetriebnahme erfolgt durch den Errichter in Anwesenheit des späteren Betreibers bzw. durch Personal des späteren Betreibers unter Anleitung des Errichters. Die Verantwortung liegt während der Inbetriebnahme noch beim Errichter.[185]

Grundlage der Inbetriebnahme ist die Anlagendokumentation, die zum Zeitpunkt der Inbetriebnahme unbedingt vorzuliegen hat.

„*Die Anlagendokumentation umfasst alle Dokumente, die*

- *Grundlagen und Ziele des Verfahrens und der [gesamten] Anlage,*
- *Spezifikation der Produkte und Betriebsmittel,*
- *Wirkungsweise des Verfahrens und der [gesamten] Anlage,*
- *den Aufbau und Gestaltung der [gesamten] Anlage sowie der Anlagenkomponenten,*
- *Sicherheit der Anlage,*
- *Prozessdaten, Leistungsgarantien, Produktkennwerte u. ä. Daten*

enthalten, beschreiben und erläutern."[186]

---

[184] Quelle: Anlage 15 (zu § 55 Abs. 3, § 56 Abs. 3 HOAI) LPH 8

[185] Vgl. *Weber* 1996, S. 1 und *Wagner* 1998, S. 91

[186] Quelle: *Weber* 1996, S. 60

„Die Anlagendokumentation wird zunächst vom Anlagen[errichter] und [seinem] Inbetriebnehmer genutzt. Nach Abschluss der Inbetriebnahme wird sie vom [Errichter] entsprechend der tatsächlichen Anlagenausführung revidiert (sog. As-built-Aufnahme) und dient anschließend dem Betreiber als (...) Grundlage für einen effizienten Dauerbetrieb.“[187] Die überarbeitete Dokumentation wird auch als Revisionsdokumentation bzw. als Revisionspläne bezeichnet.

Für den elektrotechnischen und automatisierungstechnischen Teil einer Anlage gehören u. a. zur Dokumentation:

- Schaltpläne, Stromlaufpläne, Klemmpläne;
- Ausführungszeichnungen und Aufstellungspläne;
- Kabel- und Installationspläne;
- Verbraucher-, Motoren- und Kabellisten;
- Datenblätter, Gerätebeschreibungen und Betriebsanleitungen der Komponenten;
- Erdungspläne einschließlich Blitzschutz;
- Funktionspläne zu Steuerungen und Verriegelungen;
- MSR-Gerätelisten;
- Messstellenlisten;
- Beschreibung der leittechnischen Hardware und Software.

Häufig schließt sich an die Inbetriebnahme ein vertraglich vereinbarter Probebetrieb unter der Verantwortung des Errichters an, der den Leistungsnachweis der Anlage erbringen soll. *„Der Probebetrieb (...) dient der Überprüfung von Funktionen und Eigenschaften sowie der Erkennung und Beseitigung von Fehlern. Der Probebetrieb entspricht der Endprüfungsphase einer (...) Anlage und liegt daher, auch in den Betriebsräumen des [späteren] Betreibers in der Verantwortung des Herstellers [bzw. Errichters].“*[188] Abgeschlossen wird der Probebetrieb mit der Abnahme der Anlage. Die Abnahme ist eine gemeinsame Feststellung des Errichters und des Bestellers (späteren Betreibers), dass die Anlage vertragsgerecht hergestellt wurde. Mit der Abnahme erfolgt gleichzeitig der Gefahrenübergang auf den Besteller und Betreiber.[189]

[187] Quelle: *Weber* 1996, S. 64

[188] Quelle: FB HM-016, S. 1

[189] Vgl. *Joussen* 1996, S. 140

6.3.8 Objektbetreuung

Unter Objektbetreuung wird die Aufdeckung und Bearbeitung von Mängeln während der Gewährleistungszeit verstanden. Die HOAI gibt dazu folgende Grund- und besondere Leistungen an:

„Grundleistungen:

a) Fachliche Bewertung der innerhalb der Verjährungsfristen für Gewährleistungsansprüche festgestellten Mängel, längstens jedoch bis zum Ablauf von fünf Jahren seit Abnahme der Leistung, einschließlich notwendiger Begehungen;
b) Objektbegehung zur Mängelfeststellung vor Ablauf der Verjährungsfristen für Mängelansprüche gegenüber den ausführenden Unternehmen;
c) Mitwirken bei der Freigabe von Sicherheitsleistungen.

Besondere Leistungen:

- *Überwachen der Mängelbeseitigung innerhalb der Verjährungsfrist;*
- *Energiemonitoring innerhalb der Gewährleistungsphase, Mitwirkung bei den jährlichen Verbrauchsmessungen aller Medien;*
- *Vergleich mit den Bedarfswerten aus der Planung, Vorschläge für die Betriebsoptimierung und zur Senkung des Medien- und Energieverbrauchs.“*[190]

[190] Quelle: Anlage 15 (zu § 55 Abs. 3, § 56 Abs. 3 HOAI) LPH 9

7 Betrieb und Sicherheitsmanagement

7.1 Unternehmerpflichten

Ein Unternehmer hat eine Vielzahl an gesetzlichen Verpflichtungen zu erfüllen. Wenn hier von Unternehmerpflichten die Rede ist, sind die Verpflichtungen zum Schutz von Mensch und Umwelt gemeint. Andere Unternehmerpflichten – z. B. handels- und steuerrechtlicher Art – sind hier nicht Gegenstand der Betrachtung.

Die originären Unternehmerpflichten in diesem engeren Sinn lassen sich einteilen in die Fürsorgepflichten den eigenen Mitarbeitern gegenüber, die sich aus § 618 BGB herleiten lassen und der Verkehrssicherungspflicht zum Schutz von Dritten, die sich aus § 823 BGB ergibt.[191]

Im Rahmen der Fürsorgepflicht hat der Unternehmer Räume, Vorrichtungen oder Gerätschaften, die er zur Verrichtung der Dienste zu beschaffen hat, so einzurichten und zu unterhalten und Dienstleistungen, die unter seiner Anordnung oder seiner Leitung vorzunehmen sind, so zu regeln, dass seine Mitarbeiter gegen Gefahr für Leben und Gesundheit geschützt sind. *„Fürsorgepflicht ist die Pflicht zur besonderen Berücksichtigung der Interessen einer anderen Person."*[192] Die Fürsorgepflicht spielt im Dienstvertragsrecht eine besondere Rolle (§ 618 BGB). Auf der Fürsorgepflicht beruht eine Vielzahl von Einzelpflichten im Rahmen des Arbeits- und Gesundheitsschutzes.

Im Rahmen der Verkehrssicherungspflicht hat der Unternehmer, wenn er in seinem Verantwortungsbereich Gefahrenquellen schafft oder bestehen lässt, alles Mögliche und Zumutbare zu tun, um Schaden nicht nur von den eigenen Mitarbeitern, sondern auch von anderen Personen (Dritten) abzuwenden. Definiert wird die Verkehrssicherungspflicht wie folgt: *„Derjenige, der in seinem Verantwortungsbereich eine Gefahrenlage, gleich welcher Art, für Dritte schafft oder andauern lässt, z. B. durch Eröffnung eines Verkehrs, Errichtung einer Anlage, oder Übernahme einer Tätigkeit, die mit Gefahren für Rechtsgüter Dritter verbunden ist, hat Rücksicht auf diese Gefährdung zu nehmen und deshalb die allgemeine Rechtspflicht, diejenigen Vorkehrungen zu treffen, die erforderlich und ihm zumutbar sind, um die Schädigung Dritter möglichst zu verhindern."*[193] Verkehrssicherungspflicht bedeutet also, dass jemand, der in seinem Verantwortungsbereich Gefahrenquellen schafft oder bestehen

[191] Vgl. *Schliephacke* 2008, S. 83 ff.

[192] Quelle: *Köbler* 2016, S. 161

[193] Quelle: *Sprau* in: *Palandt* 2008, § 823 Rn. 46

lässt, alles tun muss, was möglich und zumutbar ist, um Schaden von Dritten abzuwenden.[194]

In der DGUV-Vorschrift 1 werden die Unternehmerpflichten zum Arbeits- und Gesundheitsschutz wie folgt konkretisiert, wobei die Kosten dafür nicht den Arbeitnehmern auferlegt werden dürfen:

Die Grundpflichten des Unternehmers bestehen unter Berücksichtigung der staatlichen Arbeitsschutz- und der berufsgenossenschaftlichen Unfallverhütungsvorschriften aus der Verhinderung sicherheitswidriger Weisungen und der Durchführung von

- Maßnahmen zur Verhütung von Arbeitsunfällen und gesundheitlichen Gefahren auf der Grundlage von Gefährdungsbeurteilungen;
- Anpassungsmaßnahmen zur Verhütung von Arbeitsunfällen und gesundheitlichen Gefahren auf der Grundlage von Gefährdungsbeurteilungen bei veränderten Gegebenheiten;
- Maßnahmen zur Ersten Hilfe;
- Maßnahmen zur Berücksichtigung der allgemeinen Grundsätze des Arbeitsschutzes nach § 4 ArbSchG:
  - Die Arbeit ist so zu gestalten, dass eine Gefährdung für das Leben sowie die physische und die psychische Gesundheit möglichst vermieden und die verbleibende Gefährdung möglichst gering gehalten wird;
  - Gefahren sind an ihrer Quelle zu bekämpfen;
  - bei den Maßnahmen sind der Stand von Technik, Arbeitsmedizin und Hygiene sowie sonstige gesicherte arbeitswissenschaftliche Erkenntnisse zu berücksichtigen;
  - Maßnahmen sind mit dem Ziel zu planen, Technik, Arbeitsorganisation, sonstige Arbeitsbedingungen, soziale Beziehungen und Einfluss der Umwelt auf den Arbeitsplatz sachgerecht zu verknüpfen;
  - individuelle Schutzmaßnahmen sind nachrangig zu anderen Maßnahmen;
  - spezielle Gefahren für besonders schutzbedürftige Beschäftigtengruppen sind zu berücksichtigen;
  - den Beschäftigten sind geeignete Anweisungen zu erteilen;
  - mittelbar oder unmittelbar geschlechtsspezifisch wirkende Regelungen sind nur zulässig, wenn dies aus biologischen Gründen zwingend geboten ist.

---

[194] Vgl. *Jacoby/von Hinden* 2018, S. 559 f.

Im Einzelnen bedeutet dies nach §§ 3 bis 9, 11, 12 DGUV-Vorschrift 1:

Gefährdungsbeurteilungen

Der Unternehmer hat durch eine Beurteilung der Gefährdung, der ein Mitarbeiter durch die Arbeit ausgesetzt ist, festzulegen, welche Maßnahmen zum Arbeits- und Gesundheitsschutz durchzuführen sind. Diese Ergebnisse der Gefährdungsbeurteilung sind zu dokumentieren. Bei Änderung der betrieblichen Gegebenheiten sind die entsprechenden Gefährdungsbeurteilungen zu wiederholen.

Unterweisungen

Der Unternehmer hat seine Mitarbeiter über Gefahren, die mit der Arbeit verbunden sind und über die Maßnahmen zu deren Verhütung zu unterweisen. Die Unterweisung muss mindestens einmal jährlich erfolgen, wenn es erforderlich ist auch öfter. Unterweisungen sollten in verständlicher Sprache durchgeführt werden und inhaltlich auf den geltenden Unfallverhütungsvorschriften sowie auf dem einschlägigen staatlichen und berufsgenossenschaftlichen Vorschriften- und Regelwerk beruhen. Aufgrund der besonderen Bedeutung von Unterweisungen, besteht die Pflicht, diese schriftlich zu dokumentieren.

Maßnahmen des Arbeits- und Gesundheitsschutzes als Bestandteil von Fremdbeauftragungen

Sofern der Unternehmer Fremdfirmen mit der Planung, Herstellung, Änderung oder Instandsetzung von Einrichtungen oder Arbeitsverfahren beauftragt, ist der Fremdunternehmer schriftlich mit der Einhaltung der Vorschriften und Regeln zum Arbeits- und Gesundheitsschutz zu beauftragen. Dasselbe gilt für Lieferaufträge, in denen der Fremdunternehmer zur Einhaltung der Anforderungen, die im Rahmen des Arbeits- und Gesundheitsschutzes an die zu liefernden Ausrüstungsgegenstände, Arbeitsmittel und -stoffe zu stellen sind, aufzufordern ist. Ferner ist der Fremdunternehmer vom beauftragenden Unternehmer bei betriebsspezifischen Gefährdungsbeurteilungen zu unterstützen. Tätigkeiten mit besonderen Gefahren, d. h. Tätigkeiten, bei denen die Wahrscheinlichkeit eines Schadens und der Umfang des Schadens hoch sind, sind durch einen speziellen Aufsichtführenden zu überwachen. Die Frage, wer diesen Aufsichtsführenden zu stellen hat, ist zwischen dem beauftragenden Unternehmer und dem beauftragten Fremdunternehmer einvernehmlich zu klären.

Zusammenarbeit mehrerer Unternehmer („Fremdfirmenkoordinator")

Der Unternehmer hat sich zu vergewissern, dass fremde Personen, die in seinem Betrieb tätig werden, hinsichtlich des Arbeits- und Gesundheitsschutzes angemessene Anweisungen erhalten haben. Sofern mehrere Unternehmer an einem Arbeitsplatz oder einer Arbeitsstelle tätig werden, besteht die Pflicht zur Zusammenarbeit, um für die Beschäftigten den erforderlichen Arbeits- und Gesundheitsschutz zu gewährleisten. Insbesondere haben sie zur Vermeidung gegenseitiger Gefährdungen eine Person zu benennen, die die geplanten Arbeiten aufeinander abstimmt. Zu den Aufgaben dieses sog. Fremdfirmenkoordinators (nicht zu verwechseln mit dem sog. Baustellenkoordinator nach der Baustellenverordnung) *„gehören neben der Abstimmung der Arbeiten der Kontraktoren typischerweise auch die Unterweisung der Fremdfirmenangehörigen über zu beachtende Vorschriften, den Einsatz notwendiger Schutzeinrichtungen und Informationen über betriebsspezifische Gefahren".*[195] Darüber hinaus ist der Fremdfirmenkoordinator mit der zur Gefahrenabwehr notwendigen Weisungsbefugnis auszustatten.

Befähigung für Tätigkeiten

Der Unternehmer darf nur denjenigen Mitarbeitern Aufgaben übertragen, die in der Lage sind, die Bestimmungen zum Arbeits- und Gesundheitsschutz einzuhalten. Die Befähigung bezieht sich dabei sowohl auf die körperlichen (z. B. Seh- und Hörvermögen) als auch auf den geistigen Zustand (z. B. Auffassungsgabe) des Mitarbeiters.

Aufsicht bei gefährlichen Arbeiten

Der Unternehmer hat bei gefährlichen Arbeiten, die von mehreren Personen in Zusammenarbeit ausgeführt werden, dafür zu sorgen, dass eine zuverlässige Person die Aufsicht führt. Der Aufsichtsführende hat dabei ständig vor Ort zu sein und die zur Gefahrenvermeidung notwendige Verständigung zwischen den ausführenden Personen zu gewährleisten. Sofern eine gefährliche Arbeit von einer Einzelperson ausgeführt wird, hat der Unternehmer technische und organisatorische Maßnahmen zur Gefahrenvermeidung durchzuführen.

Zutritts- und Aufenthaltsverbote

Der Unternehmer hat den Zutritt zu Gefahrenbereichen zu verhindern. Die dazu erforderlichen Maßnahmen können in Abhängigkeit der vorangegangen Gefährdungsbeurteilung von Verbotsschildern bis zur ständigen Bewachung reichen.

[195] Quelle: *Janssen* 2005, S. 23

Maßnahmen bei Mängeln

Der Unternehmer hat Arbeitsmittel, Werkzeuge, Geräte, Maschine, Anlagen aber auch Arbeitsverfahren und -abläufe, die aufgrund von Mängeln eine Gefahr hinsichtlich des Arbeits- und Gesundheitsschutzes darstellen, einer Benutzung zu entziehen bzw. zu stoppen. Dazu gehört auch, dass er entsprechende Vorkehrungen trifft, damit Mängel vorab erkannt werden und eine Gefährdung dadurch verhindert wird.

Zurverfügungstellung von Vorschriften und Regeln

Der Unternehmer hat das für seinen Betrieb relevante Vorschriften- und Regelwerk zum Arbeits- und Gesundheitsschutz sowohl für Mitarbeiter mit Vorgesetztenfunktion als auch für Mitarbeiter ohne Vorgesetztenfunktion zugänglich zu machen.

Im Rahmen der Organisation des betrieblichen Arbeitsschutzes (§§ 19 bis 28 DGUV-Vorschrift 1) ist der Unternehmer verpflichtet

- zur Bestellung von Fachkräften für Arbeitssicherheit, Betriebsärzten, Sicherheitsbeauftragten;
- Vorkehrungen für Notfälle zu treffen (Brand, Explosion, sonstige gefährliche Störungen des Betriebsablaufs);
- Maßnahmen gegen Einflüsse des Wettergeschehens zu treffen;
- Vorkehrungen für eine schnelle Erste Hilfe zu treffen (Zurverfügungstellung der erforderlichen Einrichtungen und Sachmittel, Ausbildung von Ersthelfern und Sanitätern);
- zur Bereitstellung von persönlicher Schutzausrüstung (PSA).

In **Bild 7.1** sind die wesentlichen Aufgaben und Pflichten strukturiert skizziert. Kernpunkt der Unternehmerpflichten zum Arbeits- und Gesundheitsschutz sind die Gefährdungsbeurteilungen, auf deren Grundlage fast alle anderen Maßnahmen als Folgemaßnahmen basieren.

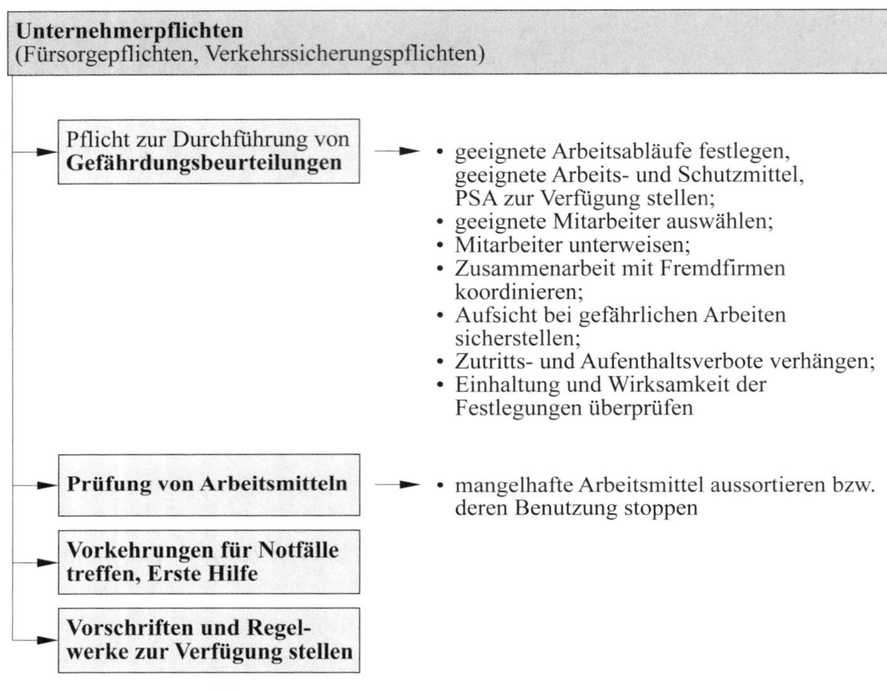

Bild 7.1 Unternehmerpflichten

7.1.1 Gefährdungsbeurteilungen

Gesetzliche Grundlage für die Pflicht des Unternehmers, Gefährdungsbeurteilungen durchzuführen, sind §§ 5 und 6 ArbSchG und § 3 BetrSichV. Die Vorgehensweise bei der Beurteilung von Gefährdungen und bei der Ableitung notwendiger Gegenmaßnahmen ist in der TRBS 1111 konkretisiert (siehe **Bild 7.2**):

Zunächst sind die Gefährdungen zu ermitteln. Grundlage dafür sind rechtliche Grundlagen, bereits vorliegende Gefährdungsbeurteilungen, Herstellerinformationen, Informationen zu Arbeitsstoffen und zur Arbeitsumgebung, Erfahrungen der Mitarbeiter, vergangene Unfälle bzw. Beinaheunfälle sowie die Fähigkeit und Eignung der Beschäftigten. Gefährdungen können sein: mechanische Gefährdungen; Gefährdung durch Absturz von Personen oder Lasten; elektrische Gefährdung; Gefährdungen durch Dampf, Druck, Explosion und Brand; Gefährdungen durch Wärme; Gefährdungen durch andere physikalische, chemische oder biologische Einwirkungen.

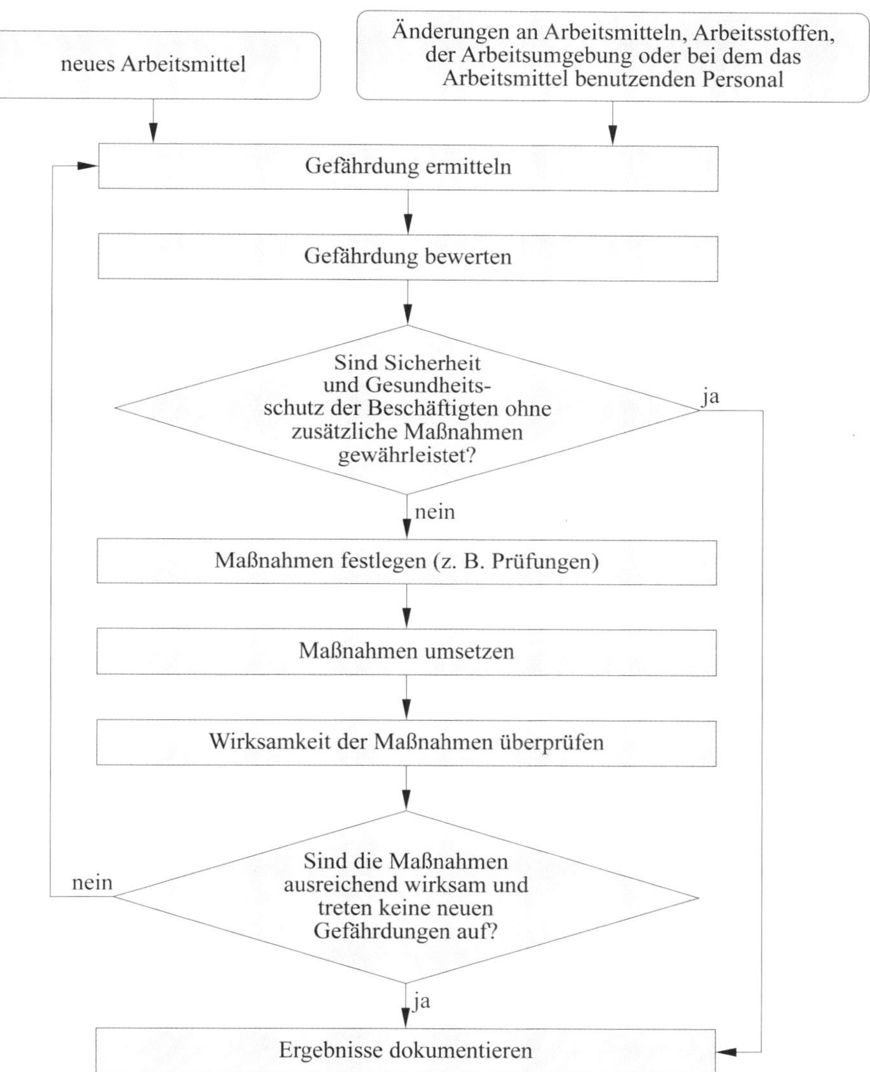

Bild 7.2 Gefährdungsbeurteilung
(Quelle: TRBS 1111, Bild 1)

Bei der Bewertung der Gefährdungen ist zu beurteilen, inwieweit die Sicherheit und der Gesundheitsschutz der Beschäftigten beeinträchtigt sind und ob zusätzliche Maßnahmen notwendig sind, um die Gefährdungen zu vermeiden oder auf ein hinreichendes Maß zu begrenzen.

Bei der Festlegung von Maßnahmen ist hinsichtlich ihrer Priorität nach folgender Rangfolge vorzugehen:

„*1. Vermeidung der Gefährdung,*
2. Verbleibende Gefährdung möglichst gering halten,
3. Schutz vor Gefährdung durch Einsatz technischer Maßnahmen,
4. Personen aus dem Gefahrenbereich fernhalten,
5. Schulen und Unterweisen,
6. Schutz vor Gefährdungen durch Einsatz persönlicher Schutzausrüstung.“[196]

Diese Rangfolge, nach der eine Vermeidung der Gefahr möglichen technischen und organisatorischen Maßnahmen vorzuziehen und erst als letztes Mittel der Einsatz persönlicher Schutzausrüstung zur Erreichung des gewünschten Schutzziels zu wählen ist, wird auch als STOP-Prinzip bezeichnet (siehe **Bild 7.3**).

Substitution des gefährlichen Verfahrens/Arbeitsmittels

Technische
Organisatorische — Maßnahmen
Persönliche

Bild 7.3 STOP-Prinzip

Nach der Festlegung von Schutzmaßnahmen hat der Unternehmer die Pflicht, die Maßnahmen ordnungsgemäß umzusetzen. Er hat für die erforderlichen Voraussetzungen zu sorgen und zu überwachen, ob die festgelegten Maßnahmen wie vorgesehen durchgeführt werden. Zur Überwachung gehört die Kontrolle, ob die festgelegten Maßnahmen tatsächlich geeignet und ausreichend wirksam sind und ob aus den Maßnahmen keine neuen Gefährdungen resultieren. Gegebenenfalls muss die Gefährdungsbeurteilung erneut durchgeführt werden.

Abschließend sind die Ergebnisse der Gefährdungsbeurteilung zu dokumentieren. Aus der Dokumentation sollte hervorgehen, welche Gefährdungen an welchem Arbeitsplatz oder bei welcher Tätigkeit durch welche Maßnahmen durch wen vermieden oder gemindert werden. Dazu eignen sich besonders Verfahrens-, Arbeits- und Betriebs-

[196] Quelle: TRBS 1111, Abschnitt 3.3.4

anweisungen. Außerdem ist die Überwachung der Maßnahmen zu dokumentieren. Dazu eignen sich Aktennotizen und Tagebücher, in denen die Kontrollvorgänge dokumentiert werden. Um persönliche Tagebücher möglichst gerichtsverwertbar zu machen, sind sie so zu gestalten, dass eine nachträgliche Veränderung (z. B. durch nachträgliche Ergänzungen oder Entfernung von Seiten) ausgeschlossen ist. Dazu empfiehlt es sich, Bücher mit vorpaginierten Seiten zu verwenden und die Seiten fortlaufend ohne Absätze, ohne Leerstellen und ohne sonstige Möglichkeiten zu nachträglichen Ergänzungen zu beschreiben. Von elektronischen Tagebüchern ist abzuraten. Vor Gericht hat eine Papierdokumentation mit Datum und Originalunterschrift die größte Beweiskraft. Eine elektronische oder digitale Dokumentation gilt nach gängiger Rechtsprechung nicht als schriftliche Urkunde.[197] Zu Gefährdungsbeurteilungen, die noch ohne Ergebnis sind oder bei denen die Wirksamkeit der abgeleiteten Maßnahmen noch nicht festgestellt wurde, ist zu dokumentieren, wer in welcher Frist für den ordnungsgemäßen Ablauf der Gefährdungsbeurteilung und die noch offenen Maßnahmen zuständig ist.

7.1.2 Prüfung von Arbeitsmitteln

Gemäß § 10 ArbSchG sind Arbeitsmittel vor der ersten Inbetriebnahme an jedem neuen Standort sowie nach den in einer Gefährdungsbeurteilung zu ermittelnden Fristen regelmäßig zu prüfen. Diese Prüfungspflicht wird in der TRBS 1201 und in einer Vielzahl von Vorschriften und technischen Regeln weiter konkretisiert – für den Bereich der Elektrotechnik beispielsweise u. a. in der DGUV-Vorschrift 3, DIN VDE 0105-100, DIN VDE 0701-0702.

Grundsätzlich ist der Prüfungsprozess nach **Bild 7.4** durchzuführen. Ausgehend von der Gefährdungsbeurteilung, in der das Erfordernis von Prüfungen an Arbeitsmitteln oder Anlagen festgestellt wird, ist zunächst der Sollzustand zu ermitteln. Hierbei sind zu berücksichtigen: Herstellerinformationen und Betriebsanleitungen; Rechtsvorschriften und technische Regeln, Betriebsbedingungen und -abläufe; Grenzbedingungen. Es ist ferner auf Grundlage der Gefährdungsbeurteilung festzulegen: Prüfart, Prüfumfang, Prüffrist und die prüfende Person. Bei der Prüfart wird unterschieden zwischen der sog. Ordnungsprüfung und der technischen Prüfung. Die Ordnungsprüfung dient dazu festzustellen, ob das Arbeitsmittel oder die Anlage bestimmungsgemäß eingesetzt wird und alle Unterlagen einschließlich Prüfunterlagen vollständig sind. Bei der technischen Prüfung wird durch Sicht-, Funktions- und Wirksamkeitsprüfung sowie durch Messung festgestellt, ob die sicherheitstechnisch relevanten Merkmale vorhanden sind. Die Festlegung des Prüfumfangs bezieht sich auf die Auswahl der Prüfobjekte (z. B. welche Anlagenkomponenten, Stichprobe?) und die Prüftiefe.

[197] Vgl. *Ensmann/Euler/Eber* 2016, S. 86 f.

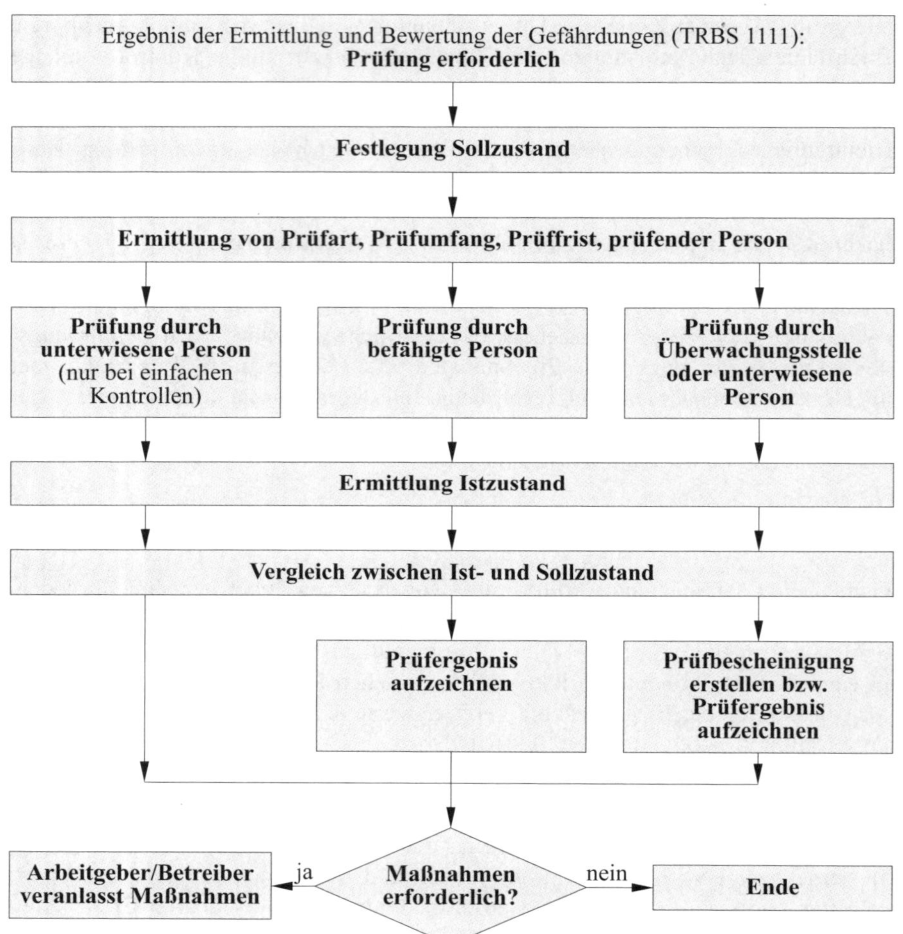

Bild 7.4 Prüfung nach TRBS 1201 (Ausgabe August 2012), Bilder 1 und 3

Die Prüffrist legt den Zeitraum zwischen zwei Prüfungen fest. Die mit der Prüfungsdurchführung beauftragte Person muss die erforderliche Fachkunde besitzen. Sofern es sich um einfache Kontrollen handelt (nach Anhang 2 Nr. 2.4 BetrSichV), reicht dafür ein unterwiesener Mitarbeiter aus – beispielsweise bei einfachen Kontrollen unmittelbar vor Benutzung eines Arbeitsmittels. Sofern es sich um Prüfungen im Sinne des § 10 ArbSchG handelt, ist dafür eine hierzu befähigte Person erforderlich. Der Begriff „befähigte Person" ist dabei wie folgt definiert: *„Aufgrund der Fachkenntnisse aus Berufsausbildung, Berufserfahrung und zeitnaher beruflicher Tätigkeit muss [bei einer befähigten Person] ein zuverlässiges Verständnis sicherheitstechnischer Belange gegeben sein, damit Prüfungen ordnungsgemäß durchgeführt werden können. In Abhängigkeit von der Komplexität der Prüfaufgaben (Prüfumfang, Prüfart, Nutzung bestimmter Messgeräte) können die erforderlichen Fachkenntnisse variieren."*[198] Bei Prüfungen der Explosionssicherheit und bei überwachungsbedürftigen Anlagen werden entweder befähigte Personen oder zugelassene Überwachungsstellen vorgeschrieben.

Für die Durchführung der Prüfung hat der Arbeitgeber/Betreiber die dazu erforderlichen Voraussetzungen zu schaffen wie Bereitstellung der notwendigen Hilfsmittel und Unterlagen, Zugänglichkeit zu den zu prüfenden Arbeitsmitteln und Anlagen, ausreichende Zeit und sichere Prüfbedingungen.

Ziel des Vergleichs zwischen Ist- und Sollzustands ist die Beantwortung der Fragen

- Kann das Arbeitsmittel/die Anlage weiter genutzt werden?
- Ist vor der Weiterverwendung eine Instandsetzung erforderlich?
- Ist eine Änderung der Prüffristen erforderlich?
- Ist das Arbeitsmittel/die Anlage einer weiteren Nutzung zu entziehen?

Für den Bereich der Elektrotechnik werden in der Durchführungsanweisung zur DGUV-Vorschrift 3 Prüffristen und Prüfer nach **Tabelle 7.1** und **Tabelle 7.2** empfohlen.

[198] Quelle: TRBS 1203, Abschnitt 2

	Anlage/Betriebsmittel	Prüffrist	Art der Prüfung	Prüfer
Ortsfeste elektrische Anlagen und Betriebsmittel	elektrische Anlagen und ortsfeste Betriebsmittel	4 Jahre	auf ordnungsgemäßen Zustand	Elektrofachkraft
	elektrische Anlagen und ortsfeste elektrische Betriebsmittel in „Betriebsstätten, Räumen und Anlagen besonderer Art“ (DIN VDE 0100 Gruppe 700)	1 Jahr		
	Schutzmaßnahmen mit Fehlerstromschutzeinrichtungen in nicht stationären Anlagen	1 Monat	auf Wirksamkeit	Elektrofachkraft oder elektrotechnisch unterwiesene Person bei Verwendung geeigneter Mess- und Prüfgeräte
	Fehlerstrom-, Differenzstrom und Fehlerspannungsschutzschalter • in stationären Anlagen, • in nicht stationären Anlagen	6 Monate, arbeitstäglich	auf einwandfreie Funktion durch Betätigen der Prüfeinrichtung	Benutzer
Wiederholungsprüfungen ortsveränderlicher Betriebsmittel	ortsveränderliche elektrische Betriebsmittel (soweit benutzt)	Richtwert 6 Monate, auf Baustellen 3 Monate*). Wird bei den Prüfungen eine Fehlerquote < 2 % erreicht, kann die Prüffrist entsprechend verlängert werden.	auf ordnungsgemäßen Zustand	Elektrofachkraft, bei Verwendung geeigneter Mess- und Prüfgeräte auch elektrotechnisch unterwiesene Person
	Verlängerungs- und Geräteanschlussleitungen mit Steckvorrichtungen			
	Anschlussleitungen mit Stecker	Maximalwerte: auf Baustellen, in Fertigungsstätten und Werkstätten oder unter ähnlichen Bedingungen ein Jahr, in Büros oder unter ähnlichen Bedingungen zwei Jahre.		
	bewegliche Leitungen mit Stecker und Festanschluss			

Tabelle 7.1 Prüfungen Elektrotechnik nach DGUV-Vorschrift 3, Tabellen 1A und 1B

Prüfobjekt	Prüffrist	Art der Prüfung	Prüfer
isolierende Schutzbekleidung (soweit benutzt)	vor jeder Benutzung	auf augenfällige Mängel	Benutzer
	12 Monate 6 Monate für isolierende Handschuhe	auf Einhaltung der in den elektrotechnischen Regeln vorgegebenen Grenzwerte	Elektrofachkraft
isolierte Werkzeuge, Kabelschneidgeräte; isolierende Schutzvorrichtungen sowie Betätigungs- und Erdungsstangen	vor jeder Benutzung	auf äußerlich erkennbare Schäden und Mängel	Benutzer
Spannungsprüfer, Phasenvergleicher		auf einwandfreie Funktion	
Spannungsprüfer, Phasenvergleicher und Spannungsprüfsysteme (kapazitive Anzeigesysteme) für Nennspannungen über 1 kV	6 Jahre	auf Einhaltung der in den elektrotechnischen Regeln vorgegebenen Grenzwerte	Elektrofachkraft

Tabelle 7.2 Prüfung Schutzmittel nach Durchführungsanweisung DGUV-Vorschrift 3, Tabelle 1C

7.1.3 Delegation der Unternehmerpflichten

Verständlicherweise ist es kaum möglich, dass sämtliche Unternehmerpflichten von einer einzelnen natürlichen Person erfüllt werden können. Dies scheitert zum einen an der großen Zahl der Verpflichtungen und zum anderen daran, dass möglicherweise die erforderliche Fachkunde bei der Unternehmens- bzw. Betriebsführung fehlt. Es kommt daher der Unternehmensführung zu, die Erfüllung der Unternehmerpflichten durch die Übertragung auf geeignete Personen zu organisieren. Im Arbeitsschutzgesetz heißt es dazu: *„Der Arbeitgeber ist verpflichtet, die erforderlichen Maßnahmen des Arbeitsschutzes unter Berücksichtigung der Umstände zu treffen, die Sicherheit und Gesundheit der Beschäftigten bei der Arbeit beeinflussen. Er hat die Maßnahmen auf ihre Wirksamkeit zu überprüfen und erforderlichenfalls sich ändernden Gegebenheiten anzupassen. Dabei hat er eine Verbesserung von Sicherheit und Gesundheitsschutz der Beschäftigten anzustreben. Zur Planung und Durchführung der Maßnahmen (...) hat der Arbeitgeber (...) 1. für eine geeignete Organisation zu sorgen und die erforderlichen Mittel bereitzustellen sowie 2. Vorkehrungen zu treffen, dass die Maßnahmen erforderlichenfalls bei allen Tätigkeiten und eingebunden in die betrieblichen Führungsstrukturen beachtet werden und die Beschäftigten ihren Mitwirkungspflichten nachkommen können."*[199]

[199] Quelle: § 3 ArbSchG

Der Unternehmer kann also fachkundige Personen mit Aufgaben betrauen, die ihm als Unternehmer im Rahmen der Unternehmerpflichten obliegen. Die DGUV-Vorschrift 1 sieht für diese sog. Pflichtenübertragung die Schriftform vor. Es ist jedoch dabei zu beachten, dass eine schriftliche Pflichtenübertragung nur dann erforderlich ist, wenn die Notwendigkeit zur Erfüllung von Unternehmerpflichten nicht ohnehin schon aus dem Arbeitsvertrag, der Stellen- oder Aufgabenbeschreibung oder der faktischen Stellung eines Mitarbeiters im Betrieb hervorgeht. Grundsätzlich ist davon auszugehen, dass jede Führungskraft – also jeder Mitarbeiter, der für mindestens einen weiteren Mitarbeiter Vorgesetztenfunktion ausübt – die Unternehmerpflichten für seinen Verantwortungsbereich zu erfüllen hat. *„Somit ist in der Regel in (...) Betrieben immer der nächste Vorgesetzte für den unterstellten Mitarbeiter verantwortlich (...). Am Schluss dieser Kette steht jedoch immer der Unternehmer. Neben den Führungskräften stehen dem Unternehmer Betriebsärzte und Fachpersonal (...) zur Seite.“*[200] Diese hierarchische Kette, deren Wesensmerkmal die Mitverantwortung der vorgesetzten Stelle für die nachgeordnete Stelle ist, wird als Verantwortungskette bezeichnet.

Die Verantwortung für das Ergebnis von Handeln oder Unterlassen setzt sich also in einer hierarchisch gegliederten Organisation aus der Handlungsverantwortung der untersten Ebene und der Führungsverantwortung entlang der Vorgesetztenkette zusammen. In diesem Zusammenhang beschreibt die Verantwortungskette die Struktur von Handlungs- und Führungsverantwortlichkeiten innerhalb einer hierarchisch gegliederten Organisation. *„Die Verantwortungskette kann sich von dem letzten verursachenden Sachbearbeiter über mittlere Führungskräfte bis hin zur Geschäftsleitung ziehen.“*[201]

Verantwortungsaddition bedeutet in diesem Zusammenhang Mitverantwortung des Vorgesetzten für das Ergebnis eines Handelns oder Unterlassens einer in der Verantwortungskette unterlagerten Stelle.[202]

7.1.3.1 Organisations- und Führungspflichten

Um den sicheren Betrieb einer elektrischen Anlage zu gewährleisten, ist es von ganz besonderer Bedeutung, dass geklärt wird, wer wann was zu tun hat und wo die Verantwortlichkeiten liegen. Die Pflicht zu dieser Klärung bezeichnet man als Organisations- oder Führungspflichten. Die Organisations- und Führungspflichten lassen sich in die Teilpflichten „Auswählen“, „Anweisen“ und „Überwachen“ gliedern.

Rechtlich ableiten lassen sich die Organisations- und Führungspflichten „Auswählen“, „Anweisen“ und „Überwachen“ aus §§ 823, 831, 31 BGB.

---

[200] Quelle: *Einhaus/Lugauer/Häußinger* 2018, S. 18

[201] Quelle: *Eidam* 2008, Rn. 1 100

[202] Vgl. *Adams/Rekittke* 1999, S. 18 ff.

Aus § 823 BGB ergibt sich eine Schadensersatzpflicht für eine unerlaubte Handlung. Eine unerlaubte Handlung ist dabei eine vorsätzliche oder fahrlässige widerrechtliche Verletzung des Lebens, des Körpers, der Freiheit, des Eigentums, eines sonstigen Rechts oder der schuldhafte Verstoß gegen ein Gesetz, welches den Schutz eines anderen bezweckt. Aus § 823 BGB hat sich die Pflicht zur Verkehrssicherung (Verkehrssicherungspflicht) entwickelt. Das bedeutet: Jemand, der in seinem Verantwortungsbereich Gefahrenquellen schafft oder bestehen lässt, muss alles Mögliche und Zumutbare tun, um Schaden von Dritten abzuwenden.

Nach § 831 BGB haftet ein Unternehmer (hier Geschäftsherr genannt) für den durch seinen Verrichtungsgehilfen einem Dritten widerrechtlich zugeführten Schaden. Verrichtungsgehilfe (in der Regel der Arbeitnehmer) ist dabei derjenige, dem der Geschäftsherr weisungsgebunden Tätigkeiten übertragen hat, über deren Art, Umfang und Inhalt der Geschäftsherr bestimmt. Der Geschäftsherr kann sich aber nach § 831 Abs. 1 Satz 1 BGB entlasten (exkulpieren), wenn er nachweisen kann, dass er den Verrichtungsgehilfen sorgfältig ausgewählt und überwacht hat.

Analog zu § 31 BGB hat die Rechtsprechung einen Haftungsanspruch gegen ein Unternehmen entwickelt, der dann wirksam ist, wenn für relevante Aufgabengebiete keine Vertreter bestimmt sind, die erforderliche Maßnahmen durchführen und Entscheidungen treffen. Dieser Mangel in der Organisation kann zu einer Schadensersatzpflicht führen, deren sich das Unternehmen nicht nach § 831 BGB erwehren kann.[203]

Liegt also der Grund für einen Unfall oder Schadensfall in der nicht ordnungsgemäßen Wahrnehmung der sich aus §§ 823, 831, 31 BGB ergebenden Organisationspflichten, liegt ein sog. Organisationsverschulden vor und das Unternehmen sowie natürliche Personen können zivilrechtlich haftbar gemacht werden.

Darüber hinaus können natürliche Personen – und nur diese – vor dem Hintergrund der Delegation im Rahmen der Verantwortungsaddition strafrechtlich und ordnungswidrigkeitsrechtlich belangt werden. Werden in einer arbeitsteiligen hierarchischen Organisation Aufgaben, Zuständigkeiten, Kompetenzen übertragen sowie deren Abgrenzung voneinander festgelegt, so nennt man dies Delegation. Durch Delegation geht die Verantwortung für die ordnungsgemäße Erledigung der Aufgabe – also die Handlungsverantwortung als die unmittelbare Verantwortung für das Handeln und Unterlassen – an den Delegationsempfänger über, jedoch verbleibt stets eine Restverantwortung beim Delegierenden. Diese Restverantwortung ist die Führungsverantwortung, die durch die Erfüllung der Führungspflichten „Auswählen“, „Anweisen“ und „Überwachen“ wahrgenommen wird. Ein Vorgesetzter, der eine Aufgabe delegiert, trägt also immer eine Mitverantwortung für das Arbeitsergebnis. Oder anders ausgedrückt: Die Verantwortung für das Ergebnis einer Handlung oder eines Unterlassens

[203] Vgl. *Adams/Rekittke* 1999, S. 13 ff und *Jacoby/von Hinden* 2018, S. 7 Rn. 4

addiert sich aus der Handlungsverantwortung der unmittelbar handelnden Person und der Führungsverantwortung des Vorgesetzten. Diese Verantwortungsaddition kann sich in Organisationen mit mehreren Führungsebenen durchaus aus einer Kette von Verantwortungsträgern, der sog Verantwortungskette, zusammensetzen, die beispielsweise vom ausführenden Elektromonteur über den vorgesetzten Meister, den Abteilungsleiter bis zur Geschäftsführung reicht.[204]

In diesem Zusammenhang sei auf die Vielzahl an Normen aus dem Ordnungswidrigkeiten-, Kern- und Nebenstrafrecht verwiesen, die Körperverletzungs- und Tötungsdelikte, Umweltdelikte, Arbeitsschutz usw. behandeln. Auf die folgenden Rechtsvorschriften sei besonders hingewiesen:

Nach § 9 OWiG (und ebenso § 14 StGB) wird der Personenkreis, der ordnungswidrigkeits- und strafrechtlich zur Verantwortung gezogen werden kann auf vertretungsberechtigte Organe, vertretungsberechtigte Gesellschafter, gesetzliche Vertreter, Betriebsleiter, Betriebsteilleiter und ausdrücklich beauftragte Personen ausgedehnt, auch wenn in den verschiedenen Rechtsnormen lediglich vom Unternehmer die Rede ist. Normadressat ist damit jede Führungskraft.

Nach § 30 OWiG kann gegen eine juristische Person oder eine entsprechende Personenvereinigung ein Bußgeld verhängt werden, wenn ein Organ schuldhaft eine rechtswidrige Tat begangen hat.

Nach § 130 OWiG werden Betriebs- und Unternehmensinhaber – und über § 9 OWiG auch andere Führungskräfte und verantwortliche Personen – mit Geldbuße und Strafe bedroht, die vorsätzlich oder fahrlässig die Aufsichtsmaßnahmen unterlassen, die erforderlich sind, um in dem Betrieb oder Unternehmen Zuwiderhandlungen gegen Pflichten zu verhindern, die den Inhaber treffen und deren Verletzung mit Strafe oder Geldbuße bedroht ist, wenn eine solche Zuwiderhandlung begangen wird, die durch geeignete Aufsicht verhindert oder wesentlich erschwert worden wäre. Zu den erforderlichen Aufsichtsmaßnahmen gehören auch die Bestellung, sorgfältige Auswahl und Überwachung von Aufsichtspersonen.

Nach §§ 22 und 23 BetrSichV werden Arbeitgeber – und über § 9 OWiG auch andere Führungskräfte und verantwortliche Personen – mit Geldbuße und Strafe bedroht, die die Unternehmerpflichten des Arbeits- und Gesundheitsschutzes nicht ausreichend erfüllen.

In § 13 StGB heißt es: *„Wer es unterlässt, einen Erfolg abzuwenden, der zum Tatbestand eines Strafgesetzes gehört, ist nach diesem Gesetz nur dann strafbar, wenn er rechtlich dafür einzustehen hat, dass der Erfolg nicht eintritt, und wenn das Unterlassen der Verwirklichung des gesetzlichen Tatbestands durch ein Tun entspricht.“*[205]

---

[204] Vgl. *Adams/Rekittke* 1999, S. 18 ff. und *Eidam* 2008, Rn. 1 100

[205] Quelle: § 13 Abs. 1 StGB

Daraus hat sich der Begriff des Garanten entwickelt als jemand, der aufgrund seiner besonderen Stellung für den Schutz gefährdeter Rechtsgüter anderer verantwortlich ist und sich in diesem Zusammenhang durch Nichthandeln strafbar machen kann.[206] Das bedeutet: *„Unternehmer und Führungskräfte „garantieren" kraft ihrer Stellung und ihrer Einflussmöglichkeiten im zugeteilten Aufgaben- und Verantwortungsbereich die Sicherheit der ihnen anvertrauten Mitarbeiter. Sie müssen alle ihnen möglichen Sicherungsmaßnahmen ergreifen (Führungspflichten erfüllen), um Gefahren von ihren Mitarbeitern abzuwenden. Eine Unterlassung der Garanten- (Führungs-) Pflichten kann zu Straf- und haftungsrechtlichen Konsequenzen führen. Eine „Garantenstellung" besteht auch dann, wenn Pflichten nicht ausdrücklich (schriftlich) übertragen worden sind. Auch aus einer bestimmten Situation heraus kann man „Garant" werden (z. B. durch Schaffung eines besonderen Vertrauensverhältnisses, Gewährsübernahme, vorausgegangenes Handeln."*[207]

Jemand, der als Garant hinsichtlich seines Tuns und Unterlassens die Führungspflichten „Auswählen", Anweisen" und „Überwachen" wahrzunehmen hat, wird auch als Schutzgarant bezeichnet. Abzugrenzen davon ist der sog. Überwachungsgarant, dem lediglich die Wahrnehmung der Führungspflicht „Überwachen" zukommt und der dadurch eine eingeschränkte Garantenpflicht wahrzunehmen hat. Als Beispiel sei die Sicherheitsfachkraft genannt, die als reiner Überwachungsgarant in der Regel als Beauftragter keine Auswahl- oder Anweisungskompetenzen besitzt.[208]

Die Führungspflichten „Auswählen", „Anweisen" und Überwachen sind grundsätzlich nicht delegierbar. Das unterscheidet sie von anderen fachlichen Führungsaufgaben, wie z. B. Wahrnehmung der Verantwortung für ordnungsgemäße Instandhaltung einer Maschine.

Das folgende einfache Beispiel soll veranschaulichen, wie ein Vorgesetzter im Rahmen der Garantenpflicht durch mangelhaft wahrgenommene Führungsaufgaben für einen Unfall (mit-)verantwortlich werden kann:

Beispiel

Bei Reinigungsarbeiten an einer Schaltanlage kommt es zu einem Elektrounfall, weil die fünf Sicherheitsregeln vom ausführenden und verunfallten Monteur nicht ordnungsgemäß angewendet worden sind. Die Handlungsverantwortung für die Nichtbeachtung der fünf Sicherheitsregeln liegt nach erstem Hinsehen bei dem Monteur vor Ort. Ob diese Einschätzung auch nach genauerer Betrachtung bestehen bleibt, hängt von der Frage ab, in welchem Maße der oder die Vorgesetzten ihre Führungspflichten ordnungsgemäß erfüllt haben. Im Hinblick auf die Führungspflicht „Auswählen" ist

---

206 Vgl. *Eidam* 2008, Rn. 607 ff.

207 Quelle: *Schliephacke/Egyptien* 1999, S. 32

208 Vgl. *Adams/Davidsohn/Werner* 2002, S. 142

u. a. zu fragen: Verfügte der Monteur über eine geeignete Ausbildung und über die notwendige Erfahrung? War er gesundheitlich geeignet? War er evtl. bei Auftragserteilung übermüdet? Im Hinblick auf die Führungspflicht „Anweisen“ ist u. a. zu klären: Kannte der Monteur die fünf Sicherheitsregeln überhaupt und ist er in deren Anwendung regelmäßig unterwiesen worden? Ist dem Monteur die geplante Arbeit ausreichend erklärt worden? Ist er in die Besonderheiten der Schaltanlage eingewiesen und auf Gefahren hingewiesen worden? Hatte der Monteur die erforderlichen Schutzmittel zur Verfügung und war er in deren Anwendung ausreichend geschult? Im Hinblick auf die Führungspflicht „Überwachen“ ist u. a. von besonderem Interesse: Hat sich der Vorgesetzte bei ähnlichen vorangegangenen Arbeiten – mindestens stichpunktartig – davon überzeugt, dass der Monteur die fünf Sicherheitsregeln anwendet? Erst eine Bewertung der Antworten zu diesen Fragen erlaubt abschließend eine Aussage darüber, in welchem Maße die Verantwortung für den Unfall als Handlungsverantwortung beim ausführenden Monteur und in welchem Maße sie eher als mangelhaft wahrgenommenen Führungsverantwortung bei Vorgesetzten liegt.

7.1.3.1.1 Auswählen

„Auswählen“ bedeutet, eine Person für bestimmte Arbeiten, Aufgaben oder Verantwortungsbereiche einzusetzen oder einzuteilen. Die auswählende Führungskraft muss sich dazu vorab darüber klar werden, welche persönlichen Eigenschaften die auszuwählende Person besitzen muss und welche Anforderungen an sie gestellt werden. Dies betrifft insbesondere die Qualifikation, die Erfahrung, die gesundheitliche Eignung und ggf. den momentanen physischen und psychischen Allgemeinzustand. Diese vier Kriterien gelten grundsätzlich bei allen Auswahlvorgängen, gleichgültig ob ein Mitarbeiter neu eingestellt wird (auch für höhere Managementaufgaben) oder ob ein Mitarbeiter eine noch so kleine Aufgabe erledigen soll (z. B. „Miss mal eben die Spannung an der Steckdose!“). Die Führungskraft muss sich stets vorab die Frage stellen: „Ist das die richtige Person für die Aufgabe.“ Als fünftes Kriterium ist die Frage zu beantworten, ob es auf der Grundlage von Vorfällen in der Vergangenheit Zweifel an der fachlichen und persönlichen Eignung des Mitarbeiters gibt. Dazu zwei Beispiele:

Beispiel 1

Ein Mitarbeiter soll zur verantwortlichen Elektrofachkraft für einen bestimmten Betriebsbereich mit 0,4-kV- und 10-kV-Anlagen ernannt werden. Der Unternehmer oder die auswählende Führungskraft sollte sich vorab folgende Fragen stellen: Hat der Mitarbeiter die erforderliche formale Qualifikation (Meister, Techniker, Ingenieur). Hat der Mitarbeiter Erfahrungen mit Nieder- und auch Mittelspannungsanlagen?

Kennt der Mitarbeiter die relevanten technischen Vorschriften und Arbeitsschutzvorschriften und hat er Erfahrung mit deren Anwendung? Verfügt der Mitarbeiter über die erforderlichen freien zeitlichen Kapazitäten, um die Pflichten als verantwortliche Elektrofachkraft wahrzunehmen, oder sind etwaige andere Aufgaben so raumgreifend, dass für die Wahrnehmung der Aufgaben einer verantwortlichen Elektrofachkraft keine Zeit bleibt? Hat der Mitarbeiter die für eine Führungsaufgabe notwendige gesundheitliche – insbesondere auch psychische – Robustheit? Neigt der Mitarbeiter zu missbräuchlichem Alkoholkonsum oder hat er andere Drogenprobleme? Kann er durch entsprechendes Auftreten die erforderliche Vorbildfunktion ausfüllen? Hat der Mitarbeiter das notwendige Durchsetzungsvermögen? Sind aus vergangenen Funktionen des Mitarbeiters Sachverhalte bekannt, die an der persönlichen Eignung zweifeln lassen?

Beispiel 2

Ein Monteur soll einen Stromzähler unter Spannung austauschen. Der das Arbeiten unter Spannung anweisende Vorgesetzte muss sich dabei vorab über folgende Voraussetzungen im Klaren werden: Ist der Monteur Elektrofachkraft und verfügt er über die erforderliche Spezialausbildung zum Arbeiten unter Spannung – speziell zur Zählermontage und -demontage? Liegt die letzte Unterweisung zum Arbeiten unter Spannung nicht länger als zwölf Monate zurück? Steht dem Monteur die erforderliche persönliche Schutzausrüstung und andere notwendige Schutzmittel zur Verfügung und ist er im Umgang damit geschult? Hat der Monteur evtl. schon einen längeren Einsatz hinter sich, der eine Erholungspause notwendig macht? Wirkt der Monteur nach dem äußeren Erscheinungsbild evtl. unkonzentriert, fahrig, übermüdet oder alkoholisiert? Gibt es andere Anzeichen dafür, dass der Monteur der Arbeitsaufgabe nicht gewachsen ist? Gilt der Monteur als zuverlässig und hat er in der Vergangenheit ordnungsgemäß und regelkonform gearbeitet?

7.1.3.1.2 Anweisen

„Anweisen" bedeutet, Arbeiten und die Erfüllung von Aufgaben anordnen, unterweisen, Zuständigkeitsbereiche und Kompetenzen zuweisen und abgrenzen. Es fallen darunter generelle Anweisungen zur Erledigung von wiederkehrenden Aufgaben hinsichtlich Art und Umfang ebenso wie Einzelfallentscheidungen über die Durchführung bestimmter Arbeiten und Aufgaben.

Insbesondere fallen folgende Tätigkeiten unter den Oberbegriff „Anweisen":

- Festlegung der Aufbauorganisation mit Über- und Unterordnung der einzelnen Stellen für den Normalfall und den Notfall,

- Festlegung von Abläufen (Ablauforganisation) für den Normalfall und den Störfall,
- Festlegung eines Systems von Beauftragten (Beauftragtenorganisation),
- Treffen von Investitionsentscheidungen,
- Übertragung von Aufgaben, Kompetenzen und Verantwortlichkeiten durch Aufgaben- und Stellenbeschreibung sowie schriftlicher Pflichtenübertragung,
- Durchführung von Gefährdungsbeurteilungen und Entscheidung darüber, ob eine Arbeit durchzuführen ist und wenn ja, welche Maßnahmen zur Gefährdungsvermeidung zu ergreifen sind,
- Übertragung von Einzelaufgaben durch mündliche oder schriftliche Arbeitsaufträge,
- Einweisung in Arbeitsstelle und Arbeitsaufgabe,
- Bereitstellung von persönlicher Schutzausrüstung und anderer Schutzmittel sowie Schulung in deren Benutzung,
- Durchführung von Sicherheitsunterweisungen,
- Erstellung von schriftlichen Verfahrens-, Arbeits-, Betriebs- und anderen Anweisungen.

7.1.3.1.3 Überwachen

„Überwachen" bedeutet kontrollieren und ggf. eingreifen und/oder weitermelden. Der Vorgesetzte muss sich überzeugen, dass erteilte Anweisungen ordnungsgemäß ausgeführt werden. Ziel ist die Feststellung von Ist-Abweichen zum angewiesenen Sollzustand mit anschließenden Korrekturmaßnahmen.

Als einfaches Beispiel sei der Hinweis auf den Straßenverkehr gegeben: Hier reicht es nicht aus, Schilder mit Geschwindigkeitsbegrenzung aufzustellen. Diese würden weit weniger beachtet, wenn nicht gleichzeitig ständig die Möglichkeit einer „Radarfalle" oder anderer Verkehrskontrollen bestehen würden.

Das Erfordernis zu überwachen besteht auf jeder hierarchischen Ebene, auch wenn die Formen der Überwachung natürlich im höheren Management andere sind als beispielsweise auf der Ebene Meister/Monteur. Die Kontrolldichte ist dabei abhängig von der zu erwartenden Häufigkeit des Eingreifens. Sie kann im Extremfall als ständige und lückenlose Aufsicht ausgeprägt sein. Manchmal kann aber auch eine weitmaschige Stichprobenkontrolle als ausreichend gelten. Ein elektrotechnischer Laie (z. B. Anstreicher), der in der Nähe unter Spannung stehender Teile arbeitet, muss beispielsweise lückenlos beaufsichtigt werden. Das heißt, die Aufsicht muss die Arbeit so beobachten, dass sie zu jeder Zeit in der Lage ist, den Arbeitsablauf zu beeinflussen oder zu unterbrechen. Bei einem erfahrenen Monteur, der mit einer Arbeit betraut ist, die er schon oft ordnungsgemäß durchgeführt hat, ohne dass ein Eingreifen erforderlich war, reicht es möglicherweise aus, wenn ihm der vorgesetzte Meister nur ab und an „über die Schulter guckt". Die Kontrolldichte muss also in jedem Fall gewählt werden, in Abhängigkeit des Ausbildungs- und Erfahrungsstands des Kontrollierten sowie auf Grundlage vergangener Erfahrungen des Vorgesetzten mit dem Kontrollierten. Liegen noch keine Erfahrungen vor, muss mit engmaschigem „Überwachen" begonnen werden.

Die Formen der Überwachung sind sehr unterschiedlich und in der Regel abhängig von der Hierarchieebene. Ohne Anspruch auf Vollständigkeit seien genannt: einfaches „Über-Schulter-Gucken", Ortsbegehungen von Arbeitsstellen, Durchführung von internen und externen Audits, Erstellung Rechenschafts- oder Monitoring-Berichten.

Wenn vom Überwacher die Notwendigkeit des Eingreifens festgestellt wird, kann dieses sich z. B. vollziehen als

- erneutes „Anweisen" bzw. „Anweisen von Verhaltensänderungen",
- geltende Regeln in Erinnerung rufen,
- Durchführung von Wiederholungsschulungen,
- Durchführung von Änderungen in der Organisation,
- Stoppen von Arbeiten, Außerbetriebnehmen von Betriebsmitteln.

Durch das Eingreifen ist in jedem Fall eine Verhaltensänderung zu bewirken. Fehlt dem Überwacher dazu die Kompetenz, weil er beispielsweise nur die Rolle eines Überwachungsgaranten einnimmt oder das Eingreifen nichts bewirkt hat, ist die festgestellte Soll-Ist-Abweichung an die entsprechend kompetente Stelle weiter zu melden („Melden macht frei.").

7.1.3.1.4 Schriftliche Pflichtenübertragung

Die schriftliche Pflichtenübertragung dokumentiert die Übertragung von Unternehmerpflichten im Hinblick auf den Arbeits- und Gesundheitsschutz vom Unternehmer oder Vorgesetzten an eine Stelle in der nachgeordneten Hierarchieebene.

„Der Unternehmer kann zuverlässige und fachkundige Personen schriftlich damit beauftragen, ihm nach Unfallverhütungsvorschriften obliegende Aufgaben in eigener Verantwortung wahrzunehmen. Die Beauftragung muss den Verantwortungsbereich und Befugnisse festlegen und ist vom Beauftragten zu unterzeichnen. Eine Ausfertigung ist ihm auszuhändigen."[209]

[209] Quelle: § 13 DGUV-Vorschrift 1, inhaltsgleich mit § 13 ArbSchG

Aus den gesetzlichen Vorschriften heraus ist jeder Mitarbeiter mit Leitungsfunktion dafür verantwortlich, dass die erforderlichen Schutzmaßnahmen für Leben und Gesundheit seiner unterstellten Mitarbeiter ergriffen werden. Diese Unternehmerverantwortung trägt ein Vorgesetzter schon allein kraft seiner Stellung in der Organisation, sie braucht nicht gesondert übertragen werden, sondern sie ergibt sich aus dem Arbeitsvertrag, der Stellenbeschreibung und/oder Aufgabenbeschreibung.[210] Es kann jedoch sinnvoll sein, einen Vorgesetzten mit einem zusätzlichen Schriftstück, der schriftlichen Pflichtenübertragung, an seine Stellung als Garant für den Arbeits- und Gesundheitsschutz und als Träger der Unternehmerverantwortung zu erinnern. Dies ist eine Kannbestimmung. In jedem Fall ist aber eine schriftliche Pflichtenübertragung zwingend, wenn Aufgaben, Pflichten, Kompetenzen und Verantwortlichkeiten übertragen werden, die sich nicht aus den o. g. anderen Schriftstücken ergeben.

Oft wird der Pflichtenempfänger durch die Aufzählung von strafrechtlichen und ordnungswidrigkeitsrechtlichen Paragrafen besonders eindringlich an seine besondere Verantwortung für den Arbeits- und Gesundheitsschutz erinnert (z. B. Hinweis auf: § 9 Abs. 2 Nr. 2 OWiG, § 13 Abs. 1 Nr. 5, Abs. 2 ArbSchG, § 13 DGUV-Vorschrift 1, § 15 Abs. 1 SGB VII, § 14 Abs. 2 Nr. 2 StGB). Allerdings führt ein allzu übertriebener Aufbau dieser juristischen Drohkulisse manchmal zu Bedenken und Widerständen, eine derartige Pflichtenübertragung gegenzuzeichnen.

Da alle Mitarbeiter mit Leitungsfunktion ja ohnehin kraft ihrer Stellung in der Organisation eine Garantenstellung hinsichtlich des Arbeits- und Gesundheitsschutzes einnehmen, ist es fraglich, ob es immer sinnvoll ist, für sämtliche Hierarchieebenen schriftliche Pflichtenübertragungen zu erstellen. Oft wird es als ausreichend angesehen, die schriftlichen Pflichtenübertragungen lediglich auf das obere und evtl. mittlere Management zu beschränken und in den unteren Ebenen die Pflichtenübertragung im Arbeitsvertrag, der Stellenbeschreibung oder der Aufgabenbeschreibung zu „verpacken“.

Die schriftliche Pflichtenübertragung ist der erste Schritt zum Aufbau eines Anweisungs- und Nachweissystems, welches erforderlich ist, um eine Organisation gerichtsrobust bzw. „gerichtsfest“ zu machen. Ein Anweisungs- und Nachweissystem ist in diesem Zusammenhang die Summe aller Anweisungen und Regelungen in einer Organisation oder in einem Teilbereich einer Organisation verbunden mit schriftlichen Nachweisen (Beweismitteln) darüber, dass die Anweisungen und Regelungen bei den jeweiligen Empfängern angekommen sind und von ihnen befolgt und eingehalten werden.

[210] Vgl. § 9 OWiG

7.1.3.1.5 Schriftliche Delegation mit Stellen- oder Aufgabenbeschreibung

Die Übertragung der Unternehmerpflichten ist oft Teil der Stellen- oder Aufgabenbeschreibung. Insofern sind Stellenbeschreibungen und noch mehr Aufgabenbeschreibungen weitere wesentliche Bestandteile eines Anweisungs- und Nachweissystems.

„In einer Stellenbeschreibung werden […] die Bezeichnung der Stelle, der Rang des Stelleninhabers, die Über- und Unterstellungsverhältnisse, die Ziele der Stelle, die Stellvertretung des Stelleninhabers, die Aufgaben der Stelle, die Befugnisse des Stelleninhabers, […] das Anforderungsprofil, […] festgehalten.“[211] Die Stellenbeschreibung bezieht sich in der Regel auf einen Stellenplan, nennt Stellennummern und wird in der Personalakte geführt. Ziel einer Stellenbeschreibung ist in erster Linie die Festlegung der Qualifikation des (zukünftigen) Stelleninhabers und die entsprechende Lohn- und Gehaltsfindung.

Die Aufgabenbeschreibung ist ein vom unmittelbaren Vorgesetzten einmal pro Jahr zu aktualisierendes Dokument, in dem festgelegt wird, was die Aufgaben und Verantwortlichkeiten des Mitarbeiters sind. Es werden ferner darin die Unterstellungen des Mitarbeiters einschließlich Vertretungsregelungen im Rahmen der Stab-Linien-Aufbauorganisation und im Hinblick auf fachliche Belange konkret mit Namen dokumentiert. Die Aufgabenbeschreibung ist eine Art komprimierter Stellenbeschreibung. Manchmal ist die Aufgabenbeschreibung auch Bestandteil der Stellenbeschreibung.

Zunächst zur Stellenbeschreibung

Die Stellenbeschreibung – manchmal auch Arbeitsplatz-, Tätigkeits- oder Positionsbeschreibung genannt – ist ein Dokument zur Beschreibung der Aufbauorganisation. In einer Stellenbeschreibung werden der Aufgaben- und Verantwortungsbereich sowie die hierarchische Einbindung des Stelleninhabers festgelegt. Eine weiterer vielleicht sogar die wichtigste Funktion einer Stellenbeschreibung ist die Fixierung der Anforderungen an den Stelleninhaber im Hinblick auf seine Qualifikation und Erfahrung. Üblicherweise besteht eine Stellenbeschreibung aus folgenden Einzelpositionen:

- Bezeichnung der Stelle: Neben der Klartextbezeichnung der Stelle wird oft ein Nummernsystem verwendet, aus dem verschiedene Informationen ablesbar sind, wie z. B. Abteilungszugehörigkeit, Lohngruppe usw.;
- Anforderungen an den Stelleninhaber: Neben den formalen Qualifikationsvoraussetzungen (z. B. *„Abschluss als Elektromeister“*, *„Führerschein Klasse …“*) werden oft auch Erfahrungen auf einem bestimmten Arbeitsgebiet (z. B. *„mindestens dreijährige Erfahrung in der Instandhaltung elektrischer Maschinen“*) genannt.

[211] Quelle: *Vahs* 2012, S. 554

Daneben tauchen manchmal auch gewünschte, persönliche weiche Eigenschaften *wie „Lernbereitschaft“, „hohes Verantwortungsbewusstsein“* und dergleichen auf;

- hierarchische Einordnung der Stelle: Hier werden die übergeordnete Stelle und die untergeordneten Stellen genannt, oft auch wieder als Klartext oder Stellennummern;
- Stellvertretungen: Wer den Stelleninhaber vertritt bei Abwesenheit und wen er bei Abwesenheit eines Dritten vertritt, ist meist auch Bestandteil einer Stellenbeschreibung;
- Ziele der Stelle: Unter dieser Position finden sich meistens allgemeine qualitative Aussagen zum Zweck der Stelle. Es können aber auch messbare Ziele angegeben werden, die möglicherweise zur Beurteilung des Stelleninhabers herangezogen werden können;
- Aufgaben und Verantwortung der Stelle: Sofern es sich um dauernde Aufgaben handelt, sollten diese detailliert beschrieben werden. Sofern der Stelleninhaber besondere Verantwortung trägt, ist auch diese detailliert zu benennen.
- Befugnisse der Stelle: Eng mit den Aufgaben und der Verantwortung sind die Befugnisse des Stelleninhabers verbunden. Es sollten an dieser Stelle nicht nur kaufmännische Sondervollmachten wie Handlungsvollmacht oder Prokura genannt werden, sondern auch besondere Weisungsbefugnisse. Solche besonderen Weisungsbefugnisse können z. B. elektrofachliche Weisungen in andere Abteilungen sein, in denen es keine Elektrofachkraft gibt.

Wenn Stellenbeschreibungen dem Ziel dienen sollen, Bestandteil eines Anweisungs- und Nachweissystems sein zu sollen, müssen sie kontinuierlich angepasst werden, da sie ansonsten schon nach kurzer Zeit veraltet sind. Wenn dieser Änderungsdienst dann tatsächlich sichergestellt ist, haben Stellenbeschreibungen viele Vorteile: Die Organisationsstruktur wird transparent, der Mitarbeiter kennt Aufgaben, Kompetenzen, Verantwortlichkeiten und Befugnisse, die Über- und Unterstellungsverhältnisse sind klar, die Lohn- und Gehaltsfindung wird erleichtert.

Nachteilig ist allerdings der erhebliche bürokratische Aufwand für den Änderungsdienst, was zu einem Verlust an Flexibilität führt oder zu einer Abweichung von Stellenbeschreibung und Istzustand. Beispielsweise kann schon die Versetzung eines einzigen Mitarbeiters in eine andere Abteilung zu einem Änderungsbedarf in einer Vielzahl anderer Stellenbeschreibungen führen, da die Beschreibungen der Über- und Unterstellungen und der Aufgaben angepasst werden müssen. Nachteilig ist außerdem, dass der Inhalt einer Stellenbeschreibung als „Besitzstand“ interpretiert werden kann, was ebenfalls zu starken Einbußen an Flexibilität des Mitarbeitereinsatzes führt.[212]

---

[212] Vgl. *Olfert/Rahn* 2002, S. 125 f.

„Der zunehmende Zwang zur Anpassung der Stellenbeschreibung an die sich rasch wandelnden Umstände und die vermehrte Delegation von Aufgaben an Arbeitsgruppen, die ihre Aufgabenverteilung selbst vornehmen und bei Bedarf auch anpassen, hat dazu geführt, dass die Bedeutung der Stellenbeschreibung in den letzten Jahren deutlich zurückgegangen ist (...).“[213]

Oft wird eine Stellenbeschreibung vor der Besetzung der Stelle erstellt, die danach auf Jahre unverändert in der Personalakte abgelegt wird und dadurch schon nach manchmal nur einem Jahr die tatsächlichen Verhältnisse der Stelle nicht mehr korrekt abbildet. Diese Vorgehensweise deckt sich nicht mit den Anforderungen an ein funktionierendes Anweisungs- und Nachweissystem, aktuell, akzeptiert und unbürokratisch zu sein. Vor dem Hintergrund dieser in vielen Organisationen aber üblichen Praxis kann daher nur gelten:

Ziel einer Stellenbeschreibung ist in erster Linie die Festlegung der Qualifikation des (zukünftigen) Stelleninhabers und die entsprechende Lohn- und Gehaltsfindung. Eine Stellenbeschreibung ist Teil der Personalakte.

Die Personalabteilung, die die Stellenbeschreibungen verwaltet, hat meist kein großes Interesse daran, diese Dokumente aktuell zu halten, nachdem die Ziele – Beschreibung der Qualifikation und Lohnfindung – einmal erreicht sind. Das führt dazu, dass eine Aktualisierung von Stellenbeschreibungen oft nur in großen zeitlichen Abständen vorgenommen wird, manchmal nur zu besonderen Anlässen wie Neubesetzung einer Stelle oder bei organisatorischen Umstrukturierungen.

Die Interessen einer technischen Fachabteilung unterscheiden sich jedoch von denen einer Personalabteilung. Zum Funktionieren einer technischen Organisation ist es unabdingbar, dass Aufgaben und Verantwortlichkeiten stets aktuell festgelegt sind. Es empfiehlt sich in diesem Zusammenhang das Erstellen und regelmäßige Aktualisieren von Aufgabenbeschreibungen.

Zur Aufgabenbeschreibung

Aufgabenbeschreibungen sind Dokumente, die als „kleine Stellenbeschreibungen“ den aus technischer Sicht wesentlichen Regelungsumfang enthalten und die im Grunde lediglich eine schriftliche Anweisung vom unmittelbaren Vorgesetzten an den Mitarbeiter darstellen. In diesem Sinne ist eine Aufgabenbeschreibung eine behelfsmäßige Lösung, um dem Ziel, ein funktionierendes Anweisungs- und Nachweissystem zu erhalten, näher zu kommen, welches mit einem allumfassenden System aus Stellenbeschreibungen nur schwer zu erreichen ist.

Eine Aufgabenbeschreibung ist letztendlich der Kern einer Stellenbeschreibung ohne deren bürokratisches Beiwerk. Das macht sie leicht handhabbar, flexibel und erleichtert die Akzeptanz beim Mitarbeiter.

[213] Quelle: *Vahs* 2012, S. 123

Die Aufgabenbeschreibung kann also wie folgt definiert werden: Sie ist ein vom unmittelbaren Vorgesetzten einmal pro Jahr zu aktualisierendes Dokument, in dem festgelegt wird, was die Aufgaben und Verantwortlichkeiten des Mitarbeiters sind. Es werden ferner darin die Unterstellungen des Mitarbeiters einschließlich Vertretungsregelungen im Rahmen der Stab-Linien-Aufbauorganisation und im Hinblick auf fachliche Belange konkret mit Namen dokumentiert. Die Aufgabenbeschreibung ist eine Art komprimierter Stellenbeschreibung, die jedoch

- vom unmittelbaren Vorgesetzten geführt wird – nicht in der Personalakte,
- inhaltlich aktueller ist als die Stellenbeschreibung,
- konkreter Namen enthält – keine Stellennummern.

Ziel einer Aufgabenbeschreibung ist in erster Linie die Festlegung von Aufgaben und Verantwortlichkeiten eines konkreten Mitarbeiters durch den Vorgesetzten im Sinne des Auswählens und Anweisens. Eine Aufgabenbeschreibung ist Teil des Anweisungs- und Nachweissystems.

Die Aufgaben, die ein Mitarbeiter von seinem Vorgesetzten übertragen bekommt, setzen sich aus delegierbaren und nicht delegierbaren Aufgaben zusammen. In **Bild 7.5** ist dies an einem einfachen Beispiel illustriert.

Um diese Struktur von delegierbaren und nicht delegierbaren Aufgaben und Verantwortlichkeiten innerhalb der Aufbauorganisation besser abbilden zu können, hat es sich als vorteilhaft erwiesen, die Aufgabenbeschreibung in folgende Unterpunkte zu gliedern:

- Führungsaufgaben: Dies sind die Aufgaben Auswählen, Anweisen und Überwachen. Führungsaufgaben sind stets von der Führungskraft selbst wahrzunehmen. Sie sind niemals delegierbar.
- Dauerhafte persönliche Aufgaben: Dies sind die Aufgaben, die vom Vorgesetzten übertragen werden mit der Maßgabe, sie stets selbst wahrzunehmen. Sie sind nicht delegierbar. Es gilt hierfür der Grundsatz: *Sei dauerhaft verantwortlich und mach es stets selbst!*
- Zuständigkeiten auf Anweisung: Unter dieser Position sind Aufgaben einzusortieren, die nur dann durchzuführen sind, wenn sie vom Vorgesetzten angewiesen werden. Es gilt: *Mach es! Organisier es! Sei verantwortlich! Aber erst dann, wenn man Dich anweist.*
- Dauerhafte Verantwortlichkeiten: Hier sind vom Vorgesetzten übertragene Verantwortlichkeiten einzuordnen, die in Teilaufgaben oder Teilverantwortlichkeiten aufgesplittet und weiterdelegiert werden können. Es gilt das Motto: *Sei dauerhaft verantwortlich und organisier es!*

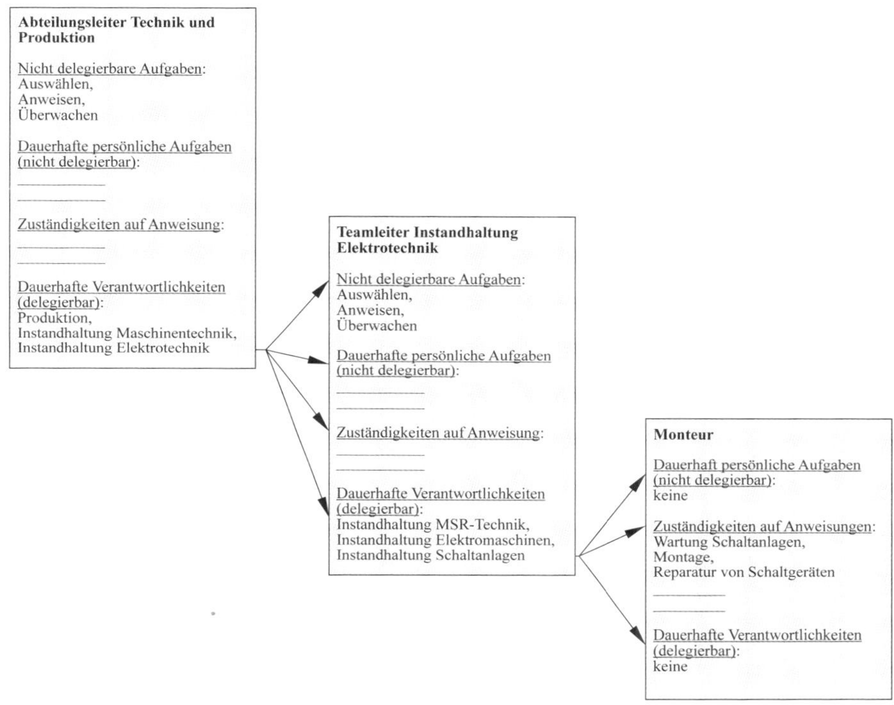

Bild 7.5 Beispiel Delegation über mehrere Hierarchieebenen

7.1.3.2 Elektrotechnische Aufbauorganisation

Da der Umgang mit Elektrizität besondere Gefährdungen mit sich bringt, werden in der DIN VDE 1000-10 spezielle Anforderungen an das Personal, welches im Bereich der Elektrotechnik tätig ist, definiert und auch eine grundlegende Forderung zur Aufbauorganisation von Betrieben mit Bezug zur Elektrotechnik gemacht: „*Für die verantwortliche Leitung eines elektrotechnischen Betriebs oder Betriebsteils ist eine verantwortliche Elektrofachkraft (...) erforderlich.*“[214]

Aus dieser Forderung lässt sich ableiten, dass stets eine (betriebs-/teilbetriebs-)leitende verantwortliche Elektrofachkraft zu benennen ist. Diese leitende verantwortliche Elektrofachkraft muss nach DIN VDE 1000-10 als Qualifikation mindestens über einen elektrotechnischen Berufsabschluss als staatlich geprüfter Techniker, Industriemeister, Handwerksmeister oder über einen akademischen Grad als Diplom-Ingenieur,

[214] Quelle: DIN VDE 1000-10:2009-01, Abschnitt 5.3

Master oder Bachelor im Bereich Elektrotechnik verfügen. *„Unter einem elektrotechnischen Betrieb oder Betriebsteil wird derjenige Bereich eines Betriebs verstanden, der sich mit den elektrotechnisch relevanten Sicherheitsaufgaben befassen muss.“*[215] Dies kann z. B. auch eine Bäckerei sein. Da eine Bäckerei als Kleinbetrieb in der Regel keine Elektrofachkräfte als Mitarbeiter beschäftig, muss sie eine externe Person mit der Wahrnehmung der Rolle verantwortliche Elektrofachkraft beauftragen – üblicherweise einen selbstständigen Elektromeister.

In jedem Betrieb oder Betriebsteil, in dem elektrische Sicherheitsfragen eine Rolle spielen, muss also mindestens ein Meister, Techniker oder Ingenieur als leitende verantwortliche Elektrofachkraft benannt sein! Facharbeiterqualifikation reicht dafür nicht aus. Insofern gibt es *„zwei verschiedene Arten von verantwortlichen Elektrofachkräften: die ‚einfache‘ verantwortliche Elektrofachkraft und die [leitende] verantwortliche Elektrofachkraft, die mit der ‚Leitung eines Betriebs(-teils)‘ betraut ist“*[216] und Meister-, Techniker oder Ingenieurqualifikation besitzt.

„Dem Unternehmer kommt eine hohe Verantwortung bei der Auswahl einer verantwortlichen Elektrofachkraft zu [...], wobei es in größeren Betrieben Praxis sein kann, sowohl für die einzelnen elektrotechnischen Arbeitsgebiete (Niederspannung, Hochspannung, MSR-Technik) jeweils verantwortliche [Elektro-]Fachkräfte zu beauftragen als auch in den verschiedenen Ebenen (verantwortliche [Elektro-] Fachkraft „vor Ort“, verantwortliche [Elektro-]Fachkraft auf Meister, Techniker-Ingenieurebene je nach Verantwortungsbereich).“[217] In größeren Betrieben kann es also sinnvoll sein, eine elektrotechnische Hierarchie mit unterschiedlichen Ebenen und einer obersten (leitenden) verantwortlichen Elektrofachkraft an der Spitze zu organisieren. **Bild 7.6** zeigt den schematischen Aufbau einer solchen Hierarchie. Das Vorhandensein einer einzigen leitenden verantwortlichen Elektrofachkraft ist jedoch keineswegs zwingend erforderlich. Es besteht durchaus die Möglichkeit, mehrere gleichrangige leitende verantwortliche Elektrofachkräfte „nebeneinander“ zu installieren, sofern deren jeweiliger Verantwortungsbereich klar festgelegt ist.[218]

Aufbauorganisatorischen Festlegungen müssen stets aus einer (Haupt-)Linienorganisation und einer elektrotechnischen Fach(linien)organisation bestehen. Ist ein (Haupt-)Linienvorgesetzter nicht gleichzeitig Elektrofachkraft, fallen (Haupt-)Linienorganisation und Fach(linien)organisation auseinander. Es gibt für die Haupt-Linienhierarchie und die Fachlinienhierarchie unterschiedliche Organigramme. In **Bild 7.7** sind an einem stark vereinfachten Beispiel zwei derartige Organigramme in einer gemeinsamen Darstellung zusammengefasst.

---

[215] Quelle: DIN VDE 1000-10:2009-01, Anhang A zu 5.3

[216] Quelle: *Ensmann/Euler/Eber* 2016, S. 140

[217] Quelle: DIN VDE 1000-10:2009-01, Anhang A zu 3.1

[218] Vgl. *Schliephacke* 2008, S. 209 und *Ensmann/Euler/Eber* 2016, S. 200 ff.

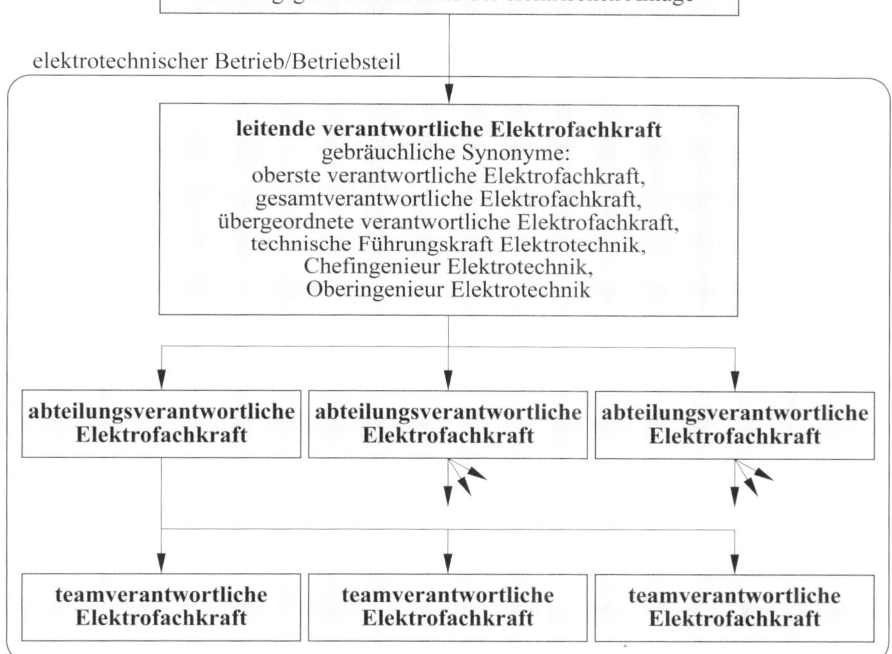

Bild 7.6 Elektrotechnische Aufbauorganisation

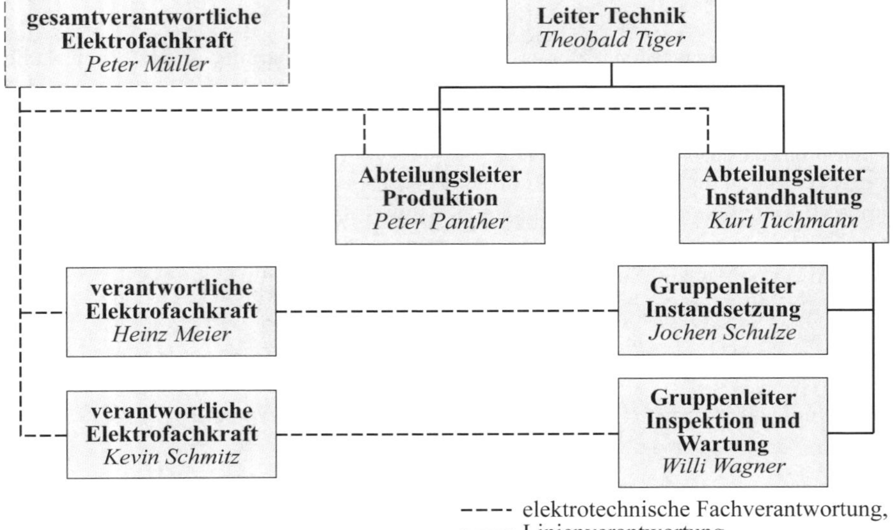

Bild 7.7 Beispiel Fach- und Linienhierarchie

7.2 Elektrotechnische Ablauforganisation (DIN VDE 0105-100)

7.2.1 Begriffe

7.2.1.1 Begriffe aus der DIN VDE 0105-100

Annäherungszone

ist ein *„begrenzter Bereich außerhalb der Gefahrenzone“*.[219]

Arbeiten

ist *„jede Form elektrotechnischer oder nicht elektrotechnischer Tätigkeit, bei der die Möglichkeit einer elektrischen Gefährdung besteht“*.[220]

---

[219] Quelle: DIN VDE 0105-100:2015-10, Abschnitt 3.3.3

[220] Quelle: DIN VDE 0105-100:2015-10, Abschnitt 3.4.1

Arbeitserdung

Als Arbeitserdung werden Erdungs- und Kurzschließmaßnahmen an der Arbeitsstelle (in sichtbarer Nähe) zum Schutz vor Rest-, Beeinflussungs- und Berührungsspannungen bezeichnet. Arbeitserdungen brauchen nicht kurzschlussfest sein, da an den Ausschaltstellen die Ausschalterdungen kurzschlussfest sind. Arbeitserdungen sind vorgeschrieben für Arbeiten an Mittel- und Hochspannungsanlagen und für Arbeiten an bestimmten Niederspannungsanlagen, wenn das Risiko besteht, dass die Anlage unter Spannung gesetzt wird. Auf eine Arbeitserdung kann bei Montagearbeiten an Kabeln verzichtet werden, wenn an allen Ausschaltstellen kurzschlussfeste Erdungs- und Kurzschließmaßnahmen (Ausschalterdung) bestehen.[221]

Arbeitsstelle

„Baustelle(n), Bereich(e) oder Ort(e), wo Arbeiten durchgeführt werden sollen, werden oder wurden."[222]

Ausschalterdung

Als Ausschalterdung werden kurzschlussfeste Erdungs- und Kurzschließmaßnahmen an einer Ausschaltstelle (in unmittelbarer Nähe des Schaltorgans) zur Verhinderung der Gefahren, die mit unbeabsichtigtem Einschalten verbunden sind, verstanden. Ausschalterdungen sind für Arbeiten an Anlagen und Kabeln über 1 kV vorgeschrieben.[223]

Bedienen

„ist Teil des Betriebs und umfasst das bei bestimmungsgemäßem Gebrauch gefahrlose Beobachten, Steuern, Regel und Schalten von elektrischen Anlagen".[224]

Betrieb

umfasst *„alle Tätigkeiten, die erforderlich sind, damit die elektrische Anlage funktionieren kann. Dies umfasst Schalten, Regeln, Überwachen und Instandhalten sowie elektrotechnische und nicht elektrotechnische Arbeiten".*[225]

[221] Vgl. DIN VDE 0105-100:2015-10, S. 31 ff. und *Pusch* 2017, S. 382

[222] Quelle: DIN VDE 0105-100:2015-10, Abschnitt 3.3.1

[223] Vgl. DIN VDE 0105-100:2015-10, Abschnitt 6.2.5.3.103 und *Pusch* 2017, S. 384

[224] Quelle: Vgl. DIN VDE 0105-100:2015-10, Abschnitt 3.4.101

[225] Quelle: DIN VDE 0105-100:2015-10, Abschnitt 3.1.2

Durchführungserlaubnis

Die Durchführungserlaubnis ist *„die Genehmigung, die geplante Arbeit durchzuführen (schriftliche oder mündliche eindeutige Anweisung)"*.[226]

Elektrische Anlage

Elektrische Anlagen sind *„Anlagen mit elektrischen Betriebsmitteln zur Erzeugung, Übertragung, Umwandlung, Verteilung, und Anwendung elektrischer Energie. Den elektrischen Betriebsmitteln werden gleichgesetzt Werkzeuge, Ausrüstungen, Schutz- und Hilfsmittel, soweit an diese Anforderungen hinsichtlich der elektrischen Sicherheit gestellt werden. (...) Dieses schließt Energiequellen ein wie Batterien, Kondensatoren und alle anderen Quellen gespeicherter Energie"*.[227]

Elektrische Betriebsstätte, abgeschlossene

Eine abgeschlossene elektrische Betriebsstätte ist ein *„Raum oder ein Ort, der ausschließlich zum Betrieb elektrischer Anlagen dient und unter Verschluss gehalten wird. Zutritt haben Elektrofachkräfte und elektrotechnisch unterwiesene Personen, Laien jedoch nur in Begleitung von Elektrofachkräften oder elektrotechnisch unterwiesenen Personen. (...) Hierzu gehören z. B. abgeschlossene Schalt- und Verteilungsanlagen, Transformatorzellen, Schaltfelder, Verteilungsanlagen in Blechgehäusen oder anderen abgeschlossenen Anlagen, Maststationen"*.[228]

Elektrotechnische Arbeiten

sind *„Arbeiten an, mit oder in der Nähe einer elektrischen Anlage, z. B. Erproben und Messen, Instandsetzen, Auswechseln, Ändern, Erweitern, Errichten, Prüfen"*.[229]

Elektrotechnisch unterwiesene Person

„ist, wer durch eine Elektrofachkraft über die ihr übertragenen Aufgaben und die möglichen Gefahren bei unsachgemäßem Verhalten unterrichtet und erforderlichenfalls angelernt sowie über die notwendigen Schutzeinrichtungen und Schutzmaßnahmen unterwiesen wurde".[230]

---

[226] Quelle: DIN VDE 0105-100:2015-10, Abschnitt 3.4.9
[227] Quelle: DIN VDE 0105-100:2015-10, Abschnitt 3.1.1
[228] Quelle: DIN VDE 0105-100:2015-10, Abschnitt 3.1.101
[229] Quelle: DIN VDE 0105-100:2015-10, Abschnitt 3.4.2
[230] Quelle: DIN VDE 0105-100:2015-10, Abschnitt 3.2.5; gleichlautend mit DIN VDE 1000-10:2009-01, Abschnitt 3.3

Freigabe zur Arbeit

„Anweisung an der Arbeitsstelle an die Mitarbeiter des Arbeitsteams, die Arbeit zu beginnen, nachdem alle Sicherheitsmaßnahmen durchgeführt wurden.“[231]

Freischalten

bedeutet *„allseitiges Ausschalten oder Abtrennen eines Betriebsmittels oder eines Stromkreises von anderen Betriebsmitteln oder Stromkreisen durch Trennstellen, die den zu erwartenden Spannungsunterschieden zwischen dem Betriebsmittel oder dem Stromkreis und anderen Stromkreisen standhalten können“*.[232]

Gefahr, elektrische

„Risiko einer Verletzung elektrischen Ursprungs.“[233] Im Gegensatz zum Begriff Gefährdung bedeutet der Begriff Gefahr, dass ein Risiko besteht, bei dem die Eintrittswahrscheinlichkeit des Schadens hinreichend konkret ist.

Gefahrenzone

„Bereich um unter Spannung stehende Teile, in dem beim Eindringen ohne Schutzmaßnahmen der zur Vermeidung einer elektrischen Gefahr erforderliche Isolationspegel nicht sichergestellt ist.“[234]

Gefährdung, elektrische

Eine elektrische Gefährdung ist die *„Quelle einer möglichen Verletzung oder Gesundheitsschädigung durch das Vorhandensein elektrischer Energie in einer Anlage“*.[235] Gefährdung bedeutet in diesem Zusammenhang, dass die prinzipielle Möglichkeit eines gesundheitlichen Schadens durch das Vorhandensein einer Schadensquelle besteht, ohne dass eine Aussage über die Eintrittswahrscheinlichkeit gemacht wird.

Laie, elektrotechnischer

„Person, die weder Elektrofachkraft noch elektrotechnisch unterwiesene Person ist.“[236]

[231] Quelle: DIN VDE 0105-100:2015-10, Abschnitt 3.4.10
[232] Quelle: DIN VDE 0105-100:2015-10, Abschnitt 3.4.6
[233] Quelle: DIN VDE 0105-100:2015-10, Abschnitt 3.1.5
[234] Quelle: DIN VDE 0105-100:2015-10, Abschnitt 3.3.2
[235] Quelle: DIN VDE 0105-100:2015-10, Abschnitt 3.1.4
[236] Quelle: DIN VDE 0105-100:2009-10 (zurückgezogen), Abschnitt 3.2.6

Nicht elektrotechnische Arbeiten

sind „*Arbeiten im Bereich einer elektrischen Anlage, z. B. Bau- und Montagearbeiten, Erdarbeiten, Reinigen, Anstrich usw.*“.[237]

Persönliche Schutzausrüstung (PSA)

„*Persönliche Schutzausrüstung [...] ist jede Ausrüstung, die dazu bestimmt ist, von den Beschäftigten benutzt oder getragen zu werden, um sich gegen eine Gefährdung für ihre Sicherheit und Gesundheit zu schützen, sowie jede mit demselben Ziel verwendete und mit der persönlichen Schutzausrüstung verbundene Zusatzausrüstung.*“[238] Wenn der Unternehmer bei der Gefährdungsbeurteilung zu dem Ergebnis kommt, dass weder technische noch organisatorische Maßnahmen eine Gefährdung für den Beschäftigten ausschließen, ist der Unternehmer verpflichtet, persönliche Schutzausrüstung zur Verfügung zu stellen und dafür zu sorgen, dass sie ordnungsgemäß benutzt wird. Typische PSA ist z. B.: Kopfschutz, Gesichtsschutz, Schutzhandschuhe, Sicherheitsschuhe, störlichtbogenfeste Arbeitskleidung.

Prüfen

Das Prüfen einer elektrischen Anlage oder eines elektrischen Betriebsmittels kann „*folgende Schritte umfassen:*

- *Besichtigen,*
- *Messen und/oder Erproben (...)*“.[239]

Risiko

Risiko ist das Produkt aus Umfang eines Schadens und der Eintrittswahrscheinlichkeit des Schadens. Im Arbeitsschutz bedeutet Risiko die „*Kombination der Eintrittswahrscheinlichkeit und des Schweregrades der möglichen Verletzung oder Gesundheitsschädigung einer Person in einer Gefährdungssituation*“.[240]

---

[237] Quelle: DIN VDE 0105-100:2015-10, Abschnitt 3.4.3

[238] Quelle: DIN VDE 0105-100:2015-10, Abschnitt 3.5.101

[239] Quelle: DIN VDE 0105-100:2015-10, Abschnitt 5.3.3.2

[240] Quelle: DIN VDE 0105-100:2015-10, Abschnitt 3.1.3

7.2.1.2 Weitere Begriffe

Anerkannte Regeln der Technik

Anerkannte Regeln der Technik sind technische Regeln, die von der Mehrheit der Fachleute anerkannt sind und sich über längere Zeit praktisch bewährt haben. Technische Normen (z. B. DIN-VDE-Normen, DIN-Normen) sind oft – aber nicht immer – anerkannte Regeln, da sie manchmal veraltet sind, sich manchmal noch nicht praktisch bewährt haben und manchmal auch lediglich die Interessen einzelner Gruppen widerspiegeln.

Aufsicht, ständige

Arbeiten unter ständiger Aufsicht bedeutet, dass die Arbeit unter ununterbrochener Beobachtung einer Elektrofachkraft durchgeführt wird. Die ständige Aufsicht führende Elektrofachkraft darf die Arbeitsstelle nicht verlassen und hat Sichtkontakt zum Arbeitenden zu halten.

Beauftragter, Betriebsbeauftragter

Ein Beauftragter ist eine mit einer schriftlichen Bestellung eingesetzte Person, deren Aufgabe es (bezogen auf ein bestimmtes Fachgebiet) ist, zu beraten, zu kontrollieren und hinzuweisen. Ein Beauftragter hat als Überwachungsgarant Kontroll-, Informations- und Initiativpflichten. In der Regel ist ein Beauftragter weisungsfrei und nur dahingehend zu kontrollieren, ob er seine Tätigkeit ausführt, nicht aber, ob der Inhalt seine Tätigkeit richtig ist. Ein Beauftragter nimmt keine Führungsverantwortung im Rahmen der Verantwortungsaddition wahr. Die Bestellung bestimmter Beauftragter beruht häufig auf einer gesetzlichen Verpflichtung (z. B. Sicherheitsbeauftragter, Sicherheitsfachkraft). In der Regel benötigt ein Beauftragter eine spezielle Ausbildung in seinem Fachgebiet.[241]

Befähigte Person

„Aufgrund der Fachkenntnisse aus Berufsausbildung, Berufserfahrung und zeitnaher beruflicher Tätigkeit muss [bei einer befähigten Person] ein zuverlässiges Verständnis sicherheitstechnischer Belange gegeben sein, damit Prüfungen ordnungsgemäß durchgeführt werden können. In Abhängigkeit von der Komplexität der Prüfaufgaben (Prüfumfang, Prüfart, Nutzung bestimmter Messgeräte) können die erforderlichen Fachkenntnisse variieren.“[242]

---

[241] Vgl. *Adams/Davidsohn/Werner* 2002, S. 141 ff.

[242] Quelle: TRBS 1203, Abschnitt 2

Betriebsarzt

„Die Betriebsärztin/der Betriebsarzt ist, wie die Fachkraft für Arbeitssicherheit, in einer Stabsstelle beratend und unterstützend für die Unternehmerin/den Unternehmer tätig bei der:

- *Gestaltung der Arbeitsverfahren und der Arbeitsplätze,*
- *Beschaffung der Arbeitsmittel sowie der Persönlichen Schutzausrüstungen,*
- *Organisation der Ersten Hilfe im Betrieb,*
- *Eingliederung und Wiedereingliederung Behinderter in den Arbeitsprozess,*
- *Beurteilung der Arbeitsbedingungen.*

Die Betriebsärztin/der Betriebsarzt berät in allen Fragen des Gesundheitsschutzes, insbesondere bei arbeitsmedizinischen, arbeitspsychologischen, hygienischen und ergonomischen Fragen. Außerdem gehören die arbeitsmedizinische Vorsorge für die Beschäftigten, die arbeitsmedizinische Beurteilung der Arbeitsplätze, die Begehung der Arbeitsstätten sowie die Untersuchung der Ursachen arbeitsbedingter Erkrankungen zu den Aufgaben. Dabei sind Betriebsärztinnen und Betriebsärzte in der Ausübung ihrer Fachkunde weisungsfrei und unterliegen der ärztlichen Schweigepflicht.“[243]

Ersthelfer

ist ein Mitarbeiter, der eine Erste-Hilfe-Ausbildung mit Herz-Lungen-Wiederbelebungsmaßnahmen abgeschlossen hat und weiterhin regelmäßig geschult wurde.

Fachkraft für Arbeitssicherheit (= Sicherheitsfachkraft)

„Die Fachkraft für Arbeitssicherheit ist in ihrer Funktion als Stabsstelle direkt der Betriebsleitung unterstellt. Sie hat keine Weisungsbefugnis, sondern berät die Unternehmerin/den Unternehmer zu allen Themen der Arbeitssicherheit einschließlich der menschengerechten Gestaltung der Arbeit. Die Fachkraft für Arbeitssicherheit berät und unterstützt u. a. bei der:

- *Gestaltung der Arbeitsabläufe und der Arbeitsplätze,*
- *Beschaffung der technischen Arbeitsmittel sowie der Persönlichen Schutzausrüstungen (PSA),*
- *Beurteilung der Arbeitsbedingungen.*

[243] Quelle: DGUV-Information 211-042, Abschnitt 2.1.4

Die Fachkraft für Arbeitssicherheit hat regelmäßige Begehungen durchzuführen. Sie informiert die Beschäftigten über die Unfall- und Gesundheitsgefahren und wirkt bei der Schulung der Sicherheitsbeauftragten mit. "[244]

Fachverantwortung (= Fach- und Aufsichtsverantwortung)

Die Fachverantwortung ist der fachliche Teil der Führungsverantwortung. Fachverantwortung wird wahrgenommen durch Mitwirkung bei der Auswahl von (Personal-) Ressourcen, durch fachliche Anweisungen, wie Maßnahmen durchzuführen sind, und durch Überwachung der Maßnahmen.

Fachvorgesetzter (= Fachlinien-Vorgesetzter)

Der Fachvorgesetzte nimmt die Fachverantwortung wahr. Er wirkt bei der Auswahl von (Personal-)Ressourcen mit. Er weist an, wie Maßnahmen durchzuführen sind und überwacht die fachliche Durchführung. Sofern Fachvorgesetzter und Linienvorgesetzter unterschiedliche Personen sind, ist festzulegen, wie Hol- und Bringschuld von Informationen zwischen Linienvorgesetzten und Fachvorgesetzten verteilt sind.

Koordinator für Fremdfirmen
(Fremdfirmenkoordinator gemäß § 6 DGUV-Vorschrift 1)

„*Werden Beschäftigte mehrere Unternehmer oder selbstständige Einzelunternehmer an einem Arbeitsplatz tätig, haben die Unternehmer hinsichtlich der Sicherheit und des Gesundheitsschutzes der Beschäftigten [...] zusammenzuarbeiten. Insbesondere haben sie, soweit es zur Vermeidung einer möglichen gegenseitigen Gefährdung erforderlich ist, eine Person zu bestimmen, die die Arbeiten aufeinander abstimmt [...].* "[245] Dieser Fremdfirmenkoordinator hat dafür zu sorgen, dass aus den Tätigkeiten der Beschäftigten verschiedener Unternehmer keine gegenseitigen Gefahren erwachsen, er hat Fremdfirmenangehörige zu unterweisen, er hat auf einzuhaltende Vorschriften und zu benutzende PSA hinzuweisen und über besondere Gefahren zu informieren.[246]

---

[244] Quelle: DGUV-Information 211-042, Abschnitt 2.1.3

[245] Quelle: § 6 DGUV-Vorschrift 1

[246] Vgl. *Janssen* 2005, S. 22 ff.

Koordinator für Sicherheit und Gesundheitsschutz auf Baustellen (SiGe-Koordinator/Baustellenkoordinator gemäß Baustellenverordnung)

„Für Baustellen, auf denen Beschäftigte mehrerer Arbeitgeber tätig werden, sind ein oder mehrere geeignete Koordinatoren zu bestellen. […].“[247] Die Aufgaben des Baustellenkoordinators sind:

- Koordinierung der allgemeinen Grundsätze des Arbeits- und Gesundheitsschutzes in Planungs- und Ausführungsphase,
- Vorankündigung gegenüber der zuständigen Behörde (bei größeren Baustellen),
- Erstellung und Anpassung des Sicherheits- und Gesundheitsschutzplanes (bei größeren Baustellen),
- Organisation der Zusammenarbeit der Arbeitgeber,
- Überwachung der Erfüllung der Arbeitsschutzpflichten durch die Arbeitgeber,
- Überwachung der ordnungsgemäßen Anwendung der Arbeitsverfahren.[248]

Linienvorgesetzter (= Hauptlinien-Vorgesetzter)

ist der Vorgesetzte in einer Stab-Linien-Aufbauorganisation. Er nimmt die Linienverantwortung (umgangssprachlich oft auch etwas unscharf als „Disziplinarverantwortung“ bezeichnet) wahr. Er wählt (Personal-)Ressourcen aus, weist Maßnahmen an und überwacht die Ausführung hinsichtlich nicht fachlicher Aspekte (z. B. Kosten, Termine). Oft wird der Begriff Linienvorgesetzter fälschlicherweise mit dem aus dem Wehr- und Beamtenrecht stammenden Begriff „Disziplinarvorgesetzter“ gleichgesetzt.

Norm, technische

Eine technische Norm ist eine *„technische Spezifikation, die von einem anerkannten Normungsgremium zur wiederholten oder ständigen Anwendung angenommen wurde, deren Einhaltung jedoch nicht zwingend vorgeschrieben ist.“*[249]

Schaltantrag

Der Schaltantrag ist das an den Anlagenverantwortlichen oder seinen schaltanweisungsberechtigten Beauftragten gerichtete und begründete Begehren, eine Schalthandlung durchführen zu lassen.

---

[247] Quelle: § 3 BaustellV

[248] Vgl. *Pieper* 2009, § 1 BaustellV, Rn. 2

[249] Quelle: Art 1 Nr. 6 der Richtlinie 98/34/EG zit. nach *Müller* in: *Ensthaler/Gesmann-Nuissl/Müller*, S. 31

Schaltanweisung (= Schaltauftrag)

„ist die Anweisung eines Schaltanweisungsberechtigten an einen Schaltberechtigten eine genau bezeichnete Schalthandlung in einer elektrischen Anlage unmittelbar durchzuführen“.[250]

Schaltberechtigter

ist der Inhaber einer schriftlich erteilten Berechtigung, Schalthandlungen entweder eigenverantwortlich oder auf Anweisung – je nach Art der Schaltberechtigung – durchzuführen. Der Schaltberechtigte ist, sofern er nicht selbst Anlagenverantwortlicher ist, Beauftragter des Anlagenverantwortlichen.[251]

Schaltgespräch

ist das mit festgelegten Redewendungen formelhaft zwischen Schaltanweisungsberechtigtem und Schaltberechtigtem geführte Gespräch zur Erteilung von Schaltanweisungen und zur Bestätigung von deren Ausführung. Aufgrund der Formelhaftigkeit und der Begrenztheit der festgelegten Redewendungen eignet es sich nicht zum Austausch allgemeiner technischer Informationen und ist insofern vom Informationsgespräch zu unterscheiden.[252]

Schalthoheitsbereich

Innerhalb eines Schalthoheitsbereichs liegt die Berechtigung, Schalthandlungen durchzuführen oder anzuweisen allein bei einer Stelle. Die Grenze zwischen zwei Schalthoheitsbereichen muss nicht identisch mit der Eigentumsgrenzen sein. Synonyme Begriffe sind Schaltbefehlsbereich oder Verfügungsbereich.

Schaltzustand

Der Schaltzustand einer elektrischen Anlage bezeichnet die Stellung sämtlicher Schaltgeräte.

Sicherheit

Sicherheit bedeutet Abwesenheit von Risiko.

---

[250] Quelle: *Pusch* 2017, S. 395

[251] Vgl. *Pusch* 2017, S. 396

[252] Vgl. *Pusch* 2017, S. 396

Sicherheitsbeauftragter

„Sicherheitsbeauftragte sind von der Unternehmerin/vom Unternehmer bestellte Personen, die sie/ihn bei der Durchführung der Maßnahmen zur Verhütung der Arbeitsunfälle, Berufskrankheiten und arbeitsbedingten Gesundheitsgefahren unterstützen. Sicherheitsbeauftragte müsse in allen Unternehmen mit regelmäßig mehr als 20 Beschäftigten bestellt werden. Ihnen kommt aufgrund ihrer Orts-, Fach- und Sachkenntnisse die Aufgabe zu, in ihrem Arbeitsbereich Unfall- und Gesundheitsgefahren zu erkennen und adäquat darauf zu reagieren sowie zu beobachten, ob die vorgeschriebenen Schutzvorrichtungen und -ausrüstungen vorhanden sind und benutzt werden. Sicherheitsbeauftragte sind ohne hierfür festgeschriebenen Zeitaufwand auf ihrer jeweiligen Arbeitsebene unterstützend tätig und treten gegenüber den Beschäftigten als Multiplikatoren auf. Sie bewirken durch ihre Präsenz und ihre Vorbildfunktion sowie durch ihr kollegiales Einwirken ein sicherheitsgerichtetes Verhalten der Beschäftigten. Die Sicherheitsbeauftragten sind in ihrer Funktion ausschließlich ehrenamtlich tätig und können in keinem Fall die beratende Funktion einer Fachkraft für Arbeitssicherheit oder einer Betriebsärztin/eines Betriebsarztes ersetzen, sollten aber eng mit ihnen zusammenwirken. Sie sind auch Mitglied im Arbeitsschutzausschuss [nach § 11 ArbSchG].“[253]

Stand der Technik (= beste verfügbare Technik)

Der Stand der Technik wird in der Fachliteratur beschrieben und von der Mehrheit der Fachleute anerkannt. Der Stand der Technik ist verfügbar, eine längere Bewährung in der Praxis steht jedoch noch aus.

Stand von Wissenschaft und Technik

Der Stand von Wissenschaft und Technik ist der neuste, gesicherte Stand an wissenschaftlichen Erkenntnissen (Forschungsstand) in einem Fachgebiet. Er ist der höchste Stand des technischen Fortschritts.

Störung

„Eine Störung ist eine ungewollte Änderung des […] Betriebszustands.“[254]

Störlichtbogen

Ein Störlichtbogen ist eine *„fehlerhafte Verbindung zwischen leitfähigen Teilen unterschiedlichen Potentials einer elektrischen Anlage in Form einer selbststän-*

[253] Quelle: DGUV-Information 211-042, Abschnitt 2.1.5

[254] Quelle: *Pusch* 2017, S. 398

digen Gasentladung".[255] Mit einem Störlichtbogen sind folgende Gefährdungen verbunden: große thermische Energie, Druck- und Schallwelle (Knall), giftige Gase, elektromagnetische Strahlung.[256]

Technik-Klausel

Eine Technik-Klausel verweist in Gesetzen, Verordnungen und Vertragstexten auf einen bestimmten Stand des technischen Fortschritts im Sinne eines sicherheitsrechtlich maßgeblichen Standards. Folgende Technik-Klauseln sind gebräuchlich (aufsteigend geordnet):

- anerkannte Regeln der Technik,
- Stand der Technik (= beste verfügbare Technik),
- Stand von Wissenschaft und Technik.[257]

Unterweisung

„Der Unternehmer hat die Versicherten über Sicherheit und Gesundheitsschutz bei der Arbeit, insbesondere über die mit ihrer Arbeit verbundenen Gefährdungen und die Maßnahmen zu ihrer Verhütung [...] zu unterweisen; die Unterweisung muss erforderlichenfalls wiederholt werden, mindestens aber einmal jährlich erfolgen; sie muss dokumentiert werden."[258] Eine Unterweisung sollte für Gefahren sensibilisieren, zum sicheren Arbeiten anhalten, Verständnis für Sicherheitsvorschriften und -anweisungen wecken sowie an die Eigenverantwortung für die eigene Gesundheit erinnern.[259] Unterweisungen können unterschieden werden in „Einweisung" eines neuen Mitarbeiters in eine neue Arbeitsumgebung bzw. einen neuen Betrieb, in „Erstunterweisung" eines Mitarbeiters in eine neue Arbeitsaufgabe, „Wiederholungsunterweisung" und „Kurzunterweisung" (anlassbezogen).[260]

Verfügungserlaubnis

ist die von der Leitstelle an einen Mitarbeiter vor Ort erteilte Erlaubnis, an einem freigeschalteten und geerdeten Betriebsmittel nach Durchführung der Sicherheitsmaßnahmen Arbeiten durchzuführen oder von einem Dritten – nach zusätzlicher Einweisung des Dritten und erteilter Durchführungserlaubnis – Arbeiten durchführen zu lassen.[261]

---

[255] Quelle: DGUV-Information 203-077, Abschnitt 2
[256] Vgl. DGUV-Information 203-077, Vorbemerkungen
[257] Vgl. *Müller* in: *Ensthaler/Gesmann-Nuissl/Müller*, S. 28 ff.
[258] Quelle: § 4 Abs. 1 DGUV-Vorschrift 1
[259] Vgl. *Schliephacke* 2008, S. 131 f.
[260] Vgl. *Egyptien* 1997, S. 13 ff.
[261] Vgl. *Pusch* 2017, S. 400

7.2.2 Rollen

7.2.2.1 Elektrofachkraft

Der Begriff „Elektrofachkraft“ beschreibt das Ausbildungs- und Erfahrungsprofil eines Elektrofachmanns/einer Elektrofachfrau und wird sowohl in der DGUV-Vorschrift 3 als auch der DIN VDE 0105-100 bzw. der DIN VDE 1000-10 definiert:

„Elektrofachkraft ist, wer aufgrund seiner fachlichen Ausbildung Kenntnisse und Erfahrungen sowie Kenntnisse der einschlägigen Normen die ihm übertragenen Aufgaben beurteilen und mögliche Gefahren erkennen kann. Zur Beurteilung der fachlichen Ausbildung kann auch eine mehrjährige Tätigkeit auf dem betreffenden Arbeitsgebiet herangezogen werden“.[262]

Die besondere Kompetenz einer Elektrofachkraft (EFK) besteht also darin, dass sie Aufgaben hinsichtlich der damit verbundenen Gefährdungen beurteilen und daraus drohende Gefahren erkennen kann. Dies bezieht sich sowohl auf elektrische als auch auf mechanische, thermische und sonstige Gefährdungen und Gefahren. Nicht unbedingt zur Kompetenz gehört die Fähigkeit, diese Aufgaben selbst zu erledigen und die Gefahren selbst zu beseitigen. Eine Elektrofachkraft muss jedoch in seinem Arbeitsbereich in der Lage sein, entsprechende Maßnahmen insbesondere zur Gefahrenbeseitigung zu veranlassen. Der Begriff Elektrofachkraft lässt sich daher sowohl auf einen handwerklich arbeitenden Monteur als auch auf einen im Management tätigen Techniker anwenden.

Die fachliche Ausbildung ist in der Regel durch einen Abschluss einer staatlich anerkannten Berufsausbildung nachgewiesen. Die DIN VDE 1000-10 nennt ausdrücklich die Abschlüsse als Facharbeiter, staatlich geprüfter Techniker, Industrie- oder Handwerksmeister sowie die akademischen Grade Diplom-Ingenieur, Master und Bachelor.

Die Kenntnisse und Erfahrungen als weitere Voraussetzung für die Eigenschaft Elektrofachkraft können niemals allumfassend die gesamte Elektrotechnik abdecken. Sie sind stets auf ein bestimmtes Arbeitsgebiet begrenzt, sodass bei der Benutzung des Begriffs Elektrofachkraft immer auch das Arbeitsgebiet bezeichnet werden muss, für das die Elektrofachkraft kompetent ist.

Als letzte Voraussetzung, um als Elektrofachkraft gelten, werden Kenntnisse der einschlägigen Normen genannt. Dies sind in der Regel die für das fachgerechte und sicherheitsgerichtete Handeln auf dem betreffenden Arbeitsgebiet notwendigen technischen Regelwerke, in erster Linie das VDE-Vorschriftenwerk und die VDE-An-

[262] Quelle: DIN VDE 0105-100:2015-10, Abschnitt 3.2.4; gleichlautend mit DIN VDE 1000-10:2009-01, Abschnitt 3.2

wendungsregeln sowie die Regelwerke der Berufsgenossenschaften. Grundlagen dieser Kenntnisse werden sicherlich bereits in der geforderten Berufsausbildung erworben, jedoch ist es notwendig, durch ständige Weiterbildung und Unterweisungen den Kenntnisstand aktuell zu halten. Dies ist insofern zwingend, da durch den technischen Fortschritt auch die Regelwerke einem ständigen Wandel unterworfen sind. Der Umfang der Normenkenntnisse ist nicht nur abhängig vom Arbeitsgebiet, sondern auch vom formalen Ausbildungsniveau der Elektrofachkraft. Beispielsweise werden von einem Elektromeister andere und umfangreichere Kenntnisse erwartet als von einem Elektromonteur mit Facharbeiterausbildung.

Sofern nach einer längeren Arbeitspause die Kenntnisse und Erfahrungen einer Elektrofachkraft verblassen, verfällt die Qualifikation als Elektrofachkraft. Jedoch kann sie durch Auffrischung der Ausbildung und erneut gewonnene Erfahrung zurückerlangt werden.[263]

Abzugrenzen ist die Elektrofachkraft von der elektrotechnisch unterwiesenen Person, die nur innerhalb enger Grenzen auf Grundlage einer Unterweisung durch eine Elektrofachkraft tätig werden darf.

7.2.2.2 Elektrotechnisch unterwiesene Person

Einer elektrotechnisch unterwiesenen Person ist zunächst mal alles verboten, was nicht in einer Unterweisung ausdrücklich erlaubt wurde! *„Elektrotechnisch unterwiesene Person ist, wer durch eine Elektrofachkraft über die ihr übertragenen Aufgaben und die möglichen Gefahren bei unsachgemäßem Verhalten unterrichtet und erforderlichenfalls angelernt sowie über die notwendigen Schutzeinrichtungen und Schutzmaßnahmen unterwiesen wurde.“*[264] **Tabelle 7.3** listet die Unterscheidungsmerkmale von Elektrofachkraft und elektrotechnisch unterwiesener Person auf. Eine *„Person, die weder Elektrofachkraft noch elektrotechnisch unterwiesene Person ist“*[265], gilt als elektrotechnischer Laie.

---

[263] Vgl. DIN VDE 1000-10:2009-01, Anhang A zu 5.2

[264] Quelle: DIN VDE 0105-100:2015-10, Abschnitt 3.2.5; gleichlautend mit DIN VDE 1000-10:2009-01, Abschnitt 3.3

[265] Quelle: DIN VDE 0105-100:2015-10, Abschnitt 3.2.6

Elektrofachkraft (EFK)	**Elektrotechnisch unterwiesene Person (EuP)**
Voraussetzungen: • fachliche Ausbildung, • Kenntnisse und Erfahrungen, • Kenntnis der einschlägigen Normen	Voraussetzungen: • Unterrichtung über Gefahren, • Anlernen, • Unterweisung über Schutzeinrichtungen und Schutzmaßnahmen durch eine Elektrofachkraft
Kompetenzen: selbstständiges Beurteilen von übertragenen Arbeiten und Erkennen von Gefahren	Kompetenzen: Handeln im engen Rahmen dessen, was unterwiesen und angelernt wurde. **Alles, was nicht ausdrücklich unterwiesen und erlaubt wurde, ist verboten!**

Tabelle 7.3 Elektrofachkraft (EFK) und elektrotechnisch unterwiesene Person (EuP)

7.2.2.3 Verantwortliche Elektrofachkraft

Eine *„Person, die als Elektrofachkraft [...] die Fach- und Aufsichtsverantwortung übernimmt und vom Unternehmer dafür beauftragt ist“*[266], gilt als verantwortliche Elektrofachkraft. Das heißt, sobald eine Elektrofachkraft mit elektrotechnischer Fach- und Aufsichtsverantwortung betraut wird – also als Fachvorgesetzter eingesetzt wird – ist sie automatisch verantwortliche Elektrofachkraft. Der Begriff Fach- und Aufsichtsverantwortung beschreibt den fachlichen Teil der Führungsverantwortung (die Fachverantwortung), die wahrgenommen wird durch Mitwirkung bei der Auswahl von (Personal-)Ressourcen, durch die Erteilung von fachlichen Anweisungen, wie Maßnahmen durchzuführen sind, sowie durch die Überwachung der Maßnahmen. Eine verantwortliche Elektrofachkraft trägt Unternehmerverantwortung und ist verantwortlich für die Einhaltung der Sicherheitsfestlegungen. Sie unterliegt keinen fachlichen Weisungen von Personen, die nicht selbst verantwortliche Elektrofachkraft sind. Eine schriftliche Übertragung der Unternehmerpflichten oder eine schriftliche Bestellung zur verantwortlichen Elektrofachkraft ist zwar wünschenswert aber nicht zwingend, sofern sich die Stellung als verantwortliche Elektrofachkraft aus der Funktion innerhalb der Organisation ergibt.

7.2.2.4 Leitende verantwortliche Elektrofachkraft

„Für die verantwortliche Leitung eines elektrotechnischen Betriebs oder Betriebsteils ist eine verantwortliche Elektrofachkraft [...] erforderlich“[267] Es muss also immer eine (betriebs-/teilbetriebs-)leitende verantwortliche Elektrofachkraft (vEFK) benannt

[266] Quelle: DIN VDE 1000-10:2009-01, Abschnitt 3.1
[267] Quelle: DIN VDE 1000-10:2009-01, Abschnitt 5.3

sein. Diese leitende verantwortliche Elektrofachkraft muss nach DIN VDE 1000-10 als Qualifikation mindestens einen elektrotechnischen Berufsabschluss als staatlich geprüfter Techniker, Industriemeister, Handwerksmeister oder über einen akademischen Grad als Diplom-Ingenieur, Master oder Bachelor im Bereich Elektrotechnik verfügen. *„Unter einem elektrotechnischen Betrieb oder Betriebsteil wird derjenige Bereich eines Betriebs verstanden, der sich mit den elektrotechnisch relevanten Sicherheitsaufgaben befassen muss.“*[268]

„Die Aufgaben/Weisungsbefugnisse [der verantwortlichen Elektrofachkraft] müssen explizit beschrieben und allen Beteiligten bekannt gemacht werden. (...) Das bloße Benennen der ‚vEFK‘ ist nicht ausreichend. Ist eine Stellenbeschreibung [oder Aufgabenbeschreibung] vorhanden oder liegt ein Alleinstellungsmerkmal wie Elektromeister als Werkstattleiter vor, ist eine zusätzliche Benennung als vEFK aufgrund der Eindeutigkeit der fachlichen Verantwortung nicht notwendig. (...) Ergänzend der Hinweis, dass in einzelnen Branchen auch andere Bezeichnungen für ähnliche oder gleiche Aufgaben installiert sind, u. a. für Netzbetreiber beispielsweise die „Technische Führungskraft“ nach [VDE-Anwendungsregel] VDE-AR-N 4001.“[269]

7.2.2.5 Anlagenbetreiber/Betriebsverantwortlicher

„Jede elektrische Anlage muss unter der Verantwortung einer Person, des Anlagenbetreibers, stehen. Die Rolle des Anlagenbetreibers kann von einer natürlichen Person aus der eigenen Organisationseinheit oder aus einer dritten Organisationseinheit wahrgenommen werden.“[270]

Der Anlagenbetreiber ist die *„Person mit der Gesamtverantwortung für den sicheren Betrieb der elektrischen Anlage, die Regeln und Randbedingungen der Organisation vorgibt. (...) Diese Person kann der Eigentümer, Unternehmer, Besitzer oder eine beauftragte Person sein, die die Unternehmerpflichten wahrnimmt. (...) Erforderlichenfalls können einige mit dieser Verantwortung einhergehende Verpflichtungen auf andere Personen übertragen werden. Bei (...) komplexen Anlagen kann diese Zuständigkeit auch für Teilanlagen übertragen sein.“*[271]

Der Anlagenbetreiber ist also der *„Unternehmer oder eine von ihm beauftragte natürliche oder juristische Person, die die Unternehmerpflicht für den sicheren Betrieb und ordnungsgemäßen Zustand der elektrischen Anlage wahrnimmt. (...) Der Begriff des Anlagenbetreibers wurde [in die DIN VDE 0105-100] aufgenommen, um klar zwischen der bestehenden Verantwortung für den sicheren Betrieb und ordnungs-*

[268] Quelle: DIN VDE 1000-10:2009-01, Anhang A zu 5.3

[269] Quelle: *Hoffmann/Lantwin* u. a. 2017, S. 75

[270] Quelle: DIN VDE 0105-100:2015-10, Abschnitt 4.3.1

[271] Quelle: DIN VDE 0105-100:2015-10, Abschnitt 3.2.1

gemäßen Zustand von elektrischen Anlagen und der arbeitsbezogenen Verantwortung des Anlagenverantwortlichen zu unterscheiden.“[272]

Der Anlagenbetreiber braucht nicht Elektrofachkraft sein. Sofern der Anlagenbetreiber nicht selbst Elektrofachkraft ist, muss er Rechte und Pflichten, die zur Wahrnehmung der Betreiberverantwortung gehören, an eine Elektrofachkraft, eine interne Organisationseinheit oder ein externes Unternehmen mit den entsprechenden Elektrofachkräften übertragen. Die Betreiberverantwortung für den ordnungsgemäßen und sicheren Betrieb der elektrischen Anlage ist eine dauernde und langfristige Verantwortung und umfasst die Wahrnehmung der Fürsorgepflichten für die eigenen Mitarbeiter und der Verkehrssicherungspflichten zum Schutze Dritter. Es gehört dazu die Organisation sämtlicher Tätigkeiten, die erforderlich sind, damit eine elektrische Anlage sicher funktionieren kann, wie z. B. sichere Bedienung sowie notwendige Inspektions-, Instandhaltung- und Wartungsarbeiten.[273]

Der Anlagenbetreiber ist als Unternehmer entweder selbst oberste verantwortliche Elektrofachkraft oder er hat – wenn er elektrotechnischer Laie ist – eine oberste verantwortliche Elektrofachkraft einzusetzen und ihr die zur Wahrnehmung der Betreiberverantwortung erforderlichen Rechte und Pflichten zu übertragen. Zu diesen Rechten und Pflichten gehört auch der Aufbau einer elektrotechnischen Hierarchie mit ggf. verschiedenen verantwortlichen Elektrofachkräften auf verschiedenen Hierarchiestufen bzw. für verschiedenen Abteilungen oder Verantwortungsbereiche (z. B. gesamtverantwortliche Elektrofachkraft und verantwortliche Elektrofachkräfte für jeweils eine Abteilung oder jeweils für ein Arbeitsgebiet wie Niederspannung-, Mittelspannungs-, Hochspannungsanlagen).[274]

Die Gesamtverantwortung des Anlagenbetreibers für den ordnungsgemäßen und sicheren Betrieb der elektrischen Anlage wird auch als Betreiberverantwortung bezeichnet. Wird diese Betreiberverantwortung an eine natürliche Person – also an eine (leitende) verantwortliche Elektrofachkraft – delegiert, wird diese (leitende) verantwortliche Elektrofachkraft manchmal auch als Betriebsverantwortlicher bezeichnet. Insofern beschreiben die Begriffe „(leitende) verantwortliche Elektrofachkraft“ und „Betriebsverantwortlicher“ oft denselben Verantwortungsumfang.

Beispielsweise ist der Begriff „Betriebsverantwortlicher für eine Übergabestation“ als die *„dem Netzbetreiber vom Anlagenbetreiber benannte Elektrofachkraft mit Schaltberechtigung, die vom Anlagenbetreiber als Verantwortlicher für den ordnungsgemäßen Betrieb der Übergabestation beauftragt ist“*,[275] definiert.

---

[272] Quelle: DIN VDE 0105-100:2009-10 (zurückgezogen), Abschnitt 3.2.2.101

[273] Vgl. *Hoffmann/Lantwin* u. a. 2017, S. 31

[274] Vgl. *Schliephacke* 2008, S. 209 f.

[275] Quelle: TAB Mittelspannung 2008, S. 38

7.2.2.6 Anlagenverantwortlicher

Der Anlageverantwortliche ist eine *„Person, die beauftragt ist, während der Durchführung von Arbeiten, die unmittelbare Verantwortung für den sicheren Betrieb der elektrischen Anlage zu tragen, die zur Arbeitsstelle gehört. (...) Der Anlagenverantwortliche hat die möglichen Auswirkungen der Arbeiten auf die elektrische Anlage oder Teile davon, die in seiner Verantwortung stehen, sowie die Auswirkungen der elektrischen Anlage auf die Arbeitsstelle und die arbeitenden Personen zu beurteilen. Erforderlichenfalls können einige mit dieser Verantwortung einhergehenden Verpflichtungen auf andere Personen übertragen werden.“*[276] Aus dieser Formulierung ergibt sich, dass der Anlagenverantwortliche eine natürliche Person und Elektrofachkraft sein muss. Er muss gute Anlagen- und Ortskenntnisse der Arbeitsstelle haben und den Betriebszustand der Anlagen kennen.

Die Anlagenverantwortung ist eine zeitlich begrenzte Verantwortung für die Dauer der Arbeit im Gegensatz zur langfristigen Betreiberverantwortung des Anlagenbetreibers für den dauerhaft sicheren Betrieb und ordnungsgemäßen Zustand der Anlage.

Die Anlagenverantwortung muss für die Dauer der Arbeiten lückenlos organisiert sein. Für einen Wechsel der Anlagenverantwortung von einer auf eine andere Person müssen klare und auch im Nachhinein nachvollziehbare Regelungen bestehen.

Der Anlagenverantwortliche

- **hat die Voraussetzungen zu schaffen, dass sicher gearbeitet werden kann;**
- **trägt also die Verantwortung für die vorbereitenden Sicherheitsmaßnahmen, insbesondere für das Freischalten der Arbeitsstelle;**
- nimmt die Verkehrssicherungspflicht an der Arbeitsstelle wahr;
- beurteilt die Auswirkungen der geplanten Arbeiten; dazu muss er die Arbeit entweder selbst planen oder vorab vom Arbeitsverantwortlichen die geplanten Arbeiten mit Art, Ort und Auswirkungen gemeldet bekommen;
- legt das Arbeitsverfahren fest (Arbeiten im spannungsfreien Zustand, unter Spannung und/oder in der Nähe unter Spannung stehender Teile);
- weist die ausführenden Personen, mindestens aber den Arbeitsverantwortlichen, aufgabenbezogen in die Arbeitsstelle ein und weist auf Gefahren hin;
- erteilt dem Arbeitsverantwortlichen die Erlaubnis zur Durchführung Arbeit (Durchführungserlaubnis);
- fungiert während der Arbeit als Ansprechpartner für den Arbeitsverantwortlichen, muss also ständig erreichbar sein;

[276] Quelle: DIN VDE 0105-100:2015-10, Abschnitt 3.2.2

- muss dem Arbeitsverantwortlichen zu jedem Zeitpunkt – auch nach einem möglichen Wechsel der Person des Anlagenverantwortlichen – bekannt sein;
- fungiert beim Einsatz von Fremdunternehmen als Vertreter des Auftraggebers und Anlagenbetreibers gegenüber der Arbeitsgruppe des Fremdunternehmers vor Ort;
- koordiniert die Arbeit mehrerer Arbeitsgruppen;
- übernimmt die Rolle des Fremdfirmenkoordinators gemäß § 6 DGUV-Vorschrift 1;
- überwacht als ergänzende Sicherheitsüberwachung (stichpunktartig) die Sicherheitsmaßnahmen an der Arbeitsstelle;
- hat Weisungsbefugnis gegenüber dem Arbeitsverantwortlichen und der Arbeitsgruppe an der Arbeitsstelle.[277]

Da diese Vielzahl an Verpflichtungen oft nicht von einer einzigen Person alleine wahrgenommen werden kann, kann der Anlagenverantwortliche *„einige mit dieser Verantwortung einhergehende Verpflichtungen auf andere Personen“*[278] übertragen.

Eine solche Person kann als Beauftragter des Anlagenverantwortlichen (= Anlagenbeauftragter) z. B. sein

- ein schaltberechtigter Beauftragter zur Durchführung von Schalthandlungen;
- ein schaltanweisungsberechtigter Beauftragter (z. B. Leitwartenpersonal) zur Überwachung und Steuerung einer elektrischen Anlage und Erteilung von Schaltanweisungen.

7.2.2.7 Arbeitsverantwortlicher

Arbeitsverantwortlicher ist *„eine Person, die beauftragt ist, die unmittelbare Verantwortung für die Durchführung der Arbeit an der Arbeitsstelle zu tragen. Erforderlichenfalls können einige mit dieser Verantwortung einhergehende Verpflichtungen auf andere Personen übertragen werden“*.[279]

Während der Anlagenverantwortliche die Voraussetzungen schafft, dass sicher gearbeitet werden kann, ist der Arbeitsverantwortliche dafür verantwortlich, dass tatsächlich sicher gearbeitet wird.

Der Arbeitsverantwortliche trägt die Verantwortung für die Einhaltung der Sicherheitsvorschriften und -maßnahmen während der Durchführung der Arbeit sowie für die fachgerechte und sichere Ausführung der Arbeiten. Er ist in der Regel Elektro-

---

277 Vgl. DIN VDE 0105-100:2015-10, Abschnitt 6; *Hoffmann/Lantwin* u. a. 2017, S. 65 ff.; *Pusch* 2017, S. 380 f.

278 Quelle: DIN VDE 0105-100:2015-10, Abschnitt 3.2.2

279 Quelle: DIN VDE 0105-100:2015-10, Abschnitt 3.2.3

fachkraft, in Ausnahmefällen elektrotechnisch unterwiesene Person. Arbeitsverantwortlicher und Anlagenverantwortlicher können dieselbe Person sein. Diese Konstellation ist oft sinnvoll, um Schnittstellen zu vermeiden, wenn Arbeiten vom eigenen Personal des Anlagenbetreibers ausgeführt werden.

Der Arbeitsverantwortliche

- meldet dem Anlagenverantwortlichen vorab die geplanten Arbeiten (Art der Arbeit, Ort, Zeit, geplante Dauer, Auswirkungen);
- wird vom Anlagenverantwortlichen aufgabenbezogen in die Arbeitsstelle eingewiesen und auf Gefahren hingewiesen;
- weist die Mitglieder der Arbeitsgruppe aufgabenbezogen in die Arbeitsstelle ein und weist sie auf die Gefahren hin, sofern dies nicht der Anlagenverantwortliche bereits erledigt hat;
- muss sich vom Anlagenverantwortlichen die Durchführung der Sicherheitsregeln bestätigen lassen, die er nicht selbst durchführt;
- trifft Sicherheitsmaßnahmen vor Ort an der Arbeitsstelle;
- muss sich vom Anlagenverantwortlichen die Erlaubnis zur Durchführung der Arbeit einholen („Durchführungserlaubnis“);
- erteilt (nach Einholung Durchführungserlaubnis beim Anlagenverantwortlichen) den Arbeitsgruppenmitgliedern die Freigabe zur Arbeit;
- ist für die Dauer der Arbeit Vorgesetzter der Arbeitsgruppenmitglieder und verantwortlich für eine geordnete Zusammenarbeit;
- muss sich vor Ort an der Arbeitsstelle aufhalten und Aufsicht über die Arbeitsgruppe führen, kann aber durchaus handwerklich mitarbeiten;
- fungiert als zentraler Ansprechpartner des Fremdunternehmers vor Ort, sofern die Arbeitsgruppe aus Mitgliedern eines externen Auftragnehmers besteht;
- muss dem Anlagenverantwortlichen geplante und ungeplante Arbeitsunterbrechungen anzeigen und für die dadurch zusätzlich erforderlichen Sicherheitsmaßnahmen sorgen;
- muss nach Beendigung der Arbeit die an der Arbeitsstelle getroffenen Sicherheitsmaßnahmen aufheben und dem Anlagenverantwortlichen die Betriebsbereitschaft des betroffenen Anlagenteils durch eine entsprechende Klarmeldung anzeigen.[280]

[280] Vgl. DIN VDE 0105-100:2015-10, Abschnitt 6; *Hoffmann/Lantwin* u. a. 2017, S. 67 f.; *Schliephacke* 2008, S. 211

7.2.3 Arbeitsablauf

7.2.3.1 Arbeitsmethoden

7.2.3.1.1 Systematisierung der Arbeitsmethoden

Tätigkeiten, bei denen die Möglichkeit einer elektrischen Gefährdung bestehen, werden nach DIN VDE 0105-100 als Arbeiten definiert und können gemäß **Bild 7.8** systematisiert werden. Unabhängig, ob es sich um elektrotechnische oder nicht elektrotechnische Arbeiten handelt, sind diese Arbeiten von einer Elektrofachkraft

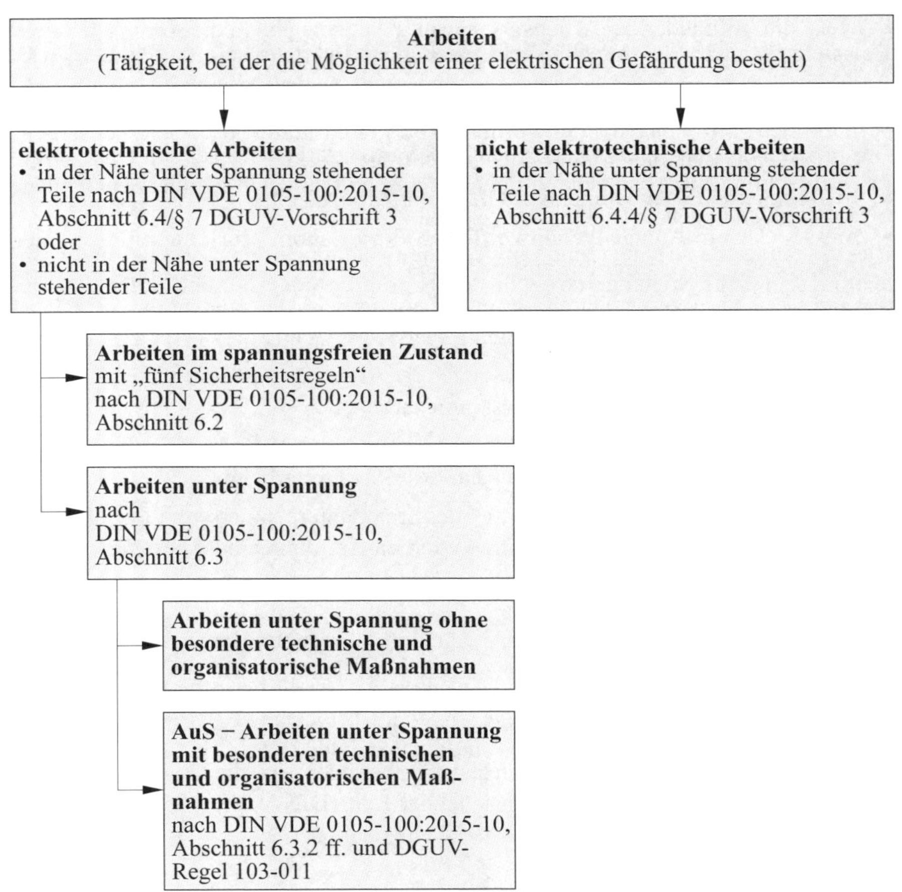

Bild 7.8 Arbeiten im Sinne der DIN VDE 0105-100

oder unter Leitung und Aufsicht einer Elektrofachkraft durchzuführen.[281] „*Leitung und Aufsicht durch eine Elektrofachkraft sind alle Tätigkeiten, die erforderlich sind, damit Arbeiten an elektrischen Anlagen und Betriebsmitteln von Personen, die nicht die Kenntnisse einer Elektrofachkraft haben, sachgerecht und sicher durchgeführt werden können.*“[282] Sachgerecht und sicher bedeutet, dass wirksame Maßnahmen gegen elektrischen Schlag und gegen die Folgen eines Kurzschlusses und eines Störlichtbogens getroffen werden.

Vor Beginn der Arbeit haben sich der Arbeitsverantwortliche und der Anlagenverantwortliche über Ort, Zeitpunkt und Auswirkungen der Arbeit abzustimmen. Erst nach Erteilung der Durchführungserlaubnis durch den Anlagenverantwortlichen darf mit der Arbeit begonnen werden.

Beispiele für nicht elektrotechnische Arbeiten sind gärtnerische Tätigkeiten (z. B. Rasen mähen) in einer Freiluftumspannanlage und Anstricharbeiten in einem elektrischen Betriebsraum.

Beispiele für elektrotechnische Arbeiten sind Wartungsarbeiten an einem Transformator in einer Freiluftumspannanlage und Kabelanschlussarbeiten an einer Schaltanlage in einem elektrischen Betriebsraum.

Elektrotechnische Arbeiten sind entweder im spannungsfreien Zustand unter Beachtung der **fünf Sicherheitsregeln** durchzuführen oder sie sind unter den Bedingungen des Arbeitens unter Spannung für Arbeiten an aktiven Teilen gemäß DIN VDE 0105-100:2015-10, Abschnitt 6.3 und DGUV-Regel 103-011 auszuführen.

Die fünf Sicherheitsregeln lauten:

- Freischalten
- gegen Wiedereinschalten sichern
- Spannungsfreiheit feststellen
- Erden und Kurzschließen
- benachbarte, unter Spannung stehende Teile abdecken oder abschranken

Sofern kein Risiko besteht, dass die Anlage durch Erzeugungsanlagen oder elektrische Beeinflussung unter Spannung gesetzt wird, kann in Niederspannungsanlagen auf die Anwendung der 4. Sicherheitsregel (Erden und Kurzschließen) gemäß DIN VDE 0105-100:2015-10, Abschnitt 6.2.5.2 verzichtet werden.

Sofern sich spannungsführende Teile in der Nähe befinden, sind die Vorschriften für das Arbeiten in der Nähe unter Spannung stehender Teile (DIN VDE 0105-100:2015-10, Abschnitt 6.4 und § 7 DGUV-Vorschrift 3) einzuhalten.

---

[281] Vgl. § 3 DGUV-Vorschrift 3

[282] Quelle: Durchführungsanweisung zu § 3 DGUV-Vorschrift 3

7.2.3.1.2 Arbeiten in der Nähe unter Spannung stehender Teile

Arbeiten in der Nähe unter Spannung stehender Teile sind *„alle Arbeiten, bei denen eine Person mit Körperteilen, Werkzeug oder anderen Gegenständen in die Annäherungszone gelangt, ohne die Gefahrenzone zu erreichen"*.[283] Die Gefahrenzone ist dabei der *„Bereich um unter Spannung stehende Teile, in dem beim Eindringen ohne Schutzmaßnahmen der zur Vermeidung einer elektrischen Gefahr erforderliche Isolationspegel nicht sichergestellt ist"*.[284] Die Annäherungszone ist *ein „begrenzter Bereich außerhalb der Gefahrenzone"*.[285] Die Annäherungszone ist ein Sicherheitsbereich um die Gefahrenzone herum. In **Tabelle 7.4** sind die Grenzen der Annäherungs- und Gefahrenzone in Abhängigkeit der Spannungsebene zusammengestellt.

Netz-Nennspannung U_n (Effektivwert) in kV	**Äußere Grenze der Gefahrenzone (Mindestabstand in Luft D_L) in mm**		**Äußere Grenze der Annäherungszone (Mindestabstand in Luft D_V) in mm**
	Innenraumanlage	**Freiluftanlage**	
≤ 1	keine Berührung		300
3	60	120	1 120
6	90	120	1 120
10	120	150	1 150
15	160		1 160
20	220		1 220
30	320		1 320
36	380		1 380
110	1 100		2 000
220	2 100		3 000
380	3 400		4 000

Tabelle 7.4 Gefahren- und Annäherungszone – Zusammenstellung von Werten aus DIN VDE 0105-100:2015-10, Tabelle 101 und Anhang A, Tabelle A.1

Einer elektrischen Gefährdung beim Arbeiten in der Nähe unter Spannung Teile ist entgegenzuwirken durch die Anwendung von Schutzvorrichtungen, Abdeckung, Kapselung oder isolierende Umhüllung.[286]

283 Quelle: VDE 0105-100:2015-10, Abschnitt 3.4.5
284 Quelle: VDE 0105-100:2015-10, Abschnitt 3.3.2
285 Quelle: VDE 0105-100:2015-10, Abschnitt 3.3.3
286 Vgl. DIN VDE 0105-100:2015-10, Abschnitt 6.4.2

Bei der Auswahl der Schutzmittel ist die elektrische und mechanische Beanspruchung zu beachten. Ausgeführt werden dürfen die Arbeiten bei vollständigem Schutz auch von Laien. Ist der Schutz unvollständig, müssen Laien beaufsichtigt werden.

Eine andere Möglichkeit, der elektrischen Gefährdung entgegenzuwirken, ist die Methode durch Abstand und Aufsichtsführung.[287] Bei dieser Methode sind die Arbeiten von Elektrofachkräften oder elektrotechnisch unterwiesenen Personen oder unter deren Aufsicht durchzuführen und Schutzabstände einzuhalten, die größer als die Grenzen der Gefahrenzone D_L sind. Es ist eine Vorgehensweise festzulegen, mit der ausgeschlossen wird, dass die Gefahrenzone erreicht wird. Sofern mit sperrigen Gegenständen, Leitern oder Geräten gearbeitet wird, sind Vorkehrungen zu treffen, damit diese auch unter Berücksichtigung von Schwenkbereichen die Gefahrenzone nicht erreichen können. In Freiluftanlagen und in der Nähe von Freileitungen sind die Schutzabstände gemäß **Tabelle 7.5** einzuhalten.

Netz-Nennspannung U_n (Effektivwert) in kV	**Schutzabstand (Abstand in Luft von ungeschützten unter Spannung stehenden Teilen) in m**
bis 1	0,5
über 1 bis 30	1,5
über 30 bis 110	2,0
über 110 bis 220	3,0
über 220 bis 380	4,0

Tabelle 7.5 Schutzabstände Freileitungen und Freiluftanlagen
(Quelle: DIN VDE 0105-100:2015-10, Tabelle 102)

Für Bauarbeiten und andere nicht elektrotechnische Arbeiten wie Gerüstbau, Arbeiten mit Hebezeugen, Baumaschinen und Fördermitteln, Montage- und Transportarbeiten, Anstrich- und Ausbesserungsarbeiten sowie sonstigen Bewegungen von Geräten und Bauhilfsmitteln sind spezielle Schutzabstände festzulegen, die größer sein müssen als die Grenzen der Annäherungszone D_V. Diese Schutzabstände sind individuell in Abhängigkeit der Art der Arbeit und der örtlichen Gegebenheiten zu bestimmen.

Bei nicht elektrotechnischen Arbeiten in Freiluftanlagen und in der Nähe von Freileitungen sind die Schutzabstände gemäß **Tabelle 7.6** einzuhalten. Diese Schutzabstände dürfen nur unterschritten und durch die Angaben aus Tabelle 7.5 ersetzt werden, wenn die Arbeiten unter Beaufsichtigung einer in die Anlage eingewiesenen Elektrofachkraft oder elektrotechnisch unterwiesenen Person durchgeführt werden.

[287] Vgl. DIN VDE 0105-100:2015-10, Abschnitt 6.4.3

Netz-Nennspannung U_n (Effektivwert) in kV	Äußere Grenze der Annäherungszone D_V, Schutzabstand (Abstand in Luft von ungeschützten unter Spannung stehenden Teilen) in m
bis 1	1,0
über 1 bis 110	3,0
über 110 bis 220	4,0
über 220 bis 380	5,0

Tabelle 7.6 Schutzabstände Freileitung und Freiluftanlagen für nicht elektrotechnische Arbeiten (Quelle: DIN VDE 0105-100:2015-10, Tabelle 103)

7.2.3.1.3 Arbeiten unter Spannung

Arbeiten unter Spannung ist *„jede Arbeit, bei der eine Person bewusst mit Körperteilen oder Werkzeugen, Ausrüstungen oder Vorrichtungen unter Spannung stehende Teile berührt oder in die Gefahrenzone gelangt. (...) Bei Niederspannung wird Arbeiten unter Spannung ausgeführt, wenn der Arbeitende blanke unter Spannung stehende Teile (...) berührt. Bei Hochspannung wird Arbeiten unter Spannung durchgeführt, wenn der Arbeitende in die Gefahrenzone eindringt, unabhängig davon, ob unter Spannung stehende Teile berührt werden oder nicht."*[288]

Zum Schutz gegen elektrischen Schlag und den Auswirkungen eines Kurzschlusses sind drei verschiedene Arbeitsmethoden anerkannt: Arbeiten auf Abstand (mit isolierenden Stangen), Arbeiten mit Isolierhandschuhen (und zusätzlich Isolierwerkzeugen sowie Standortisolierung), Arbeiten auf Potential (mit direkter Berührung aktiver Teile und Isolierung gegenüber der Umgebung).

Es wird unterschieden zwischen Arbeiten, die keiner besonderen organisatorisch-technischen Maßnahmen bedürfen und solchen Arbeiten, die ausschließlich von Personal mit Spezialausbildung unter besonderen technischen und organisatorischen Voraussetzungen durchgeführt werden dürfen. Arbeiten ohne besondere technisch-organisatorische Maßnahmen sind solche mit geringem Kurzschlussstrom oder geringer Energie an der Arbeitsstelle oder unkomplizierte bzw. standardisierte Tätigkeiten mit geringer Gefahrenneigung. Beispiel hierfür sind das Heranführen von Spannungsprüfern, Phasenvergleichern, Erdungs- und Kurzschließvorrichtungen, das Heranführen von Werkzeugen zum Bewegen leicht gängiger Teile mithilfe von Isolierstangen, das Anbringen von Isolierplatten und Abschrankungen, das Herausnehmen und Einsetzen von nicht gegen direktes Berühren geschützten Sicherungseinsätzen, die Funktionsprüfung an Geräten und Schaltungen, das standardisierte und bestimmungsgemäße Arbeiten an elektrischen Prüfanlagen. Für alle anderen Arbeiten unter Spannung wie

[288] Quelle: VDE 0105-100:2015-10, Abschnitt 3.4.4

Verbinden, Montieren, Ein- und Ausbauen, Gängigmachen und Fetten, Abdecken und Reinigen sind besondere technisch- organisatorische Maßnahmen erforderlich.[289]

Diese technisch-organisatorischen Maßnahmen zum Arbeiten unter Spannung (AuS) werden in DIN VDE 0105-100 und der DGUV-Regel 103-011 wie folgt vorgegeben:

- *Festlegung der erlaubten Arbeitsverfahren:* Der Unternehmer hat unter Berücksichtigung einer Gefährdungsbeurteilung und den zur Verfügung stehenden Arbeitsverfahren festzulegen, welche Arbeiten unter Spannung erlaubt sind.
- *Erstellung von Arbeitsanweisungen:* Für diese erlaubten Arbeiten unter Spannung hat der Unternehmer schriftliche Arbeitsanweisungen zu erstellen, in denen festgelegt ist, welche Maßnahmen und Arbeitsschritte in welcher Reihenfolge durchzuführen sind, welche persönliche Schutzausrüstungen, Schutz- und Hilfsmittel und welche Werkzeuge zu verwenden sind, welche Einsatzbedingungen und Ausschlusskriterien für das Arbeiten unter Spannung bestehen und ob eine zweite Person mit Erste-Hilfe-Ausbildung an der Arbeitsstelle anwesend sein muss. Ferner ist in der Arbeitsanweisung festzulegen, welche Arbeiten aufgrund ihrer Komplexität schriftlich anzuweisen sind.
- *Einsatz von spezialausgebildetem Personal:* Es dürfen ausschließlich Elektrofachkräfte oder elektrotechnisch unterwiesene Personen mit Spezialausbildung eingesetzt werden, die gesundheitlich geeignet und in Erster Hilfe ausgebildet sind. Die gesundheitliche Eignung kann durch eine arbeitsmedizinische Vorsorgeuntersuchung, z. B. gemäß G 25, nachgewiesen werden.
- *Inhalt und Voraussetzung der Spezialausbildung:* Die Spezialausbildung gliedert sich in einen theoretischen und praktischen Teil und ist mit einer Prüfung abzuschließen, deren Ergebnis zu dokumentieren ist. Die Berechtigung zum Arbeiten unter Spannung ist gesondert zu bestätigen, wobei erkennbar sein muss, für welche speziellen Arbeitsverfahren die Berechtigung erteilt wird. Voraussetzung für die Spezialausbildung ist ausreichende Berufserfahrung verbunden mit einer ausreichenden Beherrschung der Arbeitsverfahren im spannungslosen Zustand. Das Mindestalter für die Ausbildung beträgt 18 Jahre.
- *Grad der Befähigung zum AuS:* Es dürfen nur die Elektrofachkräfte eingesetzt werden, die für die geplanten Arbeiten die geeignete Befähigung auf Grundlage der Spezialausbildung und einer speziellen Berechtigung besitzen. Die Befähigung zum AuS bezieht sich auf bestimmte Arbeitsverfahren. Eine generelle AuS-Befähigung gibt es nicht!
- *Unterweisungen und Wiederholungsschulung:* Zum Erhalt der Berechtigung, unter Spannung arbeiten zu dürfen, ist eine jährliche Unterweisung vorgeschrieben.

289 Vgl. DIN VDE 0105-100:2015-10, Abschnitt 6.3

Zusätzlich wird eine auf die betrieblichen Erfahrungen angepasste Wiederholung der Spezialausbildung nach vier Jahren empfohlen.

- *Anweisen des Arbeitens unter Spannung:* Der Unternehmer hat dafür zu sorgen, dass ausschließlich Elektrofachkräfte das Arbeiten unter Spannung anweisen, die die Grundsätze des Arbeitens unter Spannung und den Grad der Befähigung des ausführenden Personals kennen.
- *Prüfung der Umgebungsbedingungen:* Der Arbeitsverantwortliche hat vor Ort zu prüfen, ob die Umgebungsbedingungen das Arbeiten unter Spannung zulassen, bevor er die Arbeitsfreigabe erteilt.

Zusätzlich zu diesen technisch-organisatorischen Regelungen sind auch die anderen Regelungen zum Ablauf von Tätigkeiten mit elektrischer Gefährdung (Arbeiten) – insbesondere das Zusammenwirken zwischen Anlagenverantwortlichem, Arbeitsverantwortlichem und Ausführenden – einzuhalten.

7.2.3.2 Grundmodell des Arbeitsablaufs

In **Bild 7.9** sind die Verantwortungsbereiche von Anlagenbetreiber, Anlagenverantwortlichem und Arbeitsverantwortlichem bildlich dargestellt.

Bild 7.10 zeigt das Grundmodell des Arbeitsablaufs nach DIN VDE 0105-100. Der Betreiber beauftragt einen internen oder externen Dienstleister mit der Durchführung von Arbeiten. Im Verantwortungsbereich des Betreibers muss für die Dauer der geplanten Arbeiten eine natürliche Person als Anlagenverantwortlicher benannt sein. Im Verantwortungsbereich des Dienstleisters muss eine natürliche Person als Arbeitsverantwortlicher benannt sein.

„Der Arbeitsverantwortliche und der Anlagenverantwortliche müssen sowohl die Vorbereitungen an der elektrischen Anlage, um die Arbeiten zu ermöglichen, als auch die geplanten Arbeiten an, mit oder in der Nähe der elektrischen Anlage miteinander abstimmen, bevor Änderungen, z. B. der Schaltzustände, an der elektrischen Anlage vorgenommen werden oder mit den Arbeiten begonnen werden darf. Die Vorbereitung komplexer Arbeiten muss schriftlich erfolgen.“[290] Im Rahmen der Abstimmung/Arbeitsvorbereitung ist die Gefährdung, die mit der geplanten Arbeit verbunden ist, zu beurteilen, der Arbeitsbereich festzulegen und zu markieren, die Arbeitsmethode zu wählen sowie Absprachen und Regelungen für eine Unterbrechung der Arbeiten zu treffen. Die Abstimmung/Arbeitsvorbereitung von Anlagenverantwortlichem und Arbeitsverantwortlichem ist aus sicherheitstechnischen Gründen zwingend erforderlich, weil schon aus dem unkoordinierten Abschalten von Anlagenteilen schwerwiegende Gefahren erwachsen können. Abgeschlossen wird die

[290] Quelle: DIN VDE 0105-100:2015-10, Abschnitt 4.3.1

Abstimmung/Arbeitsvorbereitung mit einer Einweisung des Arbeitsverantwortlichen durch den Anlagenverantwortlichen in die Arbeitsstelle. Der Arbeitsverantwortliche hat sich die vom Anlagenverantwortlichen durchgeführten Sicherheitsmaßnahmen (z. B. fünf Sicherheitsregeln oder Teile davon) zu bestätigen lassen.[291] Erst nach dieser abschließenden Einweisung, in der auf besondere Gefahren hingewiesen werden muss, erteilt der Anlagenverantwortliche dem Arbeitsverantwortlichen die Durchführungserlaubnis zur Arbeit. Der Arbeitsverantwortliche hat die noch ausstehenden Sicherheitsmaßnahmen durchzuführen (z. B. Vervollständigung der fünf Sicherheitsregeln). Sofern die Arbeit von mehreren Personen durchgeführt wird, hat der Arbeitsverantwortliche für eine Einweisung der Arbeitsgruppe zu sorgen. Die Arbeitsgruppenmitglieder müssen dabei mit dem technischen Ablauf der Arbeit, den speziellen Gefahren der Arbeit und der Arbeitsstelle sowie den getroffenen und aufrecht zu erhaltenen Sicherheitsmaßnahmen vertraut gemacht werden.[292]

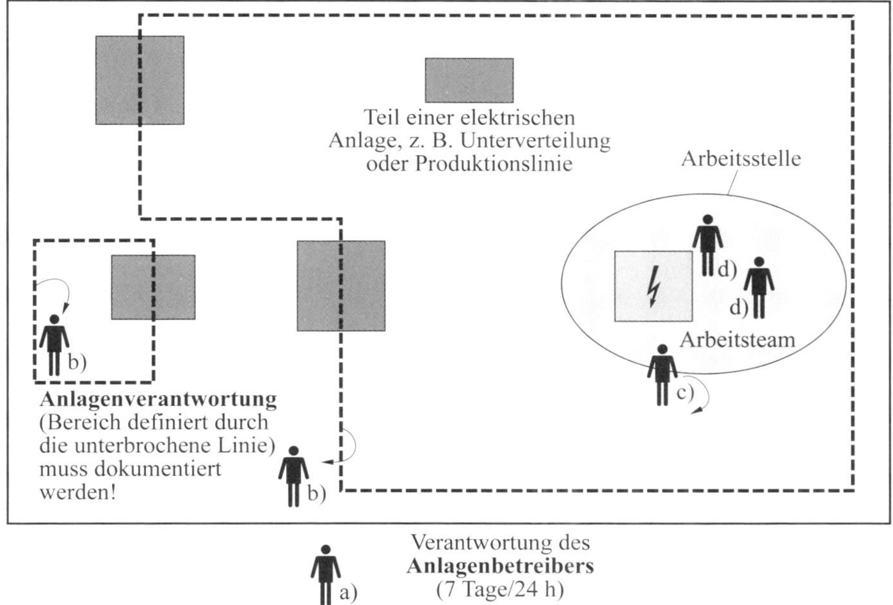

Bild 7.9 Rollen in der Wahrnehmung der Verantwortung – a) Anlagenbetreiber, b) Anlagenverantwortlicher, c) Arbeitsverantwortlicher, d) Mitarbeiter im Arbeitsteam (Quelle: DIN VDE 0105-100:2015-10, Bild B.1)

---

291 Vgl. DIN VDE 0105-100:2015-10, Abschnitt 6.2.1.101

292 Vgl. *Hoffmann/Lantwin* u. a. 2017, S. 128 ff.

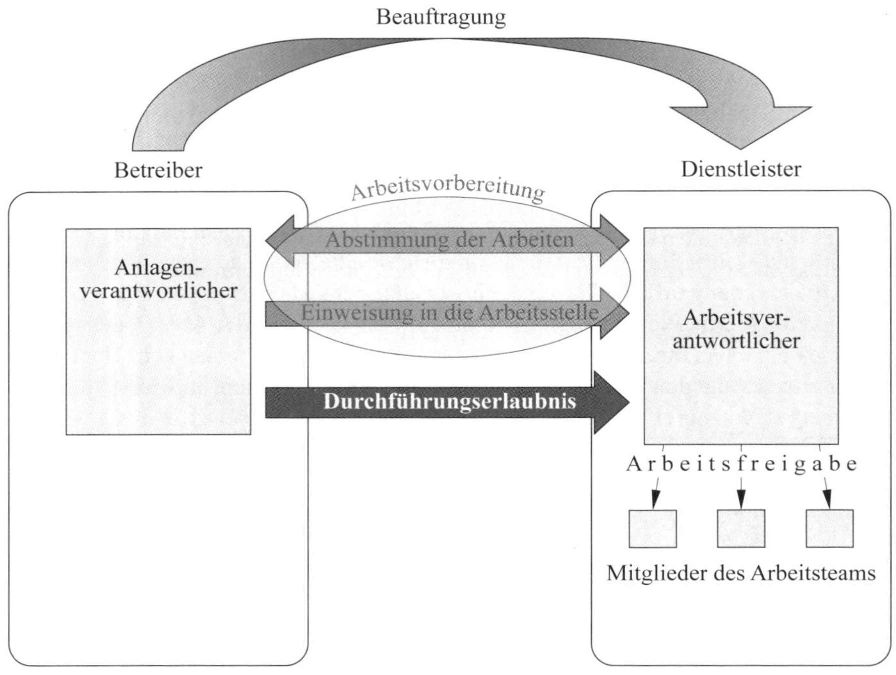

Bild 7.10 Prinzip der Anlagen- und Arbeitsverantwortung

Weder für die Durchführungserlaubnis noch für die Freigabe zur Arbeit schreibt die DIN VDE 0105-100 zwingend Schriftlichkeit vor. Da jedoch die Vorbereitung komplexer Arbeiten schriftlich erfolgen muss[293] und die Meldung des Arbeitsverantwortlichen an den Anlagenverantwortlichen über den Beginn, die Art, den Ort und die Auswirkungen der geplanten Arbeiten vorzugsweise schriftlich zu erfolgen hat – insbesondere bei komplexen Arbeiten – ist es empfehlenswert, ein schriftliches Formularsystem für den Freigabeprozess „Beauftragung → Abstimmung/Arbeitsvorbereitung → Durchführungserlaubnis → Freigabe zur Arbeit" zu implementieren. Einzelne Ablaufschritte können dabei auf einem Formular zusammengefasst werden.[294]

Da Bild 7.10 lediglich das grundlegende Modell der Ablauforganisation von Arbeiten skizziert, ist die Frage, in welcher Weise der Ablauf tatsächlich ausgestaltet wird, individuell von der elektrotechnischen Organisation des jeweiligen Betriebs zu beantworten. Beispielsweise kann einerseits eine durchaus zulässige Personenidentität von

293 Vgl. DIN VDE 0105-100:2015-10, Abschnitt 4.3.1
294 Vgl. *Straube* 2015, S. 102 f.

Anlagen- und Arbeitsverantwortlichem Vereinfachungen mit sich bringen. Andererseits ist es bei komplexen Anlagen oft erforderlich, dass der Anlagenverantwortliche Teile seiner Aufgaben auf andere Personen delegiert (z. B. an einen Anlagenbeauftragten für Schalthandlungen und einen Anlagenbeauftragten für bestimmte Kontrollaufgaben) und auch dem Arbeitsverantwortlichen verschiedene Unterarbeitsgruppen mit jeweils zugeordneten Teilarbeitsverantwortlichen unterstellt sind, sodass die Zahl der Akteure umfangreicher ist als in Bild 7.10 dargestellt. Beispielhaft dafür ist nachstehend eine mögliche Organisation skizziert, wenn eine steuernde Leitwarte vorhanden ist, die Bedien- und Beobachtungsaufgaben übernimmt.

7.2.3.2.1 Ablauforganisation mit Leitwarte

Eine Leitwarte hat die Aufgabe, eine Anlage zu überwachen und steuernd in den Anlagenbetrieb einzugreifen. Schalthandlungen sind steuernde Eingriffe in die Anlage, die entweder von der Leitwarte aus über Fernwirktechnik als Fernschaltung ausgeführt werden oder über eine Schaltanweisung eines schaltanweisungsberechtigten Leitwarten-Mitarbeiters an einen schaltberechtigten Mitarbeiter vor Ort.

„Es werden zwei Arten von Schalthandlungen unterschieden:

- *Schalthandlungen zur Änderung des elektrischen Zustands einer Anlage, zum Bedienen von Betriebsmitteln, Ein- und Ausschalten, Starten und Stillsetzen von Betriebsmitteln mit Einrichtungen, deren bestimmungsgemäßer Gebrauch gefahrlos ist;*
- *Ausschalten oder Wiedereinschalten von Anlagen im Zusammenhang mit der Durchführung von Arbeiten."*[295]

Es stellt sich die Frage, wie sich die Rolle der Leitwarte in die Rollenverteilung von Anlagen- und Arbeitsverantwortlichem einfügt. Charakteristisch für einen Leitwartenmitarbeiter ist, dass er zwar Schalthandlungen als Fernschaltung durchführen kann bzw. per Schaltanweisung durchführen lassen kann, sich selbst aber niemals vor Ort aufhält. Er kann also keine Gefahren vor Ort beurteilen, Arbeitsbereiche festlegen oder andere Personen in eine Arbeitsstelle einweisen. Insofern kann die Leitwarte alleine für sich niemals die Anlagenverantwortung übernehmen, sondern es bedarf dafür stets eines weiteren Mitarbeiters vor Ort.

Den Überblick über den Schaltzustand hat der Mitarbeiter auf der Leitwarte. Den Überblick über die Verhältnisse und Gefahren vor Ort an der Arbeitsstelle hat der Mitarbeiter des Anlagenbetreibers vor Ort. Die Schaltberechtigung hat möglicherweise ein anderer Mitarbeiter (Schaltmonteur). Die Berechtigung zur Anweisung von

[295] Quelle: DIN VDE 0105-100:2015-10, Abschnitt 5.2.1

Schaltungen (Schaltanweisungsberechtigung) liegt wiederum bei der Leitwarte. Die Leitwarte hat zusätzlich die technische Möglichkeit und Berechtigung, Fernschaltungen für die gesamte Anlage oder Teile davon über die Leittechnik durchzuführen. Wer soll nun die Funktion des Anlagenverantwortlichen übernehmen?

Die Lösung des Problems liegt darin, dass der Anlagenverantwortliche einige mit seiner Verantwortung einhergehende Verpflichtungen auf andere Personen übertragen kann.

Es ergeben sich dabei grundsätzlich zwei Regelungsmöglichkeiten:

Anlagenverantwortung hinten

Der Anlagenverantwortliche ist ein Mitarbeiter „hinten“, der sich für den Kontakt mit dem Arbeitsverantwortlichen vor Ort geeigneter Beauftragter bedient. Der Mitarbeiter auf der Leitwarte ist Anlagenverantwortlicher; sämtliche Vor-Ort-Verpflichtungen des Anlagenverantwortlichen werden von seinen Beauftragten vor Ort wahrgenommen. Dazu gehören auch Schalthandlungen vor Ort, die ein Mitarbeiter, der die entsprechende Schaltberechtigung besitzt, auf Anweisung des Anlagenverantwortlichen (hier: Leitwarte) durchführt.

Anlagenverantwortung vor Ort

Ein Mitarbeiter des Anlagenbetreibers „vorne“ vor Ort ist Anlagenverantwortlicher, der sich verschiedener Mitarbeiter „hinten“ aber auch „vorne“ vor Ort als Beauftragte zur Wahrnehmung seiner Pflichten bedient. Sämtliche Kontakte des Anlagenverantwortlichen zum Arbeitsverantwortlichen werden direkt geführt. Schaltungen werden auf Antrag des Anlagenverantwortlichen von der Leitwarte vorbereitet und auf Anweisung der Leitwarte von einem Mitarbeiter vor Ort, der die erforderliche Schaltberechtigung besitzt, ausgeführt.

Beide Regelungsmöglichkeiten sind zulässig. Darüber hinaus ist eine Vielzahl weitere Regelungsmöglichkeiten denkbar und zulässig, die sich jedoch stets auf eine der beiden Grundtypen **Anlagenverantwortung „vorne“ vor Ort** oder **Anlagenverantwortung „hinten“** zurückführen lassen. Wichtig ist, dass der Anlagenverantwortliche mit Weisungsbefugnis gegenüber seinen Beauftragten ausgestattet ist und dass klare Regelungen für die Aufgabenverteilung zwischen Anlagenverantwortlichem und seinen Beauftragten bestehen.

Unabhängig von der Frage, ob die Anlagenverantwortung von der Leitwarte „hinten“ oder einem Mitarbeiter „vorne“ vor Ort wahrgenommen wird, hat sich für die Erlaubnis der Leitwarte an einen Mitarbeiter vor Ort über eine Anlage oder einen Anlagenteil zu verfügen der etwas unscharfe Begriff „Verfügungserlaubnis“ etabliert. Dieser Begriff stammt aus dem EVU-Bereich, kommt in der DIN VDE 0105-100 nicht vor[296] und ist nicht zu verwechseln mit der Durchführungserlaubnis des Anlagenverantwortlichen an den Arbeitsverantwortlichen.

Die Verfügungserlaubnis (VE) wird üblicherweise definiert als die von der Leitwarte an einen Mitarbeiter vor Ort erteilte Erlaubnis, an einem freigeschalteten und geerdeten Betriebsmittel nach Durchführung der Sicherheitsmaßnahmen Arbeiten durchzuführen oder von einem Dritten – nach zusätzlicher Einweisung des Dritten und erteilter Durchführungserlaubnis – Arbeiten durchführen zu lassen.[297] In dieser Definition schwingt unterschwellig die Sichtweise mit, dass die Leitwarte den Anlagenbetreiber vertritt und erst durch die Verfügungserlaubnis die Anlagenverantwortung oder Teile davon auf einen Mitarbeiter vor Ort übertragen werden.

Bild 7.11 verdeutlicht die Rolle der Leitwarte.

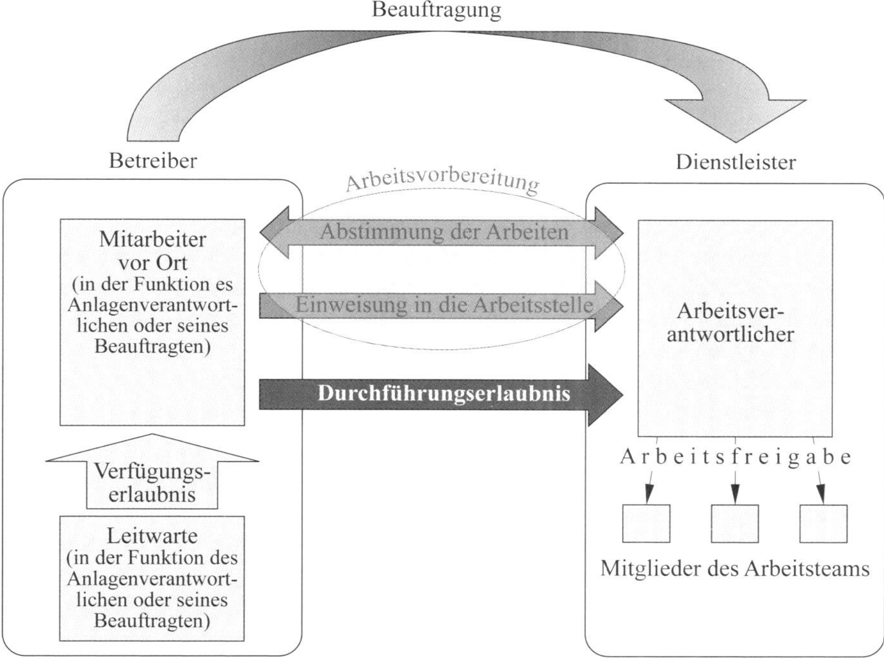

Bild 7.11 Anlagen- und Arbeitsverantwortung mit Leitwarte

[296] Ähnliches gilt für eine Vielzahl anderer zwar nützlicher aber nicht genormter Begriffe, wie z. B. „Schaltberechtigung“ und „Schaltanweisungsberechtigung“.

[297] Vgl. *Pusch* 2017, S. 400

7.3 Weisungsschriftgut (Managementhandbuch)

Anweisende Schriftstücke (Weisungsschriftgut) müssen den Grundsätzen der ordnungsgemäßen Aktenführung unterliegen. Diese Grundsätze sind Authentizität, Zuverlässigkeit, Integrität und Benutzbarkeit. Authentizität bedeutet dabei, dass ein Schriftstück tatsächlich das ist, was es aufgrund von Inhalt, Überschrift, Layout, Datum, angegebenen Verfassern und Unterschriften beansprucht zu sein. Zuverlässig ist ein Schriftstück, wenn es von Personen erstellt wurde, die mit dem Inhalt vertraut und in der Lage sind, den Sachverhalt genau zu beschreiben. Integrität liegt vor, wenn ein Schriftstück unverändert und vollständig ist. Benutzbar ist es, wenn es für die Personen, die es einsehen wollen oder müssen, auffindbar und zugänglich ist. Die Erfüllung der Anforderungen wird erleichtert, wenn alle Weisungsschriftstücke in einem zentral verwalteten Kompendium – einem Managementhandbuch Elektrotechnik – zusammengefasst und den Personen, die es angeht, an einer oder mehreren geeigneten Stellen zugänglich gemacht werden. Dieses Managementhandbuch sollte von einer speziell dafür verantwortlichen Person verwaltet werden, die darüber wacht, dass die in der Handbuchordnung festgelegten Vorgaben zu fachlicher Qualität, Form und Inhalt sowie zum Ablauf der Erstellung, des Inkrafttretens und des Zurückziehens eines Weisungsschriftstücks eingehalten werden.[298]

Dadurch, dass das Handbuch eine systematische Zusammenfassung der aktuellen (betrieblichen) Regelungen und Vorschriften zur Elektrotechnik darstellt, dient es einerseits als Nachschlagewerk und andererseits als Anweisung über Arbeits- und Verfahrensabläufe. Da es nicht als statisches Werk aufgefasst werden sollte, sondern ständig zu erweitern, zu ändern und zu verbessern ist, erleichtert es die Weiterentwicklung der Organisation und ist als Ergebnis eines kontinuierlichen Verbesserungsprozesses anzusehen. Es sollte als stets aktuelles „betriebliches Gesetzbuch" begriffen werden.

Das Managementhandbuch besteht aus einer übergeordneten Handbuchordnung und den fachlichen Verfahrens- und Betriebsanweisungen. Die übergeordnete Handbuchordnung stellt dabei den Rahmen und die Klammer des Handbuchs dar; in ihr sind u. a. zu regeln, wie eine Verfahrens- oder Betriebsanweisung zu erstellen ist (Aufbau, Inhalt, Zuständigkeiten), welchen sachlichen Bereich das Handbuch abdecken soll (z. B. Betrieb der elektrischen Anlagen), an welchen Standorten das Handbuch einsehbar ist (ggf. auch elektronisch im betrieblichen Intranet), wer Verfahrens- und Betriebsanweisungen in Kraft und außer Kraft setzten und ins Handbuch einstellen darf, von wem das Inhaltsverzeichnis (Liste aller Anweisungen) zu pflegen ist und in welcher Form (z. B. als Anlage zur Handbuchordnung).

---

[298] Vgl. *Straube* 2015, S. 113 ff.

Eine Verfahrensanweisung ist in diesem Zusammenhang die Beschreibung eines Verfahrens, welches im Sinne einer Anweisung einzuhalten ist. In Abhängigkeit vom Inhalt einer Verfahrensanweisung werden auch Bezeichnungen wie „Arbeitsanweisung“, „Prüfanweisung“ und „Transportanweisung“ verwendet.[299] *„Betriebsanweisungen sind Anweisungen und Angaben des Betreibers bzw. Verwenders von Einrichtungen technischen Erzeugnissen, Arbeitsverfahren, Stoffen oder Zubereitungen an seine Mitarbeiter mit dem Ziel, Unfälle und Gesundheitsrisiken zu vermeiden.“*[300] **Bild 7.12** zeigt beispielhaft eine Betriebsanweisung.

Die Vorteile eines Managementhandbuchs Elektrotechnik sind:

- Es lässt sich schnell und übersichtlich ermitteln, was wie geregelt ist ... und was nicht;
- erkannte Regelungs- und Sicherheitslücken können durch Ergänzung oder Änderungen im bestehenden System aus Verfahrens- und Betriebsanweisungen schnell geschlossen werden;
- die Darstellung der betrieblichen Organisation gegenüber Dritten wird erleichtert;
- die Ermittlung von Soll-Ist-Abweichungen und deren Beseitigung wird vereinfacht.

Bild 7.13 zeigt die hierarchische Struktur des Weisungsschriftguts. Verfahrens- und Betriebsanweisungen stehen in der Hierarchiepyramide oberhalb aller anderen Schriftstücke und bilden zusammen mit der Handbuchordnung das Managementhandbuch Elektrotechnik. Bei Verfahrens- und Betriebsanweisungen ist mit einer Gültigkeitsdauer von Jahren zu rechnen. Und selbst in den Anlagen zu den Verfahrensanweisungen, in denen beispielsweise der Bezug zu konkreten Personen oder Abteilungen hergestellt wird, werden Sachverhalte geregelt, die mindestens mehrere Monate – wenn nicht auch mehrere Jahre – Bestand haben. Schriftstücke mit kurz- und mittelfristiger Gültigkeit werden außerhalb des Managementhandbuchs gesammelt.

[299] Vgl. *Straube* 2015, S. 174

[300] Quelle: DGUV-Information 211-010, Abschnitt 1

Mustermann GmbH **Betriebsanweisung (BA)**

Fünf Sicherheitsregeln beim Arbeiten an elektrischen Anlagen und Betriebsmitteln

1. Anwendungsbereich

Diese Betriebsanweisung gilt für sämtliche Montage-, Wartungs-, Instandhaltungs- und Reinigungsarbeiten sowie Arbeiten zur Störungsbehebung an elektrischen Anlagen und Betriebsmitteln. Eine Ausnahme bildet lediglich das Arbeiten unter Spannung (AuS) mit seinen besonderen technischen und organisatorischen Regelungen.

2. Gefahren für Mensch und Umwelt

- Elektrische Körperdurchströmung mit Verkrampfungen, Herzkammerflimmern, Herzstillstand und inneren Verbrennungen.
- Verbrennungsgefahr durch Störlichtbogen.
- Sekundärunfälle, z. B. durch Absturz bei Arbeiten auf Leitern oder anderen hoch gelegenen Arbeitsplätzen.

3. Schutzmaßnahmen und Verhaltensregeln

An unter Spannung stehenden aktiven Teilen elektrischer Anlagen und Betriebsmittel darf nicht gearbeitet werden! Ausnahmen sind nur nach besonderer Anweisung zulässig unter den besonderen technischen und organisatorischen Regelungen des Arbeitens unter Spannung (AuS) gestattet.

<u>Alle Arbeiten müssen vom Arbeitsverantwortlichen vorbereitet und mit dem Anlagenverantwortlichen abgestimmt und vom Anlagenverantwortlichen erlaubt sein.</u>

Vor Beginn der Arbeiten muss der spannungsfreie Zustand hergestellt und für die Dauer der Arbeiten sichergestellt werden. Dies ist unter Beachtung der nachfolgenden Fünf Sicherheitsregeln durchzuführen:

1. **Freischalten**
2. **Gegen Wiedereinschalten sichern**
3. **Spannungsfreiheit feststellen**
4. **Erden und Kurzschließen**
5. **Benachbarte, unter Spannung stehende Teile abdecken oder abschranken**

Beim Herausnehmen und Einsetzen von NH-Sicherungen ist der Schutzhelm mit Gesichtsschutz und der Sicherungsgriff mit Armstulpe zu benutzen.

Schalthandlungen dürfen nur von Schaltberechtigten durchgeführt werden.

Benachbarte aktive Teile, die nicht gegen direktes Berühren geschützt sind oder durch Abdecken bzw. Abschranken kein Schutz gegen direktes Berühren möglich ist, sind ebenfalls freizuschalten.

Es dürfen grundsätzlich nur zugelassene und geprüfte Werkzeuge, Geräte und Hilfsmittel eingesetzt werden. Vor der Benutzung sind diese einer Sichtkontrolle bzw. einem Funktionstest gemäß der Bedienungsanleitung zu unterziehen.

Bei Arbeiten mit Werkzeugen sowie sperrigen Gegenständen ist die Abdeckung oder Abschrankung so zu gestalten, dass eine gefährliche Annäherung oder direktes Berühren verhindert wird.

Nach Abschluss der Arbeiten – Schaltpläne und Beschriftungen aktualisieren!

4. Verhalten bei Störungen

Arbeitsverantwortlichen, Anlagenverantwortlichen und Vorgesetzten informieren!
Notfalls weitere Anlagenteile freischalten – keine weiteren eigenmächtigen Arbeiten durchführen.

5. Verhalten bei Unfällen, Erste Hilfe

Freischalten, Notruf absetzen Tel.: 112, Verletzte bergen, Erste Hilfe leisten, Anlagenverantwortlichen und Vorgesetzten informieren!

6. Instandhaltung

Vor und nach der Arbeit Sichtprüfung der Schutz- und Arbeitsmittel! Herstellerangaben und Bedienungsanleitungen beachten!

7. Folgen der Nichtbeachtung

Gesundheitliche Schäden, Lebensgefahr, straf- und zivilrechtliche Folgen

Datum/Unterschrift P. Müller
19.6.2019 Peter Müller, gesamtverantwortliche Elektrofachkraft

Bild 7.12 Beispiel einer Betriebsanweisung

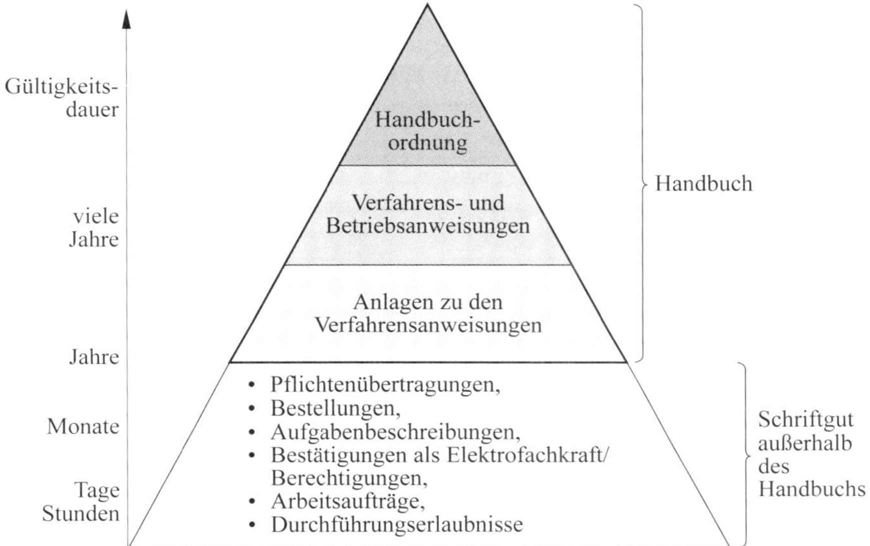

Bild 7.13 Schriftgut-Hierarchie

7.4 Arbeitsschutzmanagementsysteme

„Arbeitsschutzmanagement ist die gezielte und systematische Planung, Umsetzung und Kontrolle des betrieblichen Arbeits- und Gesundheitsschutzes als Führungsaufgabe.“[301]

Der klassische Arbeits- und Gesundheitsschutz ist im Wesentlichen geprägt von der Setzung von Regeln und der Kontrolle ihrer Einhaltung. Ausgangspunkt ist dabei eine Betriebsstruktur mit eindeutiger Rollenverteilung in Arbeitgeber, Arbeitnehmer, Auftraggeber und Auftragnehmer sowie dem Vorhandensein von klar abgegrenzten Betriebsstätten. Die in den letzten Jahrzehnten zu verzeichnende Entwicklung ist geprägt von immer stärker wissensorientierten Produktionsprozessen und steigendem Kosten- und Rationalisierungsdruck. Bei wissensorientierten Produktionsprozessen ist die körperliche Belastung oft gering, die psychische Belastung kann jedoch zu schwerwiegenden Folgeerkrankungen führen. Der Kosten- und Rationalisierungsdruck verlangt nach immer störungsärmeren Prozessen, in denen der Produktionsfaktor „gesunder Mensch“ eine entscheidende Rolle spielt. Beide Entwicklungen erfordern auf dem Gebiet des Arbeitsschutzes nach veränderten Strategien.

---

[301] Quelle: *Brauweiler/Zenker-Hoffmann* 2014, S. 3

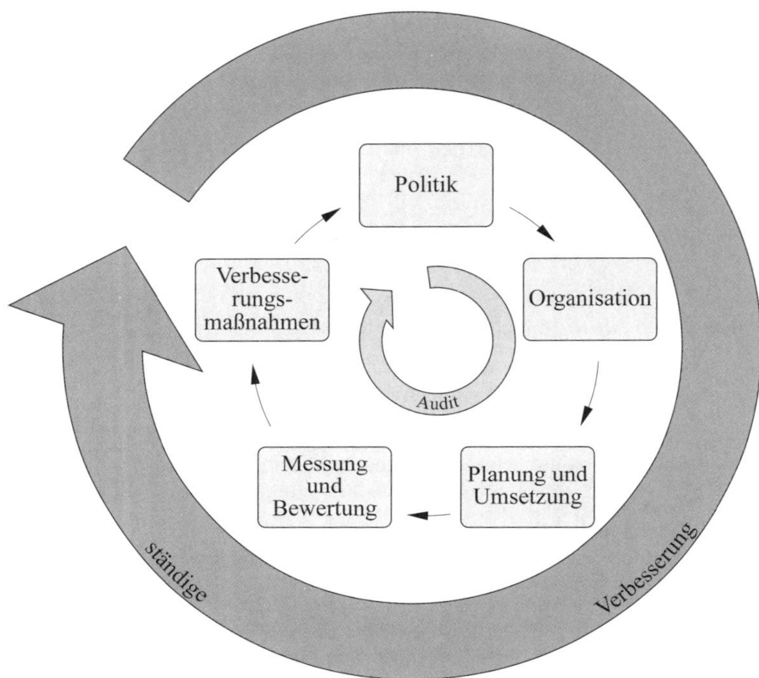

Bild 7.14 Hauptelemente des AMS
(Quelle: *Scheuermann* 2012, S. 34)

„Arbeitsschutzmanagementsysteme sind Teil dieser neuen Strategie und haben zwei Funktionen:

1. *Sie stellen Instrumente zu Verfügung, um die Potenziale des Arbeitsschutzes in allen betrieblichen Abläufen integrieren zu können.*
2. *Sie stellen Instrumente zur Verfügung für eine kontinuierliche Verbesserung des Arbeitsschutzes in einem ständigen lernenden Entwicklungsprozess.*

Das Ziel des Arbeits- und Gesundheitsschutzes bleibt jedoch das Gleiche: „Der gesunde Beschäftigte!" Besondere Bedeutung zur Erlangung des Ziels kommt der (...) Prävention zu."[302]

Arbeitsschutzmanagementsysteme bieten eine systematische Organisation des Arbeits- und Gesundheitsschutzes. Das oberste Ziel eines Arbeitsschutzmanagementsystems ist es, den Arbeitsschutz in die betrieblichen Abläufe zu integrieren und die

[302] Quelle: *Scheuermann* 2012, S. 3

Beschäftigten zu motivieren, den Arbeitsschutz aktiv zu verbessern. Die Hauptelemente eines Arbeitsschutzmanagementsystems (AMS) sind gemäß des PDCA-Zyklus: Politik, Organisation, Planung und Umsetzung, Messung und Bewertung sowie Verbesserungsmaßnahmen[303] (siehe **Bild 7.14**).

Nachstehend sind einige Leitfäden für Arbeitsschutzmanagementsysteme aufgelistet:

- OHRIS – Occupational Health- and Risk-Managementsystem des bayerischen Staatsministeriums für Arbeit und Sozialordnung, Familie, Frauen und Gesundheit; das System hat sowohl den Schutz der Beschäftigten als auch den Schutz Dritter zum Ziel; OHRIS ist in Bayern und inzwischen auch in Sachsen kostenlos von den zuständigen Aufsichtsbehörden zertifizierbar;
- ASCA – „Arbeitsschutz und Sicherheitstechnischer Check in Anlagen", Konzept des hessischen Ministeriums für Frauen, Arbeit und Sozialordnung;
- fünf Bausteine für einen gut organisierten Betrieb, auch in Sachen Arbeitsschutz – Leitfaden zur Organisation des Arbeitsschutzes im Betrieb der Deutschen Gesetzlichen Unfallversicherung (DGUV);[304] es handelt sich um eine kurze Broschüre, die in komprimierter Form die wesentlichen Aspekte eines AMS im Hinblick auf Führung, Gefährdungsbeurteilung, Mitarbeiterbeteiligung und -unterweisung, Planung des Arbeitsschutzes und Überwachung und Fehlerauswertung behandelt;
- DIN EN ISO 45001 (Ersatz für OHSAS 18001 – Occupational Health and Safety Assessment Series); die Norm entspricht dem Schema des kontinuierlichen Verbesserungsprozesses anderer ISO-Normen für Managementsysteme, *„wonach die Anforderungen an ein AMS nach folgendem Zyklus des kontinuierlichen Verbesserungsprozesses gegliedert sind in (...):*
  - *Arbeitsschutzpolitik,*
  - *Planung (Gefährdungsbeurteilung, rechtliche Verpflichtungen u. a. Anforderungen, Arbeits- und Gesundheitsschutzziele und -programm),*
  - *Umsetzung und Durchführung (Ressourcen, Aufgaben, Verantwortlichkeiten und Befugnis; Fähigkeit, Schulung und Bewusstsein; Kommunikation, Mitwirkung, Beratung; Dokumentation und deren Lenkung; Ablauflenkung; Notfallvorsorge und Gefahrenabwehr),*
  - *Kontroll- und Korrekturmaßnahmen (Leistungsmessung und Überwachung; Bewertung; Korrektur- und Vorbeugemaßnahmen; Lenkung und Aufzeichnungen; internes Audit),*
  - *Managementbewertung."*[305]

303 Vgl. *Scheuermann* 2012, S. 34 f.

304 Vgl. DGUV-Information 211-018

305 Quelle: *Brauweiler/Zenker-Hoffmann* 2014, S. 8

- TSM Technisches Sicherheitsmanagement[306] des Deutschen Vereins des Gas- und Wasserfachs (DVGW) und des Forums Netztechnik/Netzbetrieb im VDE (FNN); TSM ist ein EVU-branchenspezifisches Managementsystem und versteht sich eher als integriertes Managementsystem mit dem Schwerpunkt technische Sicherheit; es gibt umfangreiche Fragenkataloge[307] anhand derer bei der Zertifizierung durch den jeweiligen Fachverband die Erfüllung der Anforderungen an die Qualifikation und die Organisation überprüft werden mit dem Ziel, *„einen Beitrag zur personellen und technischen Leistungsfähigkeit (...) zu leisten"*[308] und somit einem Organisationsverschulden entgegenzuwirken.

[306] Vgl. *Werner* in: *Cichowski* 2007, S. 288 ff.

[307] Vgl. TSM-Leitfaden Strom 2016

[308] Quelle: VDE-Anwendungsregel VDE-AR-N 4001:2011-04, Abschnitt 1

8 Qualitätsmanagement

8.1 Qualitätsbegriff und TQM

Der Begriff Qualität hat in den vergangenen Jahrzehnten eine Wandlung durchgemacht: Ursprünglich bezog sich der Begriff auf die *„Beschaffenheit, mit der die Ware dem Verwendungszweck genügt"*[309]; heute wird der Qualitätsbegriff erweitert aufgefasst und definiert als *„Grad, in dem ein Satz inhärenter Merkmale Anforderungen erfüllt"*.[310] Inhärente Merkmale bedeutet in dieser Definition *innewohnende und kennzeichnende Eigenschaften*. Der Qualitätsbegriff bezieht sich nicht mehr nur auf Produkte, sondern schließt auch Dienstleistungen, Prozesse und Systeme mit ein. Der Begriff Produkt wird definiert als *„Ergebnis einer Organisation, das ohne jegliche Transaktion zwischen Organisation und Kunden erzeugt werden kann."*[311] Der Begriff Dienstleistung ist definiert als *„Ergebnis [mindestens einer Tätigkeit] einer Organisation, (...), die notwendigerweise zwischen der Organisation und dem Kunden ausgeführt wird."*[312] Ein System besteht dabei aus mehreren Elementen, die in Wechselwirkung stehen. Unter Prozess werden mehrere Tätigkeiten verstanden, die in Wechselbeziehung stehen und jeweils einen „Input" (Eingabe) in einen „Output" (Ergebnis) umwandeln, wobei der „Input" der einen Tätigkeit der „Output" einer anderen Tätigkeit sein kann. Qualität wird festgelegt indem, messbare Merkmale definiert werden, die einen Vergleich mit Anforderungen erlauben.[313] Insofern beschreibt Qualität *„die Übereinstimmung (Konformität) eines Produkts, [eines Systems, einer Dienstleistung], eines Prozesses oder einer Tätigkeit mit vorgegeben Forderungen"*[314] oder anders ausgedrückt: den Übereinstimmungsgrad der realisierten Beschaffenheit mit der geforderten Beschaffenheit.

Durch das erweiterte, ganzheitliche Verständnis von Qualität, welches sich auf das gesamte System von Produktplanung, -herstellung, -service einschließlich sämtlicher Haupt- und Nebenprozesse bezieht, wird deutlich, dass sich Qualität hinsichtlich einer bestimmten Eigenschaft nur durch eine übergreifende Berücksichtigung sämtlicher betrieblicher Funktionen erzielen lässt. Aus diesem Verständnis heraus hat sich das Konzept des integrierten Qualitätsmanagement entwickelt. In einem

---

309 Quelle: Deutsche Gesellschaft für Qualität 1972 zitiert nach *Benes/Groh* 2012, S. 35

310 Quelle: DIN EN ISO 9000:2015-11 zitiert nach *Mockenhaupt* 2016, S. 10

311 Quelle: DIN EN ISO 9000:2015-11 zitiert nach *Mockenhaupt* 2016, S. 13

312 Quelle: DIN EN ISO 9000:2015-11 zitiert nach *Mockenhaupt* 2016, S. 14

313 Vgl. *Benes/Groh* 2012, S. 36

314 Quelle: *Brüggemann/Bremer* 2012, S. 4

integrierten Qualitätsmanagementsystem wird davon ausgegangen, dass sämtliche betriebliche Funktionen Einfluss auf einen Qualitätsaspekt haben und entsprechend in das Managementsystem integriert werden. Es sind z. B. integrierte Managementsysteme für Produktbeschaffenheit, Umwelt, Arbeitsschutz usw. entwickelt worden (siehe **Bild 8.1**).

Werden die verschiedenen funktionsübergreifenden Qualitätsaspekte darüber hinaus in einem einzigen Managementsystem zusammengefasst, spricht man von einen Total-Quality-Managementsystem (TQM). Bild 8.1 verdeutlicht diesen Zusammenhang zwischen einzelnen integrierten Managementsystemen, die jeweils einen funktionsübergreifenden Qualitätsaspekt behandeln und dem TQM-System, welches alle Qualitätsaspekte und alle betrieblichen Funktionen einbezieht.

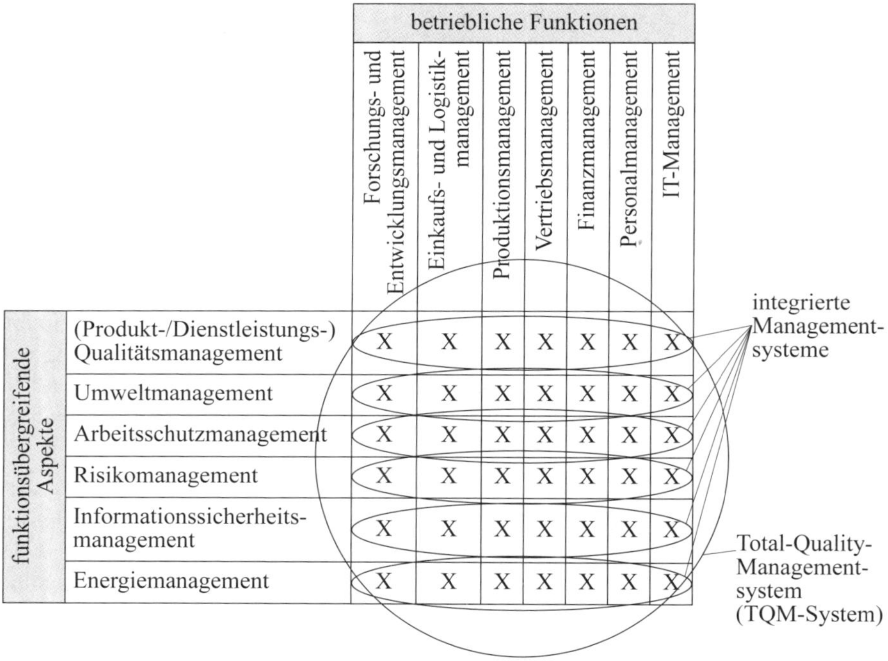

		betriebliche Funktionen						
		Forschungs- und Entwicklungsmanagement	Einkaufs- und Logistikmanagement	Produktionsmanagement	Vertriebsmanagement	Finanzmanagement	Personalmanagement	IT-Management
funktionsübergreifende Aspekte	(Produkt-/Dienstleistungs-) Qualitätsmanagement	X	X	X	X	X	X	X
	Umweltmanagement	X	X	X	X	X	X	X
	Arbeitsschutzmanagement	X	X	X	X	X	X	X
	Risikomanagement	X	X	X	X	X	X	X
	Informationssicherheitsmanagement	X	X	X	X	X	X	X
	Energiemanagement	X	X	X	X	X	X	X

integrierte Managementsysteme

Total-Quality-Managementsystem (TQM-System)

Bild 8.1 Integrierte Managementsysteme und TQM

8.2 Qualitätsstrategien

8.2.1 Kontinuierlicher Verbesserungsprozess

Ständige Verbesserung ist ein Grundprinzip des Qualitätsmanagements und beinhaltet die permanente Suche nach Schwachstellen und Ursachen von Problemen in Systemen, Prozessen, Produkten und bei Dienstleistungen mit dem Ziel der Verbesserung. Das Prinzip der kontinuierlichen Verbesserung hat eine gewisse inhaltliche Nähe zum japanischen Begriff „Kaizen", der eine im Alltag verankerte Denkweise beschreibt, die davon ausgeht, *„dass alles, was Menschen tun, ständig weiterentwickelt werden kann und dass jedes von Menschen erschaffene System ab dem Zeitpunkt seiner Errichtung dem Verfall preisgegeben ist, wenn es nicht ständig erneuert bzw. verbessert wird."*[315] Kern des kontinuierlichen Verbesserungsprozesses ist der sog. PDCA-Zyklus, nach seinem Erfinder auch Deming-Kreis genannt, nach dem jeder Vorgang durch einen wiederkehrenden Prozess in vier Teilschritten verbessert werden kann. Der in **Bild 8.2** dargestellte Ablauf erklärt die Anwendung des Verbesserungsprinzips in diesen *„vier Teilschritten:*

- *Planen (Plan): Zunächst ist ein Plan für eine effektive Verbesserung zu entwickeln, wobei überlegt wird, welches die wichtigsten Ergebnisse und die größten Hindernisse sind.*

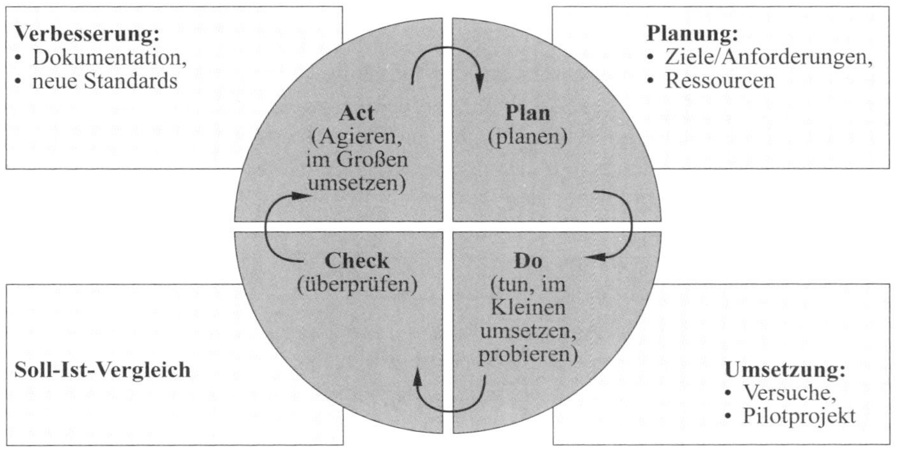

Bild 8.2 PDCA-Zyklus

[315] Quelle: *Kostka/Kostka* 2017, S. 6

- *Ausführen (Do): Danach ist dieser Plan auszuführen, zunächst in kleinerem Maßstab. Alle wichtigen Daten, die Antworten auf die Fragen der Planungsphase geben, sind zu sammeln bzw. die festgelegten Änderungen durchzuführen.*
- *Überprüfen (Check): Anschließend sind die Auswirkungen der Änderungen zu beobachten und die Ergebnisse festzuhalten und zu überprüfen.*
- *Verbessern (Act): Anschließend werden die Ergebnisse genau betrachtet, um zu erkennen, was an dem Vorgang noch zu verbessern und entsprechend als Eingangsgröße [im] nächsten Durchlauf von Bedeutung ist"*[316] und was als neuer Standard eingeführt wird.

8.2.2 Six Sigma

Six Sigma ist eine Strategie zur Vermeidung von Fehlern und Reduzierung von Abweichungen, welche auf statistischen Methoden und einem kontinuierlichen Verbesserungsprozess basiert und durch besondere Rituale gekennzeichnet ist. Six Sigma versteht sich als *„umfassender strategischer Managementansatz auf der Basis systematischer Kundenorientierung und Prozessoptimierung"*.[317] Insofern kann Six Sigma als TQM-Ansatz betrachtet werden.

Der Name „Six Sigma" oder „6σ" deutet auf den statistischen Ansatz hin und drückt aus, dass die sechsfache Standardabweichung innerhalb eines vorgegeben tolerierbaren Bereichs (Toleranzbereich) liegen muss, damit die Fehlerhäufigkeit zu null angenommen werden kann. Der griechische Buchstabe Sigma (σ) steht dabei für die Standardabweichung.

Das Prinzip von Six Sigma basiert auf der Annahme, dass tatsächlich erzielte Prozessergebnisse vom angestrebten Prozessergebnis abweichen und die Häufigkeitsverteilung der Prozessergebnisse als Gauß'sche Normalverteilung („Glockenkurve") um einen Mittelwert streuen. Für jeden Prozess muss ein Ergebnisbereich mit unterer und oberer Grenze definiert werden, in dem ein Prozessergebnis als noch tolerabel angesehen wird. Prozessergebnisse innerhalb dieses Toleranzbereichs gelten dann als fehlerfrei, Prozessergebnisse, die die Grenzen des Toleranzbereichs überschreiten gelten als fehlerhaft. **Bild 8.3** verdeutlicht das.

Die Häufigkeit des Auftretens eines Prozessergebnisses ist aufgetragen über dem Prozessergebnis. X ist der arithmetische Mittelwert (Erwartungswert) aller Prozessergebnisse. σ ist die Standardabweichung, d. h. die mittlere Abweichung der Prozessergebnisse vom Mittelwert X. Die Standardabweichung σ berechnet sich wie folgt:

[316] Quelle: *Kamiske/Brauer* 2012, S. 93 f.
[317] Quelle: *Huber* 2016, S. 168

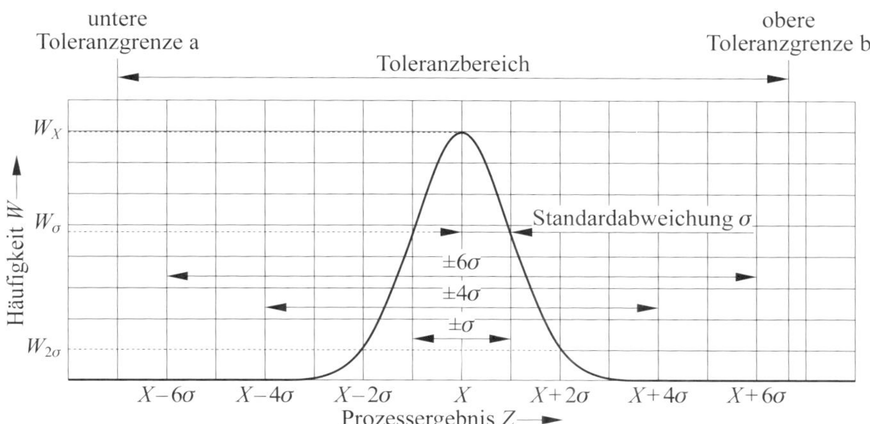

Bild 8.3 Six-Sigma-Prinzip

$$\sigma = \sqrt{\frac{1}{n-1} \cdot \sum_{i=1}^{n} \left(x_i - X\right)^2} \,. \tag{8.1}$$

Die Wahrscheinlichkeit (Häufigkeit), dass das Ergebnis X eintritt, ist W_X. Die Wahrscheinlichkeit, dass das Ergebnis $X - \sigma$ oder $X + \sigma$ eintritt, ist W_σ. Die Wahrscheinlichkeit, dass das Ergebnis $X - 2\sigma$ oder $X + 2\sigma$ eintritt, ist $W_{2\sigma}$.

Der Prozess ist so zu gestalten, dass die untere Toleranzgrenze a kleiner als $X - 6\sigma$ ist und die obere Toleranzgrenze b größer als $X + 6\sigma$ ist, denn außerhalb von $X \pm 6\sigma$ liegen lediglich 0,000 34 % aller Prozessergebnisse. Diese Fehlerrate gilt in der Regel als null. Berücksichtigt dabei ist die Tatsache, dass der Mittelwert der Prozessergebnisse im Laufe der Zeit oft um $\pm$ 1,5σ driftet, sodass sich bei einer anfänglichen Zielgröße von 6σ später lediglich 4,5σ einstellen, was eine Fehlerrate von 0,135 % bedeutet, was ebenfalls noch als ausreichend nahe an null angesehen wird. Zu erwähnen ist noch, dass es Branchen gibt, in denen 6σ nicht ausreicht. Dies ist beispielsweise in der Luftfahrt oder in Teilbereichen der Energieversorgung der Fall. Andererseits gibt es Bereiche, die mit 4σ auskommen. Außerhalb von $X \pm 4\sigma$ ist die Fehlerrate 0,621 %. Diese Fehlerrate kann akzeptabel sein und wird daher auch oft als Zielgröße innerhalb von Six Sigma verwendet.[318]

In **Tabelle 8.1** sind die Fehleranteile pro Mio. Prozessergebnisse DPMO (= Defects per Million Opportunities) und der Anteil der fehlerfreien Prozessergebnisse in Prozent in Abhängigkeit des σ-Bereichs aufgelistet. Der Anteil der fehlerfreien

[318] Vgl. *Benes/Groh* 2012, S. 184

σ	DPMO	Fehlerfreie Prozessergebnisse in %
1	691 462,0	30,854
2	308 538,0	69,146
3	66 807,0	93,319
4	6 210,0	99,379
4,5	1 350,0	99,865
5	233,0	99,977
6	3,4	99,999 66

Tabelle 8.1 Fehleranteile
(Quelle: *Benes/Groh* 2012, S. 184 und *Huber* 2016, S. 171)

Prozesse im Verhältnis zur Gesamtzahl der Prozesse verhält sich dabei wie der Flächeninhalt unter der Glockenkurve im jeweiligen σ-Bereich zur Gesamtfläche unter der Glockenkurve.[319]

Methodisch stützt sich Six Sigma auf den PDCA-Prozess, der aufgrund der statistischen Orientierung von Six Sigma die Abwandlung zu einem DMAIC-Zyklus mit den Elementen define (definieren), measure (messen), analyze (analysieren), improve (verbessern) und control (kontrollieren) erfährt. In der Define-Phase wird das Problem beschrieben bzw. angestrebte Ziel festgelegt. In der Measure-Phase wird der Istzustand gemessen und das Ist-σ festgestellt. In der Analyze-Phase wird auf der Grundlage einer mathematischen Beschreibung des untersuchten Prozesses nach den Ursachen von Fehlern und Streuung gesucht. In der Improve-Phase werden Verbesserungsmaßnahmen geplant und getestet. In der Control-Phase werden die Ergebnisse der Improve-Phase hinsichtlich Kostensenkung, Qualitätssteigerung und Zeiteffizienz bewertet.[320]

Um die gesamte Mitarbeiterschaft einzubeziehen, nutzt Six Sigma gewisse Rituale und bedient sich zur Beschreibung von Rollen und Verantwortlichkeiten des Gürtelsystems aus dem Kampfsport. Es gibt die Funktion des White Belt als einfaches Arbeitsgruppenmitglied. Weiter gibt es den Green Belt als Mitglied des mittleren Managements, der neben seiner Aufgabe in der Linie eine Arbeitsgruppe leitet. Ferner gibt es den Black Belt, der ausschließlich ein größeres Six-Sigma-Projekt leitet. Der Master Black fungiert als Ausbilder und Coach. Der Champion ist ein besonderer Black Belt oder Master Black Belt und treibt Six-Sigma auf der obersten Leitungsebene voran.[321]

[319] Vgl. *Schwab* 2014, S. 329

[320] Vgl. *Benes/Groh* 2012, S. 187 ff.

[321] Vgl. *Kroslid/Faber/Magnusson/Bergmann* 2003, S. 32 f.

8.3 Qualitätswerkzeuge, -methoden und -techniken

„Bei Qualitätswerkzeugen [-methoden und -techniken] handelt es sich in der Regel um Techniken, mit denen Qualitätsprobleme diagnostiziert und behoben werden sollen. Dazu zählen Datensammlungs- und Problembearbeitungstechniken, Moderationswerkzeuge für Gruppensitzungen, Kreativitätsmethoden usw. Im Prinzip ist jede Methode, mit der eine Arbeit besser, schneller und billiger verrichtet werden kann, ein Qualitätswerkzeug."[322] Es gibt eine Vielzahl von Qualitätswerkzeuge, -methoden und -techniken, von denen nachstehend einige exemplarisch skizziert werden:

Qualitätszirkel

Qualitätszirkel sind fest institutionalisierte Arbeitsgruppen, die fachübergreifend und selbstständig Qualitätsprobleme aufdecken und Lösungsvorschläge dazu erarbeiten. Die Anzahl der Mitglieder sollte zehn bis zwölf nicht übersteigen; die Mitgliedschaft in einem Qualitätszirkel sollte freiwillig sein. Für die Umsetzung der Lösungsvorschläge bedarf es in der Regel noch der Genehmigung übergeordneter Instanzen. Durch die Freiwilligkeit und die selbstständige Arbeitsweise trägt das Konzept Qualitätszirkel zur Motivationssteigerung der Mitarbeiter bei und kann ein wichtiger Baustein einer ganzheitlich qualitätsorientierten Unternehmenskultur sein. Entwickelt wurde das Konzept zunächst für produktionsnahe untere Hierarchieebenen („Werkstattbereiche"); Qualitätszirkel-Programme finden inzwischen jedoch auch auf produktionsfernen Bereichen („Administrative Bereiche") und höheren Hierarchieebenen Anwendung.[323]

Qualitätswerkzeuge (Q 7)

Ursprünglich entwickelt wurden die „Sieben Qualitätswerkzeuge" (Q 7) für die Anwendung in Qualitätszirkeln. Die „Sieben Qualitätswerkzeuge" (Q 7) stellen elementare Hilfsmittel dar, um in Teamarbeit Qualitätsprobleme aufzuspüren, grafisch darzustellen und zu lösen. Zur Fehlererfassung und Darstellung dienen folgende drei Visualisierungsmöglichkeiten:

- Fehlersammelliste: Strichliste mit den Spalten „Fehlertyp" und „Fehleranzahl";
- Histogramm: Säulendiagramm zur Häufigkeitsverteilung von Fehlern;
- Qualitätsregelkarte (QRK): *„Formblatt zur grafischen Darstellung von statistischen Kennwerten für eine Serie von Stichproben mit Eingriffsgrenzen (oberer und/oder unterer) sowie häufig auch mit Warngrenzen und einer Mittellinie"*.[324]

---

[322] Quelle: *Simon* 2008, S. 198

[323] Vgl. *Mockenhaupt* 2016, S. 50

[324] Quelle: *Benes/Groh* 2012, S. 233

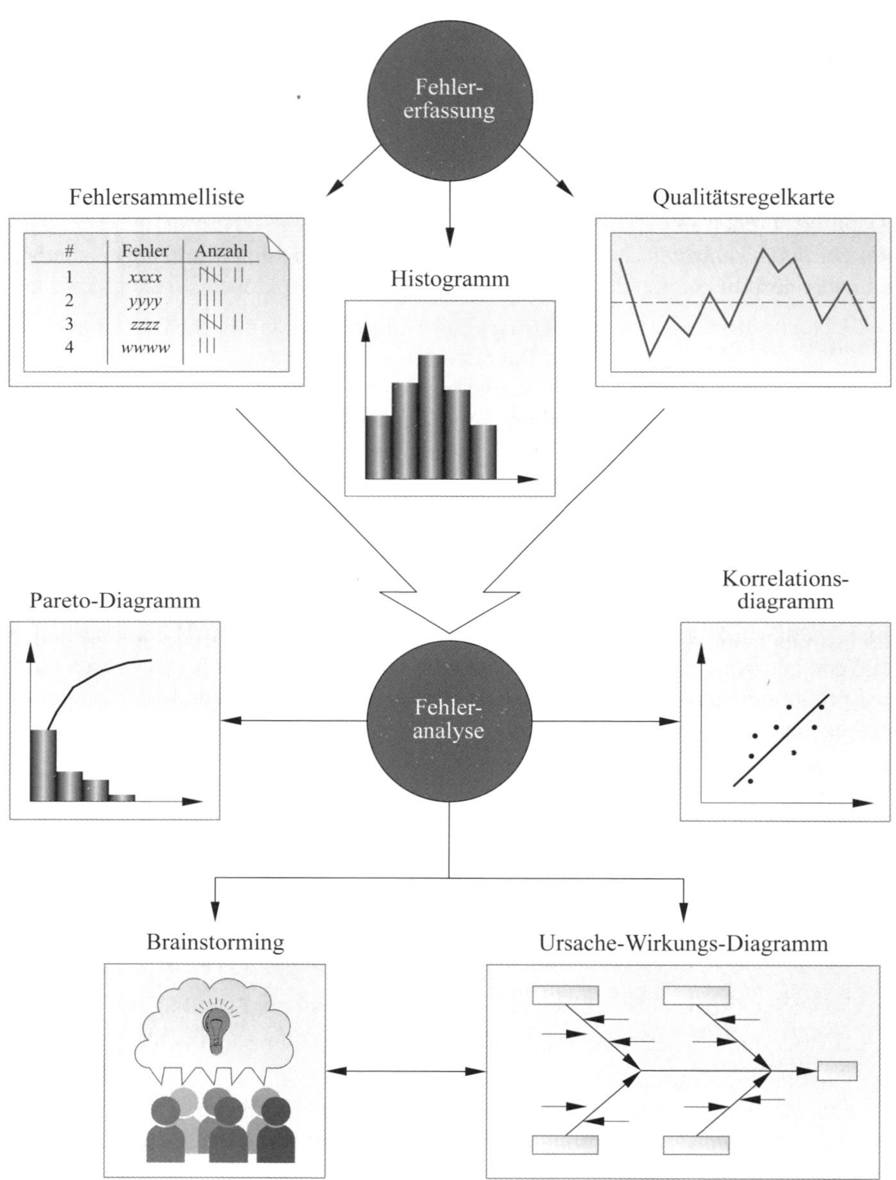

Bild 8.4 Sieben Qualitätswerkzeuge

Zur Fehleranalyse dienen folgende vier Hilfsmittel:

- *Korrelationsdiagramm:* Darstellung von Wertepaaren in einem Koordinatensystem zur Überprüfung eines vermuteten Zusammenhangs;
- *Pareto-Diagramm:* Säulendiagramm, in dem die Säulen der Höhe nach sortiert angeordnet sind; es hilft bei der Anwendung des sog. Pareto-Prinzips, nachdem 80 % Wirkung auf 20 % der Ursachen oder des Aufwandes beruhen (80-20-Regel);
- *Brainstorming:* Zusammenkünfte zur Ideenfindung ohne vorgegebene Denkrichtung;
- *Ursache-Wirkung-Diagramm (Fischgrätendiagramm):* Grafische Darstellung von Ursache und Wirkung in einer Baumstruktur, sodass Gruppierungen sichtbar sind.

In **Bild 8.4** sind die Qualitätswerkzeuge (Q 7) dargestellt.

Sieben Managementwerkzeuge (M 7)

Als „Sieben Managementwerkzeuge“ (M 7) werden die visualisierenden Hilfsmittel an Tafeln, Pinnwänden und Flipcharts bezeichnet, die der Problembearbeitung und Lösungsfindung in Gruppen dienen. Üblicherweise kommen dabei Karten zum Einsatz, auf denen die Gruppenmitglieder ihre Ideen und Lösungsvorschläge stichpunktartig aufschreiben und die dann auf Tafeln, Pinnwänden oder Flipcharts gruppiert und in Beziehung gesetzt werden können. Die „Sieben Managementwerkzeuge“ (M 7) sind über das Qualitätsmanagement hinaus auch in anderen Bereichen zur Ideenfindung und Problemlösung nutzbar. *„Die einzelnen Werkzeuge lassen sich stichpunktartig wie folgt beschreiben:*

- *Affinitätsdiagramm [Clusterung]; Bildung einer verdichteten und nach Oberbegriffen geordneten Sammlung von Fakten bzw. Ideen (...).*
- *Relationendiagramm [Pfeildiagramm]: Ermittlung von Ursache-Wirkungs-Beziehungen (...).*
- *Portfolio [Vierquadrantendarstellung]: (...) Darstellung mithilfe zweier kennzeichnender Merkmale in einem Achsenkreuz.*
- *Matrixdiagramm [Tabelle]: übersichtliche Darstellung der wechselseitigen Abhängigkeiten (...).*
- *Baumdiagramm: Übersicht über alle wichtigen Mittel und Maßnahmen (...).*
- *Netzplan: geordnete Abbildung der Aufeinanderfolge sowie sich ergebender Abhängigkeiten von Schritten bzw. Ereignissen (...).*
- *Problem-Entscheidungsplan: geordnete Betrachtung von möglicherweise auftretenden Störungen bei einem Vorgang zur vorbeugenden Festlegung von Maß-*

nahmen zur Fehlervermeidung.“[325] Der Problem-Entscheidungsplan ist eine strukturierte Darstellung von möglichen Fehlern und möglichen Maßnahmen zur Fehlerbehebung.

FMEA-Methode

„Die FMEA (Fehlermöglichkeits- und -einflussanalyse) (Failure Mode and Effects Analysis) – auch als Fehlerzustandsart- und -auswirkungsanalyse benannt (...) – ist eine formalisierte, analytische Methode zur systematischen und vollständigen Erfassung potenzieller Fehler in Konstruktion, Planung und Produktion. Ziel der FMEA ist die Vermeidung von Fehlern im frühestmöglichen Stadium einer Produkt- bzw. Prozessentwicklung. Dazu werden durch ein Expertenteam systematisch mögliche Fehler identifiziert, deren mögliche Ursachen und Auswirkungen aufgezeigt und Abstellmaßnahmen eingeleitet.“[326] Die Methode ist im Gegensatz zur Fehlerbaumanalyse induktiv, d. h. es wird vom Versagen eines untergeordneten Bauteils oder Systems ausgegangen und darauf aufbauend die Auswirkung auf die übergeordneten Systeme und das Gesamtsystem untersucht. Bei der Fehlerbaumanalyse, die deduktiv vorgeht, ist es umgekehrt; hier wird vom Versagen des Gesamtsystems ausgegangen und dann über eine Baumstruktur nach möglichen Fehlerursachen in den Subsystemen gesucht. Kern der FMEA ist eine Risikobetrachtung über die sog. Risikoprioritätszahl (RPZ), die für jeden möglichen Fehler an jedem Bauteil bzw. Subsystem gebildet wird. Die RPZ ist das Produkt aus Fehlerauftrittswahrscheinlichkeit (A), Fehlerentdeckungswahrscheinlichkeit (E) und Fehlerfolgebedeutung (B). Für die Faktoren A, E und B sind jeweils Werte zwischen eins und zehn zu bestimmen, sodass sich für $RPZ = A \cdot E \cdot B$ Werte zwischen 1 (geringstes Risiko) und 1 000 (max. Risiko) ergeben. Dokumentiert wird die FMEA in der Regel in Tabellen oder einer induktiven Baumstruktur (Funktionsbaum). Die Durchführung der FMEA vollzieht sich in folgenden Schritten:

- Vorlauf durch Bildung des Expertenteams;
- System- und Funktionsanalyse durch Erarbeitung der Systemstruktur und Verknüpfung der Funktionen in einem Funktionsbaum;
- Fehleranalyse durch Identifizierung möglicher Fehler in den einzelnen Bauteilen bzw. Subsystemen;
- Ermittlung von *A*, *E* und *B* sowie *RZP* für jeden möglichen Fehler an jedem Bauteil und Subsystem,

[325] Quelle: *Kamiske/Brauer* 2012, S. 52 f.

[326] Quelle: *Brüggemann/Bremer* 2012, S. 44 f.

- Erarbeitung von Verbesserungsmaßnahmen und Dokumentation – oft in Form von Listen.[327]

Poka Yoke

„*Poka Yoke (Japanisch: Poka = unbeabsichtigter oder zufälliger Fehler, Yokero = Vermindern oder Verminderung; veröffentlicht von Shigeo Shingo 1969) soll das Entstehen unbeabsichtigter oder zufälliger Fehler reduzieren oder am besten ganz verhindern. Es ist Bestandteil einer Null-Fehler-Strategie.*“[328] Das Konzept Poka Yoke zielt auf die Fehlervermeidung bei Routineabläufen und setzt die Kenntnis möglicher Fehler voraus. Wiederkehrende Abläufe, bei denen Ermüdungserscheinungen und Konzentrationsmängel zu Fehlern und Irrtümern führen können, sind besonders geeignet für Poka Yoke. Der Grundgedanke von Poka Yoke ist, menschliche Irrtümer und Fehlhandlungen durch eine geeignete – meist mechanische – Konstruktion oder durch drastische optische bzw. akustische Signale nahezu unmöglich zu machen. Beispiele für Poka Yoke sind:

- Einsatz von Schablonen für Prüfungsaufgaben;
- akustisches Signal bei eingeschaltetem Abblendlicht und Öffnen der Fahrertür;
- Verriegelungen in elektrischen Anlagen, die eine gewisse Handlungsreihenfolge erzwinge, z. B. Ausschalten und Erden als Voraussetzung für das Öffnen der Zellentür;
- Formcodierung von Steckern, sodass eine bestimmte Position von Stecker und Kupplung mechanisch erzwungen wird;
- Dimensionierung von Tankeinfüllstutzen für Otto-Kraftstoff derartig klein, dass eine Dieselzapfpistole nicht eingeführt werden kann;
- Freigabe des Bargelds an Bankautomaten erst nach Entnahme der Karte, um zu verhindern, dass der Nutzer die Karte vergisst.[329]

[327] Vgl. *Brüggemann/Bremer* 2012, S. 45 ff.

[328] Quelle: *Benes/Groh* 2012, S. 219

[329] Vgl. *Benes/Groh* 2012, S. 220 ff.

8.4 Standards

8.4.1 Qualitätsnorm ISO 9000 ff.

Die Normenreihe DIN EN ISO 9000 ff. – kurz: „ISO 9000 ff.“ – ist eine grundlegende Normengruppe zum Qualitätsmanagement und ist sowohl auf die Herstellung von materiellen Produkten als auch auf die Erbringung von Dienstleistungen anwendbar. Wesentlicher Kern ist die Verpflichtung zur Implementierung eines kontinuierlichen Verbesserungsprozesses. Inhalt der Normenreihe ist die Gestaltung der betrieblichen Abläufe im Verhältnis einer Organisation zum Kunden und zum anderen interessierten Parteien. Die Einbeziehung aller Mitarbeiter in den betrieblichen Entscheidungsprozess soll gewährleistet werden. Die Normenreihe wirkt einer überbordenden Regelungsflut sowie subsidiären Insellösungen entgegen und bildet die Basis für eine Weiterentwicklung zu einem TQM-System. Es soll stets nur ein Minimum dessen geregelt werden, was ohnehin in einer ordnungsgemäß geführten Organisation zu regeln ist.

Die Normenreihe kennt keine festen Vorgaben, sondern benennt lediglich Themenbereiche, für die Regelungen zu entwickeln sind. Beispielsweise müssen eine Ablauforganisation (Beschreibung der vorgeschriebenen Abläufe in Übereinstimmung mit den tatsächlichen Abläufen) und eine Aufbauorganisation (Beschreibung von Aufgaben und Verantwortlichkeiten) festgelegt werden. Die Normenreihe enthält weitere nicht unbedingt zwingend umzusetzende Anregungen zur Qualitätsverbesserung.[330]

„Die Normengruppe DIN EN ISO 9000 ff. wird aus folgenden Einzelnormen gebildet:

- *DIN EN ISO 9000 Qualitätsmanagementsysteme – Grundlagen und Begriffe*
- *DIN EN ISO 9001 Qualitätsmanagementsysteme – Anforderungen*
- *DIN EN ISO 9004 Leitfaden und Lenken für den nachhaltigen Erfolg einer Organisation – ein Qualitätsmanagementansatz“*[331]

Die ISO 9000 definiert eine Vielzahl an Begriffen und legt die Basis für ein Qualitätsmanagementsystem mit den sieben Grundsätzen des Qualitätsmanagements:

1. Kundenorientierung,
2. Führung als Rahmenbedingung, die Qualität ermöglicht,
3. Engagement von Personen als Führungsprinzip,
4. Prozessorientierung als Grundlage des Managements,

---

[330] Vgl. *Pfitzinger* 2016, S. 7 ff.

[331] Quelle: *Pfitzinger* 2016, S. 15

5. ständige Verbesserung,
6. Prinzip der faktengestützten Entscheidungsfindung,
7. Beziehungsmanagement zu Partner als wesentlicher Erfolgsfaktor.[332]

Weiterhin werden die grundlegenden Konzepte eines Qualitätsmanagementsystems genannt:

„*1. Qualität*
   - *Förderung von Kultur, Einstellungen, Verhaltensweisen bezüglich Kundenzufriedenheit;*
   - *Qualität geht über reine Funktion hinaus;*
   - *Wahrgenommener Wert und Nutzen.*
2. Qualitätsmanagementsystem (QMS)
   - *das QMS organisiert das Erreichen der gewünschten Qualitätsergebnisse;*
   - *das QMS steuert dabei u. a.*
     - *Wechselwirkungen der Prozesse;*
     - *Führungsprozesse zum Ressourceneinsatz;*
     - *Mittel für beabsichtigte und unbeabsichtigte Folgen.*
3. Kontext einer Organisation
   - *interne Faktoren (Werte, Kultur, Wissen und Leistung);*
   - *externe Faktoren (Gesetze, Technologie, Wettbewerb, Kultur, soziales Umfeld).*
4. Interessierte Parteien
   - *neben den Kunden werden noch Erwartungen Erfordernisse relevanter interessierter Parteien berücksichtigt.*
5. Unterstützung
   - *(...) durch die oberste Leitung*
     - *Ressourcen, Prozesse, Ergebnisse, Risiken, Chancen;*
   - *(...) Personen*
     - *die Leistung einer Organisation ist von den dort arbeitenden Personen abhängig;*
     - *gemeinsames Verständnis der Qualitätspolitik und der angestrebten Ergebnisse;*
   - *(...) Kompetenz*
     - *Möglichkeiten zur Entwicklung der notwendigen Kompetenzen schaffen;*

[332] Vgl. *Pfitzinger* 2016, S. 7 und *Mockenhaupt* 2016, S. 79

– *(...) Bewusstsein*
  - *Personen sollen verstehen, wie ihre Verantwortlichkeit und Handlung zur Zielerreichung beitragen;*
– *(...) Kommunikation*
  - *geplante und wirksame interne und externe Kommunikation zur Erhöhung von Engagement und Verständnis.* "[333]

Im Vergleich zur Vorversion der ISO 9000 ist die Einführung einer um die sog. interessierten Parteien erweiterten Zielgruppe und die Einführung von Risikomanagement und Wissensmanagement zu nennen.

Die ISO 9001 beschreibt die Anforderungen an eine Zertifizierung; es wird die sog. Nachweisstufe festgelegt, an der sich ein Zertifizierer zu orientieren hat. Eine Zertifizierung erfolgt stets nach ISO 9001 – nie nach ISO 9000 oder ISO 9004! Die Gliederung der ISO 9001 sieht wie folgt aus:

1. Anwendungsbereich
2. Normative Verweise
3. Begriffe
4. Kontext der Organisation
5. Führung
6. Planung
7. Unterstützung
8. Betrieb
9. Bewertung der Leistung
10. Verbesserung[334]

Die ISO 9004 bietet Anregungen, die über die Nachweisstufe der ISO 9001 hinausgehen und den Weg zu einem TQM-System weisen. Die Anregungen beziehen sich schwerpunktmäßig auf wirtschaftliche Aspekte, Mitarbeiterorientierung und die Selbstbewertung des QM-Systems. Die wirtschaftlichen Aspekte betonen eine anzustrebende Kostentransparenz mit dem Ziel, eine Effizienzsteigerung zu erreichen. Bei der Mitarbeiterorientierung setzt die ISO 9004 darauf, durch Verbesserung der Qualifikation, der Motivation und letztendlich auch der Mitarbeiterzufriedenheit eine umfassende Qualitätskultur in der Organisation zu schaffen. Bei der Selbstbewertung unterscheidet die ISO 9004 zwischen der Bewertung von Schlüsselelementen, die

333 Quelle: *Mockenhaupt* 2016, S. 78
334 Vgl. *Mockenhaupt* 2016, S. 88 ff.

von der obersten Leitung bewertet werden, und der Detailbewertung, die von den nachgelagerten operativen Stellen vorzunehmen ist.[335]

8.4.2 Umweltmanagement ISO 14001

Die DIN EN ISO 14001 – kurz: „ISO 14001" – beschreibt ein zertifizierungsfähiges Managementsystem, welches in Analogie zur ISO 9001 aufgebaut ist und im Hinblick auf den Umweltschutz die Politik, die Ziele und die Erreichung der Ziele zum Inhalt hat. Grundlage ist wie bei der ISO 9001 der kontinuierliche Verbesserungsprozess (KVP), der methodisch auf dem PDCA-Zyklus basiert. Die Vorteile eines Umweltmanagementsystems (UM-System) liegen zum einen in der systematischen Verringerung der Haftungsrisiken und der strafrechtlichen Risiken, die aus Umweltgefährdungen erwachsen und denen mit einer entsprechend „gerichtsfesten" bzw. gerichtsrobusten Organisation begegnet werden kann. Zum anderen kann durch ein UM-System ein Imagegewinn (z. B. bei Kunden, Mitarbeitern und anderen interessierten Parteien) sowie eine Kosteneinsparung durch geringere Energie- und Entsorgungskosten und durch eine effizientere betriebsinterne Koordination und Behördenzusammenarbeit erzielt werden. Der Kostenaspekt tritt jedoch im Vergleich zur ISO 9001 zugunsten einer höheren – letztendlich moralischen – Motivation im Rahmen der Verantwortung der Menschheit für die Schöpfung in den Hintergrund. Durch den ähnlichen Aufbau von ISO 14001 und ISO 9001 können bei einer zeitgleichen Einführung von QM-System und UM-System erhebliche Synergien realisiert werden und ein bedeutender Schritt zu einem TQM-System vollzogen werden.[336]

8.4.3 Arbeitsschutzmanagement ISO 45001

Die DIN EN ISO 45001 – kurz: „ISO 45001" – beschreibt ein Arbeitsschutzmanagementsystem (Abk.: SGAMS – Managementsystem für Sicherheit und Gesundheitsschutz bei der Arbeit), welches ebenfalls analog zur ISO 9001 aufgebaut ist. Es ist federführend vom Britischen Normungsinstitut (British Standards Institution – BSI) als OHSAS 18001 entwickelt worden und basiert ebenfalls auf den Prinzipien des kontinuierlichen Verbesserungsprozesses. Das SGAMS ist eng verknüpft mit dem UM-Managementsystem, da Umweltgefährdungen in der Regel gleichzeitig Gefährdungen für die Gesundheit der Mitarbeiter darstellen. Im Mittelpunkt des SGAMS steht die Gefährdungsermittlung, auf deren Basis das gesamte SGAMS aufgebaut wird. Ähnlich wie bei der gleichzeitigen Einführung eines QM- und UM-Systems lassen sich bei gleichzeitiger Einführung von QM-, UM-System und SGAMS auf-

[335] Vgl. *Pfitzinger* 2016, S. 119 ff.
[336] Vgl. *Neumann* 2012, S. 18 ff.

grund der inhaltlichen Nähe und formalen Gleichartigkeit Synergien erzielen. Auch ein SGAMS ist ein Baustein eines TQM-Systems. Die Bedeutung des wirtschaftlichen Nutzens eines SGAMS tritt wie beim UM-System zugunsten der ethischen Aspekte in den Hintergrund. Gleichwohl spielt bei der Motivation zur Einführung eines SGAMS auch die Verringerung juristischer Risiken eine Rolle.[337]

8.4.4 Risikomanagement ISO 31000

Bereits in der ISO 9001 wird der risikobasierte Ansatz ausdrücklich gefordert. Risiken sind bewertete Bedrohungen, die im Rahmen eines Risikomanagements einer systematischen Beobachtung bedürfen. Risikomanagement versteht sich als der *„systematische Prozess der Analyse und der Reaktion auf Unternehmensrisiken. Das betrifft sowohl die Minimierung der Wahrscheinlichkeit und der Auswirkungen negativer Ereignisse auf die Unternehmensziele, als auch die Maximierung der Wahrscheinlichkeit und Auswirkungen positiver Ereignisse"*.[338]

Im Mittelpunkt des Risikomanagements stehen also die beiden Schritte Risikobewertung und Ableitung von Maßnahmen zur Risikobewältigung:

- **Risikobewertung:** Es wird ein Zahlenwert für das Risiko gebildet: Eintrittswahrscheinlichkeit *x* erwarteter Schadenumfang = Risiko. Bei sehr seltenen Ereignissen mit sehr großem zu erwartenden Schadenumfang ist das Ergebnis dieser Formel allerdings zweifelhaft bzw. die Formel ist gar nicht anwendbar, weil keine Erfahrungswerte aus der Vergangenheit vorliegen. Es ist daher erforderlich, zusätzlich eine verbale Risikobeschreibung und -interpretation zu erarbeiten, um Anhaltspunkt für die Dringlichkeit von Maßnahmen zur Risikobewältigung zu erhalten.
- **Maßnahmen zur Risikobewältigung:** Es gibt vier Möglichkeiten: Ein Risiko kann akzeptiert werden, ein Risiko kann (beispielsweise durch technische Maßnahmen) reduziert werden, ein Risiko kann (beispielsweise durch den Abschluss einer Versicherung) auf eine andere Stelle transferiert werden oder ein Risiko kann (beispielsweise durch die Aufgabe eines Geschäftszweigs) vollständig vermieden werden.[339]

Die ISO 31000 gibt auf der Basis des kontinuierlichen Verbesserungsprozesses Empfehlungen zur vorsorgenden Gefahrenerkennung und Gefahrenabwehr; sie dient nicht einer Zertifizierung. Auch in der ISO 31000 gibt es viele Analogien zur ISO 9001. Die systematische Erfassung von Risiken ist für das langfristige Überleben

---

[337] Vgl. *Neumann* 2012, S. 22 ff.

[338] Quelle: *Huber* 2016, S. 103

[339] Vgl. *Huber* 2016, S. 107

eines Betriebs unerlässlich. Neben den wirtschaftlichen Gefahren, die aus etwaigen Produktfehlern und ungeschickter Öffentlichkeitsarbeit entstehen, sollen systematisch sämtliche Gefahrenbereiche, die insbesondere auch für externe Kapitalgeber von Interesse sind beleuchtet werden. Dies kann beispielsweise dazu dienen, die Risiken im Zusammenhang mit Investitionsentscheidungen zu begrenzen.[340]

8.4.5 Energiemanagement ISO 50001

Ziel der DIN EN ISO 50001 – kurz: „ISO 50001" – ist die Senkung des Energieverbrauchs und dadurch die Reduzierung von betrieblich Kosten und (global gesehen) die Schonung von Ressourcen. Eine Zertifizierung ist möglich und für energieintensive Betriebe zur Gewährung von Vorteilen bei Steuern und Abgaben Voraussetzung. Auch die ISO 50001 stellt den kontinuierlichen Verbesserungsprozess in den Mittelpunkt und weist sehr viele Parallelen zur ISO 9001 auf. Es gibt naturgemäß besonders viele Berührungspunkte zum Betrieb elektrischer Anlagen, da es gilt, *„die Abläufe und Instandhaltungsaktivitäten zu ermitteln und zu planen, welche im Zusammenhang mit den wesentlichen Energieeinsatzbereichen stehen (...). [Die] Auslegung neuer, veränderter und renovierter Anlagen muss unter der Zielstellung der Verbesserung der energiebezogenen Leistung und Ablauflenkung erfolgen. Ergebnisse der Auslegung sind aufzuzeichnen. [Die] Beschaffung von Energiedienstleistungen, Produkten, Einrichtungen und Energie muss systematisch erfolgen."*[341]

8.4.6 Informationssicherheitsmanagement ISO 27001

Die DIN EN ISO/IEC 27001 – kurz: „ISO 27001" – beschreibt den Aufbau eines Informationssicherheitsmanagement-Systems (ISMS) und zielt auf die Vermeidung bzw. Verringerung von Risiken, die aus Spionage und Manipulation der betrieblichen IT-Systeme resultieren. Auch die ISO 27001 basiert auf dem kontinuierlichen Verbesserungsprozess und weist viele Analogien zur ISO 9001 auf. Eine Zertifizierung ist möglich und bei Unternehmen von kritischer Infrastruktur teilweise Pflicht. Ähnlich wie die Gefährdungsbeurteilung beim Arbeitsschutz oder der Risikobewertung beim Risikomanagement wird eine Risikobewertung im Hinblick auf die Informationssicherheit gefordert, aus der Maßnahmen zur Risikobewältigung abzuleiten sind. *„Es ist ein Verfahren zum Erkennen von und zum Umgang mit Sicherheitsvorfällen einzuführen (...) und eine unverzügliche Reaktion auf Sicherheitsvorfälle zu gewährleisten."*[342]

---

[340] Vgl. *Neumann* 2012, S. 30 ff.
[341] Quelle: *Neumann* 2012, S. 35
[342] Quelle: *Neumann* 2012, S. 28

8.4.7 EFQM-Modell

Das EFQM-Modell für Excellence versteht sich TQM-Modell. Dazu hat die European Foundation for Quality Management (EFQM) ein System aus neun Hauptkriterien – fünf sog. Befähigerkriterien und vier sog. Ergebniskriterien – entwickelt (**Bild 8.5**). Auf Basis dieser Kriterien wird einmal pro Jahr der EFQM-Excellence-Award verliehen, für den sich Unternehmen und Organisationen bewerben können. Die Befähigerkriterien sind Führung, Mitarbeiter, Strategie, Ressourcen/Partnerschaften und Prozesse/Produkte/Dienstleistungen. Die Ergebniskriterien sind mitarbeiterbezogene, kundenbezogene, gesellschaftsbezogene und Schlüsselergebnisse. *„Im Beurteilungsprozess werden die eingereichten Unterlagen von speziell ausgebildeten Assessoren bewertet und anschließend einer Jury vorgelegt, die darüber entscheidet, in welchen Unternehmen Audits durchgeführt werden. Die Preisträger werden in einem Schlussreview ermittelt.“*[343]

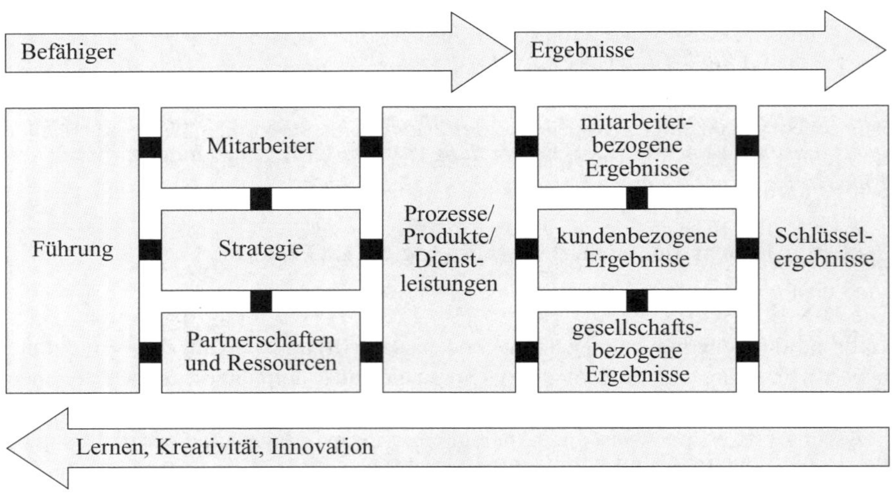

Bild 8.5 EFQM-Modell

[343] Quelle: *Kamiske/Brauer* 2012, S. 27

9 Personalführung und Veränderungsmanagement

Personalführung ist die zielgerichtete Beeinflussung des Verhaltens von Mitarbeitern. Personalführung zielt fast immer auf die Verhaltensänderung von Menschen; insofern liegen Personalführung und Veränderungsmanagement (Change Management) thematisch eng zusammen.

Formal gilt eine Person dann als Führungskraft, wenn sie mit dem Weisungsrecht über mindestens einen Mitarbeiter ausgestattet ist. Jedoch erst die Wirksamkeit innerhalb einer Organisation definiert einen Mitarbeiter als echte, als wirksame Führungskraft.

Eine formale Führungskraft ist erst dann wirksame Führungskraft, wenn sie in ihrer Organisation erkennbare Resultate erzielt. Eine Führungskraft ohne Resultate ist keine wirkliche Führungskraft, auch wenn sie evtl. in einer Organisation nominell ein Führungsamt innehat. Die nachfolgenden Ausführungen über Grundsätze, Aufgaben und Instrumente der Mitarbeiterführung sollen helfen, diese Wirksamkeit zu erreichen und orientieren sich lose an den Empfehlungen von *Fredmund Malik*, der der oft unterschwellig vorhandenen Vorstellung, dass Manager stets einem bestimmten Menschentypus – einer *„Kreuzung aus antikem Feldherrn, einem Nobelpreisträger und einem Fernseh-Showmaster“*[344] – entsprechen sollten, entgegentritt und wirksame Führung durch Qualifizierung und Training für grundsätzlich erlernbar hält.

„Jeder (...) in einer modernen Organisation ist eine ‚Führungskraft‘, sofern er aufgrund seiner Position oder seines Wissens einen Beitrag zu leisten hat, der sich auf die Leistungsfähigkeit und die Ergebnisse der Organisation auswirkt.“[345]

9.1 Führungsgrundsätze

9.1.1 Ergebnis- und Chancenorientierung

Das wahrscheinlich wichtigste Prinzip wirksamer Führung ist die Ergebnisorientierung. Nicht der Input in ein System ist entscheidend, sondern der Output. Eine Führungskraft muss durch ihr Tun Resultate erzielen. Eine Führungskraft kann noch so viel Arbeit, Mühe und Aufwand aufbringen, sofern dadurch keine Ergebnisse erzielt werden, ist diese Art von Führung nutzlos und somit in der Organisation überflüssig. Ergebnisorientierung ist dabei ein reiner Führungsgrundsatz, der sich nicht zwangs-

[344] Quelle: *Malik* 2014, S. 35

[345] Quelle: *Drucker* 2002, S. 232

läufig als Lebensprinzip eignet. Denn im Privatbereich gibt es durchaus Tätigkeiten, bei denen der Weg das Ziel ist. Nicht so im Management: Hier zählt lediglich die Zielerreichung. *„Nicht an Ideen fehlt es, sondern weit öfter an ihrer Umsetzung. Auf jede verwirklichte Idee kommen Tausende, die nie realisiert werden.“*[346] *Ideen entwickeln, bedeutet kreativ zu sein. Ideen umsetzen, bedeutet wirksam zu sein.*[347]

Ein weiteres, kaum weniger wichtiges Führungsprinzip ist das positive Denken und die daraus erwachsende chancenorientierte Sichtweise der Dinge. Eine wirksame Führungskraft darf sich nicht auf die Lösung von Problemen beschränken, sondern sollte in jedem Problem die Chance auf etwas Neues und Besseres sehen. Aus einer chancenorientierten Grundhaltung erwächst Innovation. Eine wirksame Führungskraft sollte stets ihr Bestes geben und sich von begrenzenden Abhängigkeiten frei machen. Aus einer Begrenzung von Umständen darf eine Führungskraft für sich nie die Legitimation für begrenzte Leistung ableiten.[348]

9.1.2 Schwerpunktorientierung

Ein Mensch kann nur dann brauchbare Ergebnisse erzielen, wenn er sich konzentriert mit einer oder wenigen Aufgaben befasst. Insofern kann auch eine Führungskraft nur dann Resultate erzielen, wenn sie sich selbst nicht mit zu vielen Aufgaben gleichzeitig befasst und auch bei ihren Mitarbeitern der Verzettelung entgegenwirkt. Der Mensch ist nicht multitaskingfähig! Dies gilt im Kleinen wie im Großen: Ein Mitarbeiter kann nicht gleichzeitig telefonieren und einen Brief schreiben. Genauso wenig ist es für eine Führungskraft möglich zeitparallel drei Projekte mit gleicher Intensität voranzutreiben, ohne dass die Qualität der Projektergebnisse Schaden nimmt oder die Projektergebnisse sogar vollkommen wirkungslos verpuffen. Manchmal kranken ganze Organisationen daran, dass ihre Mitarbeiter sich zeitgleich in einer eine Vielzahl von Innovationsthemen und -projekten zeitgleich engagieren müssen, was oft dazu führt, dass diese Projekte zwar auf dem Papier erfolgreich abgeschlossen werden, in der Realität jedoch bestenfalls keine Wirksamkeit entfalten und schlimmstenfalls sogar zu einer Prozessverschlechterung führen. Besonders groß ist die Gefahr von Nullresultaten oder Prozessverschlechterung aufgrund mangelnder Konzentration, wenn eine Organisation sich konzeptlos und ohne Priorisierung auf Trend- und vermeintliche Modethemen stürzt. Sowohl bei der persönlichen Arbeitsmethodik als auch bei der Aufstellung einer Agenda für ganze Organisationen oder Organisationseinheiten ist daher eine priorisierte und serielle Arbeitsweise einer parallelen Arbeitsweise grundsätzlich vorzuziehen.

346 Quelle: *Malik* 2014, S. 19

347 Vgl. *Malik* 2014, S. 78 ff.

348 Vgl. *Malik* 2014, S. 150 ff.

9.1.3 Ganzheitsorientierung

Ein weiteres sehr wichtiges Führungsprinzip ist die Ganzheitsorientierung. Erzählt sei dazu die kurze *„Geschichte der drei Steinmetze, die gefragt werden, was sie tun. Der Erste antwortet: ‚Ich verdiene meinen Lebensunterhalt. Der Zweite klopft weiter auf den Stein, während er erklärt: ‚Ich mache die beste Steinmetzarbeit im ganzen Land.' Der Dritte erwidert mit glänzenden Augen: ‚Ich baue eine Kathedrale.' Dieser dritte Steinmetz ähnelt dem wahren Manager. Der erste Handwerker weiß, was er mit seiner Arbeit verdienen will und erreicht dieses Ziel. (...) Das Problem ist der zweite Steinmetz. Solides handwerkliches Können ist unerlässlich (...). Doch es besteht die Gefahr, dass der wirkliche Könner, der wahre Fachmann, zu der falschen Überzeugung gelangt, etwas erreicht zu haben, obwohl er in Wahrheit nur einen Stein geschliffen (...) hat. (...) Die fachmännische Arbeit muss in einem Unternehmen gefördert werden. Doch sie muss stets in Beziehung zum Ganzen stehen."*[349]

Eine wirksame Führungskraft sollte also stets das Große und Ganze im Blick behalten und Mitarbeiter so einsetzten, dass sie dem Gesamtziel oder der Gesamtaufgabe dienlich sind. Der Spezialist sollte das Gefühl verinnerlichen, einen speziellen Baustein zum Gelingen des Gesamtwerks zu liefern. Der Spezialist ist dahingehend anzuleiten, sein Spezialistentum mit dem Spezialistentum anderer zu verknüpfen und dadurch wirksam zu werden. Spezialistentum alleine führt eher zu Arroganz und kontraproduktivem und imperialistischem Gehabe des betreffenden Fachgebiets, was nicht selten zu zwischenmenschlichen Schwierigkeiten führt. Eine wirksame Führungskraft sollte sich selbst und die geführten spezialisierten Mitarbeiter zu Generalisten entwickeln, die so handeln, dass sie für das große Ganze ihren jeweils erforderlichen Spezialbeitrag leisten. In diesem Sinne ist ein Generalist nicht ein Spezialist auf vielen Gebieten gleichzeitig, sondern nach wie vor ein Spezialist auf seinem eigenen Fachgebiet, der aber weiß, worum es in den anderen Spezialgebieten geht und welche Bedeutung sein eigener Beitrag im Konzert mit anderen Beiträgen hat.[350]

Gerade der Betrieb einer elektrischen Anlage ist fast nie Selbstzweck, sondern steht als Hilfsprozess oft im Kontext eines größeren Ganzen – beispielsweise einer störungsfreien Produktion, der Aufrechterhaltung einer Verkehrsinfrastruktur oder eines Krankenhausbetriebs.

9.1.4 Stärkenorientierung

Um Leistungen, die über das Mittelmaß hinausgehen zu erbringen sind zwei Dinge erforderlich: Talent und Übung. Talent alleine reicht nicht, sondern erst durch beharr-

---

[349] Quelle: *Drucker* 2002, S. 141 f.

[350] Vgl. *Drucker* 2002, S. 246 ff.

liches Üben kann ein talentierter Mensch herausragende Resultate erzielen. Man denke beispielsweise an einen Sportler oder Musiker. Umgekehrt hilft einem untalentierten Menschen auch der größte Fleiß beim Üben nichts; er kann dadurch allenfalls ein unterdurchschnittliches bis mittelmäßiges Ergebnis erzielen. Was für die Musik oder den Sport gilt, gilt auch für andere Tätigkeiten, wie z. B., dem Organisieren, Reden halten, Schreiben, kreativem Konstruieren, dem Erlernen von Fremdsprachen, dem Umgang mit Mathematik u. v. m. Stärkenorientierung heißt, eigene Talente und die Talente der Mitarbeiter nutzen und ausbauen und gleichzeitig keine übermäßige Energie auf die Beseitigung von Schwächen verschwenden. Schwächen sollten nur in dem Maß beseitigt werden, dass keine Behinderung für die Entfaltung der Stärken darstellen. Am ehesten ist die noch im Bereich fehlenden Wissens möglich. Unmöglich ist hingegen die Änderung der psychologisch-charakterlichen Grunddisposition von Menschen – gleichgültig, ob sie angeboren oder anerzogen ist. Erwachsene Menschen ändert man nicht – und das ist auch keinesfalls die Aufgabe von Führung. Die volle Aufmerksamkeit sollte der Entfaltung der Talente gewidmet werden. Insofern wird Wirksamkeit dann erzielt, wenn Mitarbeiter auf Gebieten eingesetzt werden, auf denen sie ihre Stärken besonders gut einsetzten können. Wichtig ist also, die Stärken von sich selbst und die der Mitarbeiter zu kennen. Eine persönliche Stärke ist dabei nicht zu verwechseln mit einer persönlichen Vorliebe. Wenn jemand etwas gerne tut, heißt das noch nicht, dass er auf diesem Gebiet mit einer besonderen Stärke oder einem Talent ausgestattet ist. Erst wenn man auf einem Gebiet leicht Resultate erzielt, dann liegt eine Stärke vor. Jemand der gerne und oft tanzen geht, muss noch lange kein talentierter und guter Tänzer sein. Stärken erkennt man durch Beobachtung und dem Vergleich von Resultaten und der dafür aufgebrachten Mühe. Stärken erkennt man nicht durch Befragung im Hinblick auf besondere Vorlieben.[351]

Hilfreich kann im Zusammenhang mit stärkenorientierter Führung die folgende Einteilung in vier verschiedene Menschentypen sein:

9.1.4.1 Vier-Typen-Menschenmodell

Bei der Einschätzung von Mitarbeitern – und natürlich auch von sich selbst – hinsichtlich Stärken und Schwächen kann das in **Bild 9.1** skizzierte Modell nützlich sein. Das Modell geht davon aus, dass die Eigenschaften eines jeden Menschen auf vier Grundtypen zurückgeführt werden kann. Grundlage dieses Modells ist die Einordnung eines Charakters in zwei Dimensionen: Die eine Dimension stellt die Mischung aus emotional und analytisch dar, die andere Dimension die Einordnung zwischen introvertiert und extrovertiert. In der Realität ist jeder Mensch zwar eine Mischung dieser vier Grundtypen, jedoch liegt der Schwerpunkt fast immer auf einer der vier Charaktereigenschaften.

[351] Vgl. *Malik* 2014, S. 115 ff.

Eigenschaften der vier Menschentypen

	analytisch, sachlich		
introvertiert, fragend	**Denker/Analytiker** • sachlich, • präzise, • klar, • knapp, • aufgabenorientiert, • weniger gesellig, • rational, • bevorzugt Regeln	**Macher/Umsetzer** • offen, • direkt, • handelnd, • ergebnis-/zielorientiert, • rasch entschlossen, • einsatzbereit, • produktiv, • ungeduldig, • mitteilsam	extrovertiert, sagend
	Teamplayer/Verbindlicher • teamorientiert, • harmoniebedürftig, • überlegt, • empathisch, • familienorientiert, • hört gut zu, • sorgfältig, • loyal	**Initiator/Überzeuger** • wirbt für etwas, • gefühlsbetont, • unsystematisch, chaotisch, • gesellig, kontaktorientiert, • begeisterungsfähig, • enthusiastisch, • offen, aufgeschlossen, • flexibel, • ideenreich, • voreilig	
	emotional		

Bild 9.1 Menschenmodell nach *Lorenz/Rohrschneider* 2014, S. 53

Die Charaktereigenschaften lassen sich wie folgt holzschnittartig darstellen:

Analytiker/Denker

„Kernüberzeugung: ‚Ich denke, ich komme alleine aus.'

Wirkung in der Öffentlichkeit: zurückhaltend, leicht arrogant, zu nüchtern, in Mimik und Gestik kontrolliert.

Typische Stärken: schnelle inhaltliche Tiefe, schnelles Denken, sehr strukturiert.

Typische Schwächen: unterdrückt gerne innere Impulse, wirkt unnahbar, will evtl. durch eindringliches Reden überzeugen.

Unbewusste innere Haltung: fühlt sich nicht wohl, wenn andere ihn um sich haben wollen."[352]

---

[352] Quelle: *Lorenz/Rohrschneider* 2014, S. 125 f.

Macher/Umsetzer

„Kernüberzeugung: ‚Das Leben ist eine Sache der Willenskraft.'

Wirkung in der Öffentlichkeit: dominant bis aggressiv, voller Energie, unabhängig, krisenkompetent, aufrechte Körperhaltung, kraftvoller Gang.

Typische Stärken: mutig und durchsetzungsstark, sehr produktiv, findig in der Problemlösung.

Typische Schwächen: will alles selbst machen, manipuliert andere und schüchtert diese bisweilen ein, mangelndes Gespür für Stimmungen und Situationen, misstraut anderen.

Unbewusste innere Haltung: sich nicht auf andere verlassen zu können."[353]

Initiator/Überzeuger

„Kernüberzeugung: ‚Letztendlich brauche ich die anderen.'

Wirkung in der Öffentlichkeit: einladend freundlich, offen und zugewandt, mimisch rege, energisch eher im Gesicht, weniger im Rest des Körpers.

Typische Stärken: hervorragender Redner, neugierig, gerecht, zielführend, kritikfreudig, begeisternd, ideenreich.

Typische Schwächen: stark auf andere angewiesen, fragt mehr, als selbst zu gestalten, unter Stress nicht sehr belastbar, launisch.

Unbewusste innere Haltung: fühlt sich nicht als energievoller vollwertiger Partner."[354]

Teamplayer/Verbindlicher:

„Kernüberzeugung: ‚Erfolg ist nur dann möglich, wenn ich persönlich zurücknehme.'

Wirkung in der Öffentlichkeit: bedächtig und überlegt, voller Energie, aber innerlich eher gebremst, freundlich und zurückhaltend.

Typische Stärken: Hartnäckigkeit und Bauernschläue, herzlich und äußerst stressrobust, fürsorglich, loyal, ausdauernder Arbeiter.

Typische Schwächen: manchmal zu abwartend und zögerlich; gebremste Durchsetzungskraft; zugewandt, aber persönlich eher erschlossen, sorgenvoll zögerlich bei Neuem.

Unbewusste innere Haltung: Angst, andere durch eigene Fehler zu enttäuschen."[355]

---

[353] Quelle: *Lorenz/Rohrschneider* 2014, S. 126 f.

[354] Quelle: *Lorenz/Rohrschneider* 2014, S. 128

[355] Quelle: *Lorenz/Rohrschneider* 2014, S. 129

empfohlener Umgang mit

Denker/Analytiker	Macher/Umsetzer
• Fakten darstellen, • Beweise liefern, • klare, eindeutige, kurze Argumentation, • kein Smalltalk, • klare, präzise Fragen, • Kritik vorsichtig vorbringen, • präzise Vorbereitung	• Fakten und Daten vorbringen, • strukturiert sein, • klare Sprache verwenden, • klare Fragen vorbringen, • Smalltalk, Witz ist erlaubt, • ein Ziel fokussieren, • Entscheidungsspielraum lassen
Teamplayer/Verbindlicher	**Initiator/Überzeuger**
• persönlich ansprechen, • Bezieungsarbeit leisten, • offene Fragen bevorzugen, • Konflikte vermeiden, • ausdrücklich seine Meinung erfragen, • freundliche Unterstützung bieten	• auf ergebnisorientierts Vorgehen achten, • nach dem Befinden fragen, • Smalltalk machen, • Gefahr: Nebenschauplätze, • emotional argumentieren, • zukunftsorientiert sprechen, • offen und flexibel wirken

Bild 9.2 Umgang mit den vier Menschentypen nach *Lorenz/Rohrschneider* 2014, S. 124

Zum Umgang mit den verschiedenen Charakteren kann **Bild 9.2** erste Anhaltspunkte liefern.

9.1.5 Vertrauensorientierung

„Ohne Vertrauen setzt niemand Kinder in die Welt, betritt niemand einen Fahrstuhl, bestellt niemand etwas über das Internet. Das bringt die fundamentale Bedeutung von Vertrauen auf den Punkt. Auf die Wirtschaft bezogen lässt es sich verlängern: Ohne Vertrauen gründet niemand eine Firma, gibt es keine Innovationen, weder neue Arbeitsplätze noch neue Produkte noch neue Märkte. Ohne Vertrauen gibt es keine Führung. Sich führen lassen heißt, sich jemanden anvertrauen. Forschungen zeigen, dass Menschen bereit sind, einem anderen Menschen zu folgen, wenn sie ihm vertrauen – selbst, wenn sie seine Ansichten nicht teilen. Sie folgen jedoch nicht, wenn sie zwar seine Ansichten teilen, ihm aber nicht vertrauen."[356]

[356] Quelle: *Sprenger* 2012, S. 263

Vertrauen zwischen Mitarbeiter und Führungskraft ist unerlässlich, damit eine Führungssituation die erforderliche Robustheit besitzt. Weder Führungskraft noch Mitarbeiter sind ohne Fehler. Die Auswirkungen von Fehlern werden minimiert, wenn die Führungskraft sich auf den Mitarbeiter und der Mitarbeiter sich auf die Führungskraft verlassen kann. Eine Führungskraft muss zuhören können und authentisch sein. Reden und Handeln müssen übereinstimmen. Der Mitarbeiter sollte in seiner Führungskraft Verlässlichkeit finden. Ein Mitarbeiter hat dann Vertrauen in seine Führungskraft, wenn er das Handeln der Führungskraft vorhersehen kann. Ohne Vertrauen entsteht keine Motivation.[357]

Es *„lassen sich ein paar einfache Regeln ableiten:*

- *Fehler der Mitarbeiter sind auch Fehler des Chefs – jedenfalls nach außen und nach oben. (...)*
- *Fehler des Chefs sind Fehler des Chefs – und zwar ausnahmslos. Er muss die Größe haben, sie zuzugeben, oder er muss das lernen. Er kann durchaus von seinen Leuten verlangen, dass sie ihm helfen, Fehler zu korrigieren, aber er kann nicht seine eigenen Fehler seinen Mitarbeitern in die Schuhe schieben. (...)*
- *Erfolge der Mitarbeiter ‚gehören' den Mitarbeitern: Als Chef schmückt man sich nicht mit ‚fremden Federn'.*
- *Erfolge des Chefs, falls er alleine solche haben sollte, kann er für sich beanspruchen.“*[358] Aber selbst in diese Situation kann es ratsam sein, den Erfolg als Team-Leistung zu „verkaufen“.

Wenn der Schmierstoff Vertrauen in einer Organisation ausreichend vorhanden ist, ist es für die Wirksamkeit der Führungskraft gleichgültig, welchen Führungsstil er anwenden. Es *„gibt keinen Zusammenhang zwischen Führungsstil und Ergebnissen, außer in künstlichen Spiel- und Experimentalsituationen.“*[359] Mit jedem der nachstehend skizzierten Führungsstile können bei Vorhandensein von Vertrauen durchaus gute Resultate erzielt werden:

9.1.5.1 Führungsstile

Führungsstile unterscheiden sich durch die Machtdistanz zwischen Führungskraft und Mitarbeiter, also durch den Grad der Teilhabe des Mitarbeiters an Entscheidungen. Es sind alle möglichen Ausprägungen zwischen den Extremen „Befehl und Gehorsam“ und „Basisdemokratie“ denkbar. Unterscheidungsmerkmale sind weder

---

[357] Vgl. *Malik* 2014, S. 133 ff.
[358] Quelle: *Malik* 2014, S. 137
[359] Quelle: *Malik* 2014, S. 139

Effizienz noch Umgangsformen. Gute Manieren sollten bei jedem Führungsstil selbstverständlich sein – sowohl für die Führungskraft als auch für die Mitarbeiter. Gute Manieren zeigen sich im anständigen und respektvollen Umgang mit anderen. Anständige Behandlung liegt dann vor, wenn der Umgang und die Behandlung nicht Grund zum Unwohlsein des Anderen ist. Oder anders ausgedrückt: *„Suche weniger selbst zu glänzen, als anderen Gelegenheit zu geben, sich von vorteilhaften Seiten zu zeigen, wenn du gelobt werden und gefallen willst.“*[360] Die Effizienz wird eher von Führungsgrundsätzen, den wahrgenommenen Führungsaufgaben und der richtigen Handhabung von Führungsinstrumenten beeinflusst als vom Führungsstil und den Umgangsformen. Unterschieden wird im Allgemeinen zwischen dem autoritären Führungsstil, der relativ nahe am „Befehl und Gehorsam“ liegt, dem kooperativen Führungsstil, der demokratische Elemente enthält, dem Laisser-faire-Führungsstil, der fehlende Führung beschreibt und dem situativen Führungsstil, der eine Mischung der anderen drei Führungsstilen darstellt:

Autoritärer Führungsstil

Der autoritäre Führungsstil basiert auf einer großen Machtstellung der Führungskraft, die in der Regel eine Amtsgewalt innerhalb eines hierarchischen Gefüges ist. Insofern ist der Begriff autoritär[361] etwas irreführend. Die Führungskraft behält sämtliche Entscheidungen in ihrer Hand und beteiligt die Mitarbeiter wenig bis gar nicht an der Entscheidungsfindung. Informationen werden nur in dem Maße weitergegeben, wie sie zur Aufgabenerfüllung des Mitarbeiters unerlässlich sind. Typisches Beispiel für ein autoritäres Führungssystem ist das Militär. Wird der autoritäre Führungsstil verbunden mit umfangreichen Regelwerken und Ablaufbeschreibungen, spricht man auch vom einen bürokratisch-autoritären Führungsstil. Auch diesen findet man beim Militär. Weitere Ausprägungen sind der patriarchisch-autoritäre Führungsstil, wenn die Führungskraft ihre Machtstellung mit väterlicher Güte und Fürsorge verbindet, oder der charismatisch-autoritäre Führungsstil, wenn die Führungskraft echte (fachliche und/oder persönliche) Autorität im Sinne der Auctoritas gepaart mit der entsprechenden Ausstrahlung besitzt.

Kooperativer Führungsstil

Beim kooperativen oder auch kollegialen oder auch demokratischen Führungsstil bindet die Führungskraft die Mitarbeiter in Entscheidungen ein. Oft nimmt sich die Führungskraft soweit zurück, dass sie lediglich eine moderierende Funktion erfüllt

---

360 Quelle: *Knigge*, S. 19

361 auctoritas (lat.) = Ansehen, Einfluss im Gegensatz zu potestas (lat.) = Amtsgewalt, rechtliche Verfügungsgewalt

und die Mitarbeiter einen Lösungsvorschlag erarbeiten lässt. Führungskraft und Mitarbeiter begegnen sich auf (fast) gleicher Augenhöhe.

Laisser-faire-Führungsstil

Streng genommen ist der Laisser-faire-Führungsstil gar kein Führungsstil, sondern die Abwesenheit von Führung. Die Mitarbeiter werden sich selbst überlassen; die Führungskraft greift nicht ein. Arbeitsergebnisse der Mitarbeiter entstehen auf der Grundlage von Selbstregulierung oder zufällig oder aber das System ist so statisch, regelbasiert und bürokratisch, dass eine Führungskraft überflüssig ist. Das eine Extrem ist der kreative Laisser-faire-Stil das andere der bürokratische Laisser-faire-Stil.

Situativer Führungsstil

Beim situativen Führungsstil wird davon ausgegangen, dass die Führungskraft in Abhängigkeit der Führungsaufgabe, dem Mitarbeitertyp, dem Reifegrad des Mitarbeiters aus den oben beschrieben Führungsstilen auswählt. *„Der Reifegrad des Mitarbeiters definiert sich durch dessen Kompetenz und Engagement. Der Grad der Kompetenz wird dabei durch die Fähigkeiten und Fertigkeiten des Mitarbeiters bestimmt, die auf seiner Ausbildung, Erfahrung und Routine basieren.“*[362] Im Rahmen des situativen Führungsstils passen die Führungskräfte *„ihr Führungsverhalten so an, dass es den Anforderungen an eine bestimmte Situation gerecht wird. In diesem Zusammenhang wird oft von sozialer Kompetenz gesprochen. Es ist die Fähigkeit, die Kommunikation in jeder Situation zielgerichtet zu gestalten. Einerseits sollte die Führungskraft Einfühlungsvermögen besitzen, um sich auf wechselnde Gesprächspartner und deren Bedürfnisse einzustellen. Andererseits sollte sie auch (...) Überzeugungs- und Durchsetzungskraft haben (...). Die Fähigkeit einer Führungskraft, ihr Verhalten situativ auszurichten bzw. anzupassen, spiegelt sich hauptsächlich in der Balance zwischen folgenden vier Verhaltensdimensionen wider: Durchsetzungs- und Überzeugungskraft sowie Kooperations- und Einfühlungsvermögen“*.[363]

---

[362] Quelle: *von der Linde/von der Heyde* 2003, S. 45

[363] Quelle: *von der Linde/von der Heyde* 2003, S. 50 f.

9.2 Führungsaufgaben

Aufgabe einer Führungskraft ist es, die von der übergeordneten Führungskraft erhaltenen übergeordneten Vorgaben, die oft langfristiger Natur sind, zu zerlegen und in Maßnahmen sowie in kurzfristige und mittelfristig zu erledigende und längerfristig zu erreichende Ziele zu strukturieren (siehe Bild 9.4). Die Führungskraft muss also ein Ziel- und Aufgabensystem schaffen. Sie muss dabei strukturieren, organisieren und Entscheidungen treffen. Erst wenn die übergeordneten Vorgaben in kleinere Aufgaben und Ziele zergliedert sind, kann eine Führungskraft ihren Führungspflichten nachkommen und für die Erledigung der Aufgaben geeignete Mitarbeiter auswählen und diese Mitarbeiter entsprechend anweisen, die Aufgaben zu erledigen. Auch die Wahrnehmung der Führungspflichten Auswählen und Anweisen bedeutet strukturieren, organisieren und entscheiden. Schließlich muss eine Führungskraft die ordnungsgemäße Erledigung der angewiesenen Aufgaben und die Erreichung der vereinbarten bzw. festgelegten Ziele kontrollieren.

Ein einfaches Beispiel zu den Begriffen: Eine Führungskraft hat die übergeordnete Vorgabe, den Betrieb einer elektrischen Anlage sicherzustellen. Im Rahmen der Schaffung eines Aufgaben- und Zielsystems unterteilt sie diesen übergeordneten Auftrag in die Teilaufgaben Wartung, Reparaturen und das längerfristige Ziel Ersatzinvestition in eine neue elektrische Anlage. Sie strukturiert den Betrieb der elektrischen Anlage. Sie entscheidet danach, welcher Mitarbeiter für die jeweilige Aufgabe die Zielverfolgung am besten geeignet ist und überträgt die Aufgaben und das Ziel an die ausgewählten Mitarbeiter. Die Führungskraft organisiert damit den Betrieb der elektrischen Anlage.

Die im Rahmen der Führungspflichten und der Schaffung eines Aufgaben- und Zielsystems immer wieder zu erledigenden Aufgaben werden als Führungsaufgaben bezeichnet. Dies sind: Strukturieren, Organisieren, Entscheiden. Ebenfalls zu den Führungsaufgaben wird die Entwicklung von Mitarbeitern gezählt.

Die Schaffung eine Aufgaben- und Zielsystems verbunden mit der Auswahl eines Mitarbeiters und der Anweisung an den ausgewählten Mitarbeiter, eine Aufgabe aus dem Aufgaben- und Zielsystem zu erledigen, wird unter dem Oberbegriff Delegation zusammengefasst. Oder kürzer: Delegieren bedeutet, Aufgaben, Kompetenzen und Verantwortlichkeiten zu übertragen.

In **Bild 9.3** ist der Zusammenhang der Begriffe Delegieren, Führungspflichten (Auswählen, Anweisen, Überwachen), Strukturieren, Organisieren und Entscheiden schematisch dargestellt.

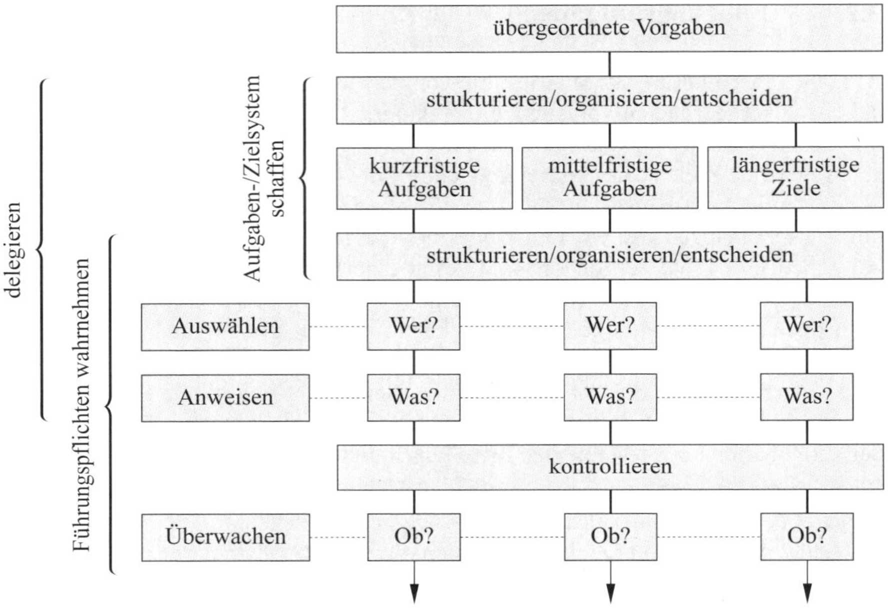

Bild 9.3 Führungsaufgaben

9.2.1 Strukturieren

9.2.1.1 Management by Objectives

Das Führen mit Zielen (= Management by Objectives, MbO) basiert auf dem Grundsatz, dass es Ziele gibt, die entweder von der Führungskraft vorgegeben oder zwischen Führungskraft und Mitarbeiter vereinbart werden und für deren Erreichung der Mitarbeiter im Rahmen vorgegebener Ressource, Kompetenzen und Terminen alleinverantwortlich ist. Das Führen mit Zielen ähnelt sehr stark dem militärischen Führungskonzept Führen mit Auftrag (= Auftragstaktik).

Beim Führen mit Auftrag werden dem militärischen untergeordneten Führer vom übergeordneten Führer ein Ziel sowie Rahmenbedingungen, Einsatzkräfte und ein Zeitlimit vorgegeben. Der untergeordnete Führer ist auf dieser Grundlage vollkommen frei bei Entscheidungen über die Art der Auftragsdurchführung. Es zählt allein die erfolgreiche Ausführung des Auftrags im Rahmen der Vorgaben. Das Führen mit Auftrag zeichnet sich durch hohe Flexibilität und durch eine Entlastung der übergeordneten Führungsstellen aus. Nachteilig ist jedoch die Tatsache, dass übergeordnete Stellen nicht immer genau über den Stand einer Operation im Bilde sind.

Voraussetzung für erfolgreiches Führen mit Auftrag ist die Kenntnis des untergeordneten Führers über den Zweck der gesamten Operation und die Bedeutung seines Auftrags für das Gelingen des großen Ganzen. Nur auf Grundlage dieser Kenntnis kann er bei sich ändernden äußeren Einflüssen die richtigen Entscheidungen treffen und flexibel sowie zielorientiert im Sinne des Gesamtziels handeln. Die Prinzipien der Auftragstaktik gehen auf Entwicklungen des preußischen Heers im 19. Jahrhundert zurück. Das Gegenteil des Führens mit Auftrag ist das Führen mit Befehl (= Befehlstaktik), welches eher im anglo-amerikanischen Bereich verankert ist. Beim Führen mit Befehl bekommt der untergeordnete Führer nicht nur das Auftragsziel, Einsatzmittel und Zeit, sondern auch ganz kleinteilig die Art und Weise des Wegs zum Ziel vorgeschrieben. Vorteil der Befehlstaktik sind die Möglichkeit, Operationen vorab sehr detailliert zu üben und der stets gute Überblick der übergeordneten Führungsstellen über die Lage. Nachteilig sind die hohe Belastung der übergeordneten Befehlsstellen und die mangelnde Flexibilität bei sich ändernden Rahmenbedingungen.[364]

Auch beim Management by Objectives im zivilen Bereich muss darauf geachtet werden, dass der Mitarbeiter, der mit einem Ziel betraut wird, die großen Zusammenhänge kennt und weiß, welche Bedeutung sein Teilziel als Strukturelement innerhalb der gesamten Zielstruktur zukommt.[365] Ob ein Ziel zwischen Führungskraft und Mitarbeiter vereinbart oder vorgegeben wird ist dann relativ unerheblich. Eine echte Vereinbarung hat hinsichtlich der Mitarbeitermotivation gewisse Vorteile, abzulehnen ist in jedem Fall eine „pseudodemokratische“ Zielvereinbarung, durch die sich der Mitarbeiter verschaukelt fühlt und das Vertrauen zur Führungskraft Schaden nimmt. Vorzuziehen ist dann eher eine klare Vorgabe von oben durch die Führungskraft. Kritisch zu sehen ist auch eine allzu starre Verbindung von Gehaltsbonus und Zielerreichung. Dies kann schon bei der Zielfindung dazu führen, dass die Ziele wenig ambitioniert sind, dass Ziele auf Nebenschauplätzen außerhalb des übergeordneten Zielsystems gefunden werden, die sich schlimmstenfalls sogar gegenseitig widersprechen und dass der Gehaltsanreiz zum Ziel wird und nicht der ursprüngliche Veränderungsprozess. Geeignete Ziele sollten stets Teil eines angestrebten Veränderungsprozesses sein, d. h., die Situation nach Zielerreichung sollte eine andere sein als vorher. Die Beibehaltung eines Status quo kann daher nie Zielvorgabe im Sinne des MbO sein. Insofern eignet sich die Beibehaltung eines gewissen Umsatzniveaus oder die Beibehaltung einer auf ein gewisses Maß quantifizierten Verfügbarkeit einer elektrischen Anlage nicht als Ziel im Sinne des MbO. Eine geeignete Zielvorgabe könnte hingegen sein, Errichtung einer elektrischen Anlage in einem vorgegeben Zeitraum oder Steigerung der Verfügbarkeit einer bestehen elektrischen Anlage auf einen gewissen Wert oder Umsatzsteigerung auf einen bestimmten Wert.

---

[364] Vgl. *Knoll* 2010, S. 583 ff.

[365] Vgl. Geschichte der drei Steinmetze in Kapitel 9.1.3

Geeignete Ziele im Sinne des MbO sollten folgende Eigenschaften besitzen:

- Strategiekonformität zu den übergeordneten Zielen: Die *„Ziele sollten von den Zielen des Unternehmens abgeleitet sein. (...) In den Zielvorgaben eines Managers sollte sein Beitrag zur Verwirklichung der Vorhaben des Unternehmens in sämtlichen Tätigkeitsbereichen zum Ausdruck kommen (...). Nun liegt es auf der Hand, dass nicht jeder Manager in jedem Bereich einen direkten Beitrag leisten kann. (...) Doch es sollte deutlich darauf hingewiesen werden, wenn von einem Manager und seiner Einheit nicht erwartet wird, Beiträge zu einem Bereich zu leisten, deren Entwicklung wesentlichen Einfluss auf das Wohlergehen und das Überlebendes Unternehmens hat.“*[366]
- SMART: Ein Ziel sollte smart sein. Das bedeutet simpel (einfach in der Formulierung), messbar (hinsichtlich der Qualität und Quantität objektiv erfassbar), ambitioniert (anspruchsvoll, nur unter Anstrengung erreichbar), realistisch (ohne Überforderung erreichbar) und terminiert (durch Festlegung des Enddatums).[367]
- Schriftliche Formulierung durch den empfangenden Mitarbeiter: *„Ein Manager ist definitionsgemäß für den Beitrag verantwortlich, den seine Einheit zu den Ergebnissen der übergeordneten Einheit und letzten Endes zu den Resultaten des Unternehmens leistet. (...) Das bedeutet, dass jeder Manager die Ziele seiner Einheit selbst festlegen muss. Selbstverständlich behält sich das übergeordnete Management das Recht vor, diese Zielsetzung zu genehmigen oder abzulehnen. Doch die Formulierung der Ziele fällt in den Aufgabenbereich eines Managers (...). Zudem sollte jeder Manager verantwortungsbewusst an der Formulierung der Ziele der übergeordneten Einheit teilnehmen.“*[368]
- Persönlich: Die Verantwortung für die Erreichung eines Ziels muss persönlich zugeordnet werden – keine Gruppenziele. *„Hinter jedes Ziel muss man den Namen einer Person setzen können. Wirksame Ziele sind persönliche Ziele. Ob die betreffende Person, die die Verantwortung für das Ziel hat, dann für die Realisierung eine Gruppe, ein Team o. Ä. braucht, das ist eine andere Frage.“*[369]
- Geringe Anzahl: Voraussetzung dafür, dass Ziele anspruchsvoll sind und mit der Wahl der Ziele Schwerpunkte gebildet werden können, ist eine Begrenzung ihrer Anzahl – max. drei bis vier gleichzeitig. *„Sich weniges vornehmen heißt nicht – wie gelegentlich unterstellt wird, wenig arbeiten, faul sein und ‚herumhängen‘. Die Maxime lautet: Wenige Ziele, dafür aber große – solche, die ins Gewicht fallen, die etwas bedeuten, wenn sie erreicht werden.“*[370]

---

366 Quelle: *Drucker* 2002, S. 144
367 Vgl. *Strackbein/Strackbein* 2002, S. 70 f.
368 Quelle: *Drucker* 2002, S. 147
369 Quelle: *Malik* 2014, S. 179
370 Quelle: *Malik* 2014, S. 175

- Unbürokratische und individuelle Anwendung: Die Festlegung der Ziele sollte zwar schriftlich fixiert werden, jedoch sollte auf ein bürokratisches System, welches über die gesamte Organisation ausgerollt wird, verzichtet werden. Eine überbordende Bürokratie erzeugt Widerstände gegen das MbO-Konzept und lenkt die den Aufwand eher in Formalismen als in Ziele. Außerdem verhindert ein bürokratisches System die individuelle Behandlung der Mitarbeiter. *„Was man braucht, sind die richtigen Ziele; aber man braucht nicht unbedingt ein MbO-Programm oder System.“*[371] Die Art der Ziele, die Fristen und die Beantwortung der Frage, ob ein Mitarbeiter überhaupt Ziele bekommt, sind unbedingt auf die Funktion, den Ausbildungsstand, die Erfahrung und insgesamt auf die Reife des Mitarbeiters abzustimmen. Es ist zu vermeiden, dass jeder Mitarbeiter – von der Hilfskraft bis zum Geschäftsführer – in ein gleichmachendes MbO-System gezwängt wird.[372]
- Nachhaltigkeit: Das Erreichen eines Ziels sollte mit einer dauerhaft anhaltenden Wirkung verbunden sein. Management durch sog. Feldzüge oder Management by Crisis lenkt das Augenmerk in der Regel nur auf einen bestimmten Aspekt. *„Alle Beteiligten scheinen zu wissen oder zu akzeptieren, dass drei Wochen nach dem Feldzug der Status quo wieder hergestellt wird.“*[373]
- Bearbeitungszeitraum mindestens ein Jahr: Werden kürzere Zeiträume als etwa ein Jahr zur Zielerreichung gewährt, wird der Entscheidungsspielraum des beauftragten Mitarbeiters eingeschränkt und das Ziel wird durch die höhere Zeitpriorität zu einer Aufgabe.

Ziele sind geprägt von Langfristigkeit, großem Entscheidungsspielraum, hohem Grad an Selbststeuerung und hohem Maß an Verantwortung für das Ergebnis.

Aufgaben sind geprägt von kürzeren Fristen für die Umsetzung, von geringerem Entscheidungsspielraum, geringerem Grad der Selbststeuerung und geringerer Verantwortung für das Ergebnis.

9.2.1.2 Übertragung von Aufgaben

Eine Führungskraft strukturiert die übergeordneten Vorgaben – wenn man vom Krisenmanagement absieht – gemäß **Bild 9.4** nach weiter zu delegierenden Zielen und Aufgaben und evtl. sofort durchzuführenden Maßnahmen. Der Mitarbeiter steht vor dem Problem, Ziele und andere ihm möglicherweise in einer Stellenbeschreibung übertragenen Aufgaben in einen Zusammenhang zu bringen und darin eine Struktur mit Prioritäten zu erkennen.

---

[371] Quelle: *Malik* 2014, S. 171

[372] Vgl. *Malik* 2014, S. 180 f.

[373] Quelle: *Drucker* 2002, S. 145

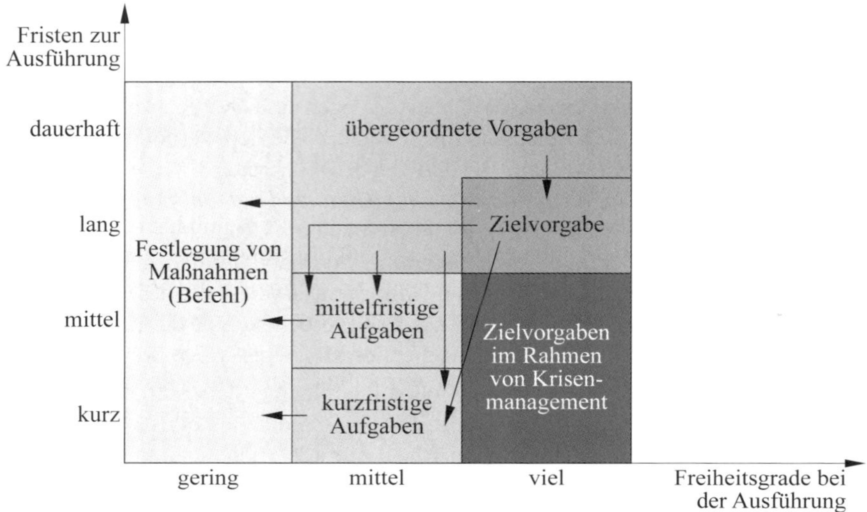

Bild 9.4 Strukturierung übergeordneter Vorgaben

Da die Arbeitsschwerpunkte eines Mitarbeiters sich im Laufe der Zeit ändern, ist es daher sinnvoll, diese Änderungen in der Ausrichtung seiner Stelle nicht nur durch schriftlich fixierte Ziele deutlich zu machen, sondern auch die mittelfristig zu erledigenden Aufgaben schriftlich zu spezifizieren. Gut geeignet dafür ist die turnusmäßig zu überarbeitende Aufgabenbeschreibung[374], in der die Schlüsselaufgaben einer Stelle durch die Beschreibung beispielsweise anstehender Projekte als besondere Schwerpunkt- Aufgaben für einen gewissen Zeitraum festgeschrieben werden sollten. Der Mitarbeiter erhält damit ein Hilfsmittel, um seine Arbeit sinnvoll zu priorisieren und dadurch innerhalb der Organisation durch geeignete Selbststeuerung einen wirksamen Beitrag zur Erfüllung der übergeordneten Vorgaben leisten zu können. Eine Schlüsselaufgabe ist in diesem Zusammenhang die Aufgabe, *„die auf einer Stelle für die direkt folgende, für den Mitarbeiter überschaubare Zeitperiode die höchste Priorität haben muss."*[375]

[374] Vgl. Kapitel 7.1.3.1.5 Schriftliche Delegation mit Stellen- oder Aufgabenbeschreibung

[375] Quelle: *Malik* 2014, S. 301

9.2.2 Organisieren und Entscheiden

9.2.2.1 Organisieren

Ein wesentlicher Teil des Organisierens ist die Schaffung einer geeigneten Aufbau- und Ablauforganisation. Hier unterscheidet man zwischen einer funktionsorientierten und einer prozessorientierten Sichtweise.

Wenn die Funktionen der einzelnen Stellen und Organisationseinheiten die Aufbauorganisation bestimmen, spricht man von einer funktionsorientierten Organisation. Eine funktionsorientierte Organisation beruht auf dem Prinzip der Aufgabenteilung. Vorteil ist die Spezialisierung der Mitarbeiter auf einzelne Aufgaben und daraus resultierende schnelle Durchlaufzeiten. Nachteilig wirken sich die vielen Schnittstellen aus. Wenn die Abläufe die Aufbauorganisation bestimmen – also gleichartige Abläufe in einer Stelle oder Organisationseinheit zusammengefasst werden und dadurch Schnittstellen innerhalb eines Prozesses zwischen einzelnen Stellen oder Organisationseinheiten minimiert werden, spricht man von einer prozessorientierten Organisation. Eine prozessorientierte Organisation beruht auf dem Prinzip der Mengenteilung. Wichtig bei einer prozessorientierten Organisation ist die Definition der einzelnen Prozesse, damit eine Schnittstellenreduzierung auch tatsächlich realisiert wird. Eine Schnittstellenreduzierung innerhalb einer prozessorientierten Organisation wird in der Regel dadurch erreicht, dass die Mitarbeiter möglichst viele Funktionen innerhalb eines Prozesses ausfüllen. Beispielsweise wird durch die Definition eines Prozesses Instandhaltung, der aus den bisherigen Funktionen Elektro-Instandhaltung und mechanische Instandhaltung besteht, zunächst nur die Fassade einer Prozessorientierung erreicht. Erst wenn die Elektroarbeiten und mechanischen Arbeiten von denselben Mitarbeitern ausgeführt werden, liegt echte Prozessorientierung vor, die zu einer Schnittstellenreduzierung führt. In einer prozessorientierten Organisation ist die Aufbauorganisation so den Abläufen angepasst, dass möglichst wenige Stellen und Organisationseinheiten von den einzelnen Abläufen berührt werden, d. h. die Prozesslinie in Bild 2.19 möglichst kurz ist. Vorteil einer prozessorientierten Organisation ist ein reduzierter „Reibungsverlust" zwischen den einzelnen Stellen und Organisationseinheiten und dadurch die Möglichkeit, die Bedürfnisse externer und interner Kunden besser bedienen zu können. Nachteilig können sich erhöhte Rüstzeiten und höhere Durchlaufzeiten aufgrund der geringeren Spezialisierung auswirken; außerdem entstehen manchmal durch die Implementierung vermeintlich kundenorientierter Zentralstellen – z. B. in Gestalt von Callcentern und zentralen Steuerungsabteilungen – doch wieder prozesshemmende Schnittstellen.[376]

---

[376] Vgl. *Neumann* 2012, S. 76 ff.

In der Praxis wird in der Regel eine Mischung aus Funktions- und Prozessorientierung gewählt.[377]

9.2.2.2 Entscheiden

Entscheidungen zu treffen ist ein Wesensmerkmal von Führungskräften. Nur wer zwischen Alternativen entscheidet, ist eine Führungskraft. Nicht das schnelle Entscheiden macht eine wirksame Führungskraft aus, sondern das richtige Entscheiden auf der Basis einer sorgfältigen Analyse. Bei der Analyse eines Entscheidungsbedarfs werden in der Regel mehrere Alternativen betrachtet. Hierbei ist es wichtig, dass auch die Null-Alternative, also der Verzicht auf eine Maßnahme, betrachtet wird. Nach der genauen Bestimmung des Problems und der Spezifizierung der Anforderungen an eine Lösung sollte jede Alternative auf ihre Folgen, Risiken und Grenzbedingungen durchdacht werden. Die Methoden dafür sollten so einfach und transparent wie möglich gewählt werden. Komplizierte Algorithmen bieten oft keine bessere Entscheidungsvorbereitung als eine einfache und überschaubare Datenaufbereitung, sondern machen einen Entscheidungsprozess eher intransparent und leisten unentdeckten Fehlentscheidungen Vorschub. Erst eine übersichtliche und möglichst ohne komplizierte Methoden auskommende Datenaufbereitung machen aus den vorliegenden Daten Informationen. Erst wenn, die aus den Daten entwickelten Informationen vorliegen, kann die Führungskraft eine Entscheidung treffen. *„Effektive Führungskräfte machen die Realisierung zum Bestandteil des Entscheidungsprozesses. Ihre Vorstellung über eine gute Entscheidung endigt nicht mit der Entschlussfassung, sondern sie umfasst auch noch die Umsetzungsphase. (...) Auch die beste Entscheidung kann in der Realisierungsphase und durch die Art der Umsetzung falsch werden. Sie kann missverstanden, verfälscht und sabotiert werden. Die guten Führungskräfte denken daher bei jedem einzelnen Schritt eines Entscheidungsprozesses immer schon voraus an die spätere Realisierung. Sie durchdenken im Voraus, welche Personen in der Organisation (...) mit der Entscheidung konfrontiert sein werden, was diese Leute wissen müssen, damit sie die Entscheidung verstehen und damit sie sie dann richtig umsetzen können. Daher beziehen sie diese Personen auch in die Entscheidungsfindung mit ein.“*[378]

9.2.3 Kontrollieren

Kontrollieren bedeutet zu prüfen, ob und in welchem Umfang Vereinbarungen und Weisungen eingehalten werden. Der Vorgang des Kontrollierens darf sich keines-

[377] Vgl. Kapitel 2.3.3 Aufbau- und Ablauforganisation

[378] Quelle: *Malik* 2014, S. 203

falls auf mündliche oder schriftliche Berichte des kontrollierten Mitarbeiters oder auf Berichte eines Dritten beschränken. Kontrolle muss stets Beobachtung sein. Nur durch Beobachtung erhält die Führungskraft ein unverfälschtes Bild über Resultate. Zur Kontrolle durch Beobachtung gehören in jedem Fall auch Vor-Ort-Besichtigungen. Eine Führungskraft muss sich an den Örtlichkeiten, an denen Ergebnisse sichtbar werden, von der Qualität der Ergebnisse überzeugen. Die Kontrolle braucht nicht lückenlos sein. Die Kontrolldichte ist abhängig zu machen vom Erfahrungs-, Ausbildungs- und Kenntnisstand des Mitarbeiters sowie vom Grad des Vertrauens zwischen Führungskraft und Mitarbeiter. Jedoch ist auch dann nicht auf Kontrolle eines Mitarbeiters zu verzichten, wenn er max. Vertrauen seiner Führungskraft genießt. Eine weitere Rolle spielt der Hierarchieabstand zwischen Führungskraft und Mitarbeiter: Die Kontrolldichte des unmittelbaren Vorgesetzten muss höher sein als die Kontrolldichte eines Vorgesetzten, der in der Hierarchiekette weiter oben angesiedelt ist. Kontrolle muss offen sichtbar sein und auf die Handlungen und das Handlungsresultat abzielen. Nur so kann Kontrolle die gewünschte Steuerungsfunktion erfüllen. Werden hingegen lediglich Informationen – womöglich noch verdeckt – gesammelt, liegt eher eine Bespitzelung des Mitarbeiters vor, was das Vertrauen zwischen Führungskraft und Mitarbeiter untergräbt. Die Folgen sind ausweichendes Verhalten des Mitarbeiters und Vertuschung von Missständen. Ziel einer vertrauensvoll gestalteten Kontrolle ist die Stärkung der Selbstkontrolle des Mitarbeiters in der Weise, dass der Mitarbeiter aus eigenem Antrieb seine Führungskraft möglichst früh über Fehlentwicklungen informiert.[379]

9.2.4 Mitarbeiterentwicklung

Neben den Aufgaben Strukturieren, Organisieren und Kontrollieren ist die Entwicklung der Mitarbeiter die vierte wichtige Führungsaufgabe. Entwicklung bedeutet dabei weniger, den Mitarbeiter Schulungen und Seminare besuchen zu lassen, sondern vielmehr durch Zuweisung geeigneter Aufgaben und Ziele seine Stärken zur Wirkung zu bringen. Schulungen und Seminare, wenn sie nicht fachlicher Natur sind, verfolgen oft ein pädagogisches Ziel. Es ist aber niemals Aufgabe einer Führungskraft, einen Mitarbeiter umzuerziehen. Es sollte das Bestreben einer Führungskraft sein, seine Mitarbeiter durch Fordern und Fördern an geeigneter Stelle auf Grundlage seiner individuellen Stärken möglichst wirkungsvoll für die Organisation einzusetzen und dadurch seine Stärken weiter in Richtung Perfektion zu entwickeln. In der Regel wächst der Mensch mit seinen Aufgaben. Die Verwendung von Lob sollte ehrlich und wohldosiert sein. Der inflationäre Gebrauch lobender Worte stumpft den Mitarbeiter eher ab und schafft falsche Anreize, insbesondere dann, wenn auch schon

[379] Vgl. *Malik* 2014, S. 236 ff.

bei mäßigen Leistungen übertrieben gelobt wird.[380] Inflationäres Lob und andere sog. Belohnungen sind Mittel zur Dressur und sind nicht hilfreich als Unterstützung einer Entwicklung. Ein Lob sollte sich die Führungskraft für wirklich gute Leistungen aufheben. Grundsätzlich sollte Führung auf intrinsischer Motivation, also auf Motivation von innen heraus, beruhen – hervorgerufen durch die Aufgabe und das Arbeitsergebnis. Auf Mittel extrinsischer Motivation, also auf äußere Anreize, sollte weitestgehend verzichtet werden.[381]

Im Folgenden sind die vier Mitarbeitertypen anhand ihrer Leistungsfähigkeit grob skizziert.

9.2.4.1 Mitarbeitertypen

Die Verteilung der Leistungsfähigkeit ist sehr unterschiedlich und entsprich in der Regel einer Normalverteilung. Etwa 10 % der Mitarbeiter erbringen gute bis spitzenmäßige Leistungen, etwa 70 % erbringen mittelmäßige Leistungen mit breiter Streuung und etwa 20 % erfüllen die Anforderungen nicht.[382]

Beurteilt man Mitarbeiter in den Dimensionen des Wollens und des Könnens, ergibt sich eine Einteilung in vier Mitarbeiter-Typen gemäß **Bild 9.5**.

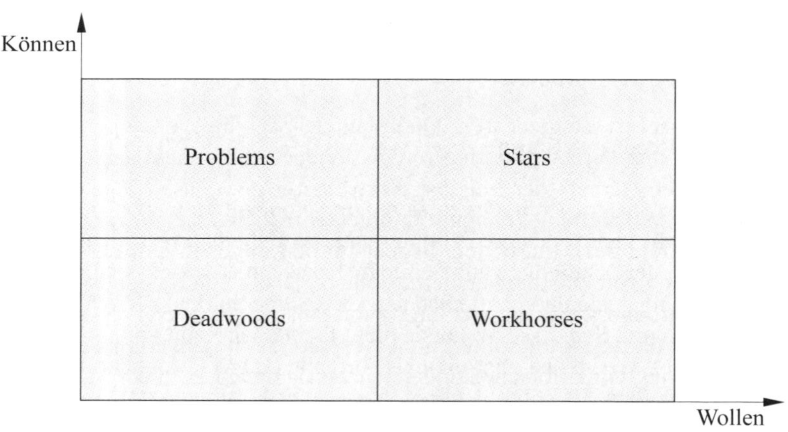

Bild 9.5 Mitarbeitertypen
(Quelle: *Lorenz/Rohrschneider* 2014, S. 45)

[380] Vgl. *Sprenger* 2004, S. 122 ff.
[381] Vgl. *Sprenger* 2004, S. 97 ff.
[382] Vgl. *Lorenz/Rohrschneider* 2014, S. 42

Stars

Die Stars (Hochleister, Leistungsträger) zeichnen sich durch große Leistungsfähigkeit auf der Grundlage großer Motivation gepaart mit einem hohen Niveau an Kenntnissen und Fertigkeiten aus. Sie haben hohe Ansprüche an sich selbst und verfügen meist über weitere noch unerschlossene Leistungspotenziale. Die Stärken der Stars lassen sich durch die Übertragung ambitionierter Aufgaben gut weiterentwickeln. Die Führungskraft eines Stars sollte jedoch darauf achten, die hohe Motivation durch Überlastung nicht ins Gegenteil umschlagen zu lassen.

Workhorses

Die Workhorses (Arbeitspferde, Arbeitsbienen, Durchschnittsleister) sind ebenfalls hoch motiviert, haben ihr Talentpotenzial jedoch am derzeitigen Arbeitsplatz schon weitgehend ausgeschöpft und bedürfen einer etwas engeren Führung mit Zwischenzielen und weniger Freiheitsgraden. Ziel der Entwicklung muss es sein, das Motivationsniveau hochzuhalten, was möglicherweise durch den behutsamen und in Stufen aufgeteilten Zuwachs an Aufgaben und Verantwortung erreicht wird. Eine andere Möglichkeit ist, den Mitarbeiter mit anderen Aufgaben zu betrauen, die eher seinen Stärken entsprechen und dadurch noch ungenutzte Talente auszuschöpfen und den Mitarbeiter doch noch zu einem Star zu entwickeln.

Problems

Die Problems (schwierige Zeitgenossen, Querulanten, Leistungsverweigerer) sind oft hoch qualifiziert und durch spezielle Ereignisse oder Erfahrungen aus dem Bereich der Stars in den Bereich der Leistungsverweigerer gewechselt. Die Gründe und Auslöser für diese Wandlung können sehr unterschiedlich sein und auch durchaus im privaten Umfeld des Mitarbeiters liegen. Im betrieblichen Umfeld können fehlende Anerkennung von Leistungen oder falsche (z. B. die Stärken ignorierende) Förderung des Mitarbeiters die Entwicklung zum Leistungsverweigerer in Gang gesetzt haben. Die Führungskraft sollte durch Gespräche mit dem Mitarbeiter die Gründe für die Entwicklung erforschen und versuchen – soweit es in der Macht der Führungskraft liegt – durch eine Änderung des Führungsverhaltens die Leistungsbereitschaft wiederherzustellen. Dies könnte eine Änderung des Aufgabenbereichs oder eine offen gezeigte höhere Wertschätzung des Mitarbeiters durch die Führungskraft sein, die dann verbunden sein muss mit einer Steigerung der Aufgabe im Umfang und Schwierigkeitsgrad.

Deadwoods

Deadwoods (totes Holz, Ballast) sind nicht entwicklungsfähig. Es sind ehemalige Problems, die im Laufe der Zeit neben ihrer Leistungsbereitschaft auch ihr fachliches und charakterliches Leistungsvermögen verloren haben. Sofern eine Trennung von diesen Mitarbeitern nicht möglich ist, ist es die Aufgabe einer Führungskraft, diese Mitarbeiter dort einzusetzen, wo sie keinen Schaden anrichten können.[383]

9.3 Führungsinstrumente

9.3.1 Besprechung/Sitzung

Eines der wichtigsten Führungsinstrumente ist die mündliche Kommunikation, die in Zwiegesprächen, in kleineren Besprechungen mit wenigen Teilnehmern oder in großen Runden mit vielen Teilnehmern stattfindet. Die Kommunikation findet in Zusammenkünften (Meetings) statt, deren Zweck es ist, Probleme zu lösen, Informationen auszutauschen oder Beschlüsse über ein gemeinsames Vorgehen zu fassen. Damit diese Besprechungen bzw. Sitzungen effektiv sind, müssen einige Regeln beachtet werden, die sich auf die Vorbereitung, die Durchführung und die Nachbereitung einer Besprechung beziehen:

Vorüberlegungen

Der Organisator einer Besprechung sollte sich zunächst überlegen, welches Ziel eine Besprechung verfolgt oder welches Ergebnis am Ende der geplanten Besprechung vorliegen sollte. Bestandteil dieser Überlegungen sollte auch eine kritische Beleuchtung der Frage sein, ob die Besprechung tatsächlich erforderlich ist. Wird diese Frage bejaht, ist darüber zu entscheiden, wer an der Besprechung teilnehmen muss. Ist die Zahl der Besprechungsteilnehmer zu groß, leidet oft die Produktivität. Ist die Zahl der Besprechungsteilnehmer zu gering, fehlen oft Informationen zum behandelten Thema.[384]

Einladung zur Besprechung

Neben einer klaren Vorgabe über Beginn, Ende und Ort der Besprechung sollte im Idealfall Bestandteil der Einladung eine Tagesordnung sein, verbunden mit der Aufforderung an die Teilnehmer, bestimmte Themen vorzubereiten. Es sollte deutlich

---

[383] Vgl. *Lorenz/Rohrschneider* 2014, S. 45 ff.

[384] Vgl. *Bischoff/Bischoff* 2000, S. 9 ff.

werden, welcher Beitrag vom jeweiligen Besprechungsteilnehmer in dem Meeting erwartet wird. Ist das Ausarbeiten einer Tagesordnung nicht möglich, sollte den Teilnehmern mindestens das übergeordnete Thema und die grobe Zielrichtung der Besprechung mitgeteilt werden. Besprechungen mit unvorbereiteten Teilnehmern sind in der Regel überflüssig und müssen dann oft wiederholt werden. Ebenfalls fragwürdig sind Besprechungen, bei denen den potenziellen Teilnehmern ins eigene Ermessen gestellt wird, ob sie teilnehmen. Extrem fragwürdig und geradezu zersetzend für die Organisation sind Besprechungen, die zu Terminen angesetzt werden, zu denen die eingeladenen Teilnehmer gar nicht verfügbar sind.

Durchführung der Besprechung

In jeder Besprechung muss es einen Moderator oder Sitzungsleiter geben. Dieser hat darauf zu achten, dass die Sitzung Ergebnisse hervorbringt. Er hat darauf zu achten, dass jedes Ergebnis mit einer Person verbunden wird, die für die Umsetzung verantwortlich ist. Er hat ferner darauf zu achten, dass ein Dissens offen ausgetragen wird und nicht durch oberflächlichen und falschen Konsens in die Zukunft verschoben wird. Besprechungen *„dürfen nicht zu sozialen Anlässen verkommen. Sitzungen haben den Zweck, Resultate zu produzieren. Sie sind nicht Freizeit oder Spaß. Der Zweck von Sitzungen ist nicht die Pflege menschlicher Beziehungen, obwohl ihre Gestaltung und ihr Ablauf darauf natürlich einen großen Einfluss haben"*.[385]

Besprechungsprotokoll

Mit einem Besprechungsprotokoll wird sichergestellt, *„dass die Teilnehmer Beschlüsse und Ergebnisse richtig verstanden haben"*.[386] Zu jeder Besprechung ist unbedingt ein Ergebnisprotokoll anzufertigen. Das Protokoll sollte sich auf die Ergebnisse und Verantwortlichkeiten zu den einzelnen Tagesordnungspunkten beschränken. Auf den Diskussionsverlauf, also den Weg zum Ergebnis, kann in der Regel verzichtet werden. Ebenso kann auf formale Schönheit verzichtet werden, sodass manchmal stichpunktartige Protokollaufzeichnungen ausreichen, die schon während der Sitzung oder unmittelbar danach angefertigt werden können. Protokolle, die erst Tage oder Wochen nach einer Sitzung vorliegen, sind zu vermeiden, da sie ihren Zweck, Erklärungs- und Beweismittel über Beschlüsse, Maßnahmen, Verantwortlichkeiten und Termine zu sein, aufgrund möglicher Erinnerungslücken des Protokollanten und der Teilnehmer, nicht erfüllen. Außerdem besteht die Gefahr, dass eine in der Besprechung festgelegte Maßnahme früher umzusetzen ist als dies im Protokoll nachzulesen ist.

---

[385] Quelle: *Malik* 2014, S. 278

[386] Quelle: *Bischoff/Bischoff* 2000, S. 80

9.3.2 Schriftgut

Ein weiteres wichtiges Medium der Führungskraft ist das geschriebene Wort. Geschriebene Texte begegnen uns z. B. in Protokollen, Anweisungen, Lageberichten, Präsentationen, Briefen, E-Mails. Es gilt hierbei: In der Kürze liegt die Würze. Ziel eines jeden Schriftstücks ist es, beim Leser eine Wirkung hervorzurufen. Voraussetzung dafür ist, dass der Text erst gelesen und dann verstanden wird. Für beides ist eine übergroße Länge des Schriftstücks eher hinderlich. Texte müssen präzise sein und das Denken des Autors widerspiegeln. Ein Schriftstück muss individuell auf den Empfänger in seiner besonderen Situation zugeschnitten sein. Dies gilt für die verwendete Sprache genauso wie für unterstützende Grafiken oder Tabellen. Der Leser muss schnell den wesentlichen Inhalt erfassen. In einem Besprechungsprotokoll muss übersichtlich erfassbar sein, wer, was bis wann zu tun hat. Die Wiedergabe vorangegangener, ausschweifender Diskussionen in der Besprechung ist dabei fehl am Platze. In einer Betriebsanweisung, die auf ein sicherheitsgerichtetes Verhalten des Adressaten zielt, muss mit einem oder wenigen Blicken erfassbar sein, was verboten und was geboten ist. Hier können eine immer wiederkehrend gleiche Gliederungsstruktur oder die Verwendung von Bildzeichen, – sofern der Platz es erlaubt – hilfreich sein. In einem Lagebericht müssen überprüfbare Tatsachen beschrieben werden; hierbei können erläuternde Tabellen und Grafiken unterstützen und helfen eine Tatsache von einer Meinung über eine Tatsache zu unterscheiden. In einer Präsentation liegt der Schwerpunkt auf dem gesprochenen Wort. Die Bildpräsentation soll hierbei lediglich das gesprochene Wort unterstützen und demnach plakativ aus Überschriften, Stichpunkten und einfachen Schaubildern bestehen, die die Kernaussagen des gesprochenen Vortrags visualisieren. Überladene Blätter in Präsentationsprogrammen (z. B. Microsoft Power Point) mit detailliertem Text und komplizierten Grafiken lenken eher ab und verpuffen wirkungslos.

9.3.3 Zeit- und Selbstmanagement

Das Selbstmanagement ist im wesentlichen Zeitmanagement. Eine Führungskraft – aber auch ein Mitarbeiter ohne Führungsaufgaben – kann nur dann gute Ergebnisse hervorbringen, wenn sie die eigene Arbeitszeit wirksam nutzt. Dazu muss das unmittelbare Arbeitsumfeld im Hinblick auf die Arbeitsumgebung – also auch im Hinblick auf die zur Verfügung stehenden Arbeits- und Kommunikationsmittel – sinnvoll gestaltet sein. Das heißt, es müssen ein angenehmes Raumklima und eine geeignete Beleuchtung vorhanden sein; außerdem ist eine sinnvolle Schreibtischordnung mit geeigneten und zeitgemäßen Kommunikationsmitteln in Griffweite unerlässlich. Eine weitere Basis von wirksamem Selbstmanagement ist die Kenntnis der eigenen Stärken und Schwächen sowie Klarheit über persönliche Ziele. Der Begriff der persönlichen Ziele ist in diesem Zusammenhang weiter gefasst als im Rahmen des MbO. Die persönlichen Ziele sollten durchaus das Privatleben berücksichtigen und auf einer ganzheitlichen Betrachtung von Beruf und Privatem beruhen, wobei Berufs- und Privatleben nicht als Gegensatz verstanden werden sollten, sondern als zwei Seiten derselben Medaille. Aufbauend auf dieser Selbstanalyse kann dann eine persönliche Arbeitsmethodik entwickelt werden, die immer individuell ist und sich im Laufe der Zeit aufgrund sich wandelnder Rahmenbedingungen ändern kann. Niemand, der erfolgreich ist, *„arbeitet ohne System und ohne Disziplin. Systematisches und methodisches Arbeiten ist der Schlüssel für die Nutzung von Talenten und die Transformation von Fähigkeiten in Ergebnisse und Erfolg"*.[387] Es ist daher enorm wichtig, seinen eigenen systematischen Arbeitsstil zu finden und weiterzuentwickeln.

Der wahrscheinlich wichtigste Erfolgsfaktor jedes persönlich-individuellen Arbeitsstils ist ein effektives Zeitmanagement. Es ist die Frage zu beantworten, wie mit dem knappen Gut Zeit am effektivsten umgegangen wird. Daraus ergibt sich zwangsläufig die Frage, wie den zeitfressenden Tätigkeiten zur Informationsaufnahme und zur Abwicklung von Routineabläufen entgegengewirkt werden kann. Wichtige Methoden dazu sind: Zeitplanung, Informationsmanagement und die Checklistenmethode für Routineabläufe:

Zeitmanagement

Der Kern eines Zeitmanagements ist die Zeitplanung. Dabei kann die Befolgung folgender Regeln sinnvoll sein:

1. Die Zeitplanung sollte schriftlich erfolgen. Dies zwingt zu einem systematischen Nachdenken über die Verwendung der Zeit und ermöglicht ein Abhaken erledigter Aufgaben.
2. Es sollten Prioritäten ermittelt werden. Das sog. Eisenhower-Prinzip (siehe **Bild 9.6**) bietet dazu eine einfache Methodik. *„Dwight D. Eisenhower hat bereits als General nach Möglichkeiten gesucht, Entscheidungen fundiert und schnell zu treffen. Er kam zu dem Schluss, dass alle Tätigkeiten in Bezug auf ihre Priorität von den Dimensionen Wichtigkeit und Dringlichkeit bestimmt werden und diese Dimensionen neutral beurteilt werden können."*[388] Es ergibt sich eine Einteilung in A-, B-, C-Aufgaben, wobei A-Aufgaben die höchste Priorität haben und die Erledigung von D-Aufgaben entfallen kann.

[387] Quelle: *Malik* 2014, S. 316

[388] Quelle: *Strackbein/Strackbein* 2002, S. 93 f.

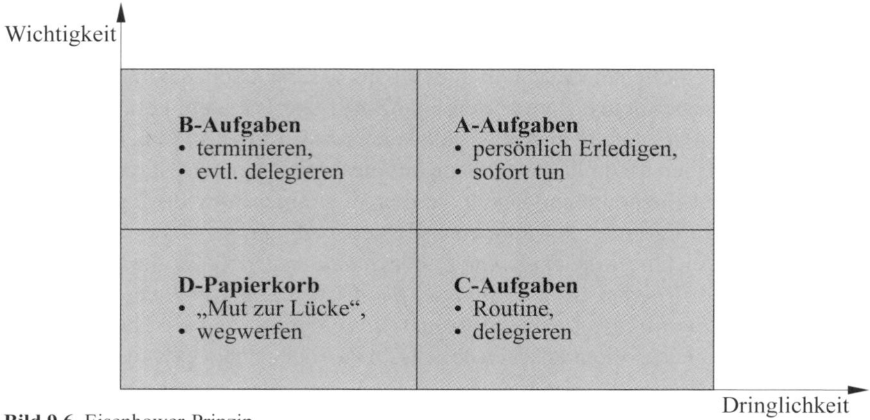

Wichtigkeit

B-Aufgaben • terminieren, • evtl. delegieren	**A-Aufgaben** • persönlich Erledigen, • sofort tun
D-Papierkorb • „Mut zur Lücke", • wegwerfen	**C-Aufgaben** • Routine, • delegieren

Dringlichkeit

Bild 9.6 Eisenhower-Prinzip
(Quelle: *Strackbein/Strackbein* 2002, S. 94)

3. Der Zeitbedarf für die Erledigung von Aufgaben muss realistisch ermittelt werden.
4. Es sind Pufferzeiten einzuplanen. Pufferzeiten sind Reservezeiten für nicht vorhersehbare Störungen. Beispielsweise sollte bei einer Tagesplanung max. 60 % der tatsächlichen Arbeitszeit fest für eine Tätigkeit verplant werden.
5. Bei der Tagesplanung sollten zusammenhängende Blöcke für ungestörte Arbeiten vorgesehen und reserviert werden.
6. Es sollten verschiedene Zeitpläne jeweils für einen Horizont eines Tags, einer Woche, eines Monats und eines Jahrs erstellt werden.
7. Es ist für jeden der genannten Zeiträume eine Rückschau zu halten, auf deren Grundlage die Pläne für die Zukunft anzupassen sind.[389]

Informationsmanagement

Ziel eines geeigneten Informationsmanagements ist es, die Flut von Informationen, die auf eine Führungskraft einstürzen zeitsparend zu bewältigen. Bewältigen bedeutet in diesem Zusammenhang, Informationen auf Relevanz prüfen, Informationen geeignet ablegen und die Informationen im Bedarfsfall wiederfinden und nutzbringend verwenden. Eine Führungskraft sollte nicht alles lesen, sondern vorab kurz die Frage reflektieren, ob die Information jetzt oder später wichtig sein kann. Wenn beides verneint wird, kann eine Information ungelesen übergangen oder entsorgt werden. Soweit es möglich ist, sollte eine Führungskraft dazu übergehen, sich Informationen im Bedarfsfall zu holen und auf die ständige Vorlage von Informationen verzichten.

[389] Vgl. *Simon* 2007, S. 80 ff.

Bei der Ablage von Informationen sollten Verweise zwischen den Dokumenten erzeugt werden. Auf Mehrfachablage ein und desselben Dokumentes unter verschiedenen Oberbegriffen kann verzichtet werden, wenn Dokumentenverzeichnisse mit Stichworten zum Dokumenteninhalt geführt werden.[390]

Checklistenmethode

Die Anwendung von Checkliste ist immer dann sinnvoll, wenn sich Abläufe wiederholen. Besonders sinnvoll sind sie dort, wo es um Sicherheit geht (Beispiel: Checklisten für Inspektionen und Wartungen) oder dort, wo Abläufe wiederkehrend aber für den einzelnen Mitarbeiter selten vorkommen (Beispiel: Inbetriebnahme von Anlagen). Der Ersteller einer Checkliste wird gezwungen, einen Ablauf einmal gründlich zu durchdenken und zu dokumentieren; bei der dann folgenden Anwendung der Checkliste wird sowohl beim Ablauf selbst als auch bei seiner Dokumentation eine erhebliche Zeitersparnis erzielt. Checklisten können Erledigungsvermerke enthalten und sind für die Delegation von Routineabläufen besonders gut geeignet. Sie erleichtern die Kontrolle von übertragenen Tätigkeiten. Mit Checklisten wird Routine erzeugt.[391] *„Der internationale Flugverkehr könnte nicht funktionieren, wenn es keine Checklisten gäbe. Sie helfen, das, was an einem Ablauf routinisierbar ist, auch wirksam zu routinisieren.“*[392]

[390] Vgl. *Simon* 2007, S. 44 ff.
[391] Vgl. *Simon* 2007, S. 133 ff.
[392] Quelle: *Malik* 2014, S. 330

10 Innovationsmanagement und Ideenschutz

10.1 Innovation

Innovation[393] ist die Bezeichnung für die Umsetzung einer neuen Idee, die zu einer sprunghaften Steigerung des – meist wirtschaftlichen – Nutzens führt. Der sprunghafte Anstieg ihres Nutzens unterscheidet die Innovation von der kontinuierlichen Verbesserung beispielsweise im Rahmen des Qualitätsmanagements. **Bild 10.1** illustriert den Unterschied zwischen kontinuierlicher Verbesserung, Standardisierung und Innovation.

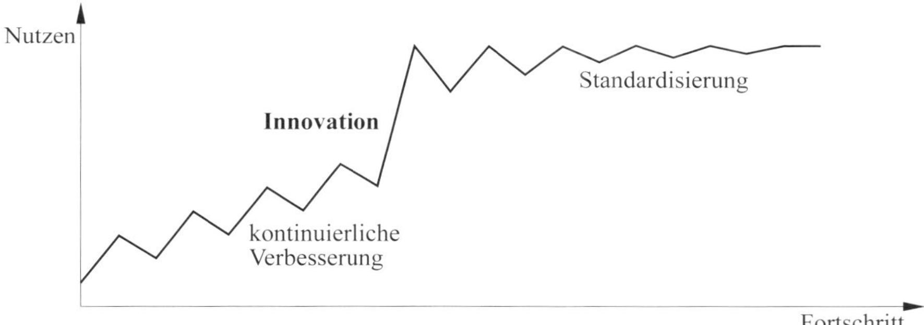

Bild 10.1 Innovation, Verbesserung, Standardisierung

Innovation gilt *„als der wichtigste Träger des technischen Fortschritts, (...). Die Mitwirkung an Innovationsvorhaben gehört damit zu den Grundaufgaben von Ingenieuren, Technikern und Naturwissenschaftlern. Für Unternehmen stellen Innovationen eine besondere Herausforderung dar: Innovationsprozesse liegen außerhalb des betrieblichen Tagesgeschäfts. Sie beziehen sich auf Dinge, die es bisher noch nicht gibt und sind daher mit erheblich größeren Unsicherheiten und Risiken verbunden als Routinetätigkeiten. Da Innovationen darüber hinaus Veränderungen im persönlichen Arbeitsumfeld mit sich bringen, lösen sie häufig Konflikte und Widerstände aus, (...).“*[394]

---

393 innovare (lat.) = erneuern

394 Quelle: *Seibert* 1998, S. 106

10.1.1 Innovationsarten

Ist die neue Idee, auf der eine Innovation basiert, eine technische Erfindung (Invention), so spricht man von technischer Innovation, die eine Produktinnovation oder eine Prozessinnovation sein kann. Technische Produktinnovationen sind neue Produkte und Dienstleistungen; technische Prozessinnovationen sind neue Herstellungsverfahren und Prozesse. Technische Produktinnovationen wirken in der Regel nach außen und sind ein Mittel zur Nachfrage- und damit zur Umsatzsteigerung. Technische Prozessinnovationen wirken in der Regel nach innen und sind Mittel zur Qualitätsverbesserung und Effizienzsteigerung. Oft gibt es einen Zusammenhang von Produktinnovation und Prozessinnovation, nämlich dann, wenn ein neues Produkt einen neuen Herstellungsprozess erfordert.

Neben technischen Innovationen sind auch Innovationen auf anderen Gebieten möglich, z. B.:

- *gestalterisch-künstlerische Innovationen:* Der sprunghaft verbesserte Nutzen kann hierbei im rein ästhetischen Bereich liegen (z. B. neues Produkt- oder Verpackungsdesign);
- *Vertriebsinnovation:* Der sprunghaft verbesserte Nutzen kann in einer Zunahme der Kundenanzahl liegen (z. B. neue Marketingstrategie und -methoden);
- *Beschaffungsinnovation:* Der sprunghaft verbesserte Nutzen kann in einer höheren Lieferzuverlässigkeit oder günstigeren Beschaffungskosten liegen (z. B. Anwendung neuer Beschaffungsmethoden über Internet-Plattformen);
- *Managementinnovation:* Der sprunghaft verbesserte Nutzen kann in der Straffung von Geschäftsprozessen und einer kürzeren Reaktionszeit des Managements auf veränderte Rahmenbedingungen liegen (z. B. neue Organisationsstrukturen).[395]

10.1.2 Ideenfindung

Um Ideen systematisch zu finden, gibt es grundsätzlich die in **Bild 10.2** skizzierten Möglichkeiten.

Bevor mit eigener Forschungs- und Entwicklungsarbeit zu einem Problem begonnen wird, ist es in jedem Fall sinnvoll, zunächst die bereits bestehenden Ideen zu ermitteln. Dazu gehört die Auswertung möglichst vieler öffentlich zugänglicher Informationsquellen, wie z. B. die Analyse von Produkten oder öffentlich zugänglichen Dokumenten (Kataloge, Produktbeschreibungen) von Konkurrenten oder die

[395] Vgl. *Seibert* 1998, S. 107 f.

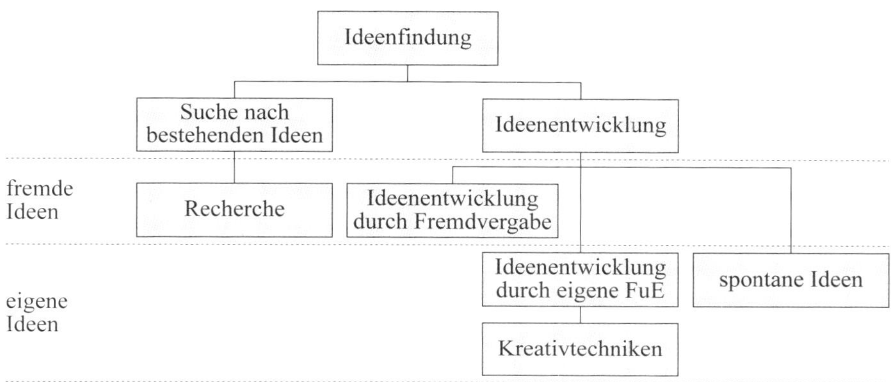

Bild 10.2 Ideenfindung

öffentlich zugänglichen Forschungsergebnisse von Hochschulen oder die Sichtung von Datenbanken der Patentämter (z. B. DPMA, EPA). Auf Grundlage der Rechercheergebnisse kann dann entschieden werden, ob und wie eine Weiterverfolgung der angestrebten Ideenfindung zu gestalten ist. Eine Möglichkeit ist die Vergabe von Forschungsleistungen als Fremddienstleistung an externe Stellen wie Hochschulen oder spezialisierte Ingenieurbüros oder Entwicklungsunternehmen. Diese ist dann sinnvoll, wenn im Rahmen von Basisforschungen besondere Geräte oder Laborausrüstung erforderlich sind, deren Anschaffung für den Auftraggeber nicht lohnt. Die andere Möglichkeit ist, Ideenfindung in Eigenleistung voranzutreiben. Diese kann in einer eigenen FuE-Abteilung erfolgen und/oder mit einem das gesamte Unternehmen einbeziehenden Innovationsprogramm.[396]

In beiden Fällen spielen Kreativtechniken eine besondere Rolle. Nachstehend sind einige dieser Kreativmethoden aufgelistet.

10.1.2.1 Intuitive Methoden

Brainstorming

Brainstorming ist eine Gruppendiskussion zur Ideenfindung ohne vorgegebene Denkrichtung. Ziel ist es, durch eine ungeordnete Diskussion bestehende Denkbarrieren zu überwinden. Ideengeber und Ideenkritiker geben sich dem freien Spiel der Diskussion hin, ohne dass einengende Vorgaben bestehen.

[396] Vgl. *Cohausz* 2018, Rn. 747 ff.

Kontrollfragen

Bei der Kontrollfragenmethode handelt es sich wie beim Brainstorming um eine Gruppendiskussion, die jedoch im Gegensatz zum Brainstorming durch vorgegeben Fragen gelenkt wird. Der Diskussionsleiter muss vorab Fragen formulieren, die zu dienen, die Diskussion systematischer ablaufen zu lassen. Kontrollfragen können beispielsweise sein: Was passiert bei Materialänderungen? Was ist bei Formänderungen zu erwarten? Wie wirkt sich eine Änderung der Montage-Reihenfolge aus?

Brainwriting, Methode 635

Brainwriting (z. B. in der Form 635) ist eine schriftlich formalisierte Methode, bei der die Mitglieder einer Gruppe ihre Ideen auf Formblätter eintragen, die dann von den anderen Gruppenmitgliedern ergänzt werden. 635 bedeutet dabei, dass sechs Gruppenmitglieder jeweils drei Ideen zu einem Problem aufschreiben, die dann jeweils von den anderen fünf Mitgliedern schriftlich ergänzt werden., d. h. die Ideenzettel werden in der Gruppe fünfmal an andere Teilnehmer weitergereicht. Es ergeben sich idealerweise $6 \cdot 3 \cdot 5 = 108$ Lösungsideen.[397]

10.1.2.2 Systematische Methoden

Relevanzbaum

Mit dem Relevanzbaumverfahren wird im Rahmen eines Problemlösungsbaums die Relevanz eines Teilbeitrags zu einer Gesamtlösung ermittelt. Dazu wird das Gesamtproblem in Teilaspekte zerlegt, die hinsichtlich ihrer Relevanz geordnet werden. Durch eine weitere Zerlegung der Teilaspekte ergibt sich eine Baumstruktur, die zu einer sehr großen Anzahl an Lösungsmöglichkeiten für ein komplexes Problem führt.

Programmierung

Bei der Programmierung werden Lösungen durch schematische Suchalgorithmen ermittelt. Die Suche erfolgt automatisiert und ermöglicht durch den Einsatz von Digitalrechnern die Prüfung einer extrem hohen Anzahl von möglichen Kombinationen verschiedenster Parameter.[398]

Analogiemethoden

Analogiemethoden beruhen auf der Zerlegung eines Gesamtproblems in Teilprobleme, für die es in anderen Bereichen Lösungen gibt. Diese Lösungen werden übernommen

---

[397] Vgl. *Hering/Draeger* 1996, S. 375 f.

[398] Vgl. *Hering/Draeger* 1996, S. 378 ff.

oder dienen als Ideengeber für neue Lösungen.[399] Beispiel für eine analoge Methode ist die Bionik, die Lösungen aus der Biologie übernimmt.

10.1.3 Innovationsmanagement

„Das Innovationsmanagement ist ein systematischer Planungs- und Steuerungsprozess, der alle Aktivitäten zur Entwicklung und Einführung für das Unternehmen neuer Produkte und Verfahren umfasst.“[400] Es gibt zwei mögliche Ursachen des Innovationsprozesses: Zum einen kann der technisch-naturwissenschaftliche Fortschritt, der mit einer Wissensvermehrung einhergeht, Innovationsdruck aufbauen. In diesem Fall spricht man vom *Technology Push*. Zum anderen können ungelöste Probleme Innovationsdruck aufbauen. Diese ungelösten Probleme können Kundenbedürfnisse, gesellschaftliche Bedürfnisse oder auch betriebsinterne Bedürfnisse sein. Man spricht in diesem Fall von *Demand Pull*.[401]

Aufgabe des Innovationsmanagements ist es, für eine innovationsfreundliche Unternehmens- bzw. Betriebskultur zu sorgen. Innovationsfreundlichkeit liegt dann vor, wenn die vermeidbaren Innovationsbarrieren leicht überwunden werden können und die harten Innovationsbarrieren sorgfältig geprüft werden. Zu den vermeidbaren Innovationsbarrieren, die ihre Ursache in der menschlichen Psyche und in organisatorischen Mängeln haben, gehören:

- fehlendes Wissen (Inkompetenz, Uninformiertheit),
- fehlendes Wollen (Bürokratie, Bequemlichkeit).

Zu den harten Innovationsbarrieren, die durchaus zum Scheitern von Ideen führen können und sollen, gehören:

- wirtschaftliche Zweifel (finanzielle Risiken, Zerstörung von Erfolgreichem),
- technische Zweifel (Funktionsfähigkeit, zeitliche und örtliche Rahmenbedingungen).[402]

Der durch ein wirksames Innovationsmanagement zu steuernde Innovationsprozess besteht aus vier Schritten: Als Erstes müssen Ideen geschaffen werden. Dieses geschieht durch Recherche, Kreativität und nicht zuletzt durch Erfassung spontaner Ideen – z. B. als Arbeitnehmererfindung. Als Zweites müssen die geschaffenen Ideen geprüft werden. Dazu gehört eine Prüfung der harten Innovationsbarrieren:

---

[399] Vgl. *Hentschel/Gundlach/Nähler* 2010, S. 29 ff.

[400] Quelle: *Seibert* 1998, S. 127

[401] Vgl. *Seibert* 1998, S. 112

[402] Vgl. *Hering/Draeger* 1996, S. 375

Können technische und wirtschaftliche Zweifel ausgeräumt werden? Passen die Ideen zum Unternehmen und zum Markt? Sollen die Ideen geschützt werden? Wenn die Ideen geschützt werden sollen, ist als Drittes die Frage zu klären, wie sie geschützt werden. Sollen die Ideen geheim gehalten werden oder sollen gewerbliche Schutzrechte angestrebt werden. Als vierter Schritt müssen die neuen Ideen umgesetzt werden.[403]

10.2 Patente und andere Schutzrechte

Die Nutzung und Verwertung von Produkten, die auf menschlichen Ideen basieren, werden durch die Regeln des gewerblichen Rechtsschutzes einem geordneten Wettbewerb zugeführt. Urheberrechtsschutz entsteht ohne Formalien allein durch die Schaffung eines Werks. Andere Schutzrechte werden erst nach einem formalen Antrags- und Eintragungsverfahren wirksam. Schutzrechte bieten Schutz gegen Nachahmung und Produktpiraterie und sind die Grundlage von Unterlassungs- und Schadensersatzansprüchen. *„Technische Schutzrechte sollen den Schöpfern fortschrittlicher Technik den gerechten Lohn für die von Ihnen zum Wohle der Allgemeinheit erbrachten Leistungen sichern. Dies geschieht durch die Gewährung eines Ausschließlichkeitsrechts, kraft dessen allein der Erfinder oder sein Rechtsnachfolger über die Nutzung der geschützten Erfindung verfügen kann.“*[404] Technische Schutzrechte fungieren als Motor des technischen Fortschritts, da sie dem Erfinder ein Teil des Forschungs- und Entwicklungsrisikos abnehmen, indem sie ihm für eine begrenze Zeit vor Nachahmern schützen und ihm die exklusive Nutzung der Erfindung gewähren.

10.2.1 Patent

Ein Patent ist ein staatlich gewährtes gewerbliches Schutzrecht, welches nach einer Prüfung vom Deutschen Patent- und Markenamt (DPMA) erteilt wird und dem Patentinhaber ein zeitlich befristetes Monopol für eine technische Lösung gewährt. Mit einem Patent wird zwar nicht die Idee als solche geschützt jedoch die konkret beschriebene technische Lösung.[405]

„Patente werden für Erfindungen auf allen Gebieten der Technik erteilt, sofern sie neu sind, auf einer erfinderischen Tätigkeit beruhen und gewerblich anwendbar sind.“[406] Die Patentfähigkeit setzt also im Rahmen des materiellen Rechts[407] vier Bedingungen voraus: Erfindung, technisch, neu, gewerblich nutzbar:

[403] Vgl. *Cohausz* 2018, Rn. 745

[404] Quelle: *Schade/Winterfeldt* in: *Plinke/Rese/Buck* u. a. 2014, S. 119

[405] Vgl. *Cohausz* 2018, Rn. 107 ff.

[406] Quelle: § 1 Abs. 1 PatG

[407] Materielles Recht = Anspruchsrecht

Eine Erfindung ist das wiederholbare Ergebnis einer schöpferischen geistigen Tätigkeit – im Gegensatz zur Einmaligkeit des Ergebnisses einer künstlerischen Tätigkeit. Das Ergebnis muss neu sein und etwas bisher nicht Vorhandenes darstellen.[408]

Technisch bedeutet, dass das Ergebnis sich auf die Technik *„als Lehre zum planmäßigen Handeln unter Einsatz beherrschbarer Naturkräfte zur Erreichung eines kausal übersehbaren Erfolgs, der ohne Zwischenschaltung menschlicher Verstandstätigkeit unmittelbare Folge des Einsatzes menschlicher Verstandestätigkeit ist"*[409], bezieht.

„Eine Erfindung gilt als neu, wenn sie nicht zum Stand der Technik gehört. Der Stand der Technik umfasst alle Kenntnisse, die vor dem für den Zeitrang der Anmeldung maßgeblichen Tag durch schriftliche oder mündliche Beschreibung, durch Benutzung oder in sonstiger Weise der Öffentlichkeit zugänglich gemacht worden sind."[410] Zur Bedingung der Neuheit, die also alles ausschließt, was unabhängig von Ort und Sprache öffentlich geworden ist, gehört auch der Abstand zum Stand der Technik. Diese sog. Erfindungshöhe muss so groß sein, dass ein durchschnittlicher Fachmann die Lösung nicht *„durch routinemäßiges Handeln leicht herleiten oder entwickeln könnte."*[411] Eine Erfindung muss erfinderischer Tätigkeit basieren. *„Eine Erfindung gilt als auf einer erfinderischen Tätigkeit beruhend, wenn sie sich für den Fachmann nicht in naheliegender Weise aus dem Stand der Technik ergibt."*[412]

„Eine Erfindung gilt als gewerblich anwendbar, wenn ihr Gegenstand auf irgendeinem gewerblichen Gebiet einschließlich der Landwirtschaft hergestellt oder benutzt werden kann."[413] Ausgenommen von der gewerblichen Nutzung sind ärztliche und therapeutische Methoden.[414]

Nicht patenfähig sind:

„1. Entdeckungen sowie wissenschaftliche Theorien und mathematische Methoden;

2. ästhetische Formschöpfungen;

3. Pläne, Regeln und Verfahren für gedankliche Tätigkeiten, für Spiele oder für geschäftliche Tätigkeiten sowie Programme für Datenverarbeitungsanlagen;

4. die Wiedergabe von Informationen."[415]

---

408 Vgl. *Cohausz* 2018, Rn. 121

409 Quelle: BGH zitiert nach *Cohausz* 2018, Rn. 123

410 Quelle: § 3 Abs. PatG

411 Quelle: *Cohausz* 2018, Rn. 137

412 Quelle: § 4 PatG

413 Quelle: § 5 PatG

414 Vgl. § 2 Abs. 1 Nr. 2 PatG

415 Quelle: § 1 Abs. 3 PatG

5. *„Erfindungen, deren gewerbliche Verwertung gegen die öffentliche Ordnung oder die guten Sitten verstoßen würde, (...); ein solcher Verstoß kann nicht allein aus der Tatsache hergeleitet werden, dass die Verwertung durch Gesetz oder Verwaltungsvorschrift verboten ist."*[416]

Ferner sind von der Patentfähigkeit ausgeschlossen: Pflanzensorten[417], Tierarten[418], biologische Verfahren zur Züchtung von Pflanzen und Tieren mit Ausnahme von mikrobiologischen Verfahren und deren Erzeugnisse.

Der Ausschluss aus der Patentfähigkeit für Programme für Datenverarbeitungsanlagen gilt nur für den Algorithmus an sich, nicht jedoch nicht für Programme, die eine Wirkung auf technische Komponenten – insbesondere eine Steuerungswirkung – ausüben.[419] Entscheidend bei der Patentschutzfähigkeit eines Computerprogramms ist die zugrunde liegende technische Überlegung.[420]

Im Rahmen des formalen Rechts[421] gibt das Patentgesetz folgenden Ablauf vor:

Die Patentanmeldung erfolgt beim DPMA mit folgenden Unterlagen:

- Antrag auf Erteilung eines Patents mit genauer Bezeichnung der Erfindung;
- Angabe der Patentansprüche (Was genau soll unter Patentschutz gestellt werden?);
- Beschreibung der Erfindung;
- Zeichnung mit Bezug zu den Patentansprüchen oder der Erfindung.

Das DPMA prüft die Anmeldung zunächst auf formelle Mängel und gibt dem Anmelder ggf. Gelegenheit zur Nachbesserung. Innerhalb von sieben Jahren muss der Anmelder oder kann ein Dritter den Antrag auf Prüfung der Patentfähigkeit der Erfindung stellen. 18 Monate nach Anmeldung veröffentlicht das DPMA in einer sog. Offenlegungsschrift den Inhalt der Patentanmeldung, es sei denn, das Patent wurde bereits erteilt. *„Die Offenlegungsschrift enthält die (...) jedermann zur Einsicht freistehenden Unterlagen der Anmeldung und die Zusammenfassung (...) in der ursprünglich eingereichten oder vom Patentamt zur Veröffentlichung zugelassenen geänderten Form."*[422] Mit der Offenlegung kann jeder sich über die angemeldete Erfindung und ihren Inhalt informieren – also auch die Konkurrenz.[423]

416 Quelle: § 2 Abs. 1 PatG

417 Für Pflanzen gibt es ein spezielles Sortenschutzgesetz.

418 Ein „Tierartenzuchtschutzgesetz" in Analogie zum Sortenschutzgesetz gibt es nicht.

419 Vgl. *Cohausz* 2018 Rn. 253

420 Vgl. *Gruber* 2018, S. 19

421 Formelles Recht = Recht von der Durchsetzung von Ansprüchen

422 Quelle: § 32 Abs. 2 PatG

423 Vgl. *Cohausz* 2018, Rn. 331

„Nach der Offenlegung hat der Anmelder das Recht, von denjenigen Nutzern seiner Erfindung, die wussten oder wissen mussten, dass die von ihnen benutzte Erfindung Gegenstand der Anmeldung war, eine angemessene Entschädigung zu verlangen (...). Die weitergehenden Ansprüche auf Unterlassung (...), Vernichtung (...) und Auskunft (...) stehen dem Anmelder jedoch erst nach der Patenterteilung zu."[424]
Nach erfolgreicher Prüfung der Erfindung wird das Patent durch einen Beschluss der Prüfungsstelle des DPMA erteilt. Der Anmelder erhält eine Patentschrift und das Patent wird mit Namen des Patentinhabers in das öffentliche Patentregister eingetragen (Ausnahme: sog. Geheimpatente aus dem militärischen Bereich), womit die gesetzliche Wirkung des Patents beginnt. Die Dauer des Patenschutzes beträgt 20 Jahre ab Anmeldung und ist nicht verlängerbar. Die Laufzeit des Patents ist mit jährlich ansteigenden Gebühren verbunden, die einen Anreiz zur möglichst frühzeitigen Freigabe einer Erfindung durch den Patentinhaber geben sollen.[425]

Die Rechte des Patentinhabers sind wie folgt geregelt:

„Das Patent hat die Wirkung, dass allein der Patentinhaber befugt ist, die patentierte Erfindung im Rahmen des geltenden Rechts zu benutzen. Jedem Dritten ist es verboten, ohne seine Zustimmung

1. *ein Erzeugnis, das Gegenstand des Patents ist, herzustellen, anzubieten, in Verkehr zu bringen oder zu gebrauchen oder zu den genannten Zwecken entweder einzuführen oder zu besitzen;*
2. *ein Verfahren, das Gegenstand des Patents ist, anzuwenden oder, wenn der Dritte weiß oder es aufgrund der Umstände offensichtlich ist, dass die Anwendung des Verfahrens ohne Zustimmung des Patentinhabers verboten ist, zur Anwendung im Geltungsbereich dieses Gesetzes anzubieten;*
3. *das durch ein Verfahren, das Gegenstand des Patents ist, unmittelbar hergestellte Erzeugnis anzubieten, in Verkehr zu bringen oder zu gebrauchen oder zu den genannten Zwecken entweder einzuführen oder zu besitzen."*[426]

Als Rechtsmittel gegen einen Patentverletzer steht dem Patentinhaber eine Klage vor einem Zivilgericht offen. Zuständig sind Landgericht, Oberlandesgericht, BGH. In einem Patentverletzungsprozess wird lediglich ein Verletzungstatbestand überprüft, nicht jedoch die Rechtmäßigkeit der Patenterteilung. Rechtsmittel gegen eine Patenterteilung ist das sog. Einspruchsverfahren, welches innerhalb von neun Monaten nach Offenlegung vor dem DPMA möglich ist. Gegen einen Beschluss des DPMA im Einspruchsverfahren kann vor dem Bundespatentgericht Beschwerde eingelegt werden.

---

[424] Quelle: *Gruber* 2018, S. 21

[425] Vgl. *Gruber* 2018, S. 20 ff.

[426] Quelle: § 9 PatG

Gegen den einen Beschluss des Bundespatentgerichts kann vor dem BGH Beschwerde eingelegt werden. Ein weiteres Rechtsmittel eines Dritten gegen eine bereits erfolgte Patenterteilung ist die Klage vor dem Bundespatentgericht. Eine derartige Nichtigkeitsklage ist unbefristet möglich. Gegen ein Urteil des Bundespatentgerichts in einem Nichtigkeitsverfahren kann Berufung vor dem BGH eingelegt werden.[427]

10.2.1.1 Arbeitnehmererfindungen

Ein Arbeitgeber hat ein erhebliches Interesse daran, die Innovationsleistungen seiner Arbeitnehmer für sich wirtschaftlich zu nutzen. Gerade deswegen richtet ein Arbeitgeber schließlich eine FuE-Abteilung ein, deren Ergebnisse und Erfindungen den Fortbestand des Unternehmens sichern sollen. Das Arbeitsergebnis eines Arbeitnehmers, welches in der Arbeitszeit erzielt wird, gehört dem Arbeitgeber; dies gilt natürlich auch für Erfindungen.

Bei patent- und gebrauchsmusterfähigen Erfindungen, die von Arbeitnehmern gemacht werden, stellt sich also die Frage, wer die Schutzrechte erwerben kann – der Arbeitnehmer oder der Arbeitgeber. Es wird in diesem Zusammenhang unterschieden nach Diensterfindungen und freien Erfindungen:

Diensterfindungen *„sind während der Dauer des Arbeitsverhältnisses gemachte Erfindungen, die entweder (...) aus der dem Arbeitnehmer im Betrieb oder in der öffentlichen Verwaltung obliegenden Tätigkeit entstanden sind oder (...) maßgeblich auf Erfahrungen oder Arbeiten des Betriebs oder der öffentlichen Verwaltung beruhen. (...) Sonstige Erfindungen von Arbeitnehmern sind freie Erfindungen.“*[428]

Der Arbeitnehmer ist verpflichtet, Diensterfindungen unverzüglich und schriftlich an seinen Arbeitgeber zu melden.[429] Der Arbeitgeber hat nun die Möglichkeit, die Erfindung für sich selbst in Anspruch zu nehmen. *„Die Inanspruchnahme gilt als erklärt, wenn der Arbeitgeber die Diensterfindung nicht bis zum Ablauf von vier Monaten nach Eingang der ordnungsgemäßen Meldung (...) gegenüber dem Arbeitnehmer durch Erklärung in Textform freigibt.“*[430] Wenn der Arbeitgeber die Erfindung für sich in Anspruch nimmt, muss er auch selbst das Anmeldeverfahren beim DPMA durchführen und dem Erfinder eine angemessene Vergütung bezahlen. Beansprucht der Arbeitgeber die Erfindung nicht für sich, bleiben alle Rechte beim Arbeitnehmer. Freie Erfindungen müssen jedoch ebenfalls beim Arbeitgeber angemeldet werden, damit die Möglichkeit besteht, *„dass der Arbeitgeber beurteilen kann, ob die Erfindung [tatsächlich als] frei [einzustufen] ist.“*[431]

[427] Vgl. *Gruber* 2018, S. 27
[428] Quelle: § 4 ArbnErfG
[429] Vgl. § 5 ArbnErfG
[430] Quelle: § 6 Abs. 2 ArbnErfG
[431] Quelle: § 18 Abs. 1 ArbnErfG

Bevor der Arbeitnehmer eine freie Erfindung für sich nutzen kann, ist er verpflichtet, dem Arbeitgeber diese Erfindung unter angemessenen Bedingungen anzubieten. Erst wenn der Arbeitgeber die Bedingungen ablehnt, kann der Erfinder die Erfindung selbst verwerten oder einem Dritten anbieten. Für Verbesserungsvorschläge des Arbeitnehmers, die keine Erfindungen sind, bestehen ähnliche Regelungen, die dem Arbeitgeber eine bevorzugte Stellung einräumen.[432]

10.2.1.2 Internationale Abkommen

Grundsätzlich entfaltet ein Patent seine Schutzwirkung nur in dem Staat, in dem es erteilt wurde. Es gibt jedoch internationale Abkommen, die einen staatenübergreifenden Patentschutz erleichtern:

Pariser Verbandsübereinkunft (PVÜ)

Dieses Abkommen wurde in seiner ursprünglichen Fassung bereits 1882 geschlossen und hat zwar keine Vereinheitlichung des Patentrechts zum Ziel, jedoch sorgt es für schutzrechtliche und dafür, dass Inländer und Ausländer einer Gleichbehandlung unterliegen. Besondere Bedeutung hat das sog. Prioritätsrecht. Innerhalb von zwölf Monaten nach einer Patentanmeldung in einem der Unterzeichnerstaaten kann der Anmelder bei einer Patentanmeldung in einem zweiten Unterzeichnerstaat die Priorität der ersten Anmeldung in Anspruch nehmen, d. h. es wird der Anmeldetag der ersten Anmeldung als Zeitrang für die zweite Anmeldung in Anspruch genommen und damit bei der Beurteilung der Neuheit die Perspektive des ersten Anmeldedatums eingenommen.[433]

Patentzusammenarbeitsvertrag (PCT[434])

Diese Abkommen vereinfacht das Anmelde- und Rechercheverfahren in den Unterzeichnerstaaten. Der Anmelder meldet die Erfindung beim nationalen Patentamt an und gibt die Staaten an, in denen er Patentschutz erlangen möchte, wodurch er eine Anmeldewirkung in den genannten Staaten erzielt. Das nationale Patentamt leitet die Anmeldung an die zuständige internationale Recherchebehörde (in Deutschland: EPA) weiter, die einen Bericht zum Stand der Technik verfasst. Auf der Grundlage dieses Berichts kann der Anmelder nun entscheiden, ob er das Verfahren in den verschiedenen Ländern weiterverfolgen möchte. Wenn ja, bearbeiten die verschiedenen nationalen Patentämter die Anmeldung nach eigenem nationalem Recht weiter.[435]

---

432 Vgl. §§ 19, 20 ArbnErfG

433 Vgl. *Cohausz* 2018, Rn. 1401

434 PCT = Patent Cooperation Treaty

435 Vgl. *Gruber* 2018, S. 32 f.

Europäisches Patentübereinkommen (EPÜ): „Europäisches Patent“

Die Patentanmeldung wird beim nationalen Patentamt oder beim Europäischen Patentamt (EPA) eingereicht. Es sind dabei die europäischen Staaten zu nennen, für die Patentschutz angestrebt wird. Erteilt wird ein sog. Bündelpatent, welches in den Vertragsstaaten Schutzwirkung entfaltet, die der Anmelder benannt hat. Die Schutzwirkung ist identisch mit der eines nationalen Patents. Ein einheitliches europäisches Patentrecht wurde mit dem EPÜ nicht geschaffen.[436]

Zukünftiges EU-Patent mit einheitlicher Wirkung

Es ist geplant, dass mit einer einzigen Patentanmeldung beim EPA Patentschutz in allen EU-Staaten erreicht werden kann. Ausnahme sind allerdings Spanien und Italien. *„Im Unterschied zum Europäischen Patent können beim EU-Patent [mit Einheitswirkung] nicht einzelne Länder ausgewählt werden, sondern durch das EU-Patent [mit Einheitswirkung] kann nur Schutz in allen Ländern der EU zugleich erhalten werden.“*[437] *„Für Verletzungs- und Nichtigkeitsverfahren ist ausschließlich das neu gegründete einheitliche Patentgericht zuständig, (...).“*[438] Einheitspatentanmeldungen können zurzeit nicht eingereicht werden, weil die Ratifizierung in einzelnen EU-Staaten noch aussteht.

10.2.2 Gebrauchsmuster

„Als Gebrauchsmuster werden Erfindungen geschützt, die neu sind, auf einem erfinderischen Schritt beruhen und gewerblich anwendbar sind.“[439]

Gebrauchsmusterschutz ist dem Patentschutz sehr verwandt und bezieht sich ebenfalls auf technische Erfindungen. *„Allerdings ist der Schutzumfang beim Gebrauchsmuster geringer; man spricht daher scherzhaft vom ‚kleinen Patent‘.“*[440] Ein Gebrauchsmuster kann im Gegensatz zum Patent ausschließlich auf gegenständliche Erfindungen – nicht für Verfahren – erteilt werden. Weitere Ausschlüsse sind identisch mit den Ausschlüssen im Patentgesetz. Die Anmeldung eines Gebrauchsmusters erfolgt beim DPMA. Eine materielle Prüfung der Voraussetzungen für die Schutzfähigkeit (technische Erfindung, Neuheit, auf einem erfinderischen Schritt beruhend, gewerblich anwendbar) führt das DPMA jedoch nicht durch. Die Schutzfähigkeit wird erst einen einem etwaigen Verletzungsprozess vor einem Zivilgericht geklärt, wobei das Ergebnis dieser Klärung dann nur zwischen den Parteien wirkt.

[436] Vgl. *Cohausz* 2018, Rn. 1 423 ff.
[437] Quelle: *Cohausz* 2018, Rn. 1 435
[438] Quelle: *Cohausz* 2018, Rn. 1 437
[439] Quelle: § 1 Abs. 1 GebrMG
[440] Quelle: *Gruber* 2018, S. 37

Dies ist ein ganz wesentlicher Unterschied zum Patent. Darüber hinaus kann jedermann Löschung eines Gebrauchsmusters beim DPMA verlangen, wenn die Schutzvoraussetzungen nicht erfüllt sind. Die Laufzeit eines Gebrauchsmusterschutzes beträgt nur zehn Jahre mit steigender Gebührenhöhe – im Gegensatz zu 20 Jahren beim Patentschutz.[441] Ein weiterer Unterschied zum Patent ist die Unschädlichkeit einer Vorveröffentlichung bzw. einer Vorbenutzung der Erfindung durch den Erfinder, sofern die Erfindung innerhalb von sechs Monaten danach als Gebrauchsmuster angemeldet wird. Im Gegensatz zum absoluten Neuheitsbegriff im Patentrecht gilt im Gebrauchsmusterrecht ein relativer Neuheitsbegriff, im Rahmen dessen offenkundige Vorbenutzungen nur schädlich sind, wenn sie im Inland stattgefunden haben. *„Der Gegenstand eines Gebrauchsmusters gilt als neu, wenn er nicht zum Stand der Technik gehört. Der Stand der Technik umfasst alle Kenntnisse, die vor dem für den Zeitrang der Anmeldung maßgeblichen Tag durch schriftliche Beschreibung oder durch eine im Geltungsbereich dieses Gesetzes erfolgte Benutzung der Öffentlichkeit zugänglich gemacht worden sind. Eine innerhalb von sechs Monaten vor dem für den Zeitrang der Anmeldung maßgeblichen Tag erfolgte Beschreibung oder Benutzung bleibt außer Betracht, wenn sie auf der Ausarbeitung des Anmelders oder seines Rechtsvorgängers beruht.“*[442] Dem Erfinder wird also eine Erfinderschonfrist zugestanden. In **Tabelle 10.1** sind die wesentlichen Unterschiede zwischen Patent und Gebrauchsmuster zusammengestellt.

Innerhalb von zwölf Monaten ist ein Wechsel von der Gebrauchsmusteranmeldung zur Patentanmeldung und umgekehrt möglich. Dabei wird die sog. Priorität der bereits erfolgten Anmeldung in Anspruch genommen, d. h. die bereits erfolgte Anmeldung ist für die Beurteilung der Neuheit unschädlich. Beispiel: Ein Erfinder meldet im Februar seine Erfindung als Gebrauchsmuster an und entscheidet sich im Mai desselben Jahrs dafür, diese Erfindung stattdessen als Patent anzumelden. Ihm kann

	Patent	**Gebrauchsmuster**
Schutz für	technische Erfindungen, einschließlich Verfahren	technische Erfindungen, ohne Verfahren
Prioritätsbeanspruchung	innerhalb von 12 Monaten	innerhalb von 12 Monaten
Materiellrechtliche Prüfung	ja	nein
Maximale Laufzeit	20 Jahre	10 Jahre
Schonfrist für Eigenveröffentlichung vor der Anmeldung	nein	ja, 6 Monate vor dem Anmeldetag

Tabelle 10.1 Vergleich Patent – Gebrauchsmuster
(Quelle: *Cohausz* 2018, Rn. 112)

441 Vgl. *Gruber* 2018, S. 37 ff.

442 Quelle: § 3 Abs. 1 GebrMG

nicht entgegengehalten werden, dass die Erfindung bereits bekannt ist. Es ist bei der Prüfung auf Neuheit der Stand der Technik vom Februar zugrunde zu legen.[443]

Bei der Beurteilung der Neuheit wird bei allen Schutzrechten die Perspektive des Zeitrangs der Anmeldung gewählt. Der Zeitrang der Anmeldung muss jedoch nicht zwingend das Anmeldedatum sein. Wenn der Anmeldetag einer älteren Anmeldung als Zeitrang für die Anmeldung – wie in dem Beispiel – beansprucht wird, spricht man von einer Beanspruchung einer Priorität.[444]

Es besteht nicht nur die Möglichkeit, zwischen Patent- und Gebrauchsmusteranmeldung zu wechseln, sondern es besteht auch die Möglichkeit, aus einer Patentanmeldung eine Gebrauchsmusteranmeldung abzuzweigen – selbst dann, wenn der Patentantrag zurückgewiesen wurde. *„Der Antrag auf Abzweigung kann bis zum Ablauf von zwei Monaten nach dem Ende des Monats, in dem*

- *die Patentanmeldung zurückgewiesen wurde,*
- *die Patentanmeldung erteilt worden ist (nach Ablauf der Beschwerdefrist),*
- *ein etwaiges Einspruchsverfahren abgeschlossen wurde oder*
- *das Patenterteilungsverfahren sonst irgendwie erledigt wurde,*

doch längstens bis zum Ablauf des zehnten Jahrs nach dem Anmeldetag der Patentanmeldung (max. Laufzeit des Gebrauchsmusters) gestellt werden."[445]

In vielen (auch europäischen) Staaten gibt es im Gegensatz zu den anderen gewerblichen Schutzrechten keinen Gebrauchsmusterschutz. Eine internationale oder europäische Gebrauchsmusteranmeldung ist daher ausgeschlossen.

10.2.3 Design/Geschmacksmuster

Ein Design (früher: Geschmacksmuster) – also eine ästhetische Formgestaltung – kann nach Anmeldung und nach formaler Prüfung als eingetragenes Design unter Schutz gestellt werden. Designschutz ist (ähnlich wie der Gebrauchsmusterschutz) ein ungeprüftes Schutzrecht, welches dem Rechtsinhaber die ausschließliche Nutzung des Designs gewährt und Nachahmung verbietet. Die Schutzdauer beträgt 25 Jahre.

Ein Design ist *„die zweidimensionale oder dreidimensionale Erscheinungsform eines ganzen Erzeugnisses oder eines Teils davon, die sich insbesondere aus den Merkmalen der Linien, Konturen, Farben, der Gestalt, Oberflächenstruktur oder der Werkstoffe des Erzeugnisses selbst oder seiner Verzierung ergibt."*[446] Ein Erzeugnis ist *„jeder*

[443] Vgl. *Gruber* 2018, S. 39
[444] Vgl. *Cohausz* 2018, Rn. 962
[445] Quelle: *Cohausz* 2018, Rn. 354
[446] Quelle: § 1 Nr. 1 DesignG

industrielle oder handwerkliche Gegenstand, einschließlich Verpackung, Ausstattung, grafischer Symbole und typografischer Schriftzeichen sowie von Einzelteilen, die zu einem komplexen Erzeugnis zusammengebaut werden sollen".[447]

Die Schutzvoraussetzungen für ein Design sind Neuheit und Eigenart. „*Ein Design gilt als neu, wenn vor dem Anmeldetag kein identisches Design offenbart worden ist. Designs gelten als identisch, wenn sich ihre Merkmale nur in unwesentlichen Einzelheiten unterscheiden. (...) Ein Design hat Eigenart, wenn sich der Gesamteindruck, den es beim informierten Benutzer hervorruft, von dem Gesamteindruck unterscheidet, den ein anderes Design bei diesem Benutzer hervorruft, das vor dem Anmeldetag offenbart worden ist. Bei der Beurteilung der Eigenart wird der Grad der Gestaltungsfreiheit des Entwerfers bei der Entwicklung des Designs berücksichtigt.*"[448]

Um Schutz im gesamten EU-Binnenmarkt zu erlangen, kann beim Amt der Europäischen Union für geistiges Eigentum (EUIPO[449]) ein europäisches Geschmacksmuster eingetragen werden. Um darüber hinaus weiteren internationalen Schutz zu erlangen, kann bei der Weltorganisation zum Schutz des geistigen Eigentums (WIPO[450]) ein Designschutz für alle Vertragsstaaten des „Haager Abkommens über die internationale Anmeldung von Design" angemeldet werden. Die daraus entstehenden Schutzinhalte bestimmen sich nach dem jeweiligen nationalen Recht.[451]

10.2.4 Marken und sonstige Kennzeichen

Als Marken und sonstige Kennzeichen können geschützt werde: Marken, geschäftliche Bezeichnungen und geografische Herkunftsangaben, wobei die zusätzliche Anwendung anderer Schutzvorschriften nicht ausgeschlossen ist.[452] Als geschäftliche Bezeichnungen gelten Unternehmenskennzeichen und Werktitel. „*Unternehmenskennzeichen sind Zeichen, die im geschäftlichen Verkehr als Name, als Firma oder als besondere Bezeichnung eines Geschäftsbetriebs oder eines Unternehmens benutzt werden (...). Werktitel sind die Namen oder besonderen Bezeichnungen von Druckschriften, Filmwerken, Tonwerken, Bühnenwerken oder sonstigen vergleichbaren Werken.*"[453] „*Geografische Herkunftsangaben im Sinne dieses Gesetzes sind die Namen von Orten, Gegenden, Gebieten oder Ländern sowie sonstige Angaben oder Zeichen, die im geschäftlichen Verkehr zur Kennzeichnung der geografischen*

---

447 Quelle: § 1 Nr. 2 DesignG

448 Quelle: § 2 DesignG

449 EUIPO – European Intellectual Property Office

450 WIPO – World Intellectual Property Organization

451 Vgl. *Gruber* 2018, S. 45

452 Vgl. §§ 1, 2 MarkenG

453 Quelle: § 5 MarkenG

Herkunft von Waren oder Dienstleistungen benutzt werden. [Beispiel: Solinger Schneidwaren] (...). Dem Schutz als geografische Herkunftsangaben sind solche Namen, Angaben oder Zeichen (...) [jedoch] nicht zugänglich, bei denen es sich um Gattungsbezeichnungen handelt.“[454] Beispiel: Wiener Schnitzel.

„Als Marke können alle Zeichen, insbesondere Wörter einschließlich Personennamen, Abbildungen, Buchstaben, Zahlen, Hörzeichen, dreidimensionale Gestaltungen einschließlich der Form einer Ware oder ihrer Verpackung sowie sonstige Aufmachungen einschließlich Farben und Farbzusammenstellungen geschützt werden, die geeignet sind, Waren oder Dienstleistungen eines Unternehmens von denjenigen anderer Unternehmen zu unterscheiden. (...) Dem Schutz als Marke nicht zugänglich sind Zeichen, die ausschließlich aus einer Form bestehen, (...) die durch die Art der Ware selbst bedingt ist, (...) die zur Erreichung einer technischen Wirkung erforderlich ist oder (...) die der Ware einen wesentlichen Wert verleiht.“[455]

Markenschutz entsteht entweder durch Eintragung in das Markenregister beim DPMA oder durch Benutzung der Marke im Verkehr oder durch notorische Bekanntheit einer Marke:[456] Der Markeninhaber hat gegenüber dem Markenverletzer Anspruch auf Unterlassung, Schadensersatz und Vernichtung der widerrechtlich gekennzeichneten Gegenstände sowie auf Auskunft über Herkunft und Vertriebsweg der widerrechtlich gekennzeichneten Gegenstände.[457]

Eintragung einer Marke beim DPMA

Bestandteil der Anmeldung ist *„ein Verzeichnis der Waren oder Dienstleistungen, für die die Eintragung beantragt wird“*.[458] Vor der Eintragung in das Markenregister prüft das DPMA die Marke auf formelle Anforderungen und auf absolute Schutzhindernisse.[459] Absolutes Schutzhindernis ist die *„Form der Marke, die durch die Art der Ware selbst bedingt ist“*.[460] Außerdem sind aufgrund der nachstehenden absoluten Schutzhindernisse die Marken von der Eintragung ausgeschlossen,

„1. denen für die Waren oder Dienstleistungen jegliche Unterscheidungskraft fehlt“;[461] (die Unterscheidungskraft ist ein Maß für die Kreativität und den Fantasiegehalt[462]);

454 Quelle: § 126 MarkenG
455 Quelle: § 3 MarkenG
456 Vgl. § 4 MarkenG
457 Vgl. *Gruber* 2018, S. 58 ff.
458 Quelle: § 32 MarkenG
459 Vgl. §§ 36, 37 MarkenG
460 Quelle: § 3 Abs. 1 MarkenG
461 Quelle: § 8 Abs. 1 Nr. 1
462 Vgl. *Cohausz* 2018, Rn. 1 104

„2. die ausschließlich aus Zeichen oder Angaben bestehen, die im Verkehr zur Bezeichnung der Art, der Beschaffenheit, der Menge, der Bestimmung, des Werts, der geografischen Herkunft, der Zeit der Herstellung der Waren oder der Erbringung der Dienstleistungen oder zur Bezeichnung sonstiger Merkmale der Waren oder Dienstleistungen dienen können;

3. die ausschließlich aus Zeichen oder Angaben bestehen, die im allgemeinen Sprachgebrauch oder in den redlichen und ständigen Verkehrsgepflogenheiten zur Bezeichnung der Waren oder Dienstleistungen üblich geworden sind";[463] die Schutzhindernisse 2 und 3 entspringen dem allgemeinen Bedürfnis, Waren und Dienstleistungen neutral bezeichnen zu können, man nennt dieses Bedürfnis Freihaltebedürfnis;

„4. die geeignet sind, das Publikum insbesondere über die Art, die Beschaffenheit oder die geografische Herkunft der Waren oder Dienstleistungen zu täuschen;

5. die gegen die öffentliche Ordnung oder die gegen die guten Sitten verstoßen;

6. die Staatswappen, Staatsflaggen oder andere staatliche Hoheitszeichen oder Wappen eines inländischen Orts oder eines inländischen Gemeinde- oder weiteren Kommunalverbands enthalten;

7. die amtliche Prüf- oder Gewährzeichen enthalten;

8. die Wappen, Flaggen oder andere Kennzeichen, Siegel oder Bezeichnungen internationaler zwischenstaatlicher Organisationen enthalten;

9. deren Benutzung ersichtlich nach sonstigen Vorschriften im öffentlichen Interesse untersagt werden kann, oder

10. die bösgläubig angemeldet worden sind."[464] Bösgläubigkeit liegt beispielsweise vor, wenn der Anmelder die Eintragung einer Marke lediglich zur Wettbewerbsbehinderung einsetzen möchte, in dem er die Marke gar nicht benutzen, sondern lediglich als Grundlage für Abmahnungen verwenden will.

Für die absoluten Schutzhindernisse 1, 2 und 3 gibt es eine Ausnahmeregelung nach der eine Eintragung doch erfolgen kann, *„wenn die Marke sich vor dem Zeitpunkt der Entscheidung über die Eintragung infolge ihrer Benutzung für die Waren oder Dienstleistungen, für die sie angemeldet worden ist, in den beteiligten Verkehrskreisen durchgesetzt hat."*[465]

Ein weiteres Schutzhindernis ist die notorische Bekanntheit einer Marke. Notorische Bekanntheit ist gleichbedeutend mit einem sehr hohen Bekanntheitsgrad im Ausland

[463] Quelle: § 8 Abs. 2 Nr. 2 u. 3

[464] Quelle: § 8 Abs. 2 Nr. 4 bis 10 MarkenG

[465] Quelle: § 8 Abs. 3 MarkenG

(mindestens 60 %), also Weltmarkenniveau. Die Anmeldung durch einen Nichtberechtigten muss das DPMA zurückweisen.[466]

Wenn keine absoluten Schutzhindernisse vorliegen wird die Marke in das Markenregister eingetragen, ohne dass vorher geprüft wird, ob es bereits eine identische im Markenregister gibt. Innerhalb von drei Monaten nach Veröffentlichung kann beim DPMA Widerspruch gegen die Eintragung eingelegt werden. Gegen die dann folgende Entscheidung über die Beschwerde kann eine sog. „Erinnerung" beim DPMA oder, wenn die Entscheidung von einem höheren Beamten getroffen wurde, Beschwerde vor dem Bundespatentgericht eingelegt werden. Gegen den Beschluss des Bundespatentgerichts ist Rechtsbeschwerde beim BGH möglich.[467] Eine weitere Möglichkeit ist die unbefristet mögliche Nichtigkeitsklage vor einem Landgericht, die auf Löschung einer eingetragenen Marke abzielt, wenn eine andere Marke mit älterem Zeitrang eingetragen ist. In einem Nichtigkeitsverfahren werden im Wesentlichen die relativen Schutzhindernisse Identität und Ähnlichkeit behandelt.[468]

„Die Schutzdauer einer eingetragenen Marke beginnt mit dem Anmeldetag (...) und endet nach zehn Jahren am letzten Tag des Monats, der durch seine Benennung dem Monat entspricht, in den der Anmeldetag fällt. (...) Die Schutzdauer kann [beliebig oft] um jeweils zehn Jahre verlängert werden."[469] *„Die Eintragung einer Marke wird auf Antrag wegen Verfalls gelöscht, wenn die Marke nach dem Tag der Eintragung innerhalb eines ununterbrochenen Zeitraums von fünf Jahren nicht (...) benutzt worden ist."*[470]

Schutz durch Benutzung der Marke im Verkehr (Verkehrsgeltung)

Eine Marke genießt auch ohne Eintragung beim DPMA Schutz, wenn sie Verkehrsgeltung erworben hat. Das heißt, sie muss unterscheidungskräftig sein, dem Freihaltebedürfnis nicht entgegenstehen und einen Bekanntheitsgrad von etwa 20 % bis 30 % aufweisen. Der Bekanntheitsgrad kann sich auf eine Region beschränken, jedoch kann dann der Markenschutz auch nur regional beansprucht werden.[471]

Schutz als notorische bekannte Marke

Als notorisch bekannte Marken gelten Marken, die im Ausland einen Bekanntheitsgrad von mindestens 60 % erworben haben. Diese Marken genießen automatisch Markenschutz auch ohne Eintragung.[472]

---

466 Vgl. § 4 Nr. 3 MarkenG; § 10 MarkenG; *Cohausz* 2018 Rn. 1256
467 Vgl. *Gruber* 2018, S. 64
468 Vgl. §§ 9 bis 13 MarkenG; *Gruber* 2018, S. 55 f.
469 Quelle: § 47 MarkenG
470 Quelle: § 49 Abs. 1 MarkenG
471 Vgl. *Cohausz* 2018, Rn. 1246
472 Vgl. *Cohausz* 2018, Rn. 1256

10.2.4.1 Internationale Regelungen

Die europäische Unionsmarke kann durch Eintragung beim EUIPO erworben werden und hat eine einheitliche Wirkung in der EU. Markenschutz wird dabei ausschließlich durch Eintragung – nicht durch Verkehrsgeltung o. Ä. erworben. Auf EU-Ebene gibt es außerdem die sog. Gewährleistungsmarke, die das deutsche Recht nicht kennt. Der Inhaber der Gewährleistungsmarke gewährleistet eine gewisse Qualität, Herkunft oder Zusammensetzung der Ware; insofern ähnelt die Gewährleistungsmarke einem Prüf- oder Gütesiegel. Das Konzept der Gewährleistungsmarke sieht vor, dass die Marke nicht vom Markeninhaber, sondern von einem Dritten benutzt wird. Als weitere internationale Vereinbarung ist das (schon sehr alte) Madrider Markenabkommen (MMA) zu nennen, nach dem durch Registrierung einer Marke beim WIPO ein Bündel an Markenrechten in den bei der Anmeldung genannten Vertragsstaaten erworben werden kann. Die dadurch erworbenen Markenrechte bestimmen sich nach dem jeweiligen nationalen Markenrecht.[473]

10.2.5 Urheberrecht

Das Urheberrecht bietet einen Schutz ohne formelle Anmeldung oder Eintragung. Der Schutz entsteht allein durch die Schaffung eines Werks, wobei als Werk ausschließlich *„persönlich geistige Schöpfungen"*[474] der *„Literatur, Wissenschaft und Kunst"*[475] gelten. *„Zu den geschützten Werken der Literatur, Wissenschaft und Kunst gehören insbesondere:*

1. *Sprachwerke, wie Schriftwerke, Reden und Computerprogramme;*
2. *Werke der Musik;*
3. *pantomimische Werke einschließlich der Werke der Tanzkunst;*
4. *Werke der bildenden Künste einschließlich der Werke der Baukunst und der angewandten Kunst und Entwürfe solcher Werke;*
5. *Lichtbildwerke einschließlich der Werke, die ähnlich wie Lichtbildwerke geschaffen werden;*
6. *Filmwerke einschließlich der Werke, die ähnlich wie Filmwerke geschaffen werden;*
7. *Darstellungen wissenschaftlicher oder technischer Art, wie Zeichnungen, Pläne, Karten, Skizzen, Tabellen und plastische Darstellungen."*[476]

---

[473] Vgl. *Gruber* 2018, S. 74 ff.

[474] Quelle: § 2 Abs. 2 UrhG

[475] Quelle: § 1 UrhG

[476] Quelle: § 2 Abs. 1 UrhG

Ein Copyright-Vermerk © ist in Deutschland zur Entstehung von Urheberrechten – im Gegensatz zu einigen anderen Staaten – nicht erforderlich.[477]

Urheber ist immer eine natürliche Person, die etwas für sich subjektiv Neues mit individuell schöpferischer Eigentümlichkeit geschaffen hat. Die individuelle Eigenart bezieht sich auf die Form oder den Inhalt oder beides.[478]

Im Hinblick auf technische Erfindungen ist im Rahmen des Urheberrechts lediglich die konkrete Darstellung einer technischen Idee schutzfähig. Die Idee selbst kann als Patent oder Gebrauchsmuster geschützt werden.[479]

Der Urheber hat die alleinigen Veröffentlichungs- und Verwertungsrechte an seinem Werk. Der Urheber kann Lizenzen für die Nutzung seines Werks erteilen; er kann aber auch seine Rechte verkaufen oder verschenken. Die Urheberpersönlichkeitsrechte sind hingegen in der Regel nicht übertragbar. Die Urheberpersönlichkeitsrechte beinhalten das Recht auf Anerkennung der Urheberschaft, das Recht zur Entscheidung über die Veröffentlichung und das Recht zum Verbot von Entstellungen des Werks.[480]

Bei einer Urheberrechtsverletzung hat der Urheber gegenüber dem Verletzer u. a. Anspruch auf Unterlassung, Schadensersatz, Vernichtung, Rückruf und Überlassung der verletzenden Werke sowie Anspruch auf Auskunft über Herkunft und Vertriebswege der verletzenden Werke. Über diese zivilrechtlichen Ansprüche hinaus ist eine Urheberrechtsverletzung ein Straftatbestand.[481]

Einschränkungen des Verbots von Vervielfältigungen gibt es im Zusammenhang mit dem Zitieren öffentlicher Rede, bei Zitaten mit Quellenangaben, bei Kopien für den privaten Gebrauch und bei Kopien für Unterrichtszwecke.[482] Der durch dieses Rechte zur freien Vervielfältigung entstandene Schaden des Urhebers wird durch sog. Verwertungsgesellschaften ausgeglichen. Verwertungsgesellschaften sind staatlich beaufsichtigte Gesellschaften, die Gebühren auf Vervielfältigungsgeräte, öffentliche Aufführungen u. Ä. erheben und diese Einnahmen an die Urheber verteilen. Beispiele für Verwertungsgesellschaften sind die GEMA (Gesellschaft für musikalische Aufführungsrechte) und die VG Wort (Verwertungsgesellschaft Wort).

„Das Urheberrecht erlischt 70 Jahre nach dem Tode des Urhebers.“[483] Die Dauer der verwandten Schutzrechte, die sich nicht auf Werke beziehen, ist geringer. Die Schutzdauer nicht schutzfähiger wissenschaftlicher Ausgaben beträgt beispiels-

---

477 Vgl. *Gruber* 2018, S. 91

478 Vgl. *Cohausz* 2018, Rn. 460 ff.

479 Vgl. *Gruber* 2018, S. 89

480 Vgl. §§ 12 bis 14 UrhG

481 Vgl. *Cohausz* 2018, Rn. 481 ff.

482 Vgl. *Gruber* 2018, S. 95 ff.

483 Quelle: § 64 UrhG

weise 25 Jahre[484] und die Schutzdauer von Lichtbildern beträgt beispielsweise 50 Jahre.[485]

„Ein Urheber genießt für sein Werk in vielen ausländischen Staaten dieselben Rechte, die im jeweiligen Staat den inländischen Urhebern gewährt werden."[486] Dazu gibt es verschiedene Abkommen: TRIPS[487], Berner Übereinkunft (Urheberrecht), Rom-Abkommen (verwandte Schutzrechte).

10.2.6 Übersicht und sonstige Schutzrechte

Neben den Schutzrechten des Patent-, Gebrauchsmuster-, Design- und Markenrechts gibt es weitere Schutzrechte im gewerblichen Rechtsschutz. Außerhalb des gewerblichen Rechtsschutzes und außerhalb des Urheberrechts gewährt das Wettbewerbsrecht gewisse Schutzrechte, die zwar keine Ausschließlichkeitsrechte darstellen, jedoch verhindern sollen, dass die Teilnehmer am Wettbewerb sich unlauterer Mittel bedienen. Häufig geht ein Verstoß gegen ein Schutzrecht des gewerblichen Rechtsschutzes oder des Urheberrechts mit einem Verstoß gegen eine Verhaltensnorm aus dem Wettbewerbsrecht einher. In **Tabelle 10.2** sind in einer Übersicht verschiedene Arten von Ideen und deren Schutzmöglichkeiten im Rahmen der verschiedenen Gesetze zum Ideenschutz zusammengetragen.[488] Relevante deutsche Gesetze zum Schutz von Ideen sind folgende:

- Patentgesetz (PatG),
- Gebrauchsmustergesetz (GebrMG),
- Gesetz über den rechtlichen Schutz von Design (DesignG),
- Gesetz über den Schutz von Marken und sonstigen Kennzeichen (MarkenG),
- Gesetz über Urheberrecht und verwandte Schutzrechte (UrhG),
- Gesetz betreffend das Urheberrecht an Werken der bildenden Künste und der Fotografie (KunstUrhG),
- Gesetz zum Wiener Abkommen vom 12. Juni 1973 über den Schutz typografischer Schriftzeichen und ihre internationale Hinterlegung (SchrZAbkG),
- Gesetz gegen den unlauteren Wettbewerb (UWG),
- Gesetz über den Schutz der Topografien von mikroelektronischen Halbleitererzeugnissen (HalblSchG),
- Sortenschutzgesetz (SortSchG).

---

[484] Vgl. § 70 UrhG

[485] Vgl. § 72 UrhG

[486] Quelle: *Cohausz* 2018, Rn. 490

[487] TRIPS – Agreement on Trade-Related Aspects of Intellectual Property Rights

[488] Vgl. *Cohausz* 2018, Rn. 1 759

	PatG	**GebrMG**	**DesignG**	**MarkenG**	**UrhG**	**KunstUrhG**	**SchrZAbkG**	**UWG**	**HalblSchG**	**SortSchG**
Anmeldung erforderlich	ja	ja	ja	ja	nein	nein	ja	nein	nein	ja
Technische Idee/Lösung	X	X	x	x				x		
Mikrochip	x	x		x					X	
Nicht konkretisierte, nicht technische Idee				x						
Mikroorganismen	X									
Pflanze				x						X
Computerprogramm	X		x	x	X					
Wissenschaftliches Werk	x	x			X					
Geschäftsidee				x				x		
Franchise-Konzept				x				x		
Werbeidee				X	x			X		
Rezept	X			x	x					
Kunst			x	x T	X					
Literatur				x T	X					
Design			X	x	X			x		
Bild, Foto, Film			x	x T	X			x		
Bildnis einer Person						X		x		
Schrifttypen			X	x	x		X			
Marken/Zeichen			x	X				x		
Name/Firma				X				x		
Domain (Registrierung)				X				x		
Geschäftsbezeichnung				X				x		
Werktitel				X T				x		
Geografische Herkunftsangabe				X				x		

Tabelle 10.2 Ideenschutz nach *Cohausz* 2018, Rn. 68 und *Cohausz* 2018 IP-Drehscheibe – X Schutz in erster Linie, x Schutz in zweiter Linie ergänzend, T Titelschutz

10.2.7 Behörden

Nachstehend sind die im Zusammenhang mit dem Schutz geistigen Eigentums relevanten Behörden aufgelistet:

Deutsches Patent- und Markenamt (DPMA) in München: Zuständig im Wesentlichen für die Erteilung von sowie die Eintragung von Gebrauchsmustern, Designs und Marken.

Bundespatentgericht (BPatG) in München: Zuständig im Wesentlichen für Nichtigkeitsverfahren (Zuständig für Verletzungsverfahren ist die ordentliche Gerichtsbarkeit).

Europäisches Patentamt (EPA) in München: Zuständig im Wesentlichen für die Erteilung europäischer Patente auf Grundlage des Europäischen Patentübereinkommens (EPÜ).

Weltorganisation zum Schutz des geistigen Eigentums (WIPO) in Genf (World Intellectual Property Organization): Zuständig im Wesentlichen für internationale Patentanmeldungen nach dem Patent Cooperation Treaty (PCT), Anmeldung von Marken nach dem Madrider Markenabkommen (MMA), internationale Geschmacksmusteranmeldungen nach dem Haager Musterabkommen.

Amt der Europäischen Union für geistiges Eigentum (EUIPO) in Alicante (EU Intellectual Property Office): Zuständig im Wesentlichen für die Eintragung von Gemeinschaftsmarken („Unionsmarken“) im Geltungsbereich der EU, Eintragung von Geschmacksmustern („Gemeinschaftsgeschmacksmuster“) im Geltungsbereich der EU.

11 Compliance

Der Begriff Compliance leitet sich vom englischen Verb „to comply with“ für „befolgen“ ab und kann als Verpflichtung zur Befolgung der gesetzlichen Vorschriften verstanden werden.[489]

Eine etwas ausführlichere Definition des Begriffs Compliance lautet: Compliance sind *„die Maßnahmen eines Unternehmens, die vor dem Hintergrund seiner sonstigen Bemühungen um eine rechtskonforme und redliche Führung der Geschäfte und das entsprechende Verhalten seiner Mitarbeiter erforderlich sind, um straf- und bußgeldbewehrte Verhaltensweisen zu vermeiden und besonders schwerwiegende Reputations- oder Vermögensschäden zu verhindern“.*[490]

Compliance ist eine Querschnittsaufgabe und bezieht sich u. a. auf folgende Themen:

- Auswahl von Geschäftspartner, Korruptionsprävention, Prävention von Wirtschaftskriminalität,
- Arbeits- und Gesundheitsschutz, Brandschutz, Umweltschutz,
- Datenschutz und Datensicherheit,
- Produktsicherheit.

Es stellt sich die Frage, ob es im deutschen Recht – wie z. B. in den USA – neben der allgemeinen Pflicht zur Rechtsbefolgung eine branchenübergreifende Pflicht zur Einführung einer speziellen Compliance-Organisation gibt. Zwar gibt es einige Rechtsvorschriften, die als Anknüpfungspunkt für allgemeine Compliance-Pflichten gelten könnten, es kann jedoch festgehalten werden, *„dass in unserer Rechtsordnung zwar bestimmte Rechtsnormen dafür sorgen, dass die Unternehmen und/oder deren Leiter durch organisatorische Vorkehrungen die Einhaltung von Rechtsvorschriften sicherstellen (...). Dahinter mag man auch einen allgemeinen Rechtsgedanken erblicken für eine geordnete Aufbau- und Ablauforganisation zu sorgen – eine allgemeine, sich auf alle Unternehmens- und Rechtsbereiche beziehende Compliance-Pflicht lässt sich daraus jedoch nicht ableiten.“*[491]

Insofern hat der Unternehmer bei der Ausgestaltung eines Compliance-Managementsystems – sofern er sich zur Implementierung eines solchen Systems entscheidet – einen breiten Ermessensspielraum. Beachtet werden sollten in jedem Fall aber

---

[489] Vgl. *Schäfer/Holzinger* in: *Zenke/Schäfer/Brocke* 2011, S. 6 f.

[490] Quelle: *Preusche/Würz* 2016, S. 10

[491] Quelle: *Gesmann-Nuissl/Synnatzschke* in: *Ensthaler/Gesmann-Nuissl/Müller* 2012, S. 255 f.

die folgenden sog. Generalpflichten, die als Grundanforderungen an die Leitung eines Unternehmens oder einer Organisation in den diversen Themenbereichen zu befolgen sind:

- Pflicht zur vernünftigen Auswahl, Einweisung, Ausstattung und Überwachung von Mitarbeitern (nicht nur im Hinblick auf den Arbeitsschutz),
- Pflicht zur Klärung von Verantwortungen und Zuständigkeiten,
- Pflicht zur – ggf. stichprobenartigen – Kontrolle,
- Pflicht zur Verfolgung von Regelverstößen und Verdachtsfällen,
- ggf. Einrichtung einer Innenrevision.[492]

Ferner ist es empfehlenswert, ein Compliance-Managementsystem (CMS) nach den Prinzipien des kontinuierlichen Verbesserungsprozesses („Plan-Do-Check-Act-Kreis") aufzubauen. **Bild 11.1** zeigt einen solchen Ablauf in Anlehnung an ISO 19600.

492 Vgl. *Gesmann-Nuissl/Synnatzschke* in: *Ensthaler/Gesmann-Nuissl/Müller* 2012, S. 259

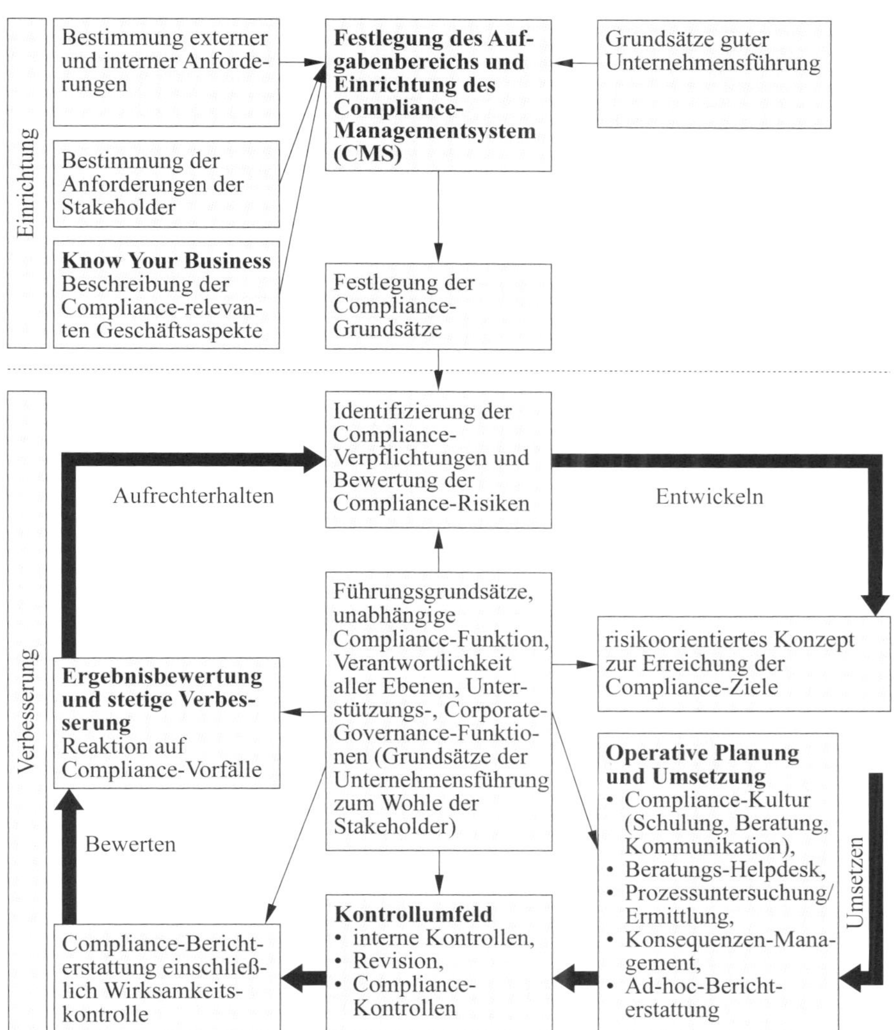

Bild 11.1 Compliance-Managementsystem (CMS), in Anlehnung an ISO 19600 (nach *Preusche/Würz* 2016, S. 46)

Literatur

Fachliteratur

Abts, D.; *Mülders, W.*: Grundkurs Wirtschaftsinformatik. 9. Auflage. Wiesbaden: Springer, 2017
(zit. *Abts/Mülders* 2017)

Adams, H. W.; *Davidsohn, M.*; *Werner, R.*: Integrierte Managementsysteme für Unternehmen der Trinkwasserversorgung und Abwasserentsorgung. Essen: Vulkan, 2002
(zit. *Adams/Davidsohn/Werner* 2002)

Adams, H. W.; *Rekittke, K.*: Praktische Rechtskunde für Produktionsmanager. München · Wien: Hanser, 1999
(zit. *Adams/Rekittke* 1999)

Balzer, G.; *Schorn, C.*: Asset Management für Infrastrukturanlagen – Energie und Wasser. 2. Auflage. Berlin · Heidelberg: Springer, 2014
(zit. *Balzer/Schorn* 2014)

Bartzsch, W. H.: Betriebswirtschaft für Ingenieure. 5. Auflage. Berlin · Offenbach: VDE VERLAG, 1994
(zit. *Bartzsch* 1994)

Benes, G. M. E.; *Groh, P. E.*: Grundlagen des Qualitätsmanagements. 2. Auflage. München: Hanser, 2012
(zit. *Benes/Groh* 2012)

Bindel, T.; *Hofmann, D.*: Projektierung von Automatisierungsanlagen. 3. Auflage. Wiesbaden: Springer, 2017
(zit. *Bindel/Hofmann* 2017)

Bischof, A.; *Bischof, K.*: Besprechungen. Mertingen: Sigel, 2000
(zit. *Bischof/Bischof* 2000)

Brauweiler, J.; *Zenker-Hoffmann, A.*: Arbeitsschutzmanagementsysteme nach OHSAS 18001. Wiesbaden: Springer Gabler, 2014
(zit. *Brauweiler/Zenker-Hoffmann* 2014)

Brüggemann, H.; *Bremer, P.*: Grundlagen Qualitätsmanagement. Wiesbaden: Springer Vieweg, 2012
(zit. *Brüggemann/Bremer* 2012)

Burgmeier, P.; *Münch, H.*; *Schiemann, B.*; *Troßmann, H.*: Betriebswirtschaft kompakt. Haan-Gruiten: Europa-Lehrmittel Nourney Vollmer, 2014
(zit. *Burgmeier/Münch/Schiemann/Troßmann* 2014)

Busse von Colbe, W.; *Coenenberg, A. G.*; *Kajüter, P.*; *Linnhoff, U.*; *Pellens, B.* (Hrsg.): Betriebswirtschaft für Führungskräfte. 3. Auflage. Stuttgart: Schäffer-Poeschel Verlag, 2007
(zit. Bearbeiter in: *Busse von Colbe/Coenenberg/Kajüter* u. a. 2007)

Cichowski, R. R. (Hrsg.): Jahrbuch Anlagentechnik für elektrische Verteilnetze 2008. Frankfurt am Main: VWEW Energieverlag, 2007
(zit. Bearbeiter in: *Cichowski* 2007)

Cohausz, H. B.: Gewerblicher Rechtsschutz und angrenzende Gebiete. 3. Auflage. Köln: Carl Heymanns Verlag, 2018
(zit. *Cohausz* 2018)

Cohausz, H. B.: IP-Drehscheibe (Beilage zu *Cohausz* 2018). Köln: Carl Heymanns Verlag, 2018
(zit. *Cohausz* 2018 IP-Drehscheibe)

Czenskowsky, T.; *Schünemann, G.*; *Zdrowomyslaw, N.*: Grundzüge des Controlling. Gernsbach: Deutscher Betriebswirte-Verlag, 2002
(zit. *Czenskowsky/Schünemann/Zdrowomyslaw* 2002)

Davidsohn, M.: Die „gerichtsfeste Organisation“ in: VGB PowerTech (2014) H. 7, S. 24–27
(zit. *Davidsohn* in: VGB PowerTech 07/2014)

Drucker, P. F.: Was ist Management? (Übersetzung aus dem US-Amerikanischen von *S. Gebauer* 2002) 7. Auflage. Berlin: Ullstein, 2014
(zit. *Drucker 2002*)

Egyptien, H.-H.: Unterweisungen in der Elektropraxis. Berlin: Verlag Technik, 1997
(zit. *Egyptien* 1997)

Eidam, G.: Unternehmen und Strafe. 3. Auflage. Köln: Luchterhand/Wolter Kluwer, 2008
(zit. *Eidam* 2008)

Einhaus, M.; *Lugauer, F.*; *Häußinger, C.*: Arbeitsschutz und Sicherheitstechnik. München: Carl Hanser Verlag, 2018
(zit. *Einhaus/Lugauer/Häußinger* 2018)

Ensmann, R.; *Euler, S.*; *Eber, C.*: Anlagenbetreiber Elektrotechnik und verantwortliche Elektrofachkraft. VDE Schriftenreihe Band 135. 2. Auflage. Berlin · Offenbach: VDE VERLAG, 2016
(zit. *Ensmann/Euler/Eber* 2016)

Ensthaler, J.; *Gesmann-Nuissl, D.*; *Müller, S.*: Technikrecht. Berlin · Heidelberg: Springer Vieweg, 2012
(zit. Bearbeiter in: *Ensthaler/Gesmann-Nuissl/Müller* 2012)

Fachbereich Holz und Metall der DGUV, Sachgebiet Maschinen, Anlagen und Fertigungsautomation (Hrsg.): Probebetrieb von Maschinen und maschinellen Anlagen. DGUV-Information: Mainz, 2016
(zit. FB HM-016)

FNN (Hrsg.): Leitfaden zur Überprüfung der Organisations- und technischen Sicherheit eines Unternehmens für den Betrieb elektrischer Energieversorgungsnetze im Rahmen der VDE-AR-N 4001 (S 1000). April 2016
(zit. TSM-Leitfaden Strom 2016)

Grob, H. L.: Einführung in die Investitionsrechnung. 5. Auflage. München: Verlag Franz Vahlen, 2006
(zit. *Grob* 2006)

Gruber, J.: Gewerblicher Rechtsschutz und Urheberrecht. 9. Auflage. Altenberge: niederle media, 2018
(zit. *Gruber* 2018)

Hachtel, G.; *Holzbauer, U.*: Management für Ingenieure. Wiesbaden: Vieweg + Teubner GWV Fachverlage, 2010
(zit. *Hachtel/Holzbauer* 2010)

Härtl, J.; *Sommerhoff, M.*: Buchführung. 3. Auflage. Berlin: Cornelsen Verlag Scriptor, 2010
(zit. *Härtl/Sommerhoff* 2010)

Hell, F.: Thermische Energietechnik. Düsseldorf: VDI-Verlag, 1985
(zit. *Hell* 1985)

Hentschel, C.; *Gundlach, C.*; *Nähler, H. T.*: TRIZ – Innovation mit System. München: Carl Hanser Verlag, 2010
(zit. *Hentschel/Gundlach/Nähler* 2010)

Hering, E.; *Draeger, W.*: Führung und Management. 2. Auflage. Düsseldorf: VDI-Verlag, 1996
(zit. *Hering/Draeger* 1996)

Hering, E.: Projektmanagement für Ingenieure. Wiesbaden: Springer Vieweg, 2014
(zit. *Hering* 2014)

Hering, E. (Hrsg.): Taschenbuch für Wirtschaftsingenieure. 4. Auflage. München: Carl Hanser Verlag, 2016
(zit. Bearbeiter in: *Hering* 2016)

Heuck, K.; *Dettmann, K.-D.*; *Schulz, D.*: Elektrische Energieversorgung. 9. Auflage. Wiesbaden: Springer Vieweg, 2013 (zit. *Heuck/Dettmann/Schulz* 2013)

Hiller, T.; *Bodach, M.*; *Castor, W.*: Praxishandbuch Stromverteilungsnetze. Würzburg: Vogel Business Media, 2014 (zit. *Hiller/Bodach/Castor* 2014)

Hoffmann, R.; *Lantwin, A.*; *Nied, D.*; *Schäfer, J.* (Hrsg.): Betrieb von elektrischen Anlagen. VDE-Schriftenreihe Band 13. 11. Auflage. Berlin · Offenbach: VDE VERLAG, 2017 (zit. *Hoffmann/Lantwin* u. a. 2017)

Holzenberger, K.; *Jung, K.* (techn. Redaktion): Kreiselpumpen Lexikon. Frankenthal/Pfalz: KSB Aktiengesellschaft, 1989 (zit. *Holzenberger/Jung* 1989)

Hosemann, G. (Hrsg.): Elektrische Energietechnik Band 3: Netze. 29./30. Auflage. Berlin · Heidelberg: Springer, 1988/2001 (zit. Bearbeiter in: *Hosemann* 1988)

Huber, B. M.: Managementsysteme. Hamburg: tredition, 2016 (zit. *Huber* 2016)

Jacoby, F.; *von Hinden, M.*: Studienkommentar BGB. 16. Auflage. München: Verlag C. H. Beck, 2018 (zit. *Jacoby/von Hinden* 2018)

Janssen, G.: BGV A1 Grundsätze der Prävention. ecomed Sicherheit. Landsberg am Lech: Hüthig Jehle Rehm, 2005 (zit. *Janssen* 2005)

Joussen, P.: Der Industrieanlagen-Vertrag. 2. Auflage. Heidelberg: Verlag Recht und Wirtschaft, 1996 (zit. *Joussen* 1996)

Kamiske, G. F.; *Brauer, J.-P.*: ABC des Qualitätsmanagements. 4. Auflage. München: Carl Hanser Verlag, 2012 (zit. *Kamiske/Brauer* 2012)

Kasikci, I.: Planung von Elektroanlagen. 2. Auflage. Berlin · Heidelberg: Springer, 2015 (zit. *Kasikci* 2015)

Klein, Schanzlin & Becker Aktiengesellschaft (Hrsg.): KSB Pumpen-Handbuch. Nachdruck der 3. Auflage. Frankenthal/Pfalz: KSB AG, 1968 (zit. KSB Pumpen-Handbuch 1968)

Knigge, A. Frh.: Über den Umgang mit Menschen – Eine Auswahl (herausgegeben von *Karl-Heinz Göttert*). Stuttgart: Philipp Reclam jun., 2015
(zit. *Knigge*)

Knoll, S. M.: Preußen – ein Beispiel für Führung und Verantwortung. Berlin: Nicolai, 2010
(zit. *Knoll* 2010)

Köbler, G.: Juristisches Wörterbuch. 16. Auflage. München: Verlag Franz Vahlen, 2016
(zit. *Köbler* 2016)

Köhler-Schute, C. (Hrsg.): Asset Management und Instandhaltung in der Energiewirtschaft. Berlin: KS-Energy-Verlag, 2012
(zit. Bearbeiter in: *Köhler-Schute* 2012)

Kostka, C.; *Kostka, S.*: Der kontinuierliche Verbesserungsprozess. 7. Auflage. München: Carl Hanser Verlag, 2017
(zit. *Kostka/Kostka* 2017)

Kroslid, D.; *Faber, K.*; *Magnusson, K.*; *Bergmann, B.*: Six Sigma. München · Wien: Carl Hanser Verlag, 2003
(zit. *Kroslid/Faber/Magnusson/Bergmann* 2003)

Linde, B. von der/Heyde, A. von der: Psychologie für Führungskräfte. Planegg: Rudolf Haufe Verlag, 2003
(zit. *von der Linde/von der Heyde* 2003)

Lorenz, M.; *Rohrschneider, U.*: Praktische Psychologie für den Umgang mit Mitarbeitern. 2. Auflage. Wiesbaden: Springer Fachmedien, 2014
(zit. *Lorenz/Rohrschneider* 2014)

Malik, F.: Führen Leisten Leben. Frankfurt am Main: Campus Verlag, 2014
(zit. *Malik* 2014)

Manz, K.; *Breid, V.*; *Bronner, T.*; *Daschmann, H.-A.*; *Koch, I.*: Kompaktstudium Wirtschaftswissenschaften Bd. 3: Kostenrechnung, Controlling. 2. Auflage. München: Verlag Franz Vahlen, 1996
(zit. Bearbeiter in: *Manz/Breid* u. a. 1996)

Mockenhaupt, A.: Qualitätssicherung – Qualitätsmanagement. 5. Auflage. Hamburg: Verlag Handwerk und Technik, 2016
(zit. *Mockenhaupt* 2016)

Müller, K.: Management für Ingenieure. 2. Auflage. Berlin · Heidelberg: Springer, 1995
(zit. *Müller* 1995)

Neumann, A.: Integrative Managementsysteme. 2. Auflage. Berlin · Heidelberg: Springer Gabler, 2012
(zit. *Neumann* 2012)

Olfert, K. (Hrsg.); *Rahn, H. J.*: Kompakt-Training Organisation. 2. Auflage. Ludwigshafen: Friedrich Kiehl Verlag, 2002
(zit. *Olfert/Rahn* 2002)

Olfert, K. (Hrsg.); *Rahn, H.-J.*; *Zschenderlein, O.*: Lexikon der Betriebswirtschaftslehre. 8. Auflage. Herne: NWB Verlag/Kiehl, 2013
(zit. *Olfert/Rahn/Zschenderlein* 2013)

Palandt, O.: „Bürgerliches Gesetzbuch – Kommentar", 67. Auflage, München: Verlag C. H. Beck, 2008
(zit. Bearbeiter in: *Palandt* 2008)

Pfitzinger, E.: Qualitätsmanagement nach DIN EN ISO 9000 ff. in Dienstleistungsunternehmen. 4. Auflage. Berlin · Wien · Zürich: Beuth, 2016
(zit. *Pfitzinger* 2016)

Pieper, R.: Arbeitsschutzrecht – Kommentar. 4. Auflage. Frankfurt am Main: Bund-Verlag, 2009
(zit. *Pieper* 2009)

Plinke, W.; *Rese, M.*; *Buck, H.*; *Leyh, J.*; *Ohlhausen, P.*; *Richter, M.*; *Spath, D.*; *Warschat, J.*; *Bahke, T.*; *Frenz, W.*; *Schade, J.*; *Winterfeldt, V.*:
Das Ingenieurwesen: Ökonomisch-rechtliche Grundlagen.
(Auszug aus „Hütte – Das Ingenieurwesen", 34. Auflage. Heidelberg 2012).
Berlin · Heidelberg: Springer, 2014
(zit. Bearbeiter in: *Plinke/Rese/Buck* u. a. 2014)

Preusche, R.; *Würz, K.*: Compliance. 2. Auflage. Freiburg: Haufe-Lexware, 2016
(zit. *Preusche/Würz* 2016)

Pusch, P.; *Pusch, F.*: Schaltberechtigung für Elektrofachkräfte und befähigte Personen. VDE-Schriftenreihe Band 79. 8. Auflage. Berlin · Offenbach: VDE VERLAG, 2017
(zit. *Pusch* 2017)

Richter, A.; *Gamisch, A.*: Stellenbeschreibung für den öffentlichen und kirchlichen Dienst. 6. Auflage. Regensburg: Walhalla und Praetoria Verlag, 2014
(zit. *Richter/Gamisch* 2014)

Rinza, P.: Projektmanagement. 4. Auflage. Berlin · Heidelberg: Springer, 1998
(zit. *Rinza* 1998)

Rautenberg, H. G.: Finanzierung und Investition. 4. Auflage. Düsseldorf: VDI-Verlag, 1993
(zit. *Rautenberg* 1993)

Roeper, R.; *Mitlehner, F.*: Kurzschlußströme in Drehstromnetzen. 6. Auflage. Berlin · München: Siemens AG, 1984
(zit. *Roeper* 1984)

Ropohl, G.: Technologische Aufklärung. 2. Auflage. Frankfurt am Main: Suhrkamp-Taschenbuch Wissenschaft, 1999
(zit. *Ropohl* 1999)

Rötzel, A.; *Rötzel-Schwunk, I.*: Instandhaltung. 5. Auflage. Berlin · Offenbach: VDE VERLAG, 2017
(zit. *Rötzel/Rötzel-Schwunk* 2017)

Scheuermann, K.: Management und Monitoring von Arbeitsschutzmanagementsystemen. Berlin · Wien · Zürich: Beuth, 2012
(zit. *Scheuermann* 2012)

Schliephacke, J.; *Egyptien, H.-H.*: Rechtssicherheit beim Errichten und Betreiben elektrischer Anlagen. Berlin: Huss, 1999
(zit. *Schliephacke/Egyptien* 1999)

Schliephacke, J.: Führungswissen Arbeitssicherheit. 3. Auflage. Berlin: Erich Schmidt Verlag, 2008
(zit. *Schliephacke* 2008)

Schmidt, E.-H.; *Kampe, J. K.-F.*; *Tolkmit, G.*: Der technische Betriebswirt. Bd. 1. 14. Auflage. Hamburg: Feldhaus Verlag, 2017
(zit. Bearbeiter in: *Schmidt/Kampe u. a.* 2017)

Schmidt, E.-H.; *Glockauer, J.*; *Osenger, H. C.*: Der technische Betriebswirt. Bd. 2. 13. Auflage. Hamburg: Feldhaus Verlag, 2016
(zit. *Schmidt/Glockauer/Osenger* 2016)

Schmidt, E.-H.; *Beltz, H.*; *Glockauer, J.*; *Tolkmit, G.*; *Wessel, F.*: Der technische Betriebswirt. Bd. 3. 14. Auflage. Hamburg: Feldhaus Verlag, 2017
(zit. Bearbeiter in: *Schmidt/Beltz u. a.* 2017)

Schmitz, H.; *Windhausen, M. P.*: Projektplanung und Projektcontrolling. 3. Auflage. Düsseldorf: VDI-Verlag, 1986
(zit. *Schmitz/Windhausen* 1986)

Schwab, A. J.: Managementwissen für Ingenieure. 5. Auflage. Berlin · Heidelberg: Springer, 2014
(zit. *Schwab* 2014)

Seibert, S.: Technisches Management. Stuttgart · Leipzig: Teubner, 1998
(zit. *Seibert* 1998)

Simon, W.: Grundlagen der Arbeitsorganisation. GABALs großer Methodenkoffer, Band 3. (Sonderausgabe). 2. Auflage. Offenbach: Gabal, 2007
(zit. *Simon* 2007)

Simon, W.: Managementtechniken. GABALs großer Methodenkoffer, Band 4. (Sonderausgabe). 2. Auflage. Offenbach: Gabal, 2008
(zit. *Simon* 2008)

Sprenger, R. K.: Die Entscheidung liegt bei Dir! Frankfurt am Main: Campus Verlag, 2004
(zit. *Sprenger* 2004)

Sprenger, R. K.: Radikal führen. Frankfurt am Main: Campus, 2012
(zit. *Sprenger* 2012)

Stopp, U.: Betriebliche Personalwirtschaft. 25. Auflage. Renningen: expert, 2002
(zit. *Stopp* 2002)

Strackbein, R.; *Strackbein, D.*: Ergebnisorientiert delegieren. Wiesbaden: Betriebswirtschaftlicher Verlag Dr. Th. Gabler, 2002
(zit. *Strackbein/Strackbein* 2002)

Straube, A.: Das Managementhandbuch für den Betrieb elektrischer Anlagen. VDE-Schriftenreihe Band 149. Berlin · Offenbach: VDE VERLAG, 2015
(zit. *Straube* 2015)

Vahs, D.: Organisation. 8. Auflage. Stuttgart: Schäffer-Poeschel Verlag, 2012
(zit. *Vahs* 2012)

Verein Deutscher Elektrizitätswerke e. V. – VDEW (Hrsg.): Investitionsrechnung in der Elektrizitätsversorgung. 3. Auflage. Frankfurt am Main: VWEW, 1993
(zit. VDEW 1993)

Verein Deutscher Ingenieure/VDI-Gesellschaft Energietechnik (Hrsg.): Energietechnische Arbeitsmappe. 14. Auflage. Düsseldorf: VDI-Verlag, 1995
(zit. Energietechnische Arbeitsmappe 1995)

Vry, W.: Absatzwirtschaft. 5. Auflage. Ludwigshafen: Friedrich Kiehl Verlag, 2002
(zit. *Vry* 2002)

Vry, W.: Beschaffung und Lagerhaltung. 6. Auflage. Ludwigshafen: Friedrich Kiehl Verlag, 2003
(zit. *Vry* 2003)

Wagner, W.: Planung im Anlagenbau. Würzburg: Vogel, 1998
(zit. *Wagner* 1998)

Wagner, W.: Strömung und Druckverlust. 3. Auflage. Würzburg: Vogel, 1992
(zit. *Wagner* 1992)

Weber, H. K.: Inbetriebnahme verfahrenstechnischer Anlage. Düsseldorf: VDI-Verlag, 1996
(zit. *Weber* 1996)

Weidauer, J.: Elektrische Antriebstechnik. 3. Auflage. Erlangen: Publicis Publishing, 2013
(zit. *Weidauer* 2013)

Werth, T.: Investitionsstrategien für Mittelspannungskabel. Wiesbaden: Springer, 2014
(zit. *Werth* 2014)

Wollenberg, K. (Hrsg.): Taschenbuch der Betriebswirtschaft. München · Wien: Carl Hanser Verlag, 2000
(zit. Bearbeiter in: *Wollenberg* 2000)

Zenke, I.; *Schäfer, R.*; *Brocke, H.* (Hrsg.): Compliance in Energieversorgungsunternehmen. Frankfurt am Main: EW Medien und Kongresse, 2011
(zit. Bearbeiter in: *Zenke/Schäfer/Brocke* 2011)

Technische Regelwerke

DGUV-Information 203-077 (Oktober 2012): Thermische Gefährdung durch Störlichtbögen

DGUV-Information 211-010 (Dezember 2012): Sicherheit durch Betriebsanweisungen

DGUV-Information 211-018 (Februar 2005): 5 Bausteine für einen gut organisierten Betrieb – auch in Sachen Arbeitsschutz

DGUV-Information 211-042 (März 2017): Sicherheitsbeauftragte

DGUV-Regel 103-011: Arbeiten unter Spannung an elektrischen Anlagen und Betriebsmitteln (Januar 2006)

DGUV-Vorschrift 1: Grundsätze der Prävention

DGUV-Vorschrift 3: Elektrische Anlagen und Betriebsmittel

DGUV-Vorschrift 3 DA: Elektrische Anlagen und Betriebsmittel, Durchführungsanweisungen

DIN EN 60909-0 (**VDE 0102**):2016-12 Kurzschlussströme in Drehstromnetzen – Teil 0: Berechnung der Ströme. Berlin · Offenbach: VDE VERLAG

DIN EN 60909-0 Beiblatt 4 (**VDE 0102 Beiblatt 4**):2009-08 Kurzschlussströme in Drehstromnetzen – Teil 0: Daten elektrischer Betriebsmittel für die Berechnung von Kurzschlussströmen (IEC/TR 60909-2:2008). Berlin · Offenbach: VDE VERLAG

DIN ISO 55000:2017-05 Asset-Management – Übersicht, Leitlinien und Begriffe. Berlin: Beuth

DIN ISO 55001:2018-03 Asset-Management – Managementsysteme – Anforderungen. Berlin: Beuth

DIN VDE 0105-100:2009-10 (zurückgezogen) Betrieb von elektrischen Anlagen – Teil 100: Allgemeine Festlegungen. Berlin · Offenbach: VDE VERLAG

DIN VDE 0105-100:2015-10 Betrieb von elektrischen Anlagen – Teil 100: Allgemeine Festlegungen. Berlin · Offenbach: VDE VERLAG

DIN VDE 1000-10:2009-01 Anforderungen an die im Bereich der Elektrotechnik tätigen Personen. Berlin · Offenbach: VDE VERLAG

DIN VDE V 0109-1:2014-09 Instandhaltung von Anlagen und Betriebsmitteln in elektrischen Versorgungsnetzen – Teil 1: Systemaspekte und Verfahren. Berlin · Offenbach: VDE VERLAG

VDE-Anwendungsregel VDE-AR-N 4001:2011-04 Anforderungen an die Qualifikation und Organisation von Unternehmen für den Betrieb von Elektrizitätsversorgungsnetzen (S 1000). Berlin · Offenbach: VDE VERLAG

TRBS 1111 Gefährdungsbeurteilung und sicherheitstechnische Bewertung, Dezember 2006

TRBS 1201 Prüfungen von Arbeitsmitteln und überwachungsbedürftigen Anlagen, August 2012

TRBS 1203 Befähigte Personen, März 2010

VDI 6025:2012-11 Betriebswirtschaftliche Berechnungen für Investitionsgüter und Anlagen. Berlin: Beuth

VDI 6600 Blatt 1:2006-10 Projektingenieur – Berufsbild. Berlin: Beuth

Gesetze und Verordnungen

ArbnErfG – Gesetz über Arbeitnehmererfindungen

ArbSchG – Gesetz über die Durchführung von Maßnahmen des Arbeitsschutzes zur Verbesserung der Sicherheit und des Gesundheitsschutzes der Beschäftigten bei der Arbeit

BaustellV – Verordnung über Sicherheit und Gesundheitsschutz auf Baustellen

BetrSichV – Verordnung über Sicherheit und Gesundheitsschutz bei der Verwendung von Arbeitsmitteln

BGB – Bürgerliches Gesetzbuch

DesignG – Gesetz über den rechtlichen Schutz von Design

GebrMG – Gebrauchsmustergesetz

HalblSchG – Gesetz über den Schutz der Topografien von mikroelektronischen Halbleitererzeugnissen

HOAI – Verordnung über die Honorare für Architekten- und Ingenieurleistungen

KunstUrhG – Gesetz betreffend das Urheberrecht an Werken der bildenden Künste und der Fotografie

MarkenG – Gesetz über den Schutz von Marken und sonstigen Kennzeichen

OWiG – Gesetz über Ordnungswidrigkeiten

PatG – Patentgesetz

SchrZAbkG – Gesetz zum Wiener Abkommen vom 12. Juni 1973 über den Schutz typografischer Schriftzeichen und ihre internationale Hinterlegung

SortSchG – Sortenschutzgesetz

StGB – Strafgesetzbuch

UrhG – Gesetz über Urheberrecht und verwandte Schutzrechte

UWG – Gesetz gegen den unlauteren Wettbewerb

Liste der Formelzeichen

A Anfangswert des Gleichstromanteils i_{DC}

A Auszahlung, Summe der betrieblichen Auszahlungen/Kosten (ohne Zinszahlungen) einer Periode

A Fläche

A' Auszahlung einschließlich Ertragssteuern, Summe der betrieblichen Auszahlungen zuzüglich Ertragssteuern

a untere Toleranzgrenze

Ab Abschreibungsrate einer Periode

$ABZF$ Abzinsfaktor

AN Annuität (jährliche Zahlung)

ANF Annuitätenfaktor

$AUZF$ Aufzinsfaktor

b obere Toleranzgrenze

BWF Barwertfaktor

C_0 Kapitalwert

C_{E} Endwert

c Spannungsfaktor

c_{max} Spannungsfaktor zur Berechnung des größten Kurzschlussstroms

c_{min} Spannungsfaktor zur Berechnung des kleinsten Kurzschlussstroms

d Durchmesser

E Erlöse, Einzahlung, Summe der Einzahlungen einer Periode

E, $\underline{E}$ (stationäre) wirksame Spannung

E', $\underline{E}'$ transiente wirksame Spannung

E'', $\underline{E}''$ subtransiente wirksame Spannung

EK Eigenkapitalquote

Est Ertragssteuern

g Erdbeschleunigung

gesamt Gesamt-

GK Gesamtkosten

GZ jährliche Gesamtzahlung

I	Strom
I_{an}	Anlaufstrom eines Asynchronmotors
I_b, $\underline{I}_b$	Betriebsstrom
I_k	Dauerkurzschlussstrom
I_k''	Anfangs-Kurzschlusswechselstrom (dreipolig)
I_{k1}''	einpoliger Anfangs-Kurzschlusswechselstrom
I_{k2}''	zweipoliger Anfangs-Kurzschlusswechselstrom
I_N, $\underline{I}_N$	Nennstrom, Bemessungsstrom
i	kalkulatorischer Zinssatz
i_{DC}	Gleichstromanteil des Kurzschlussstroms
i_e	kalkulatorischer Eigenkapitalzinssatz
i_f	kalkulatorischer Fremdkapitalzinssatz
i_{nom}	kalkulatorischer Nominalzinssatz
i_p	Stoßkurzschlussstrom
i_{real}	kalkulatorischer Realzinssatz
Inv	Anschaffungskosten, Investitionsvolumen, Anschaffungswert
INV_0	Investition (zum Zeitpunkt 0)
j	$\sqrt{-1}$
K	Impedanzkorrekturfaktor
K	Kosten
K_0	Barwert einer Zahlungsreihe
K_G	Impedanzkorrekturfaktor eines Synchrongenerators
K_{vs}	Durchlasskoeffizient einer Regelarmatur bei vollständiger Öffnung
K_v	Durchlasskoeffizient einer Regelarmatur angedrosselt
L	Liquidationserlös, Restwert
l	Länge
M	Drehmoment
N	Nenn-, Bemessungs-
n	Drehzahl
$n_{synchron}$	synchrone Drehzahl
P	Wirkleistung
P_k	Kurzschlussverlustleistung eines Transformators, Kupferverluste

P_N	Nennleistung, Bemessungsleistung
PO	statische Amortisationszeit, Kapitalrückflusszeit
q	Zinsfaktor
R	Wirkwiderstand, Resistanz
R	Rentabilität
Re	Restwert
R_G	Wirkanteil der Generatorimpedanz
R_k	Wirkanteil der Kurzschlussimpedanz
R_M	Wirkanteil der Motorimpedanz
R_T	Wirkanteil der Transformatorimpedanz
R_Q	Wirkanteil der Netzimpedanz
r	Inflationsrate
r	interner Zinsfuß
r	vorgegebener kalkulatorischer Zinssatz
S	Scheinleistung
S_k''	Anfangs-Kurzschlusswechselstromleistung
S_N	Nennscheinleistung, Bemessungsscheinleistung
s	Schlupf (einer Asynchronmaschine)
s_{Kipp}	Kippschlupf (einer Asynchronmaschine)
s	(Ertrags-)Steuersatz
T	Nutzungsdauer
T	Zahlungszeitpunkt (Periodenabstand zum Bezugszeitpunkt)
T_A	dynamische Amortisationszeit
U, $\underline{U}$	Spannung
$ü$	Übersetzungsverhältnis eines Transformators
u_k	Kurzschlussspannung eines Transformators in Prozent
U_N, $\underline{U}_N$	Nennspannung, Bemessungsspannung
U_n	Netznennspannung
U_p, $\underline{U}_p$	Polradspannung
V	Volumen
v	Geschwindigkeit
W	Wahrscheinlichkeit, Häufigkeit

X	Menge
X	Blindwiderstand, Reaktanz
X	Mittelwert, Erwartungswert
X_{d}	synchrone Reaktanz in Ω
X'_{d}	synchrone transiente Reaktanz in Ω
X''_{d}	synchrone subtransiente Reaktanz in Ω
x_{d}	bezogene synchrone Reaktanz in Prozent
x'_{d}	bezogene synchrone transiente Reaktanz in Prozent
x''_{d}	bezogene synchrone subtransiente Reaktanz in Prozent
X_{k}	Blindanteil der Kurzschlussimpedanz
X_{M}	Blindanteil der Motorimpedanz
X_{T}	Blindanteil der Transformatorimpedanz
X_{Q}	Blindanteil der Netzimpedanz
Z	Prozessergebnis
$Z, \underline{Z}$	Scheinwiderstand, Impedanz
$Z', \underline{Z}'$	Impedanz pro Länge (einer Leitung)
$Z_{\mathrm{GK}}, \underline{Z}_{\mathrm{GK}}$	korrigierte Impedanz eines Synchrongenerators
$Z_{\mathrm{k}}, \underline{Z}_{\mathrm{k}}$	Kurzschlussimpedanz
$Z_{\mathrm{M}}, \underline{Z}_{\mathrm{M}}$	Motorimpedanz (Asynchronmotor)
$Z_{\mathrm{T}}, \underline{Z}_{\mathrm{T}}$	Transformatorimpedanz
$Z_{\mathrm{Q}}, \underline{Z}_{\mathrm{Q}}$	Netzimpedanz
z	Zinszahlungen
Δp	Druckdifferenz, Druckverlust
η	Wirkungsgrad
φ	Phasenverschiebung
φ_{N}	Phasenverschiebung im Nennbetriebspunkt
κ	Stoßfaktor
ρ	Dichte
ϕ	Winkel zwischen Real- und Imaginärteil in der komplexen Ebene
ζ	Druckverlustbeiwert
σ	Standardabweichung

Abkürzungsliste

A	Ampere
A	aktiv
A	Fehlerauftrittswahrscheinlichkeit
AB	Anfangsbestand
Afa	Absetzung für Abnutzung
AM	Asset-Management
AMS	Arbeitsschutzmanagementsystem
ASCA	Arbeitsschutz und Sicherheitstechnischer Check in Anlagen
AuS	Arbeiten unter Spannung mit Spezialausbildung unter besonderen technischen und organisatorischen Voraussetzungen
B	Fehlerfolgebedeutung
BAB	Betriebsabrechnungsbogen
BDI	Bundesverband der Deutschen Industrie e. V.
bdvb	Bundesverband Deutscher Volks- und Betriebswirte e. V.
BPatG	Bundespatentgericht
BSI	British Standards Institution
CMS	Compliance-Managementsystem
CRM	Customer Relation Management
DGUV	Deutsche Gesetzliche Unfallversicherung
DGQ	Deutsche Gesellschaft für Qualität e. V.
DIN	Deutsches Institut für Normung e. V.
DKE	Deutsche Kommission Elektrotechnik Elektronik Informationstechnik in DIN und VDE
D_{L}	äußere Grenze der Gefahrenzone
DMAIC	Define – Measure – Analyze – Improve – Control
DN	Nennweite
DPMA	Deutsches Patent- und Markenamt
DPMO	Defects per Million Opportunities

D_V	äußere Grenze der Annäherungszone
DVGW	Deutscher Verein des Gas- und Wasserfachs e. V.
E	Fehlerentdeckungswahrscheinlichkeit
EBT	Earning before Taxes
EBIT	Earning before Interest and Taxes
EBITA	Earning before Interest, Taxes and Amortization
EBITDA	Earning before Interest, Taxes, Depreciation and Amortization
EFK	Elektrofachkraft
EFQM	Foundation for Quality Management
ERP	Enterprise Ressource Planning
EN	europäische Norm
EPA	Europäisches Patentamt
EPÜ	europäisches Patentübereinkommen
EU	Europäische Union
EUIPO	European Intellectual Property Office
EuP	elektrotechnisch unterwiesene Person
EVU	Energieversorgungsunternehmen
FMEA	Fehlermöglichkeits- und -einflussanalyse/Failure Mode and Effects Analysis
FNN	Forum Netztechnik/Netzbetrieb im VDE
FuE	Forschung und Entwicklung
G	Gewinn
g	Gramm
GE	Geldeinheiten
GoB	Grundsätze ordentlicher Buchführung
GuV	Gewinn und Verlust/Gewinn- und Verlustrechnung
H	Haben
h	Stunde
HGB	Handelsgesetzbuch
IAS	International Accounting Standards
IEC	International Electrotechnical Commission
IFRS	International Financial Reporting Standards

IH	Instandhaltung
ISMS	Informationssicherheitsmanagement-System
ISO	International Organization for Standardization
IT, IKT, ICK, IuK	Informations- und Kommunikationstechnik
k	Kilo-
L1, L2, L3	Außenleiter
LPH	Leistungsphase nach der HOAI
M	Motor
M	Mega-
m	Meter
m	Milli-
MMA	Madrider Markenabkommen
MbO	Management by Objectives
min	Minute
M 7	„Sieben Managementwerkzeuge“
OHRIS	Occupational Health- and Risk-Managementsystem
OHSAS	Occupational Health and Safety Assessment Series
P	passiv
Pa	Pascal
p. a.	per annum
PCT	Patent Cooperation Treaty
PDCA	Plan – Do – Check – Act
PSA	Persönliche Schutzausrüstung
PVÜ	Pariser Verbandsübereinkunft
QM	Qualitätsmanagement
QMS	Qualitätsmanagementsystem
QRK	Qualitätsregelkarte
Q 7	„Sieben Qualitätswerkzeuge“
RCM	Reliability Centered Maintenance
RPZ	Risikoprioritätszahl
S	Soll
s	Sekunde

SAMP	strategischer Asset-Management-Plan
SB	Schlussbestand
SGAMS	Managementsystem für Sicherheit und Gesundheit bei der Arbeit
STOP	Substitution, organisatorische-, technische, persönliche Maßnahme
TRBS	Technische Regel für Betriebssicherheit
TRIPS	*Agreement on Trade-Related Aspects of Intellectual Property Rights*
TSM	Technisches Sicherheitsmanagement des DVGW und des FNN
TQM	Total-Quality-Management
U	Umsatz
UM	Umweltmanagement
US-GAAP	United States General Accepted Accounting Principles
V	Volt
VDE	Verband der Elektrotechnik Elektronik Informationstechnik e. V.
VDEW	ehemals „Verein Deutscher Elektrizitätswerke e. V.“
VDI	Verein Deutscher Ingenieure e. V.
VE	Verfügungserlaubnis
vEFK	verantwortliche Elektrofachkraft
VGB	VGB PowerTech e. V., ehemals „Vereinigung der Großkesselbesitzer“
W	Watt
WIPO	World Intellectual Property Organization
WFM	Workforcemanagementsystem
Ω	Ohm

Stichwortverzeichnis

B

C

S

T

U

V

W

Z